U0754724

全国电力可靠性管理典型实践案例集

输变电及供电可靠性分册

国家能源局电力可靠性管理和工程质量监督中心
编著

中国地图出版社
·北京·

图书在版编目（CIP）数据

全国电力可靠性管理典型实践案例集．输变电及供电可靠性分册 / 国家能源局电力可靠性管理和工程质量监督中心编著．-- 北京 ：中国地图出版社，2023.12
ISBN 978-7-5204-3772-1

Ⅰ．①全… Ⅱ．①国… Ⅲ．①电力系统—可靠性管理—案例—中国 Ⅳ．① TM7

中国国家版本馆 CIP 数据核字（2023）第 233464 号

全国电力可靠性管理典型实践案例集. 输变电及供电可靠性分册
QUANGUO DIANLI KEKAOXING GUANLI SHIJIAN ANLIJI.
SHUBIANDIAN JI GONGDIAN KEKAOXING FENCE

出版发行	中国地图出版社		
社　址	北京市白纸坊西街3号	邮政编码	100054
电　话	010-83543926	网　址	www.sinomaps.com
印　刷	河北环京美印刷有限公司	经　销	新华书店
成品规格	210mm × 285mm	印　张	25.25
字　数	408千字		
版　次	2023年12月第1版	印　次	2023年12月第1次印刷
定　价	328.00元		

书　号　ISBN 978-7-5204-3772-1

《全国电力可靠性管理典型实践案例集》编委会

《输变电及供电可靠性分册》编写人员

主　编： 康国珍

副主编： 黄东辉　王金宇　顾衍璋　赵　琴

参　编： 毛　澍　张　丽　姜红利　张德英　杨　博　左阳阳
郭　镥　费思源　闫　涛　张　俊　唐士宇　陈　颖
张名捷　刘亦朋　苗　宇　邓凤婷　王　龙　刘建辉

前言

电力可靠性管理作为保障电力可靠供应、支撑电力安全生产、提高优质服务水平的重要基础性工作，涉及发、输、变、供、用电全过程，事关经济发展与社会稳定大局，事关人民群众的切身利益，日益受到各级政府和社会各界的高度重视和广泛关注。在保障电力系统安全稳定运行与电力可靠供应、助力电力低碳转型、优化营商环境、促进新型电力系统高质量发展等方面，电力可靠性管理工作者既担负着重大责任和使命，又面临着巨大压力和挑战。

2022 年 4 月，国家发展和改革委员会颁布了《电力可靠性管理办法（暂行）》（国家发展和改革委员会令 2022 年第 50 号，以下简称 50 号令），自 6 月 1 日起施行。50 号令是电力可靠性管理工作所遵循的纲领性制度，把电力可靠性管理工作从一项统计分析工作提升为涵盖电力系统全要素的支撑性工作，赋予了电力可靠性管理工作全新内涵，推动了电力可靠性管理从微观设备统计管理向宏观安全保供管理的转变，从现有的被动监督管理向主动动态管理的转变，从传统的信息管理向过程管理的转变。

为认真贯彻落实 50 号令，我们组织开展了电力可靠性管理典型实践案例征集工作，旨在鼓励和引导电力企业认真学习先进经验，积极推广和应用典型做法，推动电力可靠性管理高质量发展。经过企业推荐、专家评审、集中编审等一系列流程，我们从征集的众多案例中遴选出 117 项，最终形成了《全国电力可靠性管理典型实践案例集》（以下简称《案例集》），包括《发电可靠性管理分册》《输变电及供电可靠性管理分册》两个分册。

本书为《输变电及供电可靠性管理分册》，包括输变电可靠性管理典型案例 18 项及供电可靠性管理典型案例 50 项，分别从不同维度，总结提炼了输变电及供电可靠性管理的先进经验和典型做法，对提高输变电及供电可靠性管理人员的理论和实践能力，提升输变电及供电可靠性管理水平具有重要意义。

本书编制过程中，得到了国家电网有限公司、中国南方电网有限责任公司、内蒙古电力（集团）有限责任公司的大力支持，在此表示衷心感谢！

编 者

2023 年 11 月

目录

基于提升直流可靠性的换流站精益化检修管理体系建设与实践

一、案例基本情况

（一）单位基本情况

国家电网有限公司（以下简称“国网”）以投资建设运营电网为核心业务，是关系国家能源安全和国民经济命脉的特大型国有重点骨干企业，经营区域覆盖我国26个省（自治区、直辖市），供电范围占国土面积的88%，供电人口超过11亿。近20多年来，国家电网持续保持全球特大型电网最长安全纪录，建成35项特高压输电工程，成为世界上输电能力最强、新能源并网规模最大的电网，是全球最大的公用事业企业，也是具有行业引领力和国际影响力的创新型企业。生产设备部是国家电网设备管理部门，主要负责公司直流、输电、变电、配电、电缆、调相机等设备（含辅助设备、设施）生产准备、交接验收、运维监控、检修试验、退役报废等专业管理。

（二）案例实施背景

直流输电工程多数情况下承担大容量、远距离输电和联网任务，其电压等级高、输送容量大，在促进能源清洁低碳转型、服务电力保供大局等方面发挥着举足轻重的作用。目前全球范围内100万千瓦以上的直流输电工程共63条，换流站126座，总容量2.55亿千瓦，主要分布在8个国家和地区。其中，点对点工程53条，占84%；背靠背工程5条，占8%；柔直工程5条，占8%。国内在运100万千瓦以上的直流输电工程共41条。其中，国家电网在运29条，占71%；南方电网12条，占29%。

随着投运直流工程的日益增多，以及交直流混联电力系统的出现，高压直流输电系统的可靠性已成为影响整个电力系统可靠性的重要因素。《直流输电系统可靠性评价规程 DL/T 989—2022》和《IEC 62672-2018 HVDC 部分：可靠性和服务质量》中的运维水平指标主要为能量可用率和强迫停运率。根据统计，2010—2018年国家电网所属直流换流站平均能量不可用率约为5.63%，导致能量不可用的因素包括计划检修（约为3.5%，占比70%）、故障临停（约为1%，占比20%）和强迫停运（约0.5%，占比10%）。为有效发挥高压直流输电“大容量、远距离、高效能”的输送优势和大电网在能源资源方面的有效配置作用，进一步促进清洁能源高效并网消纳，全力服务电力保供大局，急需开展基于直流输电系统可靠性的换流站精益化检修管理体系建设与实践。

1. 适应建设新型电力系统的迫切需要

随着新型电力系统加快构建，电网“双高、双峰”特征日益凸显，交直流电网密集混联程度、直流外送容量占比、交流电网对于直流工况变化的敏感度持续增高，对直流系统的安全运行提出了更高的要求。特高压核心设备及关键组部件结构复杂，电、磁、热、力多场集中，对设备材料、力学、发热特性了解掌握不全面，复杂工况运行特性及故障机理研究不深入，隐患难防难控，首台首套设备故障频发、设备异常产气、局部发热等问题未得到有效根治，国家电网在2011—2019年直流累计闭锁次数179次，其中换流站设备原因导致闭锁104次，占58%。因此必须加快构建换流站精益化检修体系，采取针对性检修策略，推动设备管理不断上台阶、上水平。

2. 建设安全高效一流电网的必然要求

当前，我国经济由高速增长阶段转向高质量发展阶段，推动高质量发展已成为“十四五”时期经济社会发展主题，实现从“有没有”到“好不好”的跨越发展，要加快从规模速度为主转向质量效率为要，从增量扩能为主转向调整存量、做优增量并举。从组织形态上看，现有生产组织架构、业务管控模式仍停留在传统的技术型基础上，与电网设备规模快速扩大、新设备新技术广泛应用的现实需要不适应，与技术、数据、人力、资金等资源要素的形态变化不适应，区域间、专业间发展不平衡，管理活力不足、生产效率不高。进一步适应生产力发展需要，创新管理理念、优化业务模式，破除体制机制障碍，激发内生动能、提高生产绩效，是设备管理的应有之策。

3. 适应高质量发展要求的必经之路

当前，国网系统内直流工程普遍采用计划检修模式，依据国网直流“五通”例行检修试验要求，外加技术改造（技改）、缺陷隐患治理等特殊项目，来确定年度检修方案，特高压直流工期为11天至12天，常规直流工期为9天至10天。年度检修期间主要开展定期试验、设备检修、清扫除尘等工作，检修项目繁多、检修周期频繁，一定程度上存在过度检修或检修损耗。同时，近年来70%以上的闭锁和临停由主机板卡和主设备突发故障造成，计划检修试验应对元器件故障、主设备突发故障效果并不明显。因此，探索并实践科学高效的换流站检修模式，增强年度检修的“预见性、针对性、有效性、精准性”，持续提高换流站设备运检管理质效，提高主营业务核心竞争力，是提升公司高质量发展的应有之举。

（三）案例具体实践

1. 总体思路

2019年国网设备部组织相关省电力公司深入分析2014年以来直流系统强迫停运和临时停运情况，开展了年度检修与故障缺陷相关性、设备全寿命周期、先进检测监测技术的专题研究，按照“安全第一、创新实践、试点先行、总结推广”的原则，2020年选取银东、灵绍2回直流4座换流站试点精益化检修，2021年扩大至灵绍、宾金、锡泰、昭沂、吉泉5回直流10座换流站，2022年在总结试点经验基础上，国网系统内全面推行换流站精益化检修。

2. 具体做法

（1）落实“五级五控”，现场作业安全高效

坚持“安全第一、源头防范、分级管控”原则，构建生产现场作业风险防控体系。严格执行“四个管住”要求，夯实专业安全基础，加强作业风险审核，提高全员安全责任意识和作业风险辨

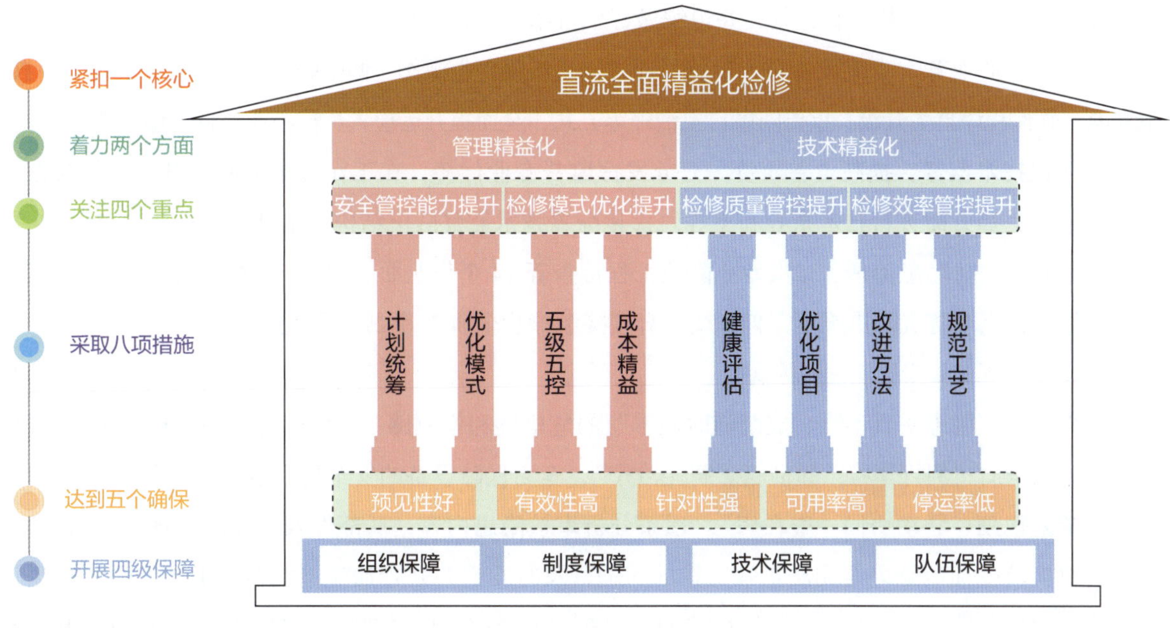

图 1 直流精益化检修结构图

识能力，全力保障现场作业安全。

①科学优化，操作开工安全有序。梳理停送电操作任务，与调度沟通优化下令方式，倒排各级调度间操作任务时序，最大化压缩待令时间。明确每日倒闸操作人员、操作任务及向各级调度汇报要点，操作人、监护人提前现场逐项核对并开展模拟预演。提前梳理出操作票，并经站内管理人员交叉审核后装订成册，确保密集操作不错项、无漏项、不拖项。提前编制工作票，开展班组—换流站—安监部三级审核，现场安全措施提前一天完成，工作票提前一天流转至“待许可”状态。

②源头防范，明辨风险分级管控。针对设备电压等级、检修类型、重要程度，综合考虑关键工序的人身风险、工艺技术，讨论分析交叉作业事项、影响范围及应对措施，应用“一表一库”开展工作面风险评定。针对时空交叉相互影响的工作面或修试项目，提前编排交叉作业管控方案，从时间维度“错峰作业”，避免单一工作导致其他工作停工。针对作业风险等级严格执行“五级五控”要求，落实现场勘查、方案编审、到岗到位和竣工验收责任，确保现场作业安全、有序衔接，实现整体作业一盘棋、检试起吊不交叉、机具车辆早统筹，制定针对性防控措施，全面提高生产现场安全管理水平，坚决做到“三提高三不发生”。

③管查结合，作业现场安全可控。创新开展分区分层分色网格化管理模式，平面作业划分区域管理，同一空间区分层级防护，参检人员着装分色识别，避免人员走错区域间隔、交叉串岗作业等情况的发生。大型检修作业现场设立指挥部，建立“移动布控系统 + 统一视频平台”相结合的立体管控体系，作业现场监视全覆盖、管控无死角，实现安全管控零违章。开展综检“四到位”劳动竞赛，设立违章公示栏，通过日例会对违章行为每日通报、时时警醒。

（2）聚焦主业主责，自主检修掌握核心

落实国网核心业务自主实施要求，加快推进全业务核心班组建设，将年度检修作为自主检修试点的历练“沙场”，培养一、二次主辅设备的自主检修能力，确保核心业务“自己干”“干得精”。

①统筹检修计划，项目管理准备有序。统筹考虑年检实施项目计划，优先将年检期间开展的大

修、技改项目列入预安排项目计划，并组织做好项目招标采购等准备工作。

②聚焦核心业务，直流设备自主检修。通过核心步骤自主操作、调试验证自主掌握、关键工序自主开展、软件程序自主升级、重要隐患自主治理等方式，全面提升运检人员核心业务自主检修能力。

③强化技术监督，提高设备质量。充分发挥监督专业优势，在工作方案编制、试验数据校核、关键工艺把关等方面进行技术指导和支撑。优化配置技术监督队伍结构，集结省市两级 9 类专业骨干力量，开展消防隐患治理、二次专业隐蔽工程检查等 14 个作业面、242 个检修项目技术监督，发现并督促整改电缆防沉降措施不完善、线芯直接接触穿管金属壁等 29 处问题。

（3）强基固本，隐患治理消除病症

始终保持“隐患一日不除、成绩随时归零”的危机感和紧迫感，紧盯隐患治理目标任务，为设备开展一次全面“例行体检”和彻底“病症治疗”，全力保障设备的安全稳定运行。

①统筹规划，联动协同“查在病”。逐条分析审核隐患内容，从部件入手及时发现设备潜在隐患。针对换流变油流继电器无法正常工作的问题，及时发现并处置油流继电器挡板断裂重大隐患，经实验室理化分析和仿真试验判断挡板非轴侧焊接收弧处存在焊接缺陷，在长期运行过程中油流间歇冲击继电器挡板，非轴侧焊接裂纹机械疲劳形式向轴侧扩展，最终挡板根部在承载能力不足时将发生瞬时断裂。

②追根溯源，控险增效“治已病”。深入分析隐患根源，确保隐患问题一次整改到位。针对极寒天气下光电流互感器（CT）数据驱动电流及数据电平存在恶化趋势情况，全面排查发现光 CT 光缆穿管 9 相存在凝露、5 相存在积水，采取泡沫密封胶封堵、细沙填平、盖板缝隙密封措施，避免冬季结冰挤压光纤造成测量数据异常。

③强化管控，多措并举“防未病”。推进 4 组新东北断路器选相合闸改造任务，及时发现断路器合闸时间、合闸速度超出设计标准，通过准确获取断路器合闸时间离散度，为选相合闸基准时间设置提供数据基础。开展消防炮可靠性提升、换流变排油系统功能验证技术监督，发现并提出整改措施 5 条，换流站消防安全水平显著提升。

（4）主动创新创效，试点应用提升质效

推进检修模式优化和技术创新应用，探索并实践科学高效的换流站设备检修试验方法，采用“新工法”、创造“新工具”、研制“新仪器”，助推精益检修持续向纵深推进。

①优化试验方法，科学缩减试验工期。试点开展 750kV 罐式断路器动态电阻测试、网侧套管频域介电谱测试、电容器桥臂电容检测、互感器二次回路特征信号测试等 14 项新技术应用，解决换流变例行试验阀侧解复引耗时长、试验接线难度大等问题，部分试验项目时间平均压降 60%。

②研制检试装备，提升检修工作质效。灵州站创新研制 A5000 型晶闸管轻量化快速更换工装，解决晶闸管更换过程中重复调整、操作烦琐的难题，单支晶闸管更换时间由 5 小时降低至 2 小时。绍兴站现场采用移动式实验方舱，开展重要设备油气水样的现场取样、就地检测、即时出具结果的检测模式，为检修现场提供高效准确的试验数据。

③优化关键工序，超额完成预期目标。针对消防炮防火能力提升改造难度大，工序复杂工期长，高空作业风险突出的难题，国网系统内首次提出并落实厂内改造、多站协调互装的更换治理方案，7 天完成 16 台消防炮改造任务。

（5）多措并举，现场验收严把质量

贯彻“应修必修，修必修好”的原则，严把关键施工工艺验收关，构建数字化验收应用场景，全力确保设备检修质量到位，为一次送电成功提供可靠保障。

①发挥专业优势，强化设备三级验收。组建由省公司设备部牵头，运维、检修单位技术骨干负责的三级验收队伍，全面覆盖现场 25 个作业面，明确检修人员自验、运维人员查验、管理人员抽验的验收职责。根据相关规程及标准，提前落实标准验收作业卡、重点检查验收记录表格、重点功能验证方案的审批，逐条逐项逐环节开展验收，避免缺项、漏项、跳项，强化过程验收，明确关键工艺重点见证和验收要求，随工填写验收记录。

②强化工艺管控，见证现场关键环节。强化设备检修“三验”原则，合理分布验收人员工作量，实施区域模块化管理分区验收，按照土建施工、线缆敷设、功能验证等流程执行阶段验收，针对开盖检查、功能验证、极性测试等项目组织随工验收，及时跟踪检修消除缺陷（消缺）进度，完工一处、验收一处、封闭一处，逐步降低交叉作业风险。

③推进数字应用，设备验收如在现场。依托数字换流站球机追视多角度协同呈现功能，精准查验视野死角、高空盲区，丰富验收手段。深度应用告警分析功能，筛选推送检修设备试验报文，避免海量信息干扰，提升信号核对效率。利用三维场景设备信息全量展示功能，设备验收异常告警一目了然，开发曲线分析工具，数据差异变化跃然纸上。打造“身临其境，如在现场”验收应用生态。

图 2　数字换流站现场应用

（6）快速响应，陪停检修搭车实干

积极践行精益检修“四干”策略，充分利用临时停电窗口期，积极开展设备消缺和隐患治理，为能量可用率提升提供有力支撑。

①组织筹备响应“快”。积极开展银川东站极 I 陪停检修，根据预案迅速启动响应机制，成立省公司级专项工作组，10 小时完成检修工作任务梳理，24 小时实现人员、车辆、备件调配，积极向国网设备部、国调中心申请陪停检修。

②安全管控措施“严”。严格落实“五级五控”要求，第一时间组织开展现场勘查，明确作业风险定级，编制审核检修工作方案，按年度检修高标准要求开展风险预控，确保陪停检修措施细、管控严。

③陪停检修效果“实”。自主开展常规检修任务 9 项、特殊检修 4 项，设备缺陷 7 项，提前完成换流变泡沫消防管路耐火性能提升隐患治理，及时发现并处理分接开关瓦斯继电器渗油异常缺陷，全面提高临时停电窗口利用水平，压降年度检修工期和检修任务。

二、案例实践效果

（一）综合效益

1. 直流能量可用率提升显著

2020 年选取银东、灵绍 2 回直流 4 座换流站试点精益化检修。2021 年扩大至灵绍、宾金、锡泰、昭沂、吉泉 5 回直流 10 座换流站。经统计分析，上述试点换流站计划检修平均耗时 171.84 小时，较未实施前整体提高了 2.39%。年度检修整体费用较未实施前减少约 15.47%，输电能力较以往提升 77.42 亿 kWh。综合来看，统筹“安全、质量、进度、效益”并重的精益化检修成效显著。

经分析，2010—2018 年直流换流站计划检修导致的平均能量不可用率约为 5.63%。而自 2020 年以来，换流站计划平均能量不可用率由 4.34% 降至 2.35%，平均能量可用率由 84.24% 稳步提升至 96.6% 左右，并于 2021 年超越南网工程，目前国家电网所辖换流站能量可用率已居世界前列。

2. 直流强迫停运次数大幅下降

直流输电系统总体规模大、单回输送容量大、设备造价高，在电网中的地位十分重要，对缓解能源电力供应紧张局势中发挥着“压舱石”作用。2019 年前，直流输电工程平均闭锁约 20 次，其中换流站平均 12 次，线路平均 8 次。2020—2022 年实行换流站精益化检修后直流强迫停运平均约 10 次，其中换流站平均 6.5 次，线路平均 3.5 次。近三年强迫停运次数持续下降，下降率为 45.8%。

3. 促进清洁能源高效并网消纳

灵绍、昭沂、锡泰等特高压工程作为国家“加快推进大气污染防治行动计划 12 条重点输电通道建设”，将西北地区风光等清洁能源以电能的形式源源不断地输送到数千里以外的江浙、山东等经济发达地区。2020 年推行精益化检修后国家电网直流工程输送电量稳步提升，已累计输送电量 15071.02 亿 kWh，有效解决了新能源弃光弃风问题，助推新能源电力消纳和能源结构调整，助力实现“碳达峰、碳中和”（简称“双碳”）。

（二）第三方评价

国家电网试点精益化检修后平均能量可用率由 84.24% 稳步提升至 96.6% 左右，处于国际先进水平。在运直流的平均强迫停运率处于国际领先水平。

（三）行业推广前景

项目提出了基于提升直流可靠性的换流站精益化检修管理体系，狠抓设备隐患排查治理、深化全过程技术监督、推进直流精益化检修等具体举措，提高了工程的能量可用率，提升设备的可靠性水平，降低了强迫停运次数，社会经济环保效益显著。目前已经在国家电网 31 条直流 62 座换流站推广应用，下一步可在南方电网 13 条直流 28 座换流站及海外直流工程中进行推广，进一步推动直流运行可靠性稳步提升，应用前景广阔。

（郭贤珊　段昊　刘俊杰）

基于全息感知的新型电力系统供电可靠性提升技术及实践

一、案例基本情况

（一）单位基本情况

国网北京市电力公司电力科学研究院（以下简称“国网北京电科院”）成立于2011年3月，是国网北京市电力公司技术监督、技术研发、技术支持、技术引领的科研单位，是国网北京市电力公司“大运行、大检修、大营销”体系支撑的主导技术支持平台，参与“大规划、大建设”体系的技术支持工作，是国家电网电网技术领域科技研发、技术攻关、应用推广、试验检测和人才培养基地。

（二）案例实施背景

“首都无小事，事事连政治”，政治保电任务重是首都电网的鲜明特征之一。保障期间实时获取供电设备运行状态以实现风险预判是维护电力可靠供应和电网安全稳定的重要前提。现有保障手段主要依靠运维人员携带仪器进入现场“看护”，一方面增加了一线运维人员工作负担，另一方面不同仪器专业壁垒高，单台仪器难以实现供电设备运行状态的全方位、多维度监测。

此外，在“双碳”目标和新型电力系统变革的背景下，电力系统的柔性交直流、逆变器等电力电子设备已规模化渗透到发、输、变、配、用各个环节，新型电力系统的谐波、瞬态、振荡等特性更加复杂，供电可靠性与电能质量等问题越发突出，因此，精准掌握电力系统运行状态是新型电力系统监测领域面临的一个全新挑战。

本案例综合应用第五代移动通信技术（5G通信技术）、硬件集成创新以及监测数字化前沿成果，打造包括通用同步采集终端与数据后台在内的新型电力系统全息感知平台，实现电网运行数据广域、实时、同步和全息感知，为新型电力系统的振荡监测、同步相量分析、电能质量分析、故障及异常暂态（指电力系统暂态，当系统受到干扰后，从一种运行状态过渡到另一种运行状态的过程）分析等综合业务应用提供了有力的支撑平台，大大提升了政治供电保障及未来新型电力系统高指标与新背景下的供电可靠性，助力电网安全稳定运行。

案例已在“2022年北京冬季奥林匹克运动会”“建党100周年”以及“服贸会”等重大活动供电保障中成功应用，提升现场运维工作效率16%以上。平台集成的广域同步相量测量与合环分析功能已覆盖北京多个枢纽变电站，为首都电网运行监测提供了可视化全息数据，提升了首都电网安全稳定运行能力。案例被工信部列为“5G+工业互联网”十大典型应用案例之一，并荣获“第八届中国青年创新创业大赛优秀奖”。

（三）案例具体实践

1. 总体思路

国网北京电科院立足政治供电保障与新型电力系统监测新需求，深度融合5G通信技术，以广域同步波形数据（同步波形数据即采集装置通过同步脉冲触发固定时间间隔模数转换，得到电网电压、电流在相同时间序列下含时间戳的采样值矩阵，广域分布的多个采集终端通过北斗等全球授时系统提供同步采样触发脉冲）采集、传输、数据处理分析、数据安全管理为主线，构建新型电力系统同步波形测量平台，并开展示范应用。

国网北京电科院自主研发5G同步波形采集终端，通过内嵌5G通信模组、北斗对时模块、高精度模数转换芯片（AD芯片），实现现场电压电流波形的同步采集和5G通信高速传输。通过开通5G通信专用网络，与5G运营商合作，办理特定APN（一种网络接入技术）定向5G-SIM卡[基于APN网络的5G SIM卡（电话卡）]以适应现场不同通信环境条件。开通北京电力5G数据专用光纤通道，在保障数据安全的前提下，充分发挥5G通信高速、大带宽优势，实现终端采集数据的无线高速回传。案例打造了同步波形数据处理分析中枢，即海量数据实时处理主站。主站融合实时数据库、分布式计算等海量数据处理技术，开发包含同步波形展示、同步相量、电能质量等监测功能，具备电力系统合环分析、振荡分析、故障分析、暂态分析等一系列高级应用功能。案例通过数据安全接入平台实现无线数据的安全传输，采用终端硬件加密，平台接入鉴权双重认证安全接入体系，配置安全隔离、防火墙等多重安全手段，保障电网同步波形数据的安全传输及管理。

2. 主要做法

案例应用5G与电网数字化前沿技术成果，打造包括通用同步采集终端与数据后台在内的新型电力系统全息感知平台，实现电网运行数据广域、实时、同步全息感知，显著提升现有量测系统数据精细化程度与业务扩展能力，创新成果达到国际领先水平。

（1）创新应用虚拟仪器量测架构

案例创新应用“同步波形数据采集+远方计算”的虚拟仪器架构体系，从而将复杂的同步波形数据计算分析与采集环节相互解耦，形成包含通用同步采集终端与数据后台两大环节的全新智能量测体系，相比传统量测系统数据灵活性更强。

以广域监测系统（WAMS系统）为例，现有WAMS的同步相量测量装置（PMU）在本地实现采集数据的分析和处理，仅将基波幅值、相角、频率等计算结果数据传回后台系统进行统计和展示。然而，仅采集以上数据颗粒度较为粗糙，无法实现电力系统运行状态的“全息刻画”。此外，经传统PMU采集终端专业算法处理后的结果数据具有很强的专业性，后台应用扩展能力极为有限，通常难以支撑其他类型的应用（例如WAMS系统无法兼顾电能质量功能）。在5G高速大带宽的优势赋能下，将采集同步波形数据全量回传以保留数据全息特征与应用扩展活性成为可能。本项目创新应用了“全数据采集+远方计算”的虚拟仪器架构，由通用采集终端通过5G信道将高采样率数据全量回传至后台，数据在后台完成处理分析，打破现有量测系统数据颗粒粗糙、功能死板单一的壁垒，单一平台融合电能质量分析、同步相量计算、远程示波等多业务场景应用，可根据需求进行灵活拓展和定制化开发，打造更加精细、更趋柔性的全新电网全息感知平台。

（2）自主研发内嵌 5G 模组的通用采集终端

国网北京电科院自主研发的通用采集终端实现了电网电压、电流波形数据广域同步采集与 5G 全量回传基于“迷你工控机 +FPGA（现场可编程门阵列）+ 采集卡（含扩展卡）”的主机硬件架构，兼容实现多种类型的小微传感器接入。通用采集终端搭载采集管理、数据流管理、存储管理、通信管理四大综合功能软件，并综合考虑各类硬件尺寸、散热等因素，实现终端硬件的紧凑化设计。案例在国内率先应用内置 5G 模组，实现采集装置小型化轻型设计，采集终端更加小巧灵活，单手即可握持，极大地降低了对现场安装空间的要求，现场安装适应性提升 37%。终端支持 12.8kHz、6.4kHz 和 3.2kHz 三档采样率同步采集，5G 技术赋能采样数据全量实时回传，数据颗粒度小，显著提升了电网运行感知能力。

此外，现有的馈线终端设备（FTU）、配变终端设备（TTU）、RTU 等设备不具备同步测量能力，广域同步 PMU 仅能进行基频相量测量，无法精准刻画电力系统动态行为。项目自主研发高性能全量数据时钟同步技术，对数据标注纳秒级时间刻度实现广域范围终端同步采集，24h 守时误差低于 50μs，远高于常规 PMU。成果已用于 220kV 变电站合环，显著降低了合环冲击电流，提高合环成功率。

项目研发与应用了低压配电网和主配网站用两种类型终端。低压配电网终端采用紧凑化、小型化设计，电压直接测量，电流经电流传感器测量方式实现电压、电流波形同步测量；主配网站用终端采用 2U（工业机箱的标准规格，高度单位为 U）标准机箱设计，应用于变电站、开闭站二次机柜，测量电压互感器间隔（PT 间隔）、CT 二次信号。

（3）打造数据实时处理后台

通用采集终端高采样率数据全量回传将对数据主站造成极大压力，传统数据处理技术无法适应海量数据处理场景。国网北京电科院独创海量数据实时分析处理新技术，创新实现多维度数据接入解析、海量数据实时计算等微秒级大数据处理新技术。采用分布式数据库部署保障了各终端原始数据的顺利入库；调用算法对原始数据分析时采用加锁顺序计算策略，避免了不同终端调用算法时导致的动态变量的冲突，使计算结果更稳定。主站独创海量数据处理机制，实现对电网在线实时同步全息感知，融合多类应用功能，打造可驱动万千电力应用的强大“数字引擎”，满足日益多样化以及定制化的多场景业务需求。

二、案例实践效果

（一）综合效益

案例深度响应数字新基建重点任务，打造基于 5G 与数字化技术的全量数据电网智能感知平台，围绕电力系统量测领域积极开创新兴业态，带动相关产业链发展。

项目平台对电网进行 24h 全方位在线同步感知，规模化部署后预计可节约人工成本 600 万元 / 年，提高劳动效率16%以上。所融合的故障研判等高级应用可有效减少停电时间，故障区段查找时间由原来的2.5小时缩减为5分钟，按平均4MW供电容量计算，每年可增加售电量340万元（按平均电价0.767元计算）。

（二）第三方评价

案例终端平台已通过开普检测研究院检测，并出具检验报告。案例核心技术荣获第八届中国青年创新创业大赛优秀奖、工信部第四届“绽放杯”5G应用大赛冬奥与新媒体赛道一等奖以及国家电网公司青年创新创业大赛铜奖；案例现场应用成果被北京卫视、新华网、人民网以及国家电网报道。

（三）行业推广前景

本案例为完全自主研发、国内率先应用内置5G模组的电力全息智能感知平台，是“5G+电力”的前沿技术成果。首次实现电网全量数据全息同步采集、5G回传以及主站高并发数据的实时处理，填补了多项技术空白，极大地提升了电网感知能力和运行可靠性。目前行业内还未有类似产品，案例具有广阔的推广空间和市场潜力。

本案例产品除可用于台区智能感知外，还可在网架末端深入用户侧进行部署，由此仅北京电网潜在监测节点可达百万个。案例提出的基于全数据量测的电网智能感知平台可满足全国34个省级输、配电网运行监测需求，能够全面提升电网感知能力。项目相关技术还可推广、应用于全国发电企业、轨道交通、石油化工等相关行业，助力工业数字化、智能化远景目标。

（于希娟　及洪泉　宣振文）

“雪花网”建设助力可靠性提升

一、案例基本情况

（一）单位基本情况

国网天津市电力公司（以下简称“国网天津电力”）负责天津地区电网规划、建设、运营和供电服务（供服），资产总额838.2亿元，售电量837.25亿kWh，供电面积1.19万平方千米，供电户数735.9万户。

党的十八大以来，习近平总书记来津视察期间两次对电力工作作出重要指示，勉励电网员工“继续努力，再创新高”。国网天津电力牢记习近平总书记嘱托，努力在建设具有中国特色国际领先的能源互联网企业中“干在实处、走在前列”，针对城市配网结构亟须优化提升的需求，试点研究建设更适于天津的高可靠性配电网结构“雪花网”，进一步促进区域供电能力和供服水平提升。

国网天津电力设备部牵头组建“雪花网”建设团队，由发展部、电科院（电力科学研究院）、经研院以及滨海、城东、城南公司运检部、属地供服中心等24名相关人员组成技术指导和实施应用小组，负责“雪花网”建设和推广应用工作。

（二）案例实施背景

近年来，我国城市化进程加快，持续发展对于电力供应提出了更高要求。大型城市核心城区配电网均已建成20年左右，供电能力与客户需求基本到达平衡。目前影响可靠性提升的主要问题是设备逐渐老化、网络灵活度不足。目前，大多数城市核心区老化设备改造已成常态，但是网络优化较难开展，主要受限于已有城市建筑，优化实施过程中需要调解的问题多，导致优化方案无法全面开展，最终整体效果无法保障。针对这种情况，天津公司研究开展适于局部升级改造的“雪花网”方案，在城市核心区现有的双环网、单环网结构基础上，进行局部微调，增强网络灵活度，提升设备利用效率和供电可靠性。

（三）案例具体实践

1. 总体思路

“雪花网”结构是一系列网络结构的统称，因线路合围区域外形像雪花瓣形状而得名。具体是指以环网箱为核心节点，根据现状区域内上级电源变电站及10kV线路数量，由4座（3座）变电站的 8 回（6 回）10kV 电缆线路组成，按照每座变电站 10kV 出线 2 回，每回线路具有 1 个站间联络、1 个站内联络标准构建的开环运行配电网。

2014—2017 年，国网天津电力组开展网架提升相关研究。一是申报《适应负荷大规模转移要求的世界一流城市配电网规划关键技术研究》等公司科技项目，详细论证配电网各电压等级的目标网架结构，并在 2018 年版天津电网规划设计原则中应用。二是申请发明专利《一种适用于城市中压配电网的雪花格式网架构建方法》，提出了“雪花网”初步设想。

2021 年，国网天津电力结合“双碳”、能源互联网、营商环境优化等多重发展需求，深化 10kV 主干网架研究，编制完成了《10kV“雪花网”结构专题研究报告》，明确主要技术原则，细化典型设计方案，将“雪花网”结构从理论落实到图纸。

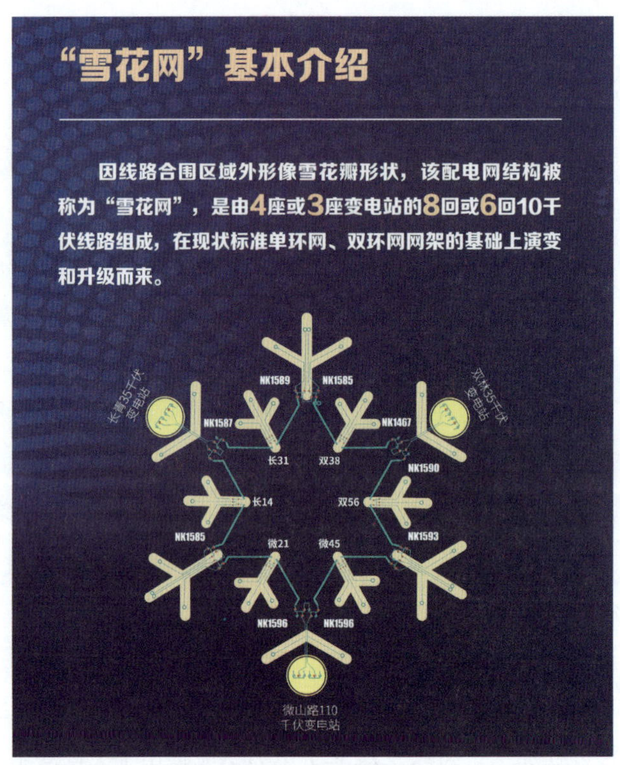

图 1 “雪花网”基本介绍

2022 年，国网天津电力配电网规划建设专题安全生产委员会专题汇报研究成果，确定由设备部牵头启动高质量配电网建设，在城东公司北辰高端装备产业园、城南公司河西全运村、滨海公司生态城旅游区实施“雪花网”升级改造。

2. 主要做法

表 1 不同网架结构技术指标对比

关键指标	双环网	双花瓣型	钻石型	“雪花网”
供电可靠率（%）	99.99962	99.99968	99.99965	99.99965
馈线 N-1 负荷转移能力	100%	100%	100%	100%

续表

关键指标	双环网	双花瓣	钻石型	“雪花网”
馈线最大负载率	首段有联络 75%，无联络 50%	75%	首段有联络 75%，无联络 50%	87.5%
主变最大负载率	75%	75%	75%	83.33%
双环网基础上改造	—	新建开关站、改造光纤纵差	新建开关站、改造光纤纵差	分段联络优化
客户接入电源点数	4	4	4	8

（1）网络结构更加优化，可靠性更高

①“雪花网”依托最优分段联络技术和分层分群理论。在原有的两座变电站组网模式基础上进行升级，以环网箱为组网单元，将 3—4 座变电站组团，通过 10kV 电缆有规则建立起站内联络和站间联络。

②“雪花网”结构汇集 8 回（6 回）线路形成独立的环网状馈线集群。搭建了更坚强、易拓展、网格化的能源配置平台，拓扑结构简明清晰，网架灵活可靠，支持负荷大范围转移。

③“雪花网”全面配置电网控制终端。光纤通信终端网络、智能融合终端，全部节点可测、可控。在调度控制方面应用网络自动重构、在线合环计算等技术，实现负荷灵活转移，故障快速自愈。供电可靠性方面，“雪花网”略低于双花瓣型配电网，与钻石型持平，高于双环网。

（2）升级改造更易实施，成本更节约

“雪花网”建设是在单环网、双环网的基础上，因地制宜，通过小范围优化网架，将电网升级为更可靠的雪花形电缆主干网，减少新建 10kV 主馈线，节省电网投资，支撑配电网自动化系统具备更多高级功能。改造成本约为钻石型结构配电升级的 38%、双花瓣结构配电网升级的 55%。

（3）客户接入更友好，适应度更高

“雪花网”具有灵活接纳分布式电源、电动汽车、储能等接入电网的高包容性，并且高度适应匹配电源、用户两端发用电行为的不确定性，支持各类市场主体接入、退出和互动。

国网天津电力的“雪花网”优化经验，兼顾经济性和可靠性，相对适用于整体电网建设投资有限，但局部可靠性需求相对较高的区域。

（4）项目试点

①北辰高端装备产业园领先示范型试点。北辰高端装备产业园领先示范型试点项目位于北辰国家产城融合示范区内，这里大型工商业用户较为集中，规划光伏接入比例高，充电桩高密度高。已建成产城集约型大张庄智慧能源小镇、华电北辰能源站为用户提供冷热集中供应，多状态开关站、分布式储能站、直流微网等逐步发挥效能，具备领先示范型“雪花网”试点基础条件。

表 2　改造前北辰高端装备产业园区域概况

区域面积（km^2）	供电区域	变电站（座）	110kV 及以下用户（户）	重要用户（户）	供电可靠率（%）	供电量（亿 kWh）
20	A 类	3	6489	1	99.993	5.95

项目对现状 4 条线路及新建的 2 条线路进行整改规划，建设 1 组领先示范型“雪花网”。由万河道 110kV 变电站新建 2 回 10kV 线路与现状 4 条线路构建 1 组 3 站 6 线“雪花网”。具体包括网架结构完善、智能化升级、主站模块升级等三方面工程。

表 3　北辰高端装备产业园“雪花网”试点建设内容

类别	工程项目	建设内容
网架完善	万河道变电站新出线等线路网架优化工程	线路 4 千米，光纤 4 千米，站点 6 座
	10kV 喜 64 等线路网架优化	线路 2 千米，光纤 2 千米，站点 4 座
智能化升级	新建及改造光纤纵差保护	新增 2 组光纤纵差保护
主站模块升级	城东配电自动化（配自）主站升级	升级合环分析、网络重构等模块

项目适应未来配电网交直流混合运行需求，一次网架与配自系统高度融合，实现源、网、荷、储的主动管理和优化控制。2022 年，区域供电可靠率达 99.999%，剔除改造施工停电率达 99.999%。

同时，开展引领未来配电网发展方向的系列探索研究，一是研究交直流混合配电网的规划设计、关键装备、组网运行、潮流主动控制、经济分析等关键技术，利用柔性直流技术主动控制配电网的线路潮流，优化电网配置能力。二是结合现有 ±375V 直流微网，研发应用直流供用电设备，建立低压直流系统生态典型应用示范，制定直流供用电规范标准。三是利用现有直流源、网、荷、储设施，开展源、网、荷、储互动场景相关技术研究，实现分布式光伏、直流负荷与储能系统的即插即用与无缝融合。

②河西全运村先进适用型“雪花网”。河西全运村先进适用型“雪花网”项目位于河西区解放南路全运村起步区，主要为居民、商业负荷，区内充电桩密度高。已建成高供电可靠性智慧运检型全运村居民住宅，配电站房智能巡检机器人、低压 400V 自动投切装置、融合终端等逐步发挥效能，具备先进适用型“雪花网”试点基础条件。

表 4　改造前全运村区域概况

区域面积（km^2）	供电区域	变电站（座）	110kV 及以下用户（户）	重要用户（户）	供电可靠率（%）	供电量（亿 kWh）
5.52	A 类	3	57000	1	99.995	2.17

区内有 110kV 变电站 1 座、35kV 变电站 2 座、10kV 线路 25 条，对现状 6 条线路通过网架优化升级，试点建设先进适用型“雪花网”。新建线路长度 2.0 千米，改造站点 2 座，构建 1 组 3 站 6 线“雪花网”。具体包括网架结构完善、智能化升级、主站模块升级三方面工程。

在智能化升级方面，利用国网上海能源互联网研究院的台区微循环、台区智能融合终端、低压单网多模通信等先进技术，打造台区侧能源微循环体系，促进配网透明化提升。

表 5　全运村“雪花网”试点建设内容

类别	工程项目	建设内容
网架完善	长 14 等线路网架提升工程	新建线路 2 千米，光纤 2 千米，改造站点 2 座
智能化升级	台区配电物联网改造	台区物联网改造 1 座
主站模块升级	城南配自主站升级	升级合环分析、网络重构等模块

通过项目试点建设，满足大型居民生活区用户高可靠、多元化、智能化用电需求，并基于该类电网特点，开展相关创新技术研究及应用，配自延伸至 0.4kV，增加低压母线互投装置，用户停电时间缩短至 2～4 秒。2022 年，区域供电可靠率超 99.9996%。

同时，有效均衡上级电源变电站负载率，双林 35kV 变电站实现正常运行时最大负载率降低 10%；电网友好互动能力得到有效提升，更适应充电桩等不确定负荷接入。

③滨海新区生态城旅游区先进适用型“雪花网”。滨海新区生态城旅游区先进适用型“雪花网”项目位于滨海新区中新生态城旅游区北部，主要为居民、商业、生态文旅、智能科技产业负荷。区内围绕绿色产业内核，实施“生态＋智慧”双轮驱动发展战略，着力打造“生态城市升级版”和“智慧城市创新版”，已建成具有高比例可再生能源利用、100% 绿色建筑、低碳绿色出行的生态体系和以智慧城市运营中心为核心的“1+3+N”智慧体系，具备先进适用型“雪花网”试点基础条件。

表 6　改造前生态城旅游区区域概况

区域面积（km^2）	供电区域	变电站（座）	110kV 及以下用户（户）	重要用户（户）	供电可靠率（%）	供电量（亿 kWh）
12	A 类	3	36000	1	99.993	2.2

区内有供电 110kV 变电站 2 座、35kV 变电站 1 座、10kV 线路 33 条，对现状 8 条线路通过网架优化升级，试点建设先进适用型“雪花网”。新建线路长 16.5 千米，改造站点 10 座，构建 1 组 3 站 12 线“雪花网”。具体包括网架结构完善、智能化升级、主站模块升级三方面工程。在智能化升级方面开展分层分群配电系统构建技术研究与综合示范项目等国网科技项目。

表 7　生态城旅游区“雪花网”试点建设内容

类别	工程项目	建设内容
网架完善	“琥 43”等线路网架提升工程	新建线路长度 16.5 千米，改造站点 10 座
智能化升级	配自站点及光纤升级改造	配自终端、站内终端、光纤升级改造
主站模块升级	配自主站升级	升级合环分析、网络重构等模块

通过项目实施，构建适应新能源大规模接入的分层分群配电系统，提升配电系统电力电量自平衡和安全可靠运行能力。2022 年区域供电可靠性超 99.998%。

同时，满足区内生态型宜居和谐社区、生态文旅、智能科技产业用电需求，并以分层分群配电系统构建技术为导向，开展“有载调压变 + 光伏”并网断路器、“有载调压变 + 光伏”并网逆变器以及台区微循环系统等新技术应用试点。

二、案例实践效果

（一）综合效益

一是“雪花网”通过新建联络、优化联络，升级现状单环网、双环网，形成馈线集群，发挥电网集群效率效益。二是“雪花网”结构搭建了更大、更坚强的能源配置平台，能够全面支撑清洁能源消纳、多元用户连接、各类业务聚合拓展，服务国家“双碳”目标、国家电网公司发展战略落地。

（二）第三方评价

在 2022 年“雪花网”专家评审会上，与会专家一致认为“雪花网”是适应能源互联网发展的先进网架结构，是对天津 10kV 电网的升级完善，符合国家电网公司相关政策。“雪花网”结构安全可靠、简明清晰、理念先进、经济高效，可为更多城市、更多地区提供示范，并建议扎实做好试点项目，经全面评估后，制定计划有序推广。

（三）行业推广前景

国网天津电力公司立足行业发展和经验推广开展“雪花网”建设实践，三个建设项目分别普适于高可靠性新建区、居民区、旅游区的配电网升级改造，具有较广泛的推广价值。

以北辰高端装备产业园为代表的领先示范型“雪花网”试点，主打高品质配电网升级样板，代表未来配电网发展方向，适用于新建的高标准配电网。

以河西全运村、滨海新区生态城旅游区为代表的先进适用型“雪花网”试点，兼顾经济性和可靠性，普遍适用于可靠性需求相对较高、整体改造困难的核心城区配电网提升改造，同时具备经济投入较少的优势。

（魏然　郑悦　张震）

新型电力系统下配电网电能质量精益化管理

一、案例基本情况

（一）实施背景

随着“双碳”目标的持续推进，以风光为代表的新能源规模化分散式接入城市配电网。分布式新能源分散性和无序性强，管控困难，导致电能质量问题逐渐凸显。新型电力系统下的城市配电网存在电压偏差、电压波动、谐波等电能质量指标短期越限、功率倒送、网损增加、调控困难等一系列的问题。因此项目团队针对电能质量各阶段的管理流程进行梳理，编制并建设分布式光伏全环节电能质量监测系统，为配电网管理提供数据支撑，探索多种电能质量治理手段，提升配电网可靠性和管理水平。

（二）案例具体实践

1. 总体思路

城市配电网新型电力系统下电能质量的精益化管理存在以下问题：电能质量管理模式未充分考虑分布式新能源大规模接入后对配电网造成的影响，各部门、各环节管理方式相互独立；电能质量的监测数据只覆盖变电站层级，对台区、用户等关键节点的信息掌握不全；常规支撑手段无法适应新能源快速波动引发的电能质量问题，变电站、台区、用户末端的电能质量治理手段亟须丰富和提升。

本项目进行了以下三方面典型做法：一是夯实分布式光伏电能质量管理的制度基础，支撑专业工作开展；二是建设分布式光伏全环节电能质量监测系统，为分布式光伏电能质量的可靠性管理提升提供数据支撑；三是利用多种电能质量治理手段实现电能质量指标全面提升。三者相互促进，共同提升电网对分布式新能源的接纳能力，提升区域电能质量水平。

2. 主要做法

（1）电能质量全过程管理

分布式新能源是配电网中重要的干扰源，具有点多面广的特点，其大规模接入对电网电能质量管控带来挑战。制定适应分布式光伏大规模接入后的电能质量全过程管理体系是实现电能质量提升的基础和保障，主要包含四个方面的工作。

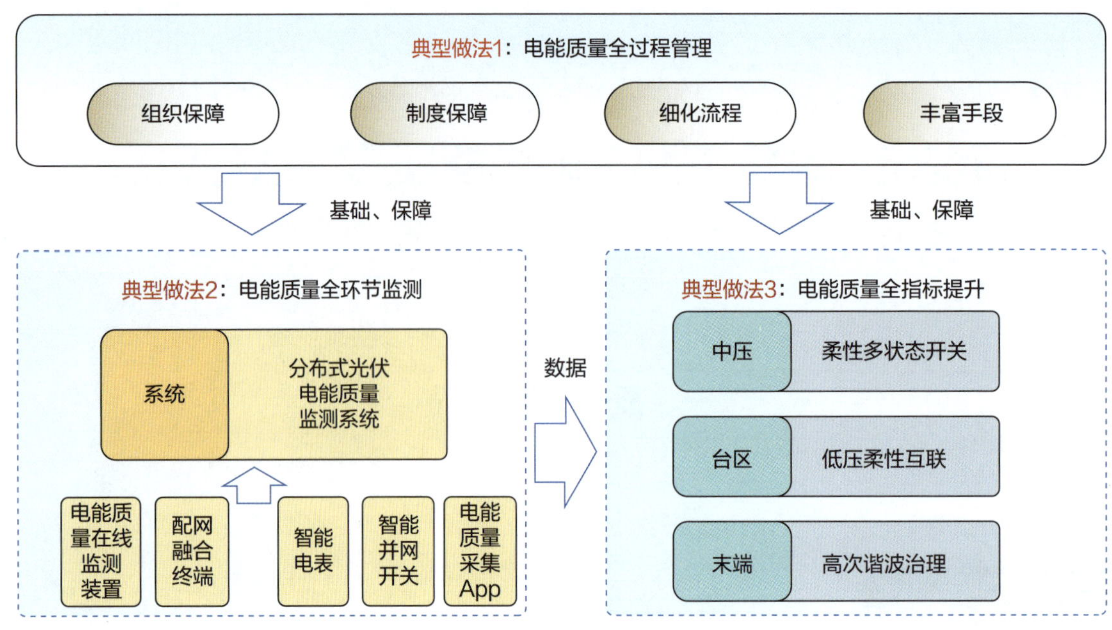

图1　典型做法体系架构图

①注重电能质量管理组织保障。宣传贯彻工作计划和工作要求，优化电能质量管理工作流程，明确细化评估、监测、测试、治理等各管理环节和工作任务，每月召开月度例会，滚动修订工作任务，并形成《电能质量技术管理工作通报》，下发各管理单位落实。

②全面梳理相关标准、制度，针对分布式光伏的接入、评估、监测、运维等各阶段编制详细的管理办法。编制《干扰源及敏感用户电能质量管理办法》，将分布式电源接入管理纳入管理办法，明确分布式光伏接入电网电能质量管理的工作标准、工作流程、评估要求、监测要求等，并利用视频会议、线下交流等形式开展制度宣传。

③提高电能质量管理工作效率。开发“电能质量全过程管理模块”，覆盖评估、普测、监测、专项测试、治理全过程，各项数据逐级在线填报审核，测试、监测数据线上保存，可查询本单位本年度的评估审查情况、普测计划、超标情况、整改情况等各项管理工作细节，大大提升了工作效率。

④严格落实各项工作管理细节。对全过程管理链条逐项完善，细化每项工作要求，具体包含预测评估、专项测试、在线监测、周期普测、电能质量治理五个阶段。

（2）电能质量全环节监测

完备和全面的电能质量数据是新型电力系统下掌握电网特性的基础，也是制定治理措施、提升电网电能质量水平的依据。本项目充分利用信息化手段和电网高、中、低各侧的先进的数据采集方式，打通电网各环节的数据传输壁垒，实现电能质量全环节感知，建设分布式光伏电能质量在线监测系统。

分布式光伏电能质量监测设备包括台区智能融合终端、电能质量监测终端、智能并网开关和智能电表四类。台区智能融合终端是中低压配电物联网的关键设备，具备信息采集、物联网代理及边缘计算功能。为充分发挥配电融合终端的电能质量采集功能，开发“电能质量采集 App”程序，将台区智能融合终端采集到的数指标做整合。电能质量监测终端通过变电站内部专网或者 4G 无线专网上传至分布式光伏电能质量在线监测系统；智能融合终端监测数据、智能并网开关监测数据通过智能融合终端汇集，并将采集到的数据信息汇聚传输至配自主站，然后传输至分布式光伏电能质量在线监测系统；智能电表采集数据通过用采集系统汇集至分布式光伏电能质量在线监测系统，实现变电站、配电台区、用户侧全监测。

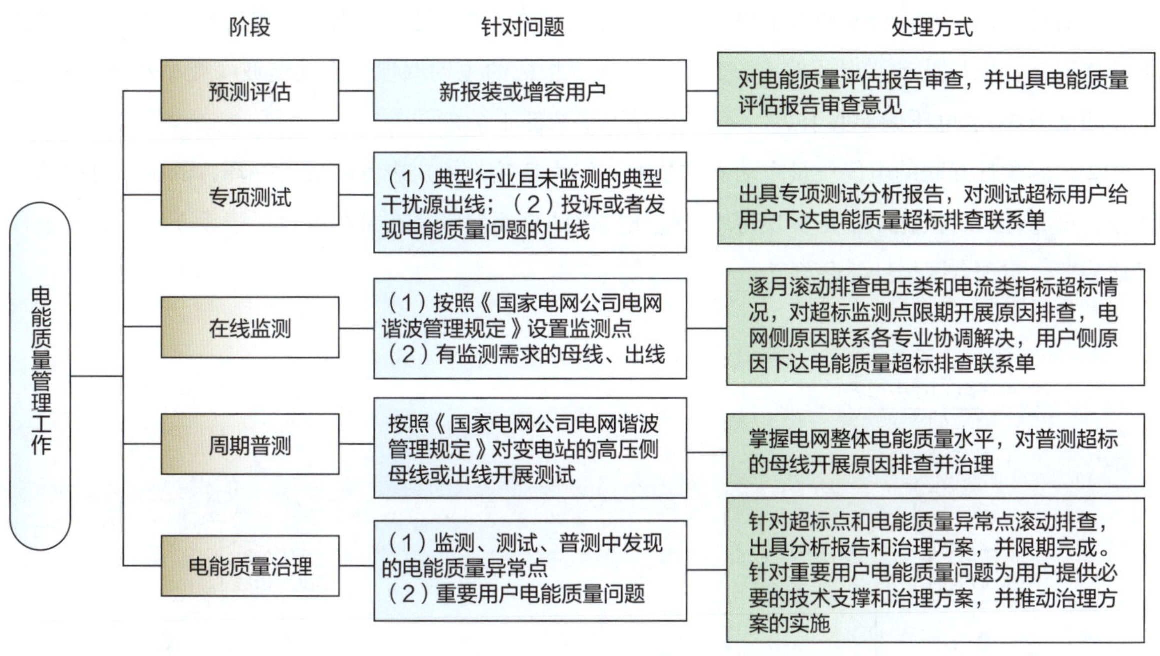

图2　电能质量管理工作示意图

分布式光伏电能质量在线监测系统主要包含基础台账管理、指标分析管理、电能质量预告警管理、可视化综合展示等功能，实现分布式光伏电能质量全环节监测和全过程管理。基础台账管理包括对分布式光伏接入电能质量监测的监测点台账、台区台账及光伏用户台账的管理，是分布式光伏接入电能质量应用分析的基础数据支撑。指标分析管理是针对分布式光伏接入电能质量监测数据的统计、分析，具体指标包括电压、电流、频率、功率、谐波电压、谐波电流、三相不平衡等。电能质量预告警管理是针对电能质量超标情况进行分析研判和预告警处理。

（3）电能质量全指标提升

在分布式新能源大规模接入区域实现谐波、电压波动、电压偏差等电能质量指标全环节监测的基础上，针对其薄弱环节制定治理方案是提升电网电能质量水平的目的和落脚点。项目利用先进的电力电子变换技术，开展了涵盖中压—台区—用户末端全环节的电能质量提升工程，实现电能质量全指标提升。

①柔性多状态开关支撑电能质量全指标提升。在某产城融合区域，建有光伏、风电等分布式电源项目 3 项，装机容量约 4MVA，分布式光伏接入比例逐步增加，整个区域的电能质量指标管控面临巨大挑战。项目在依托系统两座 110kV 变电站为中心形成的典型双环网架上，建设 10kV 配网六端口柔性多状态开关装置，其中交流四端口电压等级为 10kV，容量为 6MVA，直流端口电压等级 ± 10kV/ ± 375V。安装光纤纵联差动分布式自动化成套设备，与柔性多状态开关相配合，提升供电

可靠性。

柔性多状态开关站通过预留 ±10kV/±375V 直流端口实现分布式电源直流接入，促进示范区分布式电源建设。同时示范区虽然经过大规模配电网改造建设，但仍存在部分重载线路，通过柔性多状态开关有功和无功功率的调节，均衡线路负载分布，减少线路管理损耗。

工程投运后，彻底改变了当前区域电网不能对所有配电网实现无功和电压的实时监控和实时单线调节的现状，一方面可实现多个中压直流电网的互联互济；另一方面通过先进的电力电子变换技术开展谐波、电压波动、电压偏差、三相不平衡等指标的主动调控，实现谐波畸变率小于 4%、电压波动低于 3%、电压偏差低于 7%、三相负序不平衡低于 2%。

②台区柔性互联的电能质量主动支撑技术。作为直接为用户服务的最后一环，低压配电网的灵活性、可靠性、可控化水平是实现为用户优质供电的重要保障。在某配电台区建设 9 套交直流柔性互动装置，实现台区柔性互联。

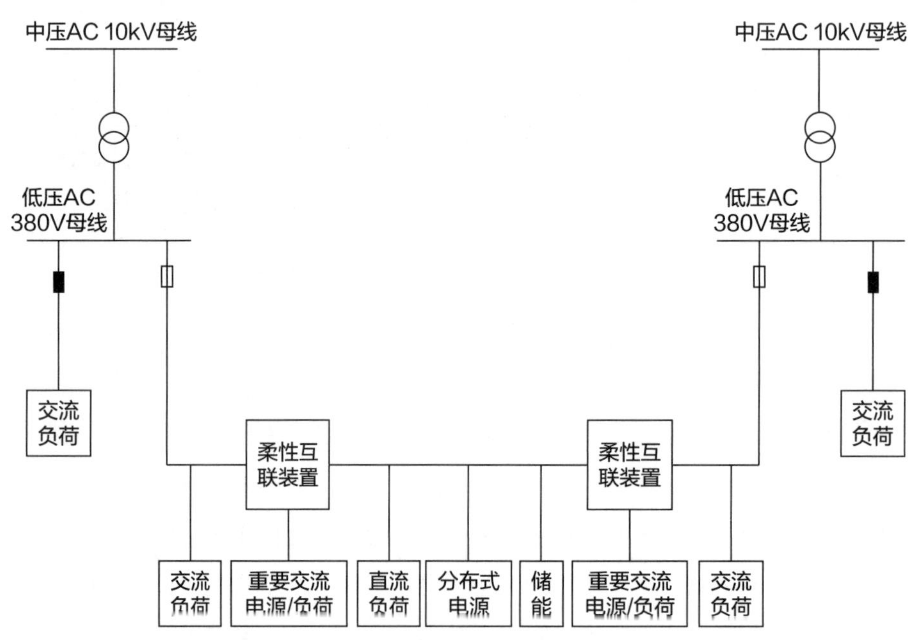

图 3　台区柔性互联示意图

采用就地布置的柔性互联装置，建设不同台区间末端互联、功率共济的交直流混合配电网，柔性互联装置配置电能质量治理。台区柔性互联可在满足小区内布置比较集中的直流设备负荷需求，同时通过功率互济解决台区间负载不均衡的问题。工程投运后所连接节点的电压偏差低于 7%，电压波动低于 3%，实现满足全电能质量稳态指标下分布式新能源接纳容量提升 10%。

③分散式高次谐波治理技术。在用户末端，以分布式新能源并网换流器为代表的电力电子设备会给配电网电能质量带来冲击，谐波频带增宽，高次谐波含量明显增加，尤其是国标未规定的 35 次及以上高次谐波问题日益凸显。高次谐波传播距离短，在电网中的分布较为分散，难以像低频次谐波一样采用集中治理的方式开展治理。因此，需要在用户末端开展分散式治理。项目研发了一种具有相互绝缘隔离腔结构组合的高频滤波器，既能有效滤除高频谐波，又能减小体积。

成果在某村开展示范应用，示范区包含 4 台 60kW 充电桩、14.85kW 光伏车棚、62.5kW 储能，采用全电缆化配电。滤波器投运后，通过现场测试表明滤除了超过 80% 的高频谐波，保障系统安全经济运行。

二、案例实践效果

（一）综合效益

本项目对新型电力系统下配电网的电能质量开展精益化管理实践，构建了分布式新能源全过程电能质量管理工作体系，实现电能质量全过程管理；建设了涵盖变电站、台区和用户全环节的分布式新能源电能质量监测系统，实现电能质量全环节感知；开展了涵盖中压—台区—末端的电能质量主动支撑工程，有效提升了电能质量水平。项目成果得到整体应用，管理流程全覆盖，实现新能源大规模接入的 41 个变电站、264 个台区、13 个末端用户的电能质量指标全监测，电能质量指标有效提升，为分布式新能源大规模接入配电网后的电能质量提升提供了重要支撑，对构建新型电力系统，稳步推进实现“双碳”意义重大。

（二）第三方评价

项目“电力电子化城市配电网电能质量态势感知与协同治理技术”完成第三方专家评审的项目验收。

（三）行业推广前景

本项目形成的分布式新能源管理方式、在线监测分析模式、电能质量支撑和治理模式通过制度保障、全指标数据监测相结合的、先进的电力电子变换技术开展谐波、电压波动、电压偏差、三相不平衡等指标的主动调控模式，可以有效提升配电网的电能质量水平，可广泛适用于电网企业的配电网电能质量管理。

（满玉岩　李振斌　刘亚丽）

搭建标准应急检修体系

一、案例基本情况

（一）单位基本情况

国网山西超高压变电公司（以下简称“山西超高压变电公司”）是国网山西省电力公司直属生产单位，成立于 2001 年 8 月，负责特高压“三交一直”4 站和 30 座 500kV 变电站 (开闭、开关站) 的运维检修工作（总容量 81287.12MVA），管辖 22557 台（套）主要变电设备，运维资产价值 208 亿元，承担着保障山西主网变电设备安全运行和向京津、河北、江苏、湖北等地外送的重要任务。

（二）案例实施背景

山西超高压变电公司坚持以问题为导向，深入研究检修工作中存在的痛点、难点，把工作的着力点放在如何有效解决突出问题上，通过“三库”（规范化方案库、差异化装备库、精细化备件库）建设，搭建标准应急检修体系，切实提高变电管理水平，确保超特高压主网安全稳定运行。

（三）案例具体实践

1. 总体思路

以现代设备管理体系构建思路为引领，以加强电网、设备风险应急保障为导向，坚持“六能六不”原则（能让机器干的不让人干、能靠技术防范的不靠人防、能在车间干的不在现场干、能在地面干的不在高空干、能在停电前干的不在停电期间干、能并行干的不串行干），扎实开展“三库”建设行动，构建“一缩两降”（缩工期、降事件、降风险）特点的标准应急检修体系，全面提升应急处置能力。

2. 主要做法

（1）建设规范化方案库

全面梳理典型设备 5 方面 66 小类故障异常，统筹兼顾抢修效率、作业安全、停电方式等因素，有针对性地编制最优应急检修技术方案，细化固化工序流程、工艺标准，全面建设成各站规范应急检修技术方案库，即拿即用，实现应急作业指导和安全管控的全覆盖。

（2）建设差异化装备库

精准差异化制定配置计划并逐步配齐生产装备，积极学习借鉴各施工行业先进经验，研究定制特定关键工序中的专用工机具，切实解决竖面布置气体绝缘全封闭组合电器（GIS）母线拆装、临电风险较大的设备吊装等施工作业的痛点难点。

（3）建设精细化备件库

统筹平衡设备运行工况、厂家服务质量、备品生产准备周期、价格预算、设备事件降级程度等因素，建立科学的设备备品备件配置建议清单，按照轻重缓急的原则制定下一步有序配置计划，并完善备品备件存放管理机制。

二、案例实践效果

（一）综合效益

山西超高压变电公司在“三库”建设期间，夯实了标准化检修、应急基础管理工作，同步修订各类检修作业卡、指导书、验收要点、风险管控等各类标准化模板，组织开展各类现场实训、推演、研讨，全面提升了人员的技能水平，同时针对现场重点工序、疑难杂症、常规费时环节，深度挖掘并研究改善设备性能和作业条件等方面的新技术、新工具，实现“一缩两降”，切实提升运检效率。

1. 缩工期

（1）升级机具装备提高工作效率

选用大功率大容量 SF6 快接座装置（SF6 快速接头）配合多功能管路应用缩减组合电器 SF6 快速接头气体回收、抽真空、注气时间 20%；研究专用 GIS 母线支撑及移位装置，替代传统的多辆吊车配合和逐个筒体拆除的复杂模式，实现最小范围解体，缩减设备拆装时间 15%～25%。

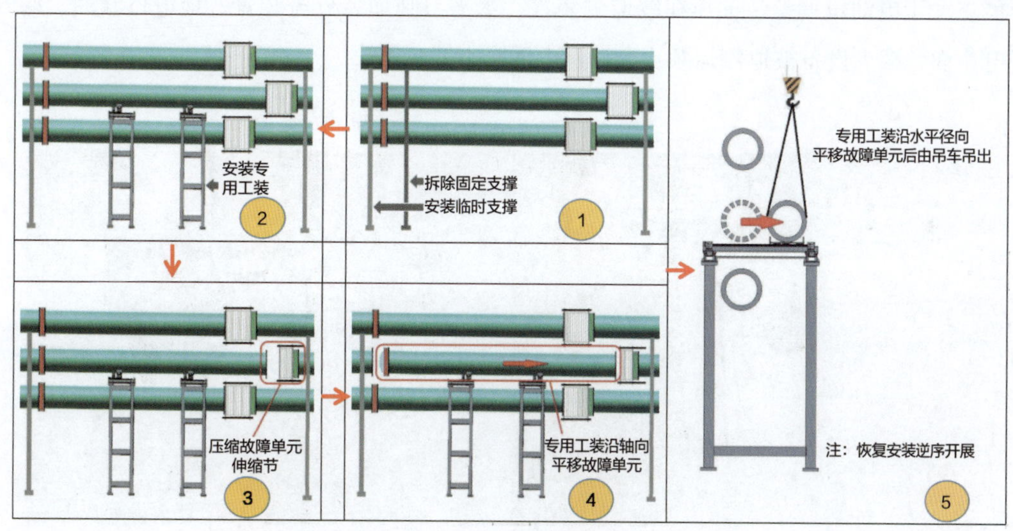

图 1　研究专用工装缩短工期

（2）改进优化工艺流程

最大限度提前开展设备交接试验，将部分工序前移，缩减敞开式 CT、电压互感器、避雷器等设备整体更换检修时间 15%～20%；改进吊装方式，实现整装整卸，单节瓷瓶吊装改为多节瓷瓶整体吊装，缩减敞开式电压互感器、避雷器、隔离开关拆装时间 20%～30%。

2. 降等级

通过“三库”建设，达成“最便捷工机具装备 + 最全面备品备件储备 + 最优效应急”检修方案，使设备停运时间最大限度接近现场检修时间，大幅缩减设备损坏被迫停运时长，实现设备等级事件降级，提高设备可用率。

3. 降风险

GIS 母线筒专用装置、折臂吊等装备应用打破常规吊车作业空间要求高、邻电风险大的限制，缩小停电范围，降低了因设备配合停电导致“N–1”“N–2”（表征网架可靠性的指标，表示电网中某个特定范围内某种类型供电设备的冗余程度。“N–1”“N–2”通常是变压器或线路的通过率。如变压器的 N–1 通过率是指 1 台变压器故障或停电，仍可以满足正常供电）运行方式下的电网安全风险。

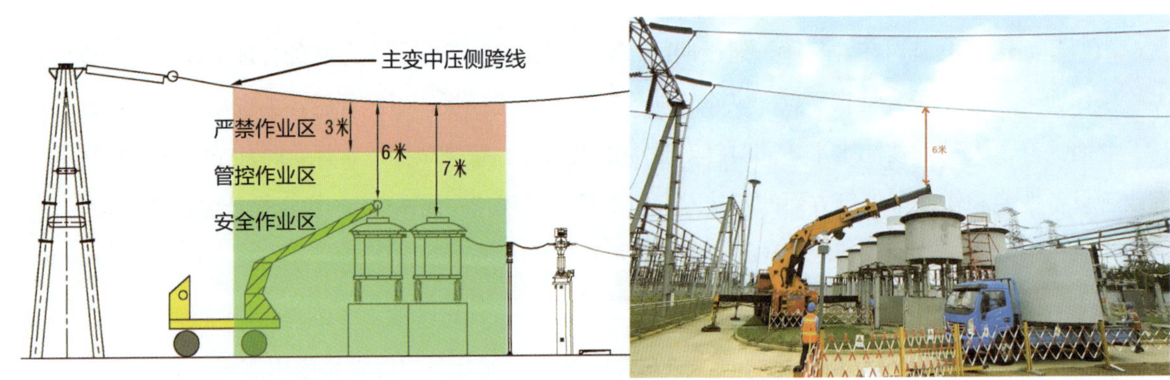

图 2　折臂吊车缩小停电范围

开展主变带电油位调整、油压在线监测装置、水平刀闸加装分流装置、地电位漏油、漏气堵漏等不停电作业，减少设备被迫停运频次，确保电网全方式运行。

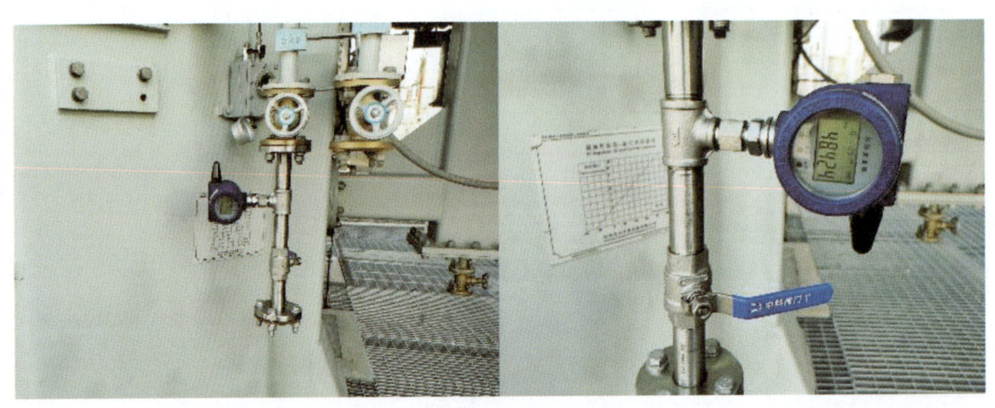

图 3　油压监测装置实时高效

（二）第三方评价

山西超高压变电公司在搭建标准应急检修体系的创新与实践过程中，各项工作顺利开展，各项重点难点一一被攻克，形成了一套从科学的“确定关键点”到高效的“补齐短板”，再到规范的“体系建设”流程，显著提升了变电设备精益化管理水平，大幅提高了现场工作质效。

在建设期间既形成了标准化的规范，高效补齐了管理短板，又优化了管理模式，提升了企业活力。目前“三库”建设已在山西省电力公司内进行推广，产生了较好的经济效益和社会效益。

（三）行业推广前景

标准应急检修体系的构建，紧密贴合公司生产实际，通过“三库”建设，全面提升设备故障异常处置能力，全方位升级应急响应机制，切实打通应急抢修的“最后一公里”，极具行业推广应用价值。

标准科学，即拿即用。以打造“样板间”示范模式，根据各站设备实际情况，有针对性地编制最优应急检修技术方案，并由“一类一案”扩展到“一站一案”，建设成标准应急检修技术方案库。方案针对性强，推敲严谨，对同类型、同厂家、同方式布置的设备故障异常应急抢修具备指导性意义。

查缺补漏，精益提升。按照“清扫补”的思维，编制过程中逐项梳理排查基础台账、标准化检修、备件装备储备等各类基础管理情况，补齐补全各部门、专业、班组管理薄弱环节。

针对难点，重点攻关。根据方案需求，探索应用特殊的工器机具，利用现有生产现场试点应用验证装备可靠性，梳理特定关键工序，研发运行监测中需用到的专用工装及检测仪器，全面补齐补全装备短板。

（刘雨飞　白皓　郭靖）

三相负荷不平衡五级调整，保障用户供电可靠性

一、案例基本情况

（一）单位基本情况

国网临汾供电公司（以下简称“临汾公司”）为国网山西省电力公司管辖的地市供电公司，经营范围覆盖临汾市 17 个县 (市、区) 中的 14 个 (安泽、乡宁、蒲县为山西地方电力供电区域)，供电面积 2.03 万平方千米。公司有 12 个职能部门、14 个县级供电公司、1 个城区供电中心 (电缆运检中心、带电作业中心)、15 个业务支撑与实施机构、108 个供电所，肩负着全市人民生产生活电力供应的基本使命。

临汾公司秉承“人民电业为人民”服务宗旨，以构建坚强智能电网、服务临汾地方经济为己任，以安全生产为基础、以发展创新为动力、以电力市场为导向、以优质服务为追求，着力提高电网的安全技术等级和运行管理水平。公司先后获得“全国五一劳动奖状”、全国文明单位、全国模范职工之家、中央企业先进集体、国家“安康杯”竞赛优胜免检单位、全国电力行业优秀企业，全省首家顺利通过中国电力企业联合会（中电联）全国 4A 级“标准化良好行为企业”认证，山西省干部驻村帮扶工作模范单位；国家电网优秀共产党员服务队、省公司先进单位、省公司创建“四好”领导班子先进集体、山西省干部驻村帮扶工作模范单位等荣誉。

（二）案例具体实践

1. 总体思路

采用五级平衡调整方法，从末端用户到配变逐级进行负荷平衡，减少各节点零线电流，将传统采用电流值计算方式变为采用电量值计算，将以往按照大负荷时段配变出口电流、大负荷用户电流情况对各相用户进行调整变为以用户累计电量为基础数据，运用 v（AI）计算领域成熟的非支配进化多目标优化算法，消除负荷变化带来的波动性。在传统配变、干线、支线、表箱四级平衡基础上增加用户一级，形成五级平衡。根据配变最优相序调整方案，现场对接户线相序进行调整，并使用网络无线核相仪对相序进行复核，确保调整正确，实现全过程平衡。该方法不仅可以大幅降低配变线损，还可同时改善配变重过载、电压不合格等异常运行状况，减少设备故障。

2. 主要做法

三相不平衡调整工作流程主要包括配变选取、现场采集、方案计算及现场调整四步。

（1）配变选取

利用接入电网资源业务中台的用电信息采集、工程生产管理系统（PMS）、同期线损等系统源端数据，收集全量配变的电压、电流、电量、功率因数等数据，分析季节性、典型日等负荷、电量特征值，筛选出三相不平衡配变。进行配变选取时，应重点关注煤改电配变、机井灌溉配变、光伏集中上网配变、接带充电桩配变、变频负荷较大配变；排除配变存在人为窃电、计量错误、台账错误等非技术原因，且宜选取信号传输稳定、便于远程监测的配变。

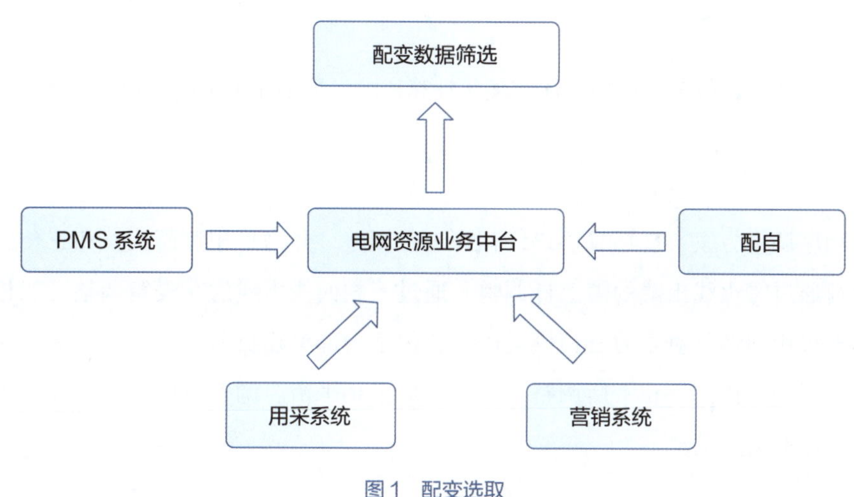

图 1　配变选取

（2）现场采集

①核相工作。现场利用核相仪核定配变总表相位、配变用户单相表、三相表接入相位。三相动力混合户，必须核定该用户单相负荷所在相。

②表箱命名及与电表对应关系核查。命名区分单相表箱、三相表箱、光伏等上网表箱等。B 代表单相表箱，D 代表三相表箱，G 代表光伏上网表箱，序号从 1 依次排序。

③定位并绘制低压网络拓扑图。对杆塔、分支箱、表箱等进行定位，核实并绘制“用户—表箱—分支线—主干线—配变”低压网络拓扑图。

（3）方案计算

①调整算法。首先，以电量信息数据为基础，聚合“配变—干线—支线—表箱—用户”五级逻辑关系，基于配变、干线、支线、末端等组构的不平衡度对全区线损影响大小，为其配置相应的权重系数，将其不平衡度转化为对应线路电流值，通过最小化各不平衡度的加权之和，达到全区三相均衡平衡。其次，综合考虑可靠性、人工成本，引入调相次数附加优化指标。最后，运用 AI 计算领域成熟的非支配进化多目标优化算法，实现最终调相方案。

②方案支撑数据。

表 1　方案支撑数据

数据类别	数据用途
总表电流瞬时值	用来计算不平衡度
总表月度电量	计算出三相分相电量
总表典型日电量	用来做电量加权修正
用户表月度电量	核算末端、支线、干线各分相电量并计算电量不平衡度
用户表典型日电量	用来做电量加权修正
表、表箱、杆塔对应关系	用来拓扑配变线路配置权重系数
电表接入相位	用来核算分相电量
表类型（用电表、发电表）	用来调整数据的正负值，参与计算

③调整方案。从线路最末端按顺序往前优化计算，求出最小化不平衡度加权之和，经过计算得出最终调整方案。

（4）现场调整

根据配变相序调整方案，现场对接户线相序进行调整，分为单相负荷调整和三相负荷调整，需要注意单相负荷通过零火线出线的需上杆调整，通过三相四线出线的在表箱调整；三相负荷需循环调整。其中第五级用户调整对象为三相供电用户，由于内部单相负荷分配严重失衡，导致配变负荷整体不平衡。开展用户内部三相平衡调整，确保末端三相平衡。调整后用网络无线核相仪对调整相序进行复核，确保准确无误。

二、案例实践效果

（一）综合效益

以 A 配变为例，配变型号 S13-MRL-400/10，空载损耗 250W，阻抗电压 4.00%，额定电流 577A，CT 变比 120，供电半径 300 米，其中主干线导线型号 JKLYJ-1-150，长度 419 米，支线导线型号 JKLYJ-1-150，长度 173 米。配变表箱 31 个，注册用户 109 户，单相用户共 101 户，A 相 36 户、B 相 33 户、C 相 32 户，三相 8 户。配变含 2 个光伏用户，1 个单相接入，1 个三相接入。

该配变在冬季取暖重负荷期间，日均供电量 5000～5500kWh，平均负载率 52.1%～57.3%，日高峰负载率 62.8%～68.4%，不平衡度 57.3%。

经综合分析，治理方案从调整三相负荷不平衡入手。经计算，本配变需调整用户 14 户，占配变总用户数的 16%。

1. 过载及不平衡度对比

从表 2 统计数据可以看出，三相不平衡度从 57.30% 大幅降至 2.00%，煤改电台区执行峰谷电价，凌晨至上午为重载高峰期，可以看出，负载不平衡度从 80.23% 大幅降至 6.10%，零序电流由 338.8A 大幅降低到 6.3A，远远低于标准规定的 25%（144A）。

表 2　调整前后不平衡对比表

日期	调整前		调整后	
类别	平均电流	重载电流	平均电流	重载电流
A 相	91.2A	93.2A	58.8A	119.6A
B 相	180.0A	195.4A	58.8A	116.2A
C 相	213.6A	471.4A	60.0A	112.3A
零序	—	338.8A	—	6.3A
不平衡度	57.30%	80.23%	2.00%	6.10%

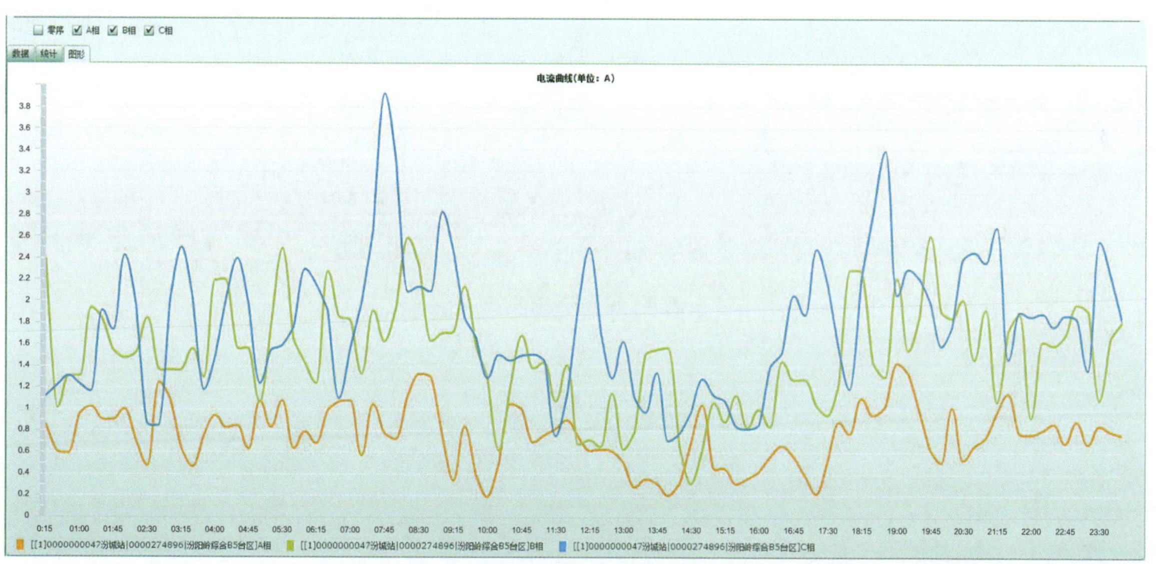

图 2　调整前电流曲线图

图 3　调整后电流曲线图

2. 电压趋势对比

调整前台区出口最高电压 259.5V，最低电压 203.5V，调整后台区出口最高电压 245V，最低电压 217.8V。因负荷均衡后高电压下降幅度 259.5−245=14.5V，低电压上升幅度 217.8−203.5=14.3V。台区平均电压也分别由 240.7V、219.6V、236.4V 变为 229.9V、229.7V、231.0V。整体电压波动变小，合格率大幅度提升。

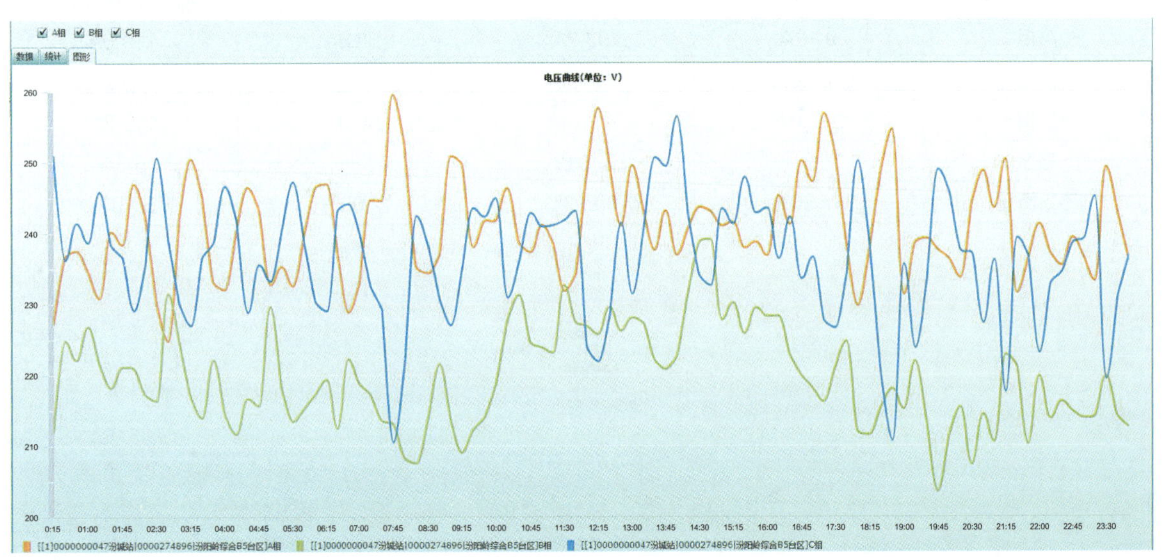

图 4　调整前电压曲线图

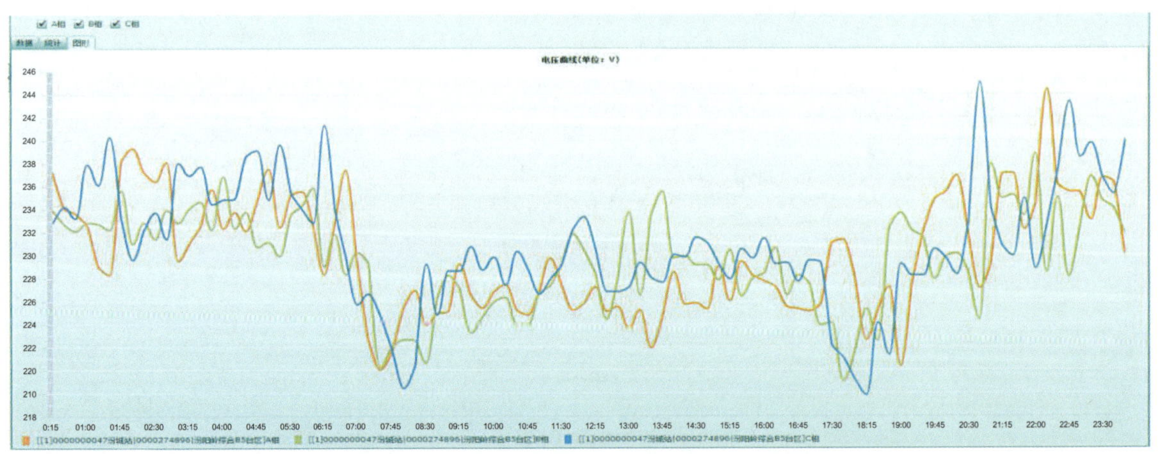

图 5　调整后电压曲线图

电压曲线取自“用电信息采集系统”，两张图的量程存在差异，图 4 量程为 200～260V，图 5 量程为 216～246V，若量程一致，调整后的三相电压曲线图会更趋于一致。表 3 为调整前后电压对比情况。

表 3　调整前后电压值对比表

日期	类别	最大值	最小值	平均值	波动范围
2 月 15 日	A 相	259.5V	224.8V	240.7V	34.7V
	B 相	239.1V	203.5V	219.6V	35.6V
	C 相	256.4V	210.5V	236.4V	45.9V

续表

日期	类别	最大值	最小值	平均值	波动范围
2月22日	A相	244.4V	220.0V	229.9V	24.4V
	B相	238.8V	219.0V	229.7V	19.8V
	C相	245.0V	217.8V	231.0V	27.2V

3. 降损成效

调整前三相电流 I_A = 91.2A，I_B = 180A，I_C = 213.6A，低压出线导线型号为 JKLYJ–50，长度 450 米，各相导线电阻 $R \approx 0.35\Omega$，中性线等值电阻 $R_0 \approx 0.35\Omega$，中性线电流 I_0 = 109.53A，负荷分布等效系数 K_e 取 0.383。

利用简化算法，调整前三相不平衡时，线路功率损耗为：

$$P_1 = K_e \times (I_A^2 \cdot R + I_B^2 \cdot R + I_C^2 \cdot R + I_0^2 \cdot R_0) \times 10^{-3}$$

式中　K_e——负荷分布等效系数；

I_A、I_B、I_C——三相负荷电流，kA；

I_0——中性线电流，A；

R——各相导线电阻，Ω；

R_0——中性线等值电阻，Ω。

$$P_1 = 0.383 \times (91.2^2 \times 0.35 + 180^2 \times 0.35 + 213.6^2 \times 0.35 + 109.53^2 \times 0.35) \times 10^{-3}$$
$$= 13.18\text{kW}$$

调整后三相电流 I_A = 160.5A，I_B = 160.5A，I_C = 163.8A，低压出线导线型号为 JKLYJ–50，长度 450 米，各相导线电阻 $R \approx 0.35\Omega$，中性线等值电阻 $R_0 \approx 0.35\Omega$，中性线电流 I_0 = 3.3A，负荷分布等效系数 K_e 取 0.383，线路功率损耗：

$$P_1 = 0.383 \times (160.5^2 \times 0.35 + 160.5^2 \times 0.35 + 163.8^2 \times 0.35 + 3.3^2 \times 0.35) \times 10^{-3}$$
$$= 10.5\text{kW}$$

对该配变进行调整后，三相不平衡度从 57.3% 降至 2.00%，低于标准规定的 25%。降低设备损耗：$\Delta P_0 = P_1 - P_2$ = 2.68kW，假设优化运行时间较全年运行时间占比 30%，则全年节电量 = 2.68 × 8760 × 30% = 7.04 万 kWh。

采用三相负荷不平衡五级调整后，该配变三相电流达到平衡，三相电压在合格范围内，设备损耗降低，配变安全稳定运行，降低故障发生率，提高了用户供电可靠性。

（二）行业推广前景

三相负荷不平衡五级调整适用于不平衡度超过 25% 的配电变压器（配变），一次调整、长久受益，做到台区线损、三相不平衡、重过载、电压异常等同步治理。用最小的成本解决了配网基层一年单个问题的多次反复治理，为公司基层减负、降本节支、提升电能质量、提高供电可靠性提供了新途径。

（王翠娟　陈宝华　李健）

试点打造可靠性管理示范所，探索县域配电网精益管理新模式

一、案例基本情况

（一）单位基本情况

国网唐山供电公司（以下简称“唐山公司”）隶属国网冀北电力有限公司，是国家电网有限公司 34 家大型重点供电企业之一，担负着唐山 7 个市辖区、3 个县级市、4 个县、2 个开发区的供电任务，供电面积 13184 平方千米，供电人口 771.8 万。2022 年唐山公司售电量为 779.32 亿 kWh，占冀北公司总售电量的 48.13%，电量规模在国家电网 34 家大型供电企业中排名第四。截至 2023 年 2 月，唐山地区瞬时最大负荷为 1310.2 万 kW。2022 年公司全口径供电可靠率同比上升 0.0206%，用户平均停电时间同比减少 1.33 小时 / 户。其中城网供电可靠率同比提高 0.0022%，用户平均停电时间为 1.481 小时 / 户，同比减少 0.1927 小时 / 户；农网供电可靠率同比提高 0.0107%，用户平均停电时间 6.9048 小时 / 户，同比减少 1.4091 小时 / 户。

（二）案例实施背景

唐山公司认真贯彻执行党和国家能源安全新战略，落实乡村振兴战略、区域协调发展战略及新型城镇化战略，以问题为导向，创新管理思路，不断强化县域配网基础设施建设、运营和管理能力，加快设备管理数字化转型，提高县域配电网管理水平及用户供电可靠性管理水平，为经济社会发展提供安全可靠稳定的能源电力保障，提升客户用电满意度，切实让用户用上放心电、省心电。2022 年，唐山公司管理下沉，着力指导、服务基层县级供电单位，以提升供电可靠性为主线，充分发挥供电可靠性管理最小单元——供电所层级的设备管控能力，试点构建县域供电可靠性管理新模式，提高县域配网设备精益管理水平。

（三）案例具体实践

1. 总体思路

唐山公司以提升供电可靠性为主线，以停电管控为抓手，积极推进管理体制机制创新变革，加大技术投入，强化人员培训，持续强化县域配电网标准化建设、精益化运维、智能化管控工作，坚持问题导向、目标导向、结果导向，找差距、补短板，推进“以设备为中心”向“以客户为中心”转变，推动配电网高质量发展、高效率运行，整体提升县域配电网管理质效，实现配网管理理念、方法、行动、结果全面提升。

通过对迁安镇供电所供电可靠性管理现状、存在的薄弱环节以及影响可靠性指标的主要因素进行全面分析和调研，公司利用优化配电网架结构、加强设备运行维护（运维）、推广新技术、加快数字化转型等有针对性的措施，积极探索县域配电网精益管理的新模式，打造可靠性设备管理示范供电所。

2. 具体做法

（1）构建供电可靠性过程管控模式

①以最小管理单元为抓手，构建“一抓四管”的供电可靠性过程管控新模式。紧紧“抓牢”停电管控主线，全面提升供电可靠性管理质效，用严格的停电管控，促进配网精益化管理水平与可靠性指标的双提升。

②管“准”设备台账。通过生产系统、用电信息采集系统与可靠性系统比对，并与实际情况核实，建立各系统间对应关系，实时管控，将台账做准、做细、做实，提升停电数据的准确水平，为停电数据分析做数据支撑，做好停电管控的第一步。管“全”计划停电。健全停电计划审批流程，通过对历史停电数据的综合分析，监控重复计划停电事件，对重复停电 2 次及以上的事件开展停电必要性评估，控制计划停电次数；严控临时停电，建立健全考核机制；对大范围、多用户计划停电事件进行数据分析，在转供能力和线段电源点分布上为规划部门提供数据分析，为合理规划改造提供数据支撑。管“细”故障停电。通过对 3～5 年内故障停电事件进行综合统计，重点关注频繁停电线路，对故障原因进行统计分析，分析故障频发的时间规律，有针对性地制定预防措施，降低故障停电发生频率，为提升配农网设备巡视能力和运行水平提供数据支撑。管“严”停电时户数目标。在县公司层级实现“先报后算、先算后停”停电管理模式和管理理念，充分利用指标预算式管控措施，用目标管控过程，利用停电事件数据分析结果对不同停电类型停电情况进行时间预算，做到停电精准检修和时间管控。

（2）着力强化可靠性专题培训，提升配网管理水平

邀请可靠性、停电计划等方面的管理专家，对各单位负责人及可靠性专责人员进行专题培训，把供电可靠性管理理念宣贯至基层班站，让基层人员真正将供电可靠性工作入脑入心，切实将提升用户可靠性贯穿到配网管理工作中。

（3）深入开展台账数据治理，打好设备管理基础

梳理可靠性基础台账，开展问题数据治理，解决台账对应问题，实时更新供电可靠性系统、生产信息管理系统、营销系统等基础数据，有效定位不准确、不完整的数据，治理问题数据 350 条，台账准确率达 99%，台账对应率达 100%。

（4）强化停电计划过程管控，健全停电审批流程

开展全面提升停电计划管理研究，健全停电计划审批流程。在制定检修计划时，结合作业计算停电时户数，从用户感知出发，实时掌控计划作业导致的用户停电情况。检修计划与缺陷管理严格对应，结合计划停电将作业范围内缺陷全部治理，做到停电必消缺。集中力量开展联合作业，减少计划停电次数。同时按照“低压配合中压、设备配合线路”的原则，对单台配变及以下设备进行月度停电计划平衡管理，真正意义上实现“一停多用”。全量收集中低压各类计划、故障停电信息，30 天内不重复安排单台配变及低压线路计划停电。通过严控停电计划，整合停电 22 条，压降停电 1501 时户数。

（5）着力推进配网管理创新，全力压降故障停电

①强化故障抢修管理。组建配网抢修微信群，及时发布电流曲线、影响用户、自动化研判等信息，在指挥抢修的同时督导落实“三个必打电话”、微信群通知等工作，实现对故障停电进行实时管控。

②实现配电线路差级保护。对站内保护、线路断路器、环网柜、开闭站的保护定值进行重新核算和调整，形成差级保护，缩小故障停电范围。累计完成保护定值调整核算 324 处。初步实现用户故障不出门、支线故障不进站、干线故障不全停，减少故障停电影响 2230 时户数。

③开展合环倒电。在解决城区内变电站重载问题时，为减少倒负荷工作给城区居民带来的影响，应用合环倒电方式实现了整站负荷倒切工作，有效避免居民停电 4 万余户。

④转变故障停电处理模式。全面梳理辖区内线路转带能力，制定“一线一案”转带策略，在发现故障点后优先采取先转带后的修复方式，最大限度实现故障停电处理用户侧“零感知”。在线路分接箱故障导致线路跳闸后，第一时间调整运行方式，将线路负荷转带，待抢修物资及抢修人员准备充足后修复故障，先送电、后抢修，大幅减少用户停电时间。2022 年，完成减少故障停电负荷转带 9 条 / 次，压降故障停电 1250 时户数。

⑤减少外破影响。为引起驾驶员注意，在交通道路两旁电力设施上喷涂醒目反光漆，梳理容易受到碰撞的杆塔，设置防撞混凝土护墩，并喷涂反光漆，防止碰撞事故发生。辖区内因外破引发的故障停电同比减少 35%、1120 时户数。

⑥及时发布气象预警。开展特殊天气及高温天气特巡工作，累计开展雨后、高温特巡 22 次。发现并处理缺陷隐患 11 处，避免了政府、医院等重要用户停电 11 次，压降停电 1320 时户数。

⑦探索应用保供新模式。采取“加强供电线路巡视 + 排查用户侧隐患 + 配备应急发电车 + 准备小型发电机并配置双电源自动转换装置”的方式，从设备角度提高应急能力，圆满完成各项保供任务。

（6）坚持“不停电就是最好的服务”，拓展检修模式

为降低用户停电感知度，在确保夜间施工安全管控的前提下，应用“零点”作业方式开展线路检修、消缺等工作。2022 年累计完成“零点”作业 7 次，用户投诉有效减少，用户用电满意度显著提升。为解决变电站站内改造造成的 10kV 出线全部停电的问题，多次开展倒切方案讨论，结合实际制定可行的线路切改方案，在停电前将用户全部倒切，避免大面积、长时间停电，有效减少 4725 时户数。积极开展主动运维，追踪配网设备异常运行数据，对供电质量问题开展多维度、多视角管控分析，通过切改台区负荷、调节变压器档位、调整三相负荷平衡等手段解决低电压台区 4 个，消除低电压用户 76 户。

（7）全力保障用户可靠用电，提升配电网装备水平

①提高“N-1”通过率，缓解变电站重载负荷。积极开展负荷切改项目立项、实施，优化辖区配电网网架结构，提高管辖范围内的 10kV 线路联络率、“N-1”通过率。2022 年申报、实施此类项目 8 项，辖区内新投 10kV 线路 5 条，重载变电站负载率由 96% 降低至 40%，过载线路负载率由 125% 降低至 68%，逐步缓解变电站、线路的重过载问题。

②积极协调当地政府，解决电缆入地问题。将变电站配套 10kV 电缆沟项目纳入政府财政预算，申请政府财政资金 4498.59 万元，在中心城区建设电缆隧道 541 米、电缆排管 6737 米，由市政管网管线智能化监测管理，实现了电缆隧道内的实时视频监控、有害气体监测、运行环境监测等功能，在优化辖区配电网网架结构的同时，提高了电缆安全运行能力。

③推进老旧线路改造，提升辖区供电能力。开展配电网供电能力评估，针对线路转供联络线不能满足全部负荷需求、地理条件限制、单辐射和联络位置不合理、主线截面过小、供电半径过大或电能质量显著下降等问题，提出联络改进方案，提报建项并实施改造老旧分接箱、增加电缆线路分段等项目 8 项。

④梳理配电设备问题，实施有针对性的改造措施。根据电网停电的“用户损失率 – 负荷损失率”曲线和拓扑分析，针对投运年限超过 20 年的设备、导线截面过小、开关短路、开断能力不足、配变容量不足、重要用户电源来源单一、设备健康状态不良、外力破坏频繁等因素，开展薄弱环节定位，提出改造方案，建项并实施台区新建、增容改造等项目 8 项。

以上项目实施后，示范所辖区线路联络率达 81.39%、提升 5.08%，线路“N–1”通过率达 62.79%、提升 7.53%。较改造之前，可靠供电能力明显提升。

（8）积极探索新技术应用，提升配网运检质效

①积极探索开展“无人机 + 红外 + 局放（局部放电试验）”巡视。利用无人机对线路进行全面排查，累计开展线路巡视工作 21 次、250 千米，发现并处理线夹过热、超高树木、异物搭挂、绝缘薄弱等隐患 45 处，故障掉闸事件显著减少。

图 1　机巡

图 2　带电处缺

②强化配网不停电作业能力建设。建立健全集配网不停电作业管理、实施、培训、试验于一体的不停电作业业务体系，加大绝缘平台、绝缘杆等成熟装备配置，有效推进不停电作业开展。强化配网不停电作业现场安全管理、作业规范性培训及带电作业人员培训取证，提高带电作业比例，逐步实现“能带不停”。累计开展用户带电接引线 26 次，带电处缺（鸟窝、接线柱过热、更换跌落等）19 次，减少用户停电 3565 时户数。

③对故障电缆进行精准定位。电缆故障导致线路跳闸后，由于地埋电缆较长，无法精准定位，需要将全部电缆挖出，通过外观判断故障点，导致抢修时间延长。为缩短排查时间，应用电缆故障巡检仪等先进设备，对故障点进行精准研判，在 3 小时内完成电缆故障修复并送电，提升了抢修效率，大大减少了用户停电时间。

④对故障电缆采用新型电缆熔融接头技术。使用该技术修复电缆后具有连接牢固、连接处导电

率高、径向电场损耗小、电能损耗小、载流量高、电缆可以弯曲等特点，且电缆中间接头能够安全运行 15 年以上，为配电网中电缆线路的安全可靠性提供了技术保障。电缆线路在应用此项技术后，有效解决了电缆接头位置容易受潮和额定电流降低的问题，减少了线路故障跳闸隐患。

⑤积极推进配网数字化转型。通过应用开闭所终端设备（DTU）、FTU、TTU 等自动化终端设备，实现配电网设备状态数据采集监测。对现有的 DTU、FTU、TTU 设备进行通信模块调试，提高在线率和数字化水平，目前辖区内配自覆盖率达 80%，同比提高 35%，初步实现故障智能研判，在发生故障后，可第一时间确定故障区间，有效减少故障查找时间。

二、案例实践效果

（一）综合效益

通过分析指标数据为配电网设备精益管理提供有效参考，在优先消除影响客户用电感知的低电压、供电能力受限的重过载以及可能危及人身、电网、设备安全的设备老旧问题的同时，结合配套送出优化网架结构，提升电网互供转带能力。迁安镇供电所通过优化网架结构解决重载变电站 2 座，消除重过载线路 3 条，联络率提升 5.08%，线路“N-1”通过率提升 7.53%；通过强化计划停电管控，压降停电时户数 1701 时户；通过实施故障停电管控措施，减少停电时户数 6570 时户；通过开展负荷倒切、带电作业，减少停电时户数 6725 时户，配电网精益管理水平、企业综合效益得到有力提升。

在示范性方面，将责任主体切实落实到供电所层级，全面分析供电可靠性管理目前存在的薄弱环节和影响可靠性的主要因素，从台账、停电事件和停电时户数管理入手，抓牢配电网停电管控，提升可靠性管理水平，充分利用可靠性数据分析，找出并解决配电网管理中存在的问题，提升县域配网管理水平。在示范所的建设过程中，及时总结经验、提炼成果，编制《国网迁安市供电公司零点作业推广方案》《国网迁安市供电公司定值整定工作方案》等具体实施方案，结合自身实际形成“一所一案”，在公司范围内推广。组织公司所辖各县级单位召开现场会，开展交流学习，全面提升公司供电可靠性管理水平。通过试点建设，把供电所的可靠性管理真正融入配电网全过程管理中，将可靠性统计数据真正应用到配电网管理中，为配电网规划、检修、运维保障等方面提供数据参考，以点带面，推进管理思路变革，提升了配电网管理水平。

在科学性方面，一是提高了可靠性系统台账数据的准确程度，增强可靠性统计数据的参考价值。二是停电计划按照“状态检修、停电时间定额管理、转供电管理、合并停电管理、带电作业”等进行优化，可压缩 10kV 馈线和线段的重复停电，提升配网停电计划执行率。将临时停电、重复停电、延时停送电等作为重点考核对象，可缩减上述情况的发生频次，提高员工的优质服务意识。三是强化故障停电分析管控，对故障较多的、频繁停电的线路和台区进行重点监控，按故障发生的原因统计实施整改措施，可防止重复停电，减少频繁停电事件的投诉。四是执行停电时户数预算式管控，严格管控各类停电事件，用目标倒逼停电管理，切实将“先算后报、先报后停”手段落实落地，“一停多用、能带不停”有效实施。

在效益性方面，以指标数据分析为配电网设备精益管理提供了有效参考，借助管理手段提升成效，全面提升配网网架结构和设备质量和自动化水平，在优先消除影响客户用电感知的低电压、供电能力受限的重过载以及可能危及人身、电网、设备安全的设备老旧问题的同时，结合配套送出优化网架结构，提升电网互供转带能力。

（二）行业推广前景

通过提升可靠性管理，将指标集中管控转变为分级管控、整体预控。2022 年，迁安镇供电所用户平均停电时间比 2021 年降低超 2.5 小时 / 户，其中因计划停电影响的用户平均停电时间同比压降 80%，其中因故障停电影响的用户平均停电时间同比下降超 40%，辖区供电可靠性管理和配网精益管理水平显著提升，具备很强的推广价值。

（吴超　刘学　宗瑾）

全面提升供电可靠性持续优化用电营商环境

一、案例基本情况

（一）单位基本情况

国网辽宁省电力有限公司（以下简称“辽宁公司”）成立于1999年，是国家电网有限公司的全资子公司，以建设运营辽宁电网为核心业务，供电营业区域覆盖全辽宁省。公司本部设21个部门（含调控中心），下属34家单位，全口径用工6.25万人。辽宁电网拥有66kV及以上输电线路63649.11千米；变电站1914座、开关站26座、换流站2座，变电容量24282.37万kVA。2022年，公司经营保持稳健，全年完成售电量2114.02亿kWh，同比基本持平；营业收入1311.71亿元，同比增长18.34%；利润总额2.67亿元，较上年翻了一番。

（二）案例具体实践

1. 总体思路

近年来，辽宁公司认真贯彻落实国家电网有限公司供电可靠性提升工作要求，坚持以客户为中心、以供电可靠性为主线，加强管理创新和技术创新，营造供电可靠性知识学习氛围，进一步提高职工素质和专业能力，将供电可靠性提升作为配电网管理核心要素，打造供电可靠性系统性提升工程。截至2022年，辽宁公司供电可靠率超99.894%，同比实现大幅提升。

2. 主要做法

（1）强化供电可靠性管理，进一步保障民生用电需求

①进一步规范管理流程。根据国家发展改革委颁布的《电力可靠性管理办法（暂行）》，围绕党中央、国务院关于乡村振兴战略的重大决策部署，为更好地提升乡村地区供电质量，辽宁省电力有限公司联合发展部、调控中心、营销部、工会等9个部门，深入分析、总结“十三五”期间配电网存在的问题，从停电管控、配网投资、运维管理、信息科技、人才培养5个方面着手，制定20项工作举措，编制印发了《国网辽宁省电力有限公司供电可靠性管理提升三年专项行动方案》，提出了供电可靠性“三压降一提升”的工作目标（即降低10kV线路故障率、降低用户重复停电比例、降低大范围停电时户数比例、提升供电可靠率），编写了《国网辽宁省电力有限公司供电可靠性管理业务指导书》，明确供电可靠性目标管理、停电管控、监督与评价等各项措施，使管理流程更清晰。

②着力解决配网突出问题。严格落实国家能源局《关于全面提升“获得电力”服务水平 持续优化用电营商环境的意见》等一系列文件，实时监控各区域指标变化，进一步加强用户供电质量管理，实时监控市中心、市区、城镇、农村等各区域指标变化，聚焦解决频繁停电、低电压等问题整治力度，2022 年累计下达专项投资 1.56 亿元，下达完成改造任务 249 项，问题线路故障停电时间同比减少 0.159 小时，同比下降 12%。坚持示范引领，选取沈阳、大连、盘锦、铁岭等区域，打造城区、县域、供电所“4+5+15”个高供电可靠性示范区域，自主研发、探索故障精准定位、低电压仿真诊断技术、配电线路技术降损、配电站房无人巡检等新技术、新试点，示范区内累计投资 10.52 亿元，下达单体工程 338 项，新建 66kV 变电站 5 座，新出 10kV 线路 31 条，建成环网线路 819 条，架空线路绝缘化改造 403 千米，治理配电线路穿越森林草原等火灾重点隐患点 874 处，区域内供电可靠性均达到省内领先水平，示范区内打造故障精准定位、低电压仿真诊断技术、配电线路技术降损、配电站房无人巡检、低压直流虚拟台区建设等精品工程 20 项。

③扎实做好电力保障工作。构建供电可靠性数字化管控平台，2022 年全省首次实现供电可靠性停电事件一清二楚、配网设备停电一目了然、停电用户信息一览无余的透明化管理，组织梳理涉及民生、重要用户“核心”线路 1432 条、星级用户 682 个、重点关注台区 480 个，组织各单位全面加强运维保障，切实提升电力保供能力，履行电力保供责任；开展《高层住宅小区双电源（双回路）供电改造专项技术方案》编制工作，提升民生供电保障能力；圆满完成习近平总书记辽宁调研、“两会”、2022 年北京冬委奥林匹克运动会（以下简称“冬奥”）等重要保电任务，电力保障期间实现零停电、零投诉。

④打造指尖上的供电可靠性管理。转变配网管理模式，通过手机“i 国网”，构建供电可靠性诊断移动终端，供电可靠性管理人员和基层单位运维人员不仅可以通过手机移动端查看停电信息、维护停电事件、分析停电原因，还可以通过态势图、雷达图、空间分布图等多种维度实时分析可靠性指标，进一步提高工作效率和效益。建立全省停电需求池，以供电可靠性停电时户数预测为依据，指导停电计划编制，使停电时户数管控更加合理；建立停电计划分级审批机制，对于停电大于 300 时户、停电 5 次或累计时长达到 100 小时的作业，实行省、市两级线上审批，进一步压缩停电范围、停电次数和时长，使停电计划更加科学。

（2）开展核心技术攻关，供电可靠性提升取得重大突破

①故障预警技术助力供电可靠性提升。在国内首次开展 10kV 系统真实环境下 30 余种接地故障类型、200 余次综合性试验，对多种类型接地故障的演化过程与特征电气量进行了提取与分析，配电网接地故障选线准确率达 90%；深入分析故障发展过程中的典型特征，提出故障预警定位方法，在锦州、阜新、盘锦地区分别选取典型城、农网线路进行示范应用，系统投运后共计动作 156 次，通过与现场运维人员的巡视结果进行对比分析，预警正确率达 100%，大幅度降低故障平均停电时间。

②低电压问题治理技术取得新突破。自主研发低电压综合诊断治理系统，针对季节性负荷、分布式光伏接入等应用场景，首次以仿真计算结果为基础，定量给出低电压差异化治理方案，重点解决农村干旱集中灌溉、草莓种植基地大棚冬季电取暖、高标准农田建设用电等问题，率先在阜新阜蒙、鞍山海城、铁岭开原等农村示范应用，解决 22354 户低电压问题，将配网供服延伸至“最后一公里”。

③推进配电网低压柔性直流技术应用。构建基于柔性互联的虚拟台区，逐步打造交直流混联的

新型配电系统，率先在大连、抚顺、阜新、盘锦等市中心、市区、城镇、农村构建10个基于柔性直流互联的“源、网、荷、储、充”一体化主动区域虚拟台区试点建设应用，配合储能系统和直流快速充电桩，实现区域间电源、负荷、储能与电网的智能互动，中压用户供电可靠率达100%。

④着力打造状态全感知、在线可巡检、故障可预测的配电智能站房。在大连、鞍山、本溪等地区完成132座重要用户配电智能站房建设，设置监测点位1879个，数据感知及时率达100%，隐患风险识别率达100%，依托AI识别模型实施综合分析设备运行状态，研判运行趋势，提前预警事件14次，发现处理电缆沟积水、六氟化硫泄漏等隐患，减少经济损失20余万元。

⑤探索“降损＋计划”时空管理研究。在沈阳、大连核心区域开展基于配网中压线损计算的供电可靠性技术研究，统筹电量、居民户数、重要用户生产时段等综合因素，科学编制配网年度检修窗口，实施对标考核，优化计划检修管理，根据时户数和损失电量双维度，严控大范围、多电量、重复性计划停电，探索时空管理研究，利用移动通信定位技术，实现全时段停电信息精准告知。

（3）凝心聚力，营造全社会供服良好氛围

①开通“供电可靠性知识库”微信公众号。设置学术论坛、规章制度等专题栏目，将供电可靠性提升知识传播给身边每一个人，自公众号开通以来，关注人数已达到16732人，遍布全国23个省及直辖市。创办供电可靠性微课堂，发动县区副总经理、供电所所长以及一线职工，在抖音、快手、哔哩哔哩、微信视频等多家媒体平台，讲解供电可靠性制度标准、管理方法和技术要点，录制发布供电可靠性微课堂83期，累计点赞转发3万余次，设置人物养成模式，为每一位职工建立学习能力档案，寓教于乐打通供电可靠性知识传播“最后一公里”。

②创建“辽宁供电可靠性”品牌形象。以“盾牌＋闪电＋天女花”为主题元素，自主设计辽宁可靠性独有Logo图标，设计辽宁供电可靠性吉祥物卡通形象，命名为“可靠”，申请商标专利，印制发放亚克力手办、玩偶2000套，率先在配电智能站房设备、交直流混联设备印制辽宁可靠性商标和吉祥物形象，传播品牌文化。

图1 辽宁供电可靠性吉祥物名字征集海报

③全国首届供电可靠性竞赛成绩取得历史性突破。2022年8月，该公司参加全国首届供电可靠性电力行业职业技能竞赛，与全国34支参赛队同场竞技，荣获团体二等奖和优秀组织奖，三名选手分别获得全国第一名、第二名、第六名，均被授予“全国电力行业技术能手”称号，实现历史性突破，展示了辽宁公司供电可靠性管理提升和技能提升的精神风貌，诠释了多年来辽宁电网供电可靠性持续提升的工作使命。目前，辽宁公司正在组织编制供电可靠性专家团队互帮互助工作方案，以供电可靠性管理较为薄弱、指标相对较低的县区单位为对象，通过基础理论讲解、技术交流、问题诊断、考核评价等多种措施，为区域供电可靠性提升提供支撑。

二、案例实践效果

（一）综合效益

辽宁公司通过开展供电可靠性管理提升三年专项行动，打造高供电可靠性示范区，着力解决配网突出问题，完成改造任务587项，打造故障精准定位、低电压仿真诊断技术、配电线路技术降损、配电站房无人巡检、低压直流虚拟台区建设等供电可靠性提升精品工程。截至2022年，辽宁公司用户平均停电时间同比减少超5小时/户，节省电量及产生效益可观。

（二）第三方评价

《国家电网报》《亮报》分别报道了国网辽宁公司《让客户感受到供电质量提升》《国网辽宁电力建设配电智能站房保障客户可靠供电》《配电智能站房：状态全感知、在线可巡检、故障可预知》《研发新技术，打造示范区》等涉及提升供电可靠性的行动，得到了辽宁地区人民群众对安全可靠供电的认可。

（三）行业推广前景

此项目中，供电可靠性管理提升方面，包含体系建设、示范区建设、供电保障、智能运检；供电可靠性技术提升方面，包含故障定位、低电压诊断、低压直流技术、站房无人巡检技术、停电时户数优化计算；营造供服良好氛围方面，包含供电可靠性公众号、微课堂创建、品牌形象宣传、可靠性提升帮扶等做法。以上内容在提升供电可靠性、保障安全可靠供电方面成效明显，可广泛应用于绝大部分区域，拥有广阔的应用前景，极具推广应用价值。

（代子阔　徐妍　张东升）

国际先进城市配电网示范区建设工程

一、案例基本情况

（一）单位基本情况

国网苏州供电公司（以下简称“苏州公司”）是江苏省电力有限公司所属特大型供电企业，服务常熟、张家港、太仓、昆山4个县级市和姑苏、吴中、相城、吴江、工业园区、高新区（虎丘区）。该公司围绕电网形态、数字支撑、服务转型和管理优化等多个方面，开展国际先进城市配电网示范区建设，全面提升辖区供电可靠性、优化电力营商环境、服务地区经济发展。

（二）案例实施背景

苏州是江苏省内唯一一个常住人口超千万的大市，面积为8657.32平方千米。苏州是全球工业强市，2022年地区生产总值达2.4万亿元，同比增长5.7%，全市规模以上工业总产值迈上4.36万亿元新台阶，同比增长4.1%。

苏州国际先进城市配电网示范区位于苏州中心位置，区域面积为35平方千米，涵盖中国首批历史文化名城（古城区）及中国（江苏）自由贸易试验区（工业园区）的核心区域，区内工、商业经济发达。随着社会经济的高速发展，城市配电网的建设运营面临新的挑战。

一是配电网运行存在薄弱点。面对快速发展的地区经济及日益增长的高可靠供电需求，存量单辐射及复杂联络线路在面对计划检修、故障停电等特殊情况时，缺乏有效的负荷转供及自愈恢复手段，局部线路末端供电保障能力亟待加强。

二是检、抢修作业复杂度提升。配电设备具有现场环境复杂多样、设备数量种类多、数据量大等特点。持续增长的配电设备数量和配电运维班组人员短缺已成为日益突出的问题，仅通过优化管理措施难以从根本上解决，亟待从技术革新角度破解设备体量和结构性缺员的难题。

三是运营管理体系未能闭环。现有配电系统中各类监测、巡视、试验等数据仍是信息孤岛，大都分散存储在各业务系统中，缺乏跨专业统一规划和设计。同时，运营管理体系强调垂直职能专业管理，没有实现横向专业间的贯通，欠缺管理、作业后评估环节，存在业务融合度不高、运营管理不闭环等问题。

（三）案例具体实践

1. 总体思路

苏州公司以国家电网战略目标为统领，坚持“1135”新时代配电网管理思路，以“统筹协调、双创驱动、经济适用、差异实施”为工作原则，结合区域特点和城市发展愿景，围绕“配网建设”“数字支撑”“供服”“运营管理”四方面内容，对标国际先进城市配电网核心指标，不断深化“两个转变”，提升规划标准和技术水平，全面推动城市能源低碳转型和高效利用，助力苏州建设展现“强富美高”新图景的社会主义现代化强市。

2. 主要做法

（1）打造配网建设新模式

面向地区高可靠供电和源、网、荷、储一体化发展需求，实践国家电网网格化配电网规划成果，开展标准化网架建设，创新应用低压柔性直流互联、低压负荷自动转供及合环运行装置、不停电作业接口等设备，促进配电网设备负载均衡，提升供电分区供电保障能力。

①实现网架有序联络。根据区域定位和发展水平，依托“三线入地”工程，按照“一组一策”原则，差异化确定目标网架，明确存量接线组改造需求和项目实施计划，主动做好增量网架延伸标准化建设，解决一线多变、无效联络线问题，彻底消除B类以上地区单侧电源变电站现状，实现中压配电网结构合理、范围清晰、联络有序，提升负荷灵活转供能力，实现接线组标准化率达85%，全面适应用户用电和分布式能源快速、便捷接入的需求。

②提升负荷转供能力。针对核心城区台区增容难、用户供电可靠性需求增加的问题，推广63套柔性直流合环装置，依托智能配变融合终端的边缘计算能力，实现台区间直流互联，完成潮流控制与负荷转供，提升台区负荷的供电可靠性及供电质量。同时，创新试点应用基于备用电源自投切技术的负荷自动转供及合环运行装置，实现同供区、同参数配变负荷的“热转供”，有效减少停电时间和停电次数，优化低压倒闸操作效率。

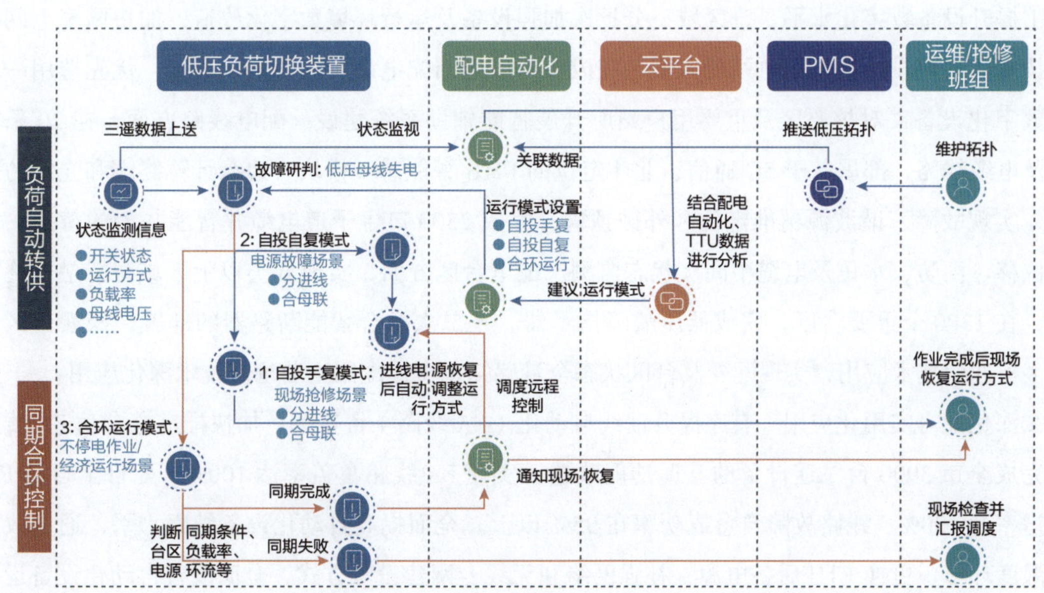

图1 负荷自动转供和同期合环运行控制业务流程

③丰富供电保障手段。综合考虑网架结构、负荷分布及用户重要性等因素，在3108个重要用户并网点及线路尾端节点，安装部署具备即插即用及自同期功能的中低压不停电作业接口，依托发电车、储能车实现检修时的非检修区段正常供电，弥补网架薄弱点、提升网架韧性，有效缩小停电影响范围。

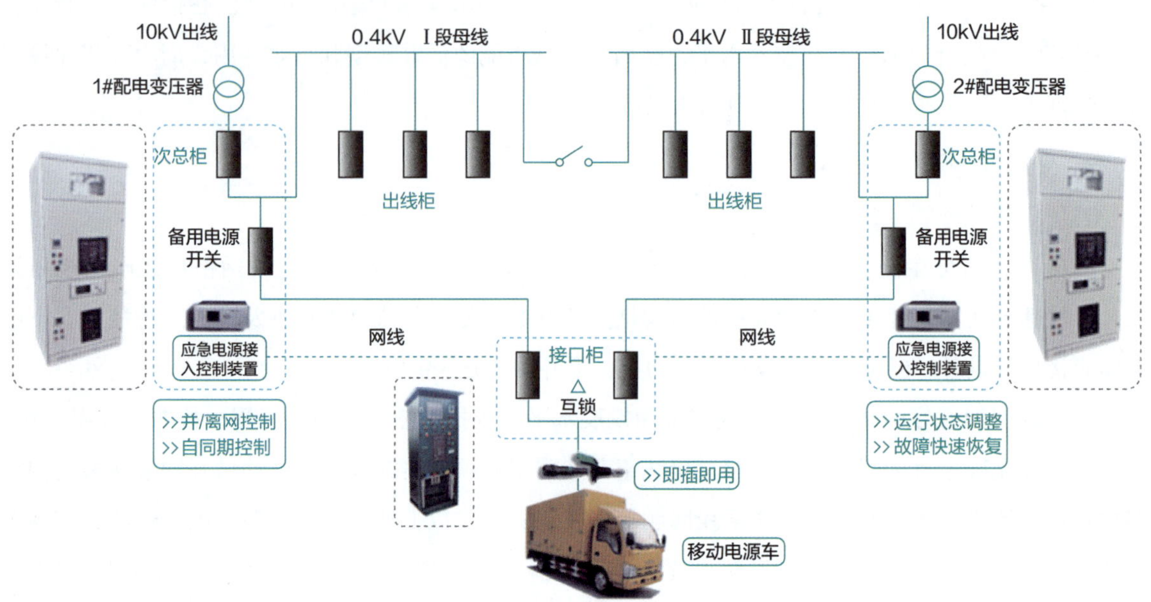

图2 低压不停电作业接口

（2）试点数字配网新方法

以提升中低压配网状态监测与故障自愈能力为目标，完善配电网数字化监测体系，服务配电网主设备精益化运维管理，提升设备运行可靠性；以问题为导向、以需求为指引，强化配自、实用化水平，研究制定网格化管控策略，实现故障就地隔离、自愈，减少停电影响范围、缩短停电时间。

①提升设备数字化水平。分区域、分批次加强设备及运行环境数字化改造，加快国家电网数字支撑技术体系建设落地。配电站所方面，完成490座老旧配电站所的数字化改造，优先选用一二次融合数字化设备，对核心区及重要用户站所开展智能辅助系统建设。配电线路方面，在20条重要架空及电缆线路，部署基于5G通信、北斗定位的PMU智能感知模块、边缘计算终端和光纤防外破装置，实现故障、谐波源精准定位和外破预警；完成2500口主干道电缆井智能井盖的替换，实现井盖位移、消防、水位及电缆中间头状态监测。配电台区方面，实现B类以上区域智能融合终端全覆盖，在1300个重要台区，完成低压故障指示器、一二次融合智能断路器的部署，探索台区侧标准化多模通信技术应用，实现配变及台区状态全景感知，支撑配网主动抢修技术深化应用。

②深化配自实用化应用。有序提升馈线自动化（FA线路）覆盖率，加快推进全自动FA线路投运，完成全市3900台二遥设备的三遥功能改造，实现FA线路覆盖率达100%、配自全自动FA线路投运率达100%、线路故障自愈成功率在95%以上。全面提高自动化设备健康水平，通过改善站内温湿度环境、更换FTU后备电源、补强网络和无线专网建设等方式，全面改善自动化设备运行环境。重点开展分级保护应用专项行动，完成6591条配网线路的分级保护策略配置，实现对客户侧、

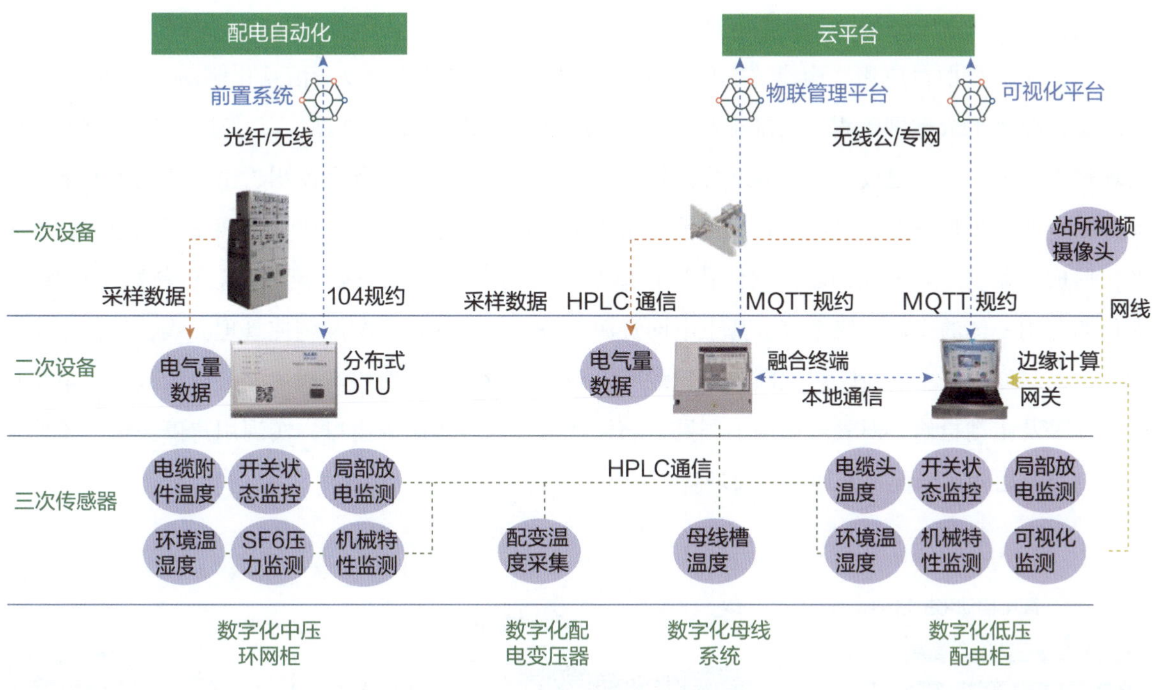

图 3　一二次融合型数字化配电站所

分支侧故障的就地隔离，分级保护开关成功动作达 497 次，故障平均恢复时长缩短至 120 秒，将停电受影响的客户范围控制在最小区域。

③推动配网差异化管控。开展重要用户、重要场所智能保电、变电站全停全传等配自高级应用开发和部署，结合供区等级及用户特征，差异化采用“标准接线 + 差异化自愈”“优化布点 + 电源侧自愈”的配网运行管控策略，重点打造工业园区“全停全转 + 网格化自愈”和古城区“分级保护 + 秒级自愈”创新示范区，统筹推进全自动 FA 线路应用，全面提升配电网精益化管理水平。

（3）应用供服新理念

深化实践“主动消缺、主动抢修”的供服理念，面向运维检修，创新“数智”新技术应用，提升运行缺陷分析能力；持续提升不停电作业能力水平，优化不停电作业装备配置，减少计划停电对用户生产生活的影响。面向故障抢修，贯通营配调数据链路及业务主线，基于电网统一信息模型，开展中低压故障综合研判，实现抢修指挥业务高效流转，减少停电时间。

①建设缺陷分析专家库。深度应用机器学习、知识图谱等数字化新技术，建设全国首套配网设备分析专家库系统，基于配网设备巡视缺陷记录数据和设备历史运行数据，构建配网主设备缺陷知识图谱。以此为基础，结合电压电流、红外测温、噪声和振动等实时运行状况，分析研判设备缺陷，实现设备缺陷与风险隐患的早发现、早治理，有效降低故障发生比率。

②提升不停电作业能力。开展不停电作业适应性研究，围绕耐张段长度、旁路电缆施放等制约因素，优化配网规划设计标准，建立环网设备间隔资源管理及备用间隔预留机制，全面优化现场作业条件。提升不停电作业装备水平，针对工业园区高比例 20kV 电缆线路的基本情况，补充配置 20kV 发电车、开关车等装备，拓展 20kV 电缆类作业能力，实现工业园区 180 平方千米 20kV 设备覆盖区范围内不停电作业常态化开展；针对古城区道路狭窄、空间紧张的客观现状，推广应用“快装脚手架 + 绝缘杆”作业法，购置和应用快装绝缘脚手架、小型车载式绝缘平台、履带式绝缘斗臂

车等装备，全面适应多场景不停电作业需求。

③深化业务中台应用。构建“工单驱动”配网精益管控系统，以“信息化驱动、工单化管理”为理念，梳理形成配网工程、运维检修、可靠性三大项，39 个工单类型，以“业务工单”为载体，实现规划计划、工程建设管理、运维检修管理、用户供服等配电业务全流程、全环节线上贯通，推动配网全业务可控在控、提速增效。建设配网数字化班组，通过移动作业终端强化运检业务智能辅助，形成多角度、差异化的配网立体化巡检体系，实现两票线上办理、配网工程资料数字化移交。强化调配用一体的主动抢修系统，基于电网资源业务中台，穿透主配网调控管理界线，以停电事件为单位，深度融合主网故障、配网故障、配网自动化故障信号，对内实现主配一体的故障停电事件主动预警及主动抢修，对外融通网上国网 App、微信公众号等服务窗口，实现用户停失电、抢修信息的点对点通知，全面提升地区营商环境。

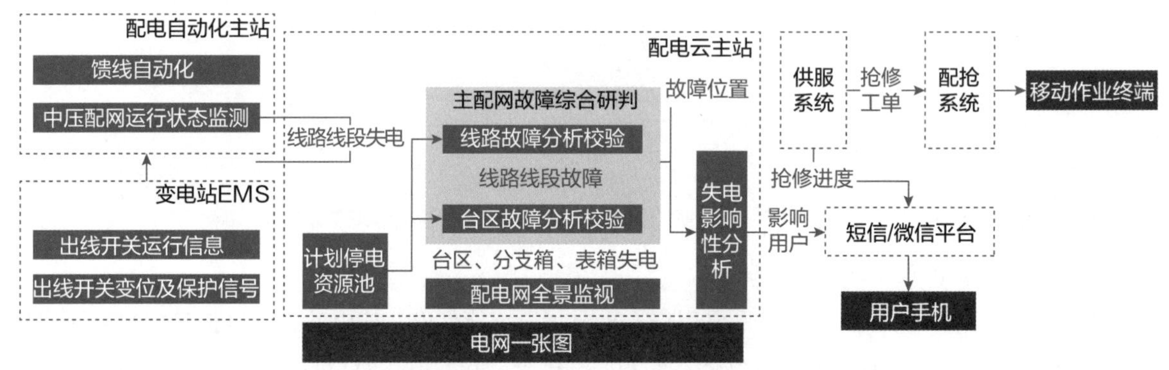

图 4　调配用一体的主动抢修系统业务流程

（4）建设运营管理新体系

以协调有序、执行有力、考核有据、指挥高效的工单管控理念为指导，完善配电网管理体系，建设工单执行评价机制，强化复合型人才队伍建设，筑牢配电专业管理基础，提升城市供电保障水平，提高设备管理及检抢修作业质效。

①优化运营管理体系框架。坚持配电建设运维一体化管理，优化完善城市配电专业管理体系，创建配电管控中心，形成以供服指挥中心、配管中心为工单发起方与督办方，各区域中心、园区公司、三新公司等部门为工单处置方，运检部为工单考核方的具有苏州特色的“1+2+9”配网运营管控组织架构，推进供电指挥业务下沉，加强专业管理和技术技能力量支持，全面提升城市配电网建设运营精益化管理水平。

②建设工单执行评价机制。研究制定内部工单考评细则，建立区域服务质量评价体系，综合分析各重要节点（发起、执行、终结）完成质量及用户反馈，指导优化基建储备改造、抢修资源配置，学习改善系统辅助决策算法，形成“业务工单化、工单价值化、价值绩效化”的工单闭环管理，实现配网全业务可控在控、提速增效，确保各层级人员履职尽责，减少典型、同类、频发的异常事件发生。

③强化专业人才队伍建设。建立设备专业与数字化、智能化融合的人才培养机制，常态化开展

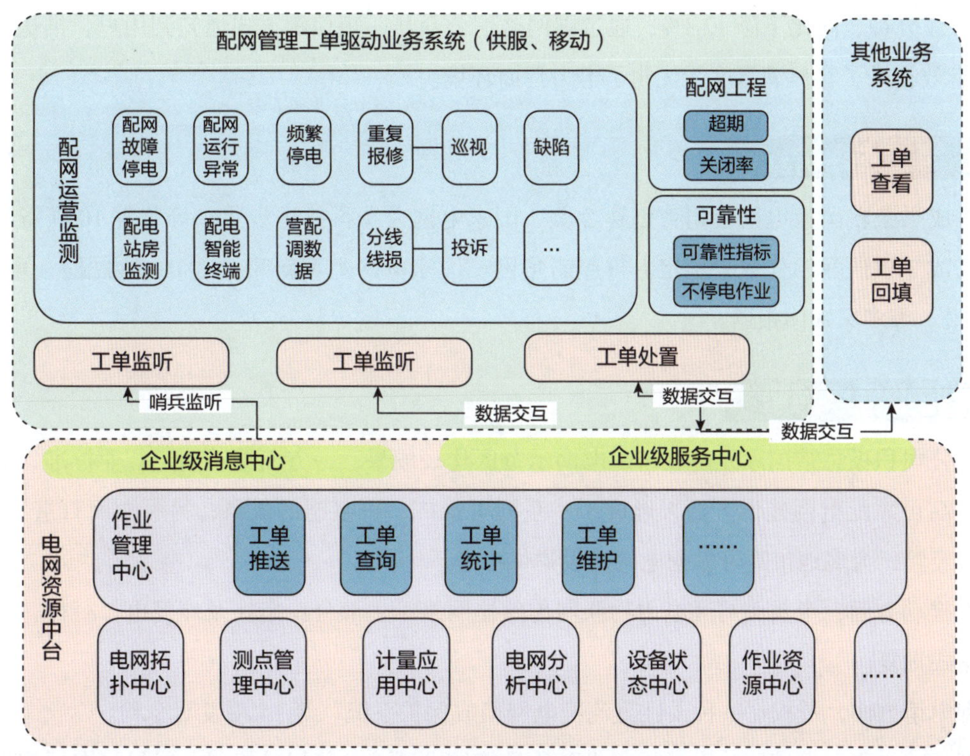

图 5　工单管控系统架构

一线员工综合能力培训考评，普及红外测温、局放、无人机等数字化应用，逐步提升知识管理型员工数量。同时，加强不停电队伍建设，完善“1+5”不停电作业应急基层干部队伍联动机制，在核算各县域不停电作业中心承载力的基础上，通过本部不停电作业分公司统筹全市不停电作业，保质保量完成受托任务。

二、案例实践效果

（一）综合效益

对标国家电网国际先进型城市配电网关键指标，通过开展系列工作，苏州古城区、工业园区等核心城区全面达成发展目标，中压配电网网架结构标准化率达 100%、10kV 线路 N-1 通过率达 100%、中压开关“三遥”覆盖率达 100%、FA 线路覆盖率达 100%、综合电压合格率达 99.999%、供电可靠率达 99.996%，实现了区域内配网 28 类数据的全感知，配网主辅设备、环境状态以及人员状态感知率达 100%；实现设备异常有效检出率达 75%、运维消缺及时率达 100%，消缺平均时间下降 33%；实现故障报修受理时间缩短 80%，工单推送正确率达 95%，抢修人员平均达到现场时间压缩至17.4分钟、同比下降12.1%；通过国网微信公众号、短信等方式通知到用户，推送及时率达100%，有效提升了客户满意度，优化了电力营商环境。

（二）第三方评价

项目成果荣获国家电网公司青创赛金奖、国家电网公司科技进步奖二等奖等10项省部级以上奖项，完成3项国际领先成果鉴定。得到新华网、国家电网主页新闻、《中国电力报》、电网头条、《苏州日报》等多家媒体报道。

（三）行业推广前景

苏州公司积极总结国际先进城市配电网示范区建设成果，一方面推动制定行业标准、申请技术专利，在高可靠配电网建设方面，形成了一系列可推广、可复制的成果；另一方面打造宣传窗口、分享典型经验，为多地市高可靠配电网建设提供参考。

标准推动方面，牵头编写《电力物联网传感器网络第1部分：拓扑及停复电》行标，获得国家能源局正式批复。

专利申请方面，授权“一种柔性直流配电网集成保护系统”等15项发明专利。

典型经验方面，示范区建设过程中设备质量管控、系统效能提升等部分成果，在国家电网发布《高质量推进“十四五”城市配电网建设工作方案》中作为典型案例进行分享。

（杨晨　董晓峰　顾韧）

预安排停电数字化管理

一、案例基本情况

（一）单位基本情况

国网江苏省电力有限公司扬州供电分公司（以下简称“扬州公司”）主要担负着扬州三县（市）四区的供用电业务。扬州公司以习近平新时代中国特色社会主义思想为指导，深入贯彻党的二十大精神，全面落实国家电网、省公司和市委、市政府决策部署，按照稳中求进的工作总基调和高质量发展要求，强化党建引领和担当作为，坚持改革再出发，着力打造区域能源互联网，构建能源服务新业态，努力为建设世界一流能源互联网企业和“强富美高”新扬州作出新的更大贡献。

（二）案例具体实践

1. 总体思路

扬州公司围绕国家电网“1135”新时代配电管理思路，以供电可靠性提升为总纲领，以大数据、AI、云计算、5G移动互联、物联网等信息技术为手段，发挥体制机制创新与科学技术创新“双轮驱动”，通过“控源头，抓大头，管龙头，制苗头”，从提升专业协同效率、提升客户用电体验、提升可靠供电水平的基本目标出发，兼顾可靠性目标与生产发展大局，进一步提高公司的经济效益、社会效益，大力优化整个区域的营商环境，提高社会美誉度，建立精益化预安排停电管控模式。

2. 主要做法

（1）全口径汇集停电需求，控住项目储备源头建立投资和可靠性“双预算”管理模式

加强计划停电源头管控，在项目储备环节，开展供电可靠性专项评估，以项目投资对可靠性提升贡献最大、项目实施过程对可靠性影响最小为导向，加强项目必要性和方案合理性审查，保障施工方案最优、停电范围最小。推进项目储备精细化管理，依托停电需求池，在项目储备阶段做实资金与停电时户数“双测算”。以年度投资与可靠性“双预算”为约束，以项目优先级为依据，充分结合内、外停电需求［杆迁、业扩（供电业务扩展）］，实现供电网格内项目自动打包上报，确保年度项目完成率与可靠性预算总体平衡。

（2）构建“三池”，全过程管控停电需求

通过“停电需求池”“停电计划池”“全量停电信息池”的构建，实现停电需求全过程管控。通过结合供电可靠性管理的实际经验，创新性地在全量停电池中引入“三态”，即“过去态”“现在

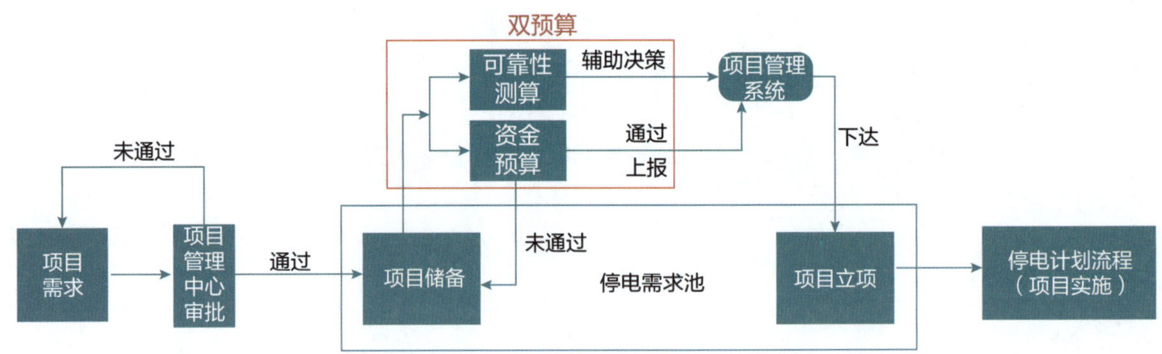

图1 “双预算”项目管理机制

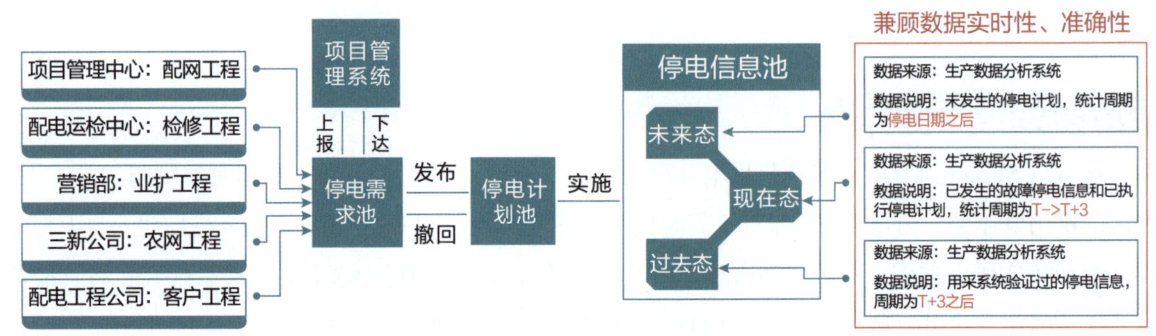

图2 “三池”停电需求全过程流转

态”“未来态”的概念。

专业协同联合评审，抓好计划停电大头。加强配网停电计划审核，综合统筹各项建设改造任务，坚持一停多用、严控重复停电。从客户用电服务感受出发，合理制定停电方案、安排停电时间，原则上不安排居民小区等重要用户多路电源全停的计划停电，在高温、极寒、节假日等特殊时段原则上不安排影响民生用电的计划停电。严格执行分级审批制度，对超 80 时户数、4 小时停电进行方案专项会审，评估以带电作业、分步实施等方式压降停电总时户的可能性，形成联合评审报告。

（3）智能拟合停电计划，管精计划安排龙头

坚持“能带不停”“一停多用”，坚持以“线段为单元”统筹中低压停电需求。将可靠性预算（序时预算、总预算）、停电时户数、停电时长、重复停电次数、“敏感库”等要素（阈值）管控纳入停电平衡过程。

①自动校核标准工时。开展停电需求结构化时，需要需求单位上报标准工作量作为参考：如果该工作量与需求单位上报的标准工作量进行比对，误差在设置的上下限内，则不进行提醒；如果越限，则进行延迟送电或者计划合理性提醒。

②自动校验敏感用户。校验该停电需求提报范围内的用户在提报时间段内是否属于敏感用户，协同营销、党建等部门，从停电影响、舆论安全、社会效益等维度，建立健全敏感用户等级评价标准、负面清单，形成相应数据库，从而进行预警。

③一停多用智能拟合。多条进行结构化之后的停电需求上报预平衡池，进行一停多用校验，如果存在重复停电或者停电用户叠加的情况，则认为这些停电需求具备结合条件，此时提醒需求单位与预

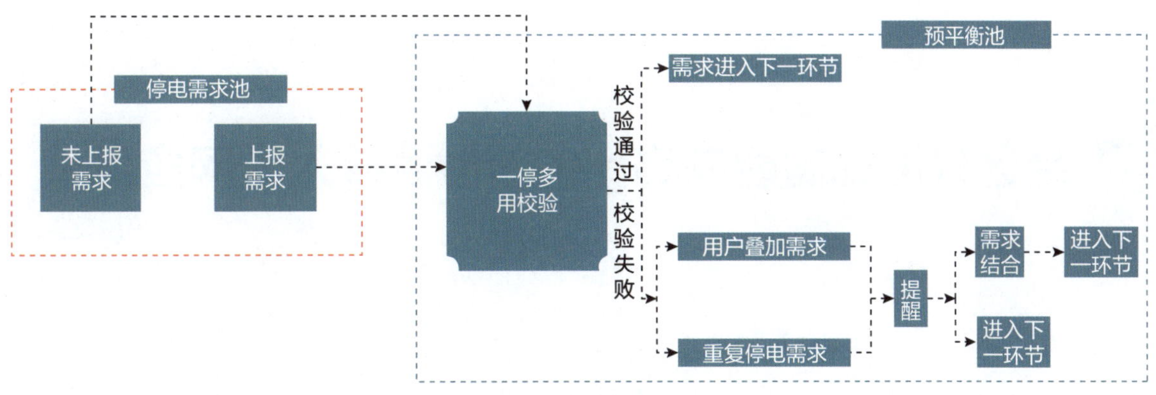

图3　一停多用智能拟合

平衡池管理人员是否选择将这些尚在停电需求池中的未提报需求进行提报，以减少重复停电。

（4）多维管控计划执行，遏制跑冒滴漏苗头

可靠性管理模块通过采集用采系统配变实时停电送电信息，与计划停电范围内的配变进行匹配，实时监控计划停电执行情况，对提前停电、施工超时、延迟送电等未按停电计划执行的情况，由配网运营指挥班实时分级预警、推送信息。

依托停电计划池、全量停电信息池对停电信息进行自动校验，对发现的预安排重复停电、重复故障停电等事件进行分级预警督办，严控重复停电事件的发生。

停电计划执行“质检”。每月对停电计划上报的规范性、准确性，计划平衡的合理性、停电执行的合规性进行“质检”，重点检查停电范围错误、重复停电、延迟送电等问题，全面提升停电计划执行水平。

异常停电溯源。将业务系统中的结构化停电信息与用户用电采集系统、融合 TTU、高速宽带载波智能入户电表（HPLC 户表）等上报的停电事件进行匹配分析，甄别是否存在擅自停电、营配调基础数据异常或现场采集设备故障等问题，开展业务督办和数据稽查，确保可靠性数据唯真唯实。

二、案例实践效果

（一）综合效益

自开展预安排停电数字化管理以来，扬州公司 2022 年单次停电超过 80 时户数事件比 2019 年下降超 70%，单次停电超过 4 小时事件比 2019 年下降超 15%，系统平均预安排停电时间比 2019 年的 11.5 万时户下降超 70%。居民用电感知评价显著提升。

（二）行业推广前景

扬州公司多措并举，综合提升预安排停电数字化、智能化管理，具有很强的推广价值。

（濮实　汪波　高洁）

台区分散式储能在高比例新能源接入农网应用

一、案例基本情况

（一）单位基本情况

江苏省镇江市扬中市是全国第二批高比例可再生能源示范城市，有“绿色能源岛”之称，全域分布式光伏装机渗透率超 70%，高比例分布式光伏接入对配网安全运行和优质供电影响凸显。

2021 年以来，国网江苏省电力有限公司（以下简称“江苏公司”）在扬中开展台区分散式储能示范应用，形成基于台区分散式储能的公用变压器（公变）台区保供和电能质量治理的综合解决方案，有效缩短了配电线路故障或检修时低压台区的停电时间，保障了高比例分布式光伏接入下台区电能质量，促进分布式光伏高效消纳。

（二）案例实施背景

随着以屋顶分布式光伏为代表的分布式新能源接入农网，一方面，分布式新能源出力的间歇性、波动性，导致农网电压波动明显；另一方面，分布式新能源入网改变农网原有潮流走向，局部地区存在线路反向重过载情况，甚至导致继电保护装置误动、拒动，威胁农网供电可靠性。

据统计，扬中光伏高渗透接入台区时常因光伏倒送引起配变反向重过载，引起电压越限等电能质量问题，且在阴雨天气由于光伏漏电流问题经常发生大面积停电，影响用户可靠用电。案例选取扬中地区农网开展台区分散式储能示范应用，验证储能为电网提供削峰填谷、故障转供、抑制电压波动和改善电压偏差的技术方案，提供分散式储能参与农网供电可靠性提升以及电能质量优化的典型方案。

（三）案例具体实践

1. 总体思路

①坚持“问题导向”。依据台区历史运行情况和负荷、光伏接入发展情况，筛选确实有储能配置需求的台区。

②坚持“效益优先”。科学评估供电可靠性较低、电能质量不达标台区配置分散式储能的预期成效，合理决策储能配置容量。

③坚持“安全第一”。在储能规划建设阶段强化安全设计和消防配套。

④坚持“技术领航”。攻关储能优化运行控制技术，支撑台区自治运行与台区间协同运行，以技术手段挖掘储能提升供电质量，促进新能源消纳潜力。

⑤坚持“标准统一”。规范储能设计、建设、运维流程，形成标准化储能管理能力。

2. 主要做法

（1）前期调研

结合台区历史运行数据、负荷发展趋势和光伏安装规划，初步筛选存在电能质量不达标、有超重载风险的台区，并现场考察台区环境，进一步筛选具备储能配置条件的台区。

（2）工程设计

在工程设计阶段，以满足台区供电可靠性要求和电能质量治理需求为基础，以最优化储能建设投资为目标，确定最佳的储能容量和功率配置。综合评估储能投资成本和问题解决效果，并与其他解决方案进行比较，当配置储能为最优解决方案时，确定储能建设的最终工程设计。

（3）安装施工

储能的安装方式应根据台区现场环境确定。针对架空线路区域，选择台架式安装方式，针对电缆区域，选择配电站房安装储能，或选择远离人群和重要基础设施的区域，单独为储能划定建设位置。储能安装阶段还需根据储能现场条件，为储能配置消防设施。

（4）现场调试

储能现场调试包含本体功能调试与主站联调。其中，本体功能调试主要包括储能的功率跟踪、电能质量治理、并离网模式切换等自治运行功能调试。主站联调主要为台区智能融合终端和配自云主站的通信调试，判断上传电气量、非电气量与告警信息是否正确，并能接受云主站的储能启停、运行状态切换和充放电功率调整命令。

（5）自治运行

稳态运行时，台区储能主要工作于自治运行状态，对并网点功率和电能质量进行主动量测分析，自动调整有功和无功输出，实现台区功率跟踪和电能质量治理，在削峰填谷的同时，维持台区母线的电能质量。

（6）故障响应恢复

在配电线路故障情况下，储能设备可无缝切换至离网运行状态，以保障台区供电。在中压供电恢复后，台区切换至变压器供电，转为并网运行。

在配电线路检修情况下，检修人员在工作开始前，将储能运行状态设置为不停电作业模式，拉开配变跌落式熔断器，储能装置能够在保持用户无停电感受的情况下，实现台区保供。

（7）协调互动

基于台区智能融合终端、微电网协调控制器等边缘计算设备，实现储能与台区下分布式光伏等其他可调控资源进行台区级协同互动，并可接受主站的控制指令，实现台区间的协同互动，提升局部配网供电可靠性。

3. 重点难点

（1）台区分散式储能定容

合理决策台区分散式储能容量是充分发挥储能保供和新能源消纳能力的前提。储能容量偏小，则不能满足台区保供要求，储能容量偏大，则投资经济性差。

台区储能的容量应根据台区负荷保供能力需求和新能源承载能力提升需求确定。储能变流器额定功率应大于台区（正向）负荷最大值，容量需满足台区最大负荷下一定时长的用电需求。根据台区分布式新能源接入规划，储能额定功率可作为配变容量的补充，作为新能源报装接入的审批依据。储能定容时，还需考虑现场安装空间条件的限制。

（2）台区分散式储能运行控制

传统小容量储能设备普遍采用固定式充放电策略，不能实时响应配网中光伏接入和负荷变化，无法实现不同台区的灵活调配和协同互动。

为解决上述问题，江苏公司牵头研制了包括智能能量管理终端和融合终端储能设备管控模块在内的储能智能能量管理系统，整合台区级储能、分布式光伏、用户侧负荷等信息并进行实时优化计算，结合不同台区的负荷特性对储能系统下达充放电指令，实现将固定的充放电模式调整为跟随光伏和负荷曲线实时变动的充放电模式。

4. 具体案例

（1）台架式台区分散式储能

扬中油坊镇是典型的光伏小镇，部分村落光伏渗透率超过 80%，由光伏引起的电压时段性越限问题频发。江苏公司结合台区安装空间条件与日功率曲线，在油坊镇会龙村两个典型光伏倒送台区分别安装台架式台区分散式储能系统。

以头墩子村南 3 组变台区为例。该台区采用柱上变压器供电，夏季典型日最大倒送功率为 59.7kW，净倒送电量达 331.7kWh，其中午间倒送电量达 130.2kWh，夜间最大负荷为 18.9kW，夜间负荷电量为 66.5kWh。同时，配变位置靠近河流，周边易燃物质较少，通过简单的基础施工即可保证现场具备较好的消防条件。因此，根据台区负荷情况和现场环境条件，在头墩子村南 3 组变安装容量 50kW/55.3kWh 的台区分散式储能系统，采用台架式安装方式。当中压线路发生故障或停电

图 1　扬中台架式台区分散式储能

检修造成台区外部电源缺失时，分散式储能可保障台区最大负荷下约 3 小时的供电，有效提升台区供电可靠性。

（2）光储充直柔微电网

扬中电气工业品城电动汽车充电需求较高，大功率充电桩影响台区电能质量。江苏公司针对园区用电可靠性和电能质量需求，建设光储充直柔高效微电网。工程建成 50kW/25kWh 钛酸锂电池储能系统 2 套，接入柔性互联装置直流母线，并与同样直流接入的光伏发电系统和大功率直流快充桩构成直流微电网。

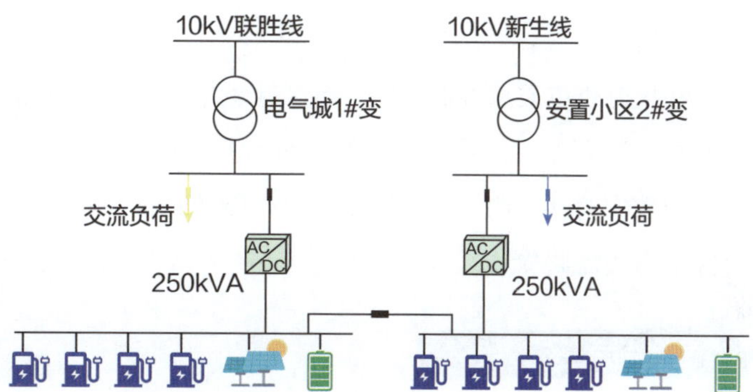

图 2　扬中光储充直柔微电网

微电网协调控制器在光伏大于负载的时候给电池充电，或者通过柔性互联装置给对侧台区负荷供电，实现光伏本地消纳；在充电负荷较大时，则由电池平抑负荷冲击，既解决了光伏倒送产生的电压抬升问题，也解决了直流快充引起的电压跌落问题，综合测算可将电压合格率提升至 99% 以上。

同时，微电网协调控制器接入台区智能融合终端，能够接受电网的调控指令。微电网可作为一个整体，保障交流台区在中压线路故障下的持续供电。

（3）基于分散式储能的台区电能质量综合治理

台区常用电能质量治理主要通过控制台区首端补偿电容、动态无功补偿装置（SVG）等无功设备出力，或者调节光伏逆变器无功输出占比。然而仅通过上述措施对电能质量指标调节范围有限，在扬中创新开展基于台区分散式储能全象限有功、无功调节能力的配电台区供电质量优化提升技术应用。

在头墩子村南 3 组变安装容量 50kW/55.3kWh 的台区分散式储能系统，通过升级分散式储能过程控制系统（PCS 系统）有功、无功出力策略，实现对并网点电压质量的动态跟踪控制。

在台区电压偏低的情况下，通过增加储能系统有功出力和无功输出，在保障台区功率因数的前提下抬高电压水平；在台区电压偏高的工况下，通过增加储能系统有功吸收、减小无功输出，将台区电压控制在合理范围内。此外，针对负序电流较大台区，可通过 PCS 系统分相跟踪调节能力，大幅改善台区三相不平衡现象，提升台区运行经济性。

通过本案例实施，台区电压偏差范围恒定控制在 5% 以内，显著提升台区供电质量的同时降低了配电线路损耗。

二、案例实践效果

（一）综合效益

在供电可靠性方面，通过示范应用台区分散式储能技术，在台区计划外故障停电、完成故障有效隔离的情况下，实现停电区域快速恢复供电，大幅缩短停电时间；在检修、运方调整等计划内停电期间，可通过台区分散式储能缩小停电范围，有效减少停电时户数，提升台区供电可靠性。以头墩子村南 3 组变为例，台区年停电时户数相较分散式储能投运前由 8.75 时户缩减为 0 时户，成效显著。

在提升供电质量方面，助力台区绿色电能跨时空全消纳，有效提升新能源消纳能力，消除配变可开放容量限制；优化台区电能质量水平，电压偏差指标控制在 ±5% 以内；实现台区负序电流、功率因数实时动态调节，提升系统运行能效；推动实现台区侧“源、网、荷、储”柔性互动，实现台区出力按需调节。

（二）第三方评价

该案例建成后持续稳定运行，助力农网升级改造和巩固提升，保障民生用电，社会效益显著。相关成果得到央视报道宣传，为新型电力系统下配电网供电可靠性水平提升打造江苏样板。

（三）行业推广前景

台区分散式储能应用在提升配网新能源消纳能力的同时，可显著提升配网供电可靠性及电能质量水平。通过在供电可靠性管理工作中的探索与实践，主要总结以下几点建议：

一是深化试点应用，完善技术措施。建议在全国范围不同场景下选择典型配网深入开展试点应用，根据不同环境要求完善技术方案，进一步验证实际运行成效；

二是总结示范经验，固化管理模式。总结典型场景下台区分散式储能建设运维经验，基于实际运行成效评估，固化在配网中建设、运维、管理的关键流程，形成全国范围内可复制可推广的统一模式；

三是搭建统一标准，促进健康发展。将台区分散式储能技术纳入供电可靠性管理标准体系，围绕该技术应用规划编制一系列相关标准，促进该技术推广应用健康发展，通过标准实施，切实推动该技术为供电可靠性提升添砖加瓦。

本案例适用于高可靠供电需求的重要电力用户、分布式新能源接入农网等场景。

（嵇托　费骏韬　吴凡）

基于“立体巡检 + 集中监控”运维模式的输电线路可靠管理体系构建

一、案例基本情况

（一）单位基本情况

国网浙江省电力有限公司（以下简称“浙江公司”）是国家电网有限公司的全资子公司，其以建设和运营电网为核心业务，是浙江省能源领域的核心企业。该公司下辖 11 家地市级供电公司、20 家直属单位和 69 家县级供电公司；拥有 35kV 及以上输电线路 7.4 万千米、变电容量 4.91 亿 kVA；已建成 1000kV 变电站 3 座、变电容量 1800 万 kVA，±800kV 直流换流站 2 座，换流容量 1600 万 kW；供服人口超过 6400 万。

嘉兴供电公司（以下简称“嘉兴公司”）隶属浙江省电力有限公司，负责嘉兴五县（市）、三区的供用电工作，根据本地经济发展，编制电网发展规划并组织实施，负责对嘉兴五县（市）、三区电力设施定期进行检修和维护，保证其正常运行。负责国家电价政策的贯彻执行，对嘉兴五县（市）、三区所有高、低压用户用电检查管理、负荷监控，提供输、变、配电工程设计、施工，电力设备经营、修造，电工器材，电力技术服务。

（二）案例实施背景

项目坚持以数字化改革引领推动专业不断纵深发展，以数字化牵引赋能实践输电线路本质安全提升，自 2021 年起实施至今已形成符合新一代输电线路建设及运维要求的“立体巡检 + 集中监控”运维模式，填补了输电通道交互式移动巡检体系、数字孪生电网建设等多项技术空白，全面助力浙江区域输电线路高标准建设、高质量发展、高水平管理，为推动全国电力可靠性管理提升提供重要参考。

（三）案例具体实践

1. 总体思路

近年来，嘉兴公司结合通道环境及地域特点，通过前端状态感知设备的规范化管控、规模化部署，完善可视化微拍、无人机自主巡检航线等措施，实现无人机自主巡检替代人工本体巡视、可视化微拍替代人工通道巡视的“两个替代”资源部署。通过输电管理在“四个突破”“四个联动”的有效协同，建立健全以人防、物防、技防和其他有效防范保护措施组成的内、外部电力设施安全防范网络，普及和推广电力设施安全防范的新技术、新成果，实现坚强电网与智能电网的深度融合，确保嘉湖密集通道等重要输电线路安全稳定。

2. 主要做法

（1）示范于“新”，构建“星空地”立体防护体系

①划“界面”，优化运检设备资源配置。嘉兴公司在 2022 年发布《国网嘉兴供电公司关于印发〈输电“立体巡检 + 集中监控”运维管理指导意见〉的通知》，合理分析输电运维现状，在“提升管控信息化水平”“提升智能化作业水平”“提高业务规范化水平”等方面提出明确要求，并落实组织措施和实施计划；细化实施方法，滚动更新或编制《无人机管理实施细则》等 6 项指导性文件，完善制度保障。

嘉兴公司根据实际运维需求，分析各巡检业务开展现状，梳理现有巡检方式中的优劣势。融合巡检数据与业务信息，界定各巡检方式功能，明确无人机巡视周期、可视化微拍巡视周期，通过集中监控痕迹化管理，确定机器替人工作原则，避免机巡与人巡的工作任务量叠加，提高智能化巡检质效。在此基础上加强装备配置及人员培养，共配置无人机 163 架，配置率达 3.3 架 / 百千米，并实现一线班组持证率 100% 的应取尽取的要求；根据配置原则规模化部署线路状态感知装置，安装可视化装置 3786 套，导线精灵 290 套、分布式故障定位 526 套等其他类在线监测 2255 套，实现 500kV 及以上线路逐塔可视、220kV 线路通道可视、110kV 线路危险点可视。

表 1　立体巡检方式现状分析

序号	巡检方式	优势分析	劣势分析
1	直升机巡检	巡检质效高、不受地域影响；可执行多任务载荷、精细巡检作业	起降场地要求苛刻，成本高，要求技能水平高，需专人开展
2	无人机巡检	受地形限制小、塔头巡检效果好、操作简单、巡检效率高；可执行多任务载荷、精细巡检作业	精细化巡检质效与作业人员操作熟练程度相关，智能化水平有待提高
3	人工巡检	携带望远镜、测距仪等设备在地面或登塔开展巡检，技术成熟	作业携带设备多，劳动强度高，巡检效率较低
4	机器人巡检	远距离巡检，精细化程度高；可执行多任务载荷、精细巡检作业	杆塔需技改，重要通道机器人巡检还需探索
5	在线监测巡检	远距离巡检，监测类型多点多样；可监测设备本体及通道运行情况	视频设备布置点多面广，易出现监控盲区

在巡检业务层，明确直升机、无人机、人工巡检等业务界面与工作内容。在使用直升机开展常规巡检、通道专项特巡的同时，利用无人机巡检弥补其成本高、空域申请难等不足，在巡检范围、内容和频次上与直升机巡检形成有效协同。利用无人机巡视质量高的特点，重点检查杆塔瓶口及以上部分输电设备，人工利用携带的巡检设备巡视横担以下设施及线路通道运行情况，同时集中监控人员通过管控应用群开展远程监控，解决作业现场无法实时监测设备运行的问题，完成输电线路“星空地”立体防护体系构建，实现多维融合协同巡检数据感知。

在星空，利用雷电光学、山火覆冰监测等技术，结合六大预警中心信息，实现灾害综合预警研判，对电网主要灾害的长、中和短期业务化预测预警；在空中，每年应用直升机对特高压线路进行

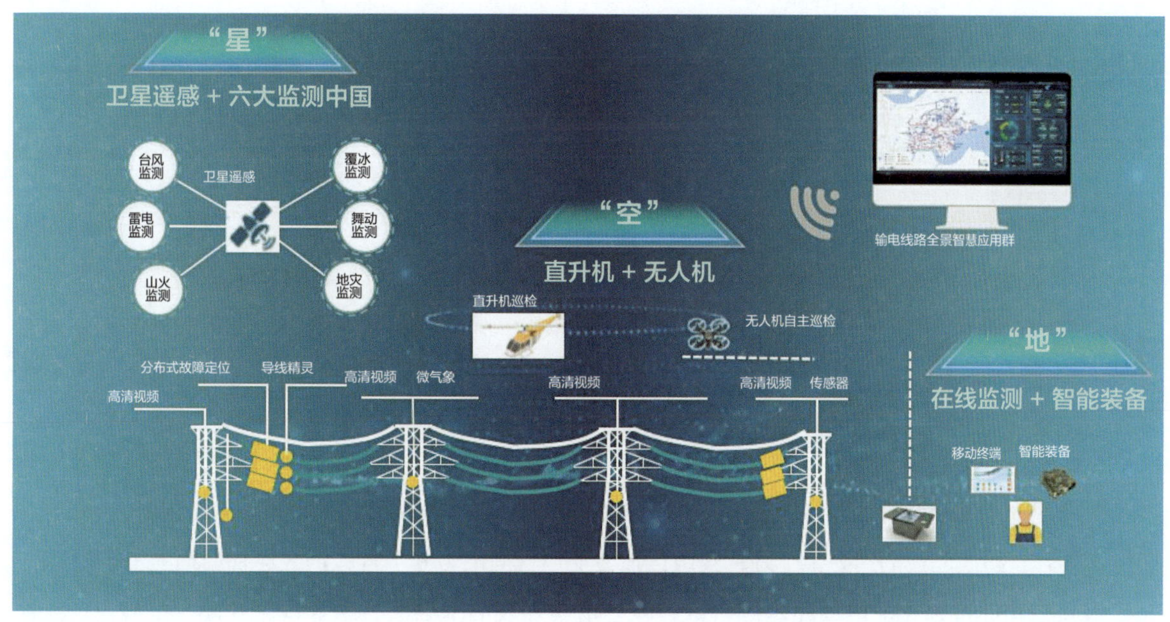

图1 “星空地”立体防护体系

通道巡检及精细化巡检，应用无人机开展精细化巡检、检修踏勘、隐患排查等工作，已部署5座无人值守机巢，已实现220kV及以上线路自主航线全覆盖，目前无人机自主巡航完成率达198%；在地面，部署3786套可视化装置及2255套状态感知设备，深化应用输电全景监控应用群、高压电缆精益管理应用群、数字孪生平台等，实现输电线路的应急联动，同时配合移动巡检、高集成度等装备，实现生产业务线上高效流转。

②强“感知”，提升前端在线监测水平。在“星空地”立体防护体系下，强化前端感知设备能力。针对设备本体，通过分布式故障定位、异常诊断装置、导线精灵、金具温度等智能终端装置的规模化部署、规范化应用，实现设备本体状态的全天候监测、主动评估、智能预警。以区段为单位部署输电线路边缘物联代理装置，针对不同区域、不同数量感知终端的接入，开展各类型监测设备通信方式和协议规约的适配，实现图像宽带数据及传感器窄带数据的融合传输及边缘处理，网络较差环境下数据的可靠回传。

③固“流程”，完善智能移动巡检模式。在“星空地”立体防护体系下，优化交互式移动巡检模式。依托RFID电子标签、便携式单兵移动巡检装备、智能安全帽等智能移动终端应用，通过数据安全交互技术，实现各类型移动巡检终端互联，输电各业务流、信息流的接收、执行、存储、转发，构建输电线路交互式移动巡检体系，为输电通道运维管控提供准确及时的线路运行状态信息与线路巡检管理信息。通过标准化线路巡检流程的制定，固化线路巡检各环节，利用智能移动设备提供巡检过程自动记录、缺陷隐患现场登记、作业报告自动生成、作业记录在线回传，实现线路巡检过程的业务在线化、作业移动化、管理标准化。

（2）立足于“稳”，夯实本质安全基础

①定“策略”，建立输电线路数智化运维。嘉兴公司依据《输电“立体巡检＋集中监控”运维管理指导意见》，结合重要跨越、机械外破、异物等9个风险要素细化线路区段定级规则，将线路区段划分为四个等级；综合区段定级、无人机、可视化覆盖情况，明确通道巡视、专业巡视策略以

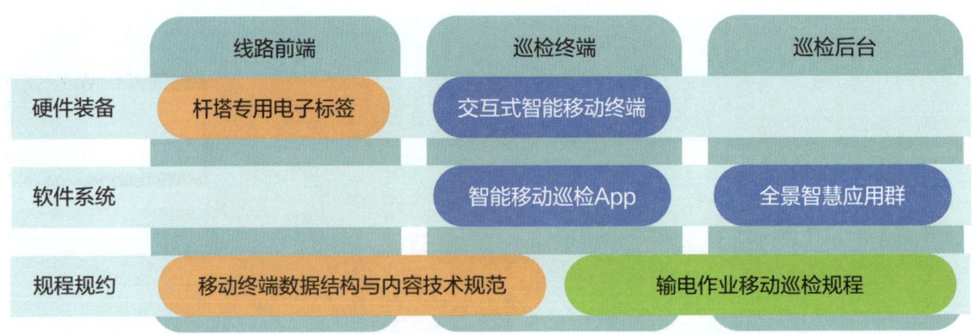

图 2　输电线路交互式移动巡检模式

及专业巡视、护线巡视、微拍巡视、无人机巡视周期，具体为：Ⅰ级区段专业巡视周期为 2 个月，护线巡视周期为 1 天；Ⅱ级区段专业巡视周期为 2 个月，护线巡视周期为半个月；Ⅲ级区段专业巡视周期为 3 个月，护线巡视周期为半个月；Ⅳ级区段专业巡视周期为 6 个月，护线巡视周期为 1 个月。

嘉兴公司完善细化输电线路基础台账，在杆塔明细表的基础上，融合线路缺陷、危险点、交跨记录、检修记录等信息形成线路专档，为输电线路区段准确定级提供支撑；梳理形成全域线路差异化运维定级清单，其中Ⅰ级区段 7 段 208.6 千米、Ⅱ级区段 251 段 2175.2 千米、Ⅲ级区段 211 段 1600.62 千米、Ⅳ级区段 24 段 142.9 千米。

嘉兴公司以准设备主人的要求打造高素质外协护线队伍，优化护线模式、建立网格化准设备主人队伍，由原按线路负责模式优化为按区域负责模式，在 5 县 2 区设立 7 个护线站，分别负责区域内线路巡视工作，人员由原 59 人减少为 25 人，年龄由原平均 59 周岁降低为 38 岁。护线站实施标准化运作，对护线员加强现场沟通指导、技能培训力度，严格考察巡视质量，加大奖惩力度，不断提升准设备主人能力。

②强“管控”，集中监控模式优化。以运维资源和技术手段为基础，两个应用为支撑，两大能

图 3　输电专业应急处置模式

力（全息感知能力、智能分析能力）为保障，实现三个要素（设备、人员、业务）全景可视的远程集中监控体系。建立集中监控班组，以管控输电设备运行状态为核心，纵向贯通专业部门和上级管控中心，横向覆盖管理科室和基层班组，形成自上而下、网状关联的协同效应。业务方面，监控班组负责输电线路监测数据监控、分析等日常运行管理工作，发现线路设备异常及时通知运维管理单位，跟踪现场处置情况，对缺陷隐患状态进行核对、闭环；运维单位负责处置反馈，并应用输电全景监控应用群等平台，开展任务派发、作业执行、巡检记录等全业务线上流转管控和数据归集，建立生产隐患识别分析、隐患处置安排、现场处置反馈的应急联动机制，实现输电监控业务智能化水平和运检效率双提升。

③防“风险”，推动 AI 规模应用。为解决由视频装置点位多带来的监控工作量大、易出现监控盲区等问题，嘉兴公司深化数据智能、计算机视觉等技术在辅助远程巡视、隐患自主识别等核心业务的应用，通过引进可视化自主预警，实时判断输电通道异常，如有报警由监控中心第一时间核实，将通道隐患风险告知班组联络员并安排人员现场核实，形成输电线路“远程监控、智能预警、决策分析、处置反馈”的应急联动模式。

（3）致力于“精”，队伍管理精益求精

①求“转型”，推进“两个班组”协同建设。以全业务核心班组及数字化班组建设为基础，以新一代设备资产精益管理系统为业务核心，按照管理、技术、业务、装备同步推进原则，聚焦班组常态业务与核心业务，充分运用无人机、在线监测、移动终端、智能穿戴等技术装备，优化班组现场作业手段，改进班组获取设备状态的方式方法，完成输电运维、带电作业等典型数字化班组建设及推广，推动班组由“作业执行单元”向“价值创造单元”转变。

在带电作业方面，综合应用“小飞侠”、数字孪生技术、无人机应用等，实现 35～1000kV 全输电电压等级等电位带电作业能力全覆盖。优化带电作业检修策略，结合微气象、图像、视频监测、导线精灵等各类前端感知装置数据，远程开展现场勘查，评估带电作业条件，创新开展河网地带带电作业方法。强化智能化设备应用，利用喷火无人机、激光异物清除器替代传统人工作业，实现远程带电异物处理。利用无人机、智能安全帽实现带电作业现场多角度视频、语音直播，专家远程在线指挥。依托数字孪生技术及高精度输电线路三维模型，依据不同工况下的安全评估标准，模

图 4　特高压线路等电位作业

拟作业人员全过程带电作业流程，通过对作业人员组合间隙、安全距离的判断与校核，实现带电作业方案数字化安全评估。

②重“评价”，深化设备主人制建设。以设备主人管理为核心，建立工区级核心设备主人与班组级设备主人的两级运维模式，引入现代化技术打造设备主人多元服务支撑体系，使运维与管理紧密围绕设备全过程管控。一是把握职责定位，明确工作范畴，服务精益管理。工区级设备主人开展线路涉及工程项目管控（可研初设审查、工程验收），牵头完成设备退役报废闭环；班组级设备主人实现在运设备管控（运检过程管控、设备状态管控）。二是创新突破智能运检建设及应用、运检成本分析等重点业务，全面加强无人机、智能巡检终端等智能运检技术培养和创造能力建设，加快设备主人从技术技能型向知识型转变，提升输电线路智能化管理。三是打造复合型人才队伍，在运维、检修、检测、评价、验收等设备全寿命周期管控各环节中履行相应的监督、管控、评价、跟踪、督办、执行等职责，通过两级设备主人“1+N”运维管理与保障体系建设，实现设备主人对输电线路状态的全面掌控，使其真正成为设备全寿命周期管理的落实者、运检标准的执行者和设备状态的管理者。

③尽“履职”，构建三级护线网络。深化以班组网络（设备主人）、护线网络（外协队伍）和属地化网络（属地联络员）组成的三级护线网络，完善应急处置网络结构和快速响应体系，构建市、县网格化应急支援队伍，高效、正确、有序处理不可控条件下的线路异常情况。班组网络为第一级信息收集网络，作为线路的设备主人，在线路运维中起主导作用，充当与责任区段内护线人员、属地联络员的沟通角色，主要负责管辖线路设备的专业巡视、隐患管控及通道护线巡视的具体工作任务安排；护线员网络为第二级信息收集网络，在线路运维中起基础作用。主要负责通道日常巡视和维护、电力设施保护宣传、应急先期管理。对于突发事件，为班组快速了解现场情况、缩小排查范围、减少人员投入起到至关重要的作用；属地化网络作为第三级信息收集网络，主要由线路所处行政区域供电所人员担任，承担共同维护线路通道安全运行的责任，负责输电线路通道隐患信息报送及危险源前期处置，配合政策处理、用户投诉、事故调查等工作。

（4）着眼于“防”，织紧密集通道防护网

①夯“基础”，强化通道本质安全。输电线路作为能源传输的重要载体，是支撑国家电网建设中国特色国际领先能源互联网企业的重要基础，是优化资源配置、提高社会综合效益、落实国家“双碳”战略的重要途径。嘉兴公司始终坚持以保障特高压嘉湖通道稳定可靠为核心要素，将密集通道安全运行纳入公司安全生产责任和年度工作“两个清单”，建立公司级、部门级、班组级定期交流例会制度。针对嘉兴密集通道河网交织的地形特点，推行重点区段、重点时段、重点部位差异化运维策略，实施“一道一策”运维保障方案，建立护线队伍“日管控、周分析、月总结”机制，依托“立体巡检＋集中监控”运维管理模式，构建“半小时运维保障圈”，年均消除40余起安全隐患。在通道沿线组建4支市、县网格化应急支援队伍，制定突发事件下线路异常紧急处置指南，与属地派出所建立警企联动机制，实现密集通道警企联动全覆盖，提高密集通道整体预防能力、突发事件快速反应和处置效率。

②寻“协作”，健全联防联控机制。配合开展调研，支撑密集通道安全保障纳入《浙江省电力条例》修订范围。成立电力行政执法办公室，年均开展电力联合巡查执法20余次，清理密集通道

内树线矛盾、违章搭建等各类隐患 15 处。推动属地政府设电力专委会并实体运作，建立定期会商、联合巡查机制。促成政府印发电力设施保护文件，将通道保障责任纳入地方公共安全管理、社会治安综合管理考核，国内率先实现“两个纳入”。与市防指、建委、气象局等部门保持常态化联动，制定极端天气下保障措施，实现跨行业间信息共享、资源共用。

③求“创新”，提升通道防护质效。对于输电线路运维管理单位，在履行输电设备本质安全与平稳运行核心职责的同时，嘉兴公司加快构建覆盖范围更广、感知能力更强、预测精度更高的运维管理体系，通过部署视频监拍、微气象、导线精灵等感知装置 134 套，实现密集通道逐塔可视和无人机自主巡检全覆盖；依托集中监控班组实体化运作，实现通道运行状态全时段、全场景监测，隐患处置效率提高 80%。搭建全国首条密集通道数字孪生线路，综合应用数字孪生及小飞侠新技术完成密集通道等电位带电消缺作业。联合中国电科院开发仿真算法，开展台风等灾前仿真推演与隐患排查、灾中设备状态感知跟踪、灾后受损评估，发布风险预警报告 9 份。依托国家电网台风监测预警中心和覆冰监测预警子站实现精细预警，综合运用卫星监测和激光扫描等技术，对通道两侧易飘物隐患实施“1000 米普查、500 米防治、300 米严控”三级管控，实现密集通道内风险隐患见底清零。

二、案例实践效果

通过基于“立体巡检＋集中监控”运维模式的输电线路可靠管理体系构建，优化运维模式，完善运检策略，嘉兴公司圆满完成了党的二十大、“三大直流”、乌镇峰会、进博会等多次重大供电保障工作，开创了输电线路特有的“三维立体巡检”运维管理模式，利用“星空地”立体防护体系，结合数字孪生技术与集中监控模式的有效协同，将大数据技术应用于输电线路维护工作的基础环境，保证了嘉湖密集通道等重要线路安全稳定运行和区域廉价、高效、优质电能的可靠供应。

（张永　江洪　郭一凡）

基于无人机应用的变电设备可靠性管理提升

一、案例基本情况

（一）单位基本情况

国网浙江省电力有限公司超高压分公司（以下简称“超高压公司”）是浙江骨干电网输变电设备集中管理单位，负责浙江省 500kV 及以上输变电设备的资产管理及变电运维检修业务。

（二）案例实施背景

本案例基于国家电网变电无人机试点应用及浙江省公司变电无人机试点工作推进实施，超高压公司通过总结从 2014 年到 2020 年间逐步开展的变电站无人机技术探索和运用实践，以高质量发展理念为指引，组建跨专业联合试点团队，从变电无人机巡检作业的安全性论证切入，依托试点超高压变电站的第一手数据与经验，深入开展相关管理制度与业务标准建设，开展专业人才队伍建设，于 2021 年 9 月形成首套变电无人机运检管理体系并在公司内部推广应用，在丰富主网变电设备运检管理手段的同时，有效解决传统巡视盲区，提高了变电设备本质安全，提升了电网设备的可靠性水平和精益管理水平。

（三）案例具体实践

1. 总体思路

以现代设备管理理念为指导，针对新形势下变电站设备运维需求，从变电站无人机巡检安全性论证、管理制度建设、作业标准建设、人员建设等方面着手，打造“地空一体”变电站设备运维体系，有效弥补地面巡视不足，提高精益管理水平，提高设备本质安全，提升电网及设备运行可靠性。

2. 主要做法

（1）构筑装备安全防线

通过“选测评验”四大环节构筑装备安全防线，对变电站无人机进行设备选型。基于变电站电磁环境干扰、作业环境复杂、作业安全距离等问题进行充分实验与论证，选择尺寸相对较小的机型、抗电磁干扰性强的材料，使无人机控制更精确稳定、现场作业更加安全可靠。

（2）建立作业管理体系

依据国家、行业、国家电网和省公司相关管理规定要求，对历年试点利用无人机开展的变电站异常设备特巡、台风后特巡等进行了总结分析，并在借鉴输电线路无人机巡检经验的基础上，建立管理体系，体系化保障试点工作的有序推进。

①管理制度建设先行。基于2014年首次应用无人机试点变电站避雷针隐患专项排查以及近年来异常设备特巡、台风后特巡等规模化应用成果，组织编制了《变电无人机装备管理指导意见》《变电设备无人机巡检作业实施意见》等系列管理制度，进一步规范管理及作业。

②现场作业标准制定。通过总结历史试点应用及变电站试点全面巡视实践，充分收集各变电站无人机作业的实践情况和巡检作业经验，以及对历年无人机巡检数据分析，编制形成《变电站无人机巡检标准化作业指导书》，进一步提高了变电无人机巡检作业的规范化、标准化、精细化程度。

③数据管理标准制定。基于海量作业数据积累、数据深度应用和样本数据建设需求，建立了《无人机作业基础数据标注与命名规则》，规范巡检作业基础数据采集与整理要求，并通过PMS系统实现不同渠道巡视数据的融合利用，为设备数据资产和数据规模化智能处理的积累奠定了良好基础。

（3）培养作业技能人才

着力推进复合型“变电飞手”团队的培养，全面普及应用、常态化开展无人机巡检作业，满足超特高压变电站无人机巡检作业的需求和中长期规划。

①“结对式学习”补齐技能结构短板。根据变电站内作业要求，针对人才队伍的技能缺失，组织开展结对式学习培训。依托输电无人机专业班组，建立学习小组开展集中培训和交流互助，营造“比学赶超”氛围，加快补齐无人机专业班组变电专业设备知识短板和运检人员无人机领域技能空白，快速形成了一支既有理论知识又有操作资质和实践经验的变电无人机巡检队伍。

②“区域教练制”优化培训资源配置。根据浙江超特高压变电站分布，建立浙北、浙南、浙中、浙东4大片区优化培训资源及专家教练，按片区组织运检人员集中学习训练，同时也加强片区内各变电站横向交流，帮助无人机作业人员适应开放式、集成式、半开放半集成等多种类型变电站的飞行巡检作业，提升跨场地作业能力，提升培训效能。

③“训战一体化”加快运检人员取证。根据变电站无人机巡检作业的特点，采取“训战一体化”模式加快推进运检人员取证。在基础理论与安全操作学习基础上，重点开展操作演练，设计站外飞行训练、站外模拟训练、站内飞行训练、常规巡检作业单项训练、常规巡检作业综合训练、特巡训练等相组合的训练科目，逐步提升实战能力。

二、案例实践效果

（一）综合效益

经济效益方面，2022年已安全完成首轮浙江地区全部58座超特高压变电站高空设备精细化巡检，形成超特高压变电站高空设备运行健康档案，发现高空隐蔽缺陷1107处，带电消除严重及以上等级缺陷 48 处，结合设备停电检修消缺 180 余处，累计减少设备停电 50 余次，有效提升了变电设备运行可靠性，创造间接经济效益 2.4 亿余元。

管理效益方面，形成适用于公司层面的变电无人机运检管理体系，并在省公司层面推广应用，丰富了电网高空设备的巡视手段，通过与建设的视频系统组成“无人机 + 工业视频 + 机器人”立体巡检系统，形成了高空无人机巡检、中空工业视频巡检、地面机器人巡检的“动态 + 静态”全时段的立体化巡检体系，加快设备运检管理模式转变。

（二）第三方评价

2021 年，浙江省电力行业协会重点调研课题专家组认为本项目就当前形势下电网设备无人机运检管理体系进行研究与实践，通过对面临的繁杂设备存在隐患而智能监测手段不健全问题进行系统性调研分析，从变电站无人机巡检安全性论证、管理制度建设、作业标准建设、保障体系建设等四方面进行研究与探索，推动 AI 技术与运检核心业务深度融合，提升电网设备运检管理水平。该项目具有一定的前瞻性、创新性、理论水平和可操作性，具有一定的应用价值。

（三）行业推广前景

丰富电网高空设备巡视技术手段，可实现近距离、常态化开展高空设备运行状况检查，突破人工及巡检机器人等地面巡视手段对高空设备的局限，进一步提前掌握设备运行状况，提升设备运行可靠性。

降低电网设备高空作业安全风险，可在变电设备带电运行的状态下完成高空特巡，大幅缩减人员登高作业次数和设备配合停电次数，有效降低电网设备高空作业安全风险，提高设备运行可靠性。

推动设备运检管理模式精益发展，无人机巡检与站内原有的巡检手段进行深度融合应用，助力电网系统数字化发展，适应设备现代管理体系，实现“作业机器替代、现场安全管控、设备状态监控”。

（钟宁峰　苏良智　雷振洲）

基于可靠性的变电设备差异化检修策略研究实践

一、案例基本情况

（一）单位基本情况

嘉兴供电公司（以下简称“嘉兴公司”）隶属浙江省电力有限公司，负责嘉兴五县（市）、三区的供用电工作，根据本地经济发展，编制电网发展规划并组织实施，负责对嘉兴五县（市）、三区电力设施定期进行检修和维护，保证其正常运行。负责国家电价政策的贯彻执行，对嘉兴五县（市）、三区所有高、低压用户用电检查管理、负荷监控，提供输、变、配电工程设计、施工，电力设备经营、修造，电工器材，电力技术服务。

（二）案例实施背景

“碳中和”是全球气候变暖背景下的必由之路，是地球可持续发展的必然选择。实现“双碳”目标是党中央经过深思熟虑作出的重大决策部署，事关中华民族永续发展和构建人类命运共同体。电力是生产生活中的重要能源，是经济社会发展的重要物质基础。加快构建清洁低碳、安全高效的能源体系成为公司的重要责任。

变电站作为能源体系中的关键枢纽环节，保障变电设备安全稳定运行至关重要。在“双碳”目标和科技迅猛发展的前提下，公司根据可持续发展要求，立足新型电力系统建设，聚焦电力供应安全可靠、绿色低碳、经济高效“三元矛盾”，围绕《联合国2030可持续发展议程》的目标8“促进持久、包容和可持续经济增长、促进充分的生产性就业和人人获得体面工作”、目标12“采用可持续的消费和生产模式”，并对8.2、12.a等与变电专业关联度较高的子目标，开展变电差异化运检体系建设工作，全面实施绿色生产和提质增效，打造可持续的生产运营。

（三）案例具体实践

1. 总体思路

本项目结合现场工作需求，融合设备多源信息，开展基于可靠性的变电设备差异化检修策略研究实践，构建基于设备状态评估的变电差异化运检体系，促进设备管理的数字化转型。

2. 具体做法

（1）建立设备健康码的设备健康管理平台

设备健康码是设备健康管理与全寿命周期管理的重要实践。它将自 2020 年以来的个人健康码应用于电力设备管理，创造性地运用了“健康信息登记”“电子通行证”“红黄码管控”和“一码就医”等概念，丰富了设备管理的手段，完善了设备健康管控工具，补足了设备全寿命周期管理的重要环节。

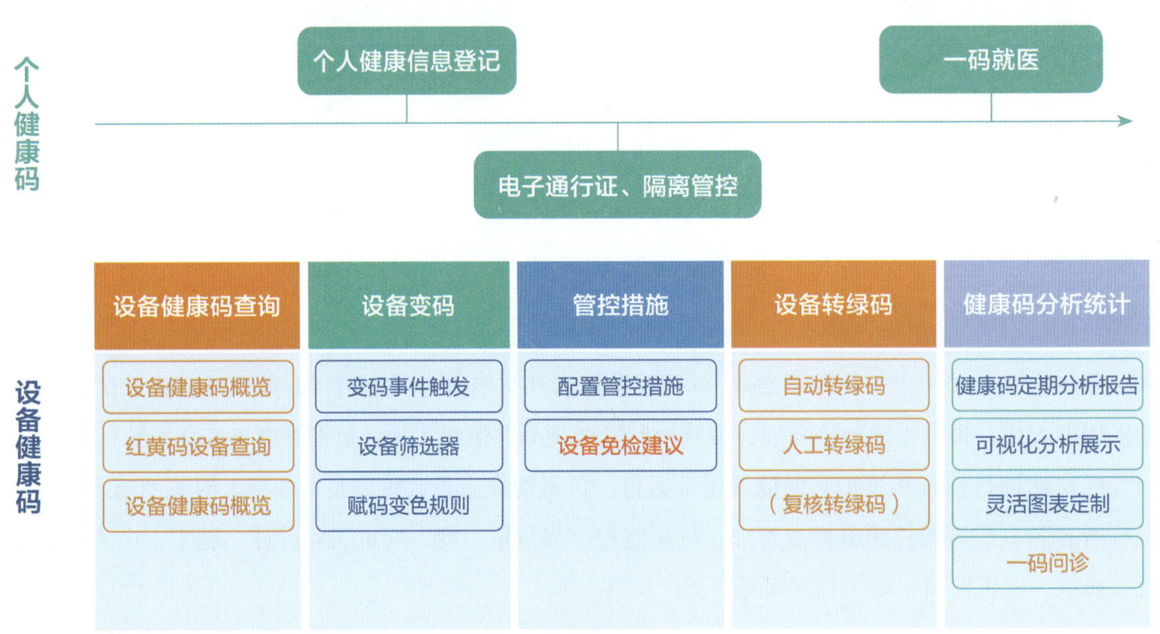

图 1　设备健康管理平台

①设备健康码查询。输变电一次设备健康码查询功能，包括本单位设备健康码情况概览、红色黄色健康码设备查询、设备历史健康码查询三个子功能。设备的健康码颜色由变码触发事件中确定的颜色中最严重的颜色来确定，如某设备有多个变码事件，分别变码为黄色和红色，那该设备的健康码颜色为红色。即以优先级定色，红色健康码的优先级高于黄色健康码，黄色健康码高于绿色健康码。

②设备变码。设备变码操作仅针对于升级码颜色，即由绿码>红黄码或黄码>红码操作。所有设备变码操作均由变码事件触发，变码事件触发生成后，在设备筛选器中筛选需要变码的设备，再由赋码变色规则配置对应的规则，当变码事件生效后，相应设备的健康码按规则变色。变码触发的事件、设备筛选器、赋码变色规则均一一对应。

③管控措施。根据设备管控要求，对健康码红码和黄码设备有针对性地制定相应的管控措施，分为驱动预警单措施和其他管控措施。其中预警单管控措施提醒相关人员驱动运维工单、试验工单和检修工单的生成。其他管控措施为非预警单类的技术措施和管理措施。当相应工单执行完毕后，或相应管控措施完毕后，则达成了设备转绿条件，可在设备转绿码功能中转绿。管控措施的配置与设备变码存在前后关系，设备变码执行完毕后可进行管控措施配置，管控措施的配置并不影响设备变码操作。

④设备转绿码。黄码或红码设备经过评估处理后恢复正常，健康码可转为绿码。转码方式可分为自动、复核和人工转绿码三种方式。自动转绿码功能是当用户配置了自动转绿码规则之后，转

绿码条件满足，并经用户确认后，系统自动将全部或部分红黄码转为绿码。复核转绿码操作是由生产一线人员根据检查、摸排、试运及其他有效手段确认设备状态良好时，提出设备转绿码申请，专工和管理人员根据申请内容进行审批，通过后健康码转为绿码，不通过可继续提交佐证资料进行申请。人工转绿码即由专工或管理人员直接按变码触发事件一一进行转绿操作，需要填写人工转绿码原因，提交保存后该事件的红黄码转为绿色。

⑤健康码分析统计。该功能对设备健康码变码、设备管控、设备转绿码一系列过程中的指标进行统计和分析，借助信息系统提供多样化的可视化展示，辅助用户编制、形成一系列健康码统计分析报告，提高设备管理智能化水平，丰富了管控手段。

（2）建立多维度的设备动态评价机制

融合设备多源数据，从检修（试验）数据、带电检测、在线监测、巡视巡查、主动操作、异常风险、运行履历七个维度，构建多维度设备评价机制，每个维度评价依次分为正常、注意、异常、严重。

①评价维度。检修（试验）数据评价。根据历年来设备检修试验中获取的状态量数据，对设备基本情况进行分析，同时对设备检修试验数据进行比对，对数据异常变化的设备进行专业综合评价。该维度评价需根据设备上一次检修试验数据对设备整体评价一次，并结合设备停电进行检修试验数据评价实时更新。

带电检测评价。通过运行状态下的设备状态量检测对带电检测中发现异常的设备进行专业综合评价。该维度评价开展周期参考表 1 中相关带电检测规程执行。

表 1　带电检测项目及周期参考标准

设备名称	带电检测规程
变压器（电抗器）	Q/GDW11 391—2013-10503《油浸式变压器（电抗器）带电检测规程》
SF6 断路器	Q/GDW11 1398—2014《SF6 断路器带电检测规程》
GIS	Q/GDW11 1399—2014《GIS 组合电器带电检测规程》
CT	Q/GDW11 1400—2014《电流互感器带电检测规程》
电容式电压互感器、耦合电容器	Q/GDW11 1401—2014《电容式电压互感器、耦合电容器带电检测规程》
电磁式电压互感器	Q/GDW11 1402—2014《电磁式电压互感器带电检测规程》
金属氧化物避雷器	Q/GDW11 1403—2014《金属氧化物避雷器带电检测规程》
隔离开关	Q/GDW11 1404—2014《隔离开关带电检测规程》
电力电缆	Q/GDW11 1405—2014《电力电缆带电检测规程》
交流穿墙套管	Q/GDW11 1407—2014《交流穿墙套管带电检测规程》
绝缘管型母线	DL/T 2159—2020《变电站绝缘管型母线带电检测技术导则》

在线监测评价。连续的设备状态量自动监测。具体实施方式为通过主变油色谱、主变局放、主变铁芯接地、GIS 微水密度、GIS 局放、容性设备在线监测、避雷器在线监测、开关 SF6 快速接头微水密度、蓄电池在线监测等在线监测手段，对设备健康情况实时监测。对在线监测中发现异常的设备，进行专业综合评价。该维度评价需对设备整体评价一次，并对设备在线监测情况实时更新。

巡视巡查评价。人工开展的巡视与检查。对运维巡视发现异常的设备，进行专业综合评价。依据《国家电网公司变电运维管理规定（试行）》[国网（运检 /3）828—2017)]，变电站的设备巡视检查分为例行巡视、全面巡视、专业巡视、熄灯巡视和特殊巡视。例行巡视 220kV 站每周一次，110kV（35kV）站两周一次；全面巡视 220kV 站每月一次，110kV（35kV）站两月一次；专业巡视 220kV 站半年一次，110kV（35kV）站每年一次；熄灯巡视每月一次；特殊巡视因时因事而定。

主动操作评价。通过对设备（如闸刀、断路器）的轮流倒排、定期切换等试操作方式，实现对开关类设备的主动操作评价，在满足开关类设备有效活络部件的同时，主动发现问题，并根据操作情况对设备进行专业综合评价。该维度评价周期一般为开关主动操作周期不超过 2 年，闸刀主动操作周期不超过 3 年。

异常风险评价。动态更新设备的缺陷、隐患、“家族性”缺陷（设备由于设计、材料或工艺本身等共性因素导致的设备缺陷）等信息，结合近期公司发生的设备故障，实时更新兄弟单位典型性缺陷，根据公司最新反事故措施（反措）和设备异常排查要求，通过专业综合评估，对设备异常风险进行评价。该维度评价需对设备整体评价一次，并根据最新省公司反措要求和家族缺陷库动态实时更新。

运行履历评价。主要指设备投运时间、历史操作、经受不良工况等运行履历。如主变等设备承受短路电流水平及累积效应，如断路器承受开断大电流水平及累积效应。如发现异常的设备，进行专业综合评价。该维度评价需对设备整体评价一次，并根据设备运行情况动态实时更新。

②可靠性评估。科学划分设备可靠性评估等级。将设备可靠性评估分五级：Ⅰ级、Ⅱ级、Ⅲ级、Ⅳ级、Ⅴ级，Ⅰ级为设备状态特别健康，Ⅱ级为设备状态健康，Ⅲ级为设备状态良好，Ⅳ级为设备健康状态较差，Ⅴ级为设备状态差。

设备可靠性评估分级原则。设备可靠性评估分级原则为各维度最严重结果决定设备可靠性评估结果，变电站间隔设备最严重结果决定变电站间隔可靠性评估结果：

Ⅰ级设备：被评估设备的七个维度评价均为正常。

Ⅱ级设备：被评估设备不满足Ⅰ级设备的要求，且七个维度的设备评价均为注意及以上。

Ⅲ级设备：被评估设备不满足Ⅰ级、Ⅱ级设备的要求，且七个维度的设备评价均为异常及以上。

Ⅳ级设备：被评估设备的七个维度评价中存在严重问题，且经专业综合评估，需缩短检修周期安排处理的设备。

Ⅴ级设备：被评估设备的七个维度评价中存在严重问题，且经专业综合评估，需尽快安排处理的设备。

（3）创建基于可靠性评估的设备精准化管理模式

以多维度的设备动态评价机制为基础，对设备进行科学的运行可靠性评估，实现设备的全寿命精准化管理，有效落实变电设备“应修必修，修必修好”。

①基于可靠性评估的设备检修精准化管理。被评为Ⅰ级的设备，可适当延长检修维护周期。延长检修维护周期的设备，应每年进行一次动态评价，评估后仍为Ⅰ级的设备，可以继续延长检修维护周期，原则上检修维护周期最长不可以超过 12 年。

被评为Ⅱ级的设备，可按照设备检修周期安排检修维护。

被评为Ⅲ级及以下的设备，可按照设备检修周期安排检修维护并根据隐患反措要求安排相应部件更换和检查。

被评为Ⅳ级的设备，需缩短检修周期，及时开展设备隐患反措、消缺、部件更换或整体更换。

被评为Ⅴ级的设备，尽快安排设备消缺、部件更换或整体更换。

②基于可靠性评估的设备运维精准化管理。

被评为Ⅰ级的设备，可适当延长人工巡视周期，或缩减项目。

被评为Ⅱ级的设备，可按照设备巡视周期要求安排运维巡视。

被评为Ⅲ级及以下的设备，可综合采用缩短人工巡视周期、强化在线监测与设备监控等手段。

对达到警示值和注意值的设备部件、部位进行重点巡视和检查。

③基于可靠性评估的设备项目精准化管理。对统计可靠性评估为Ⅰ级、Ⅱ级的设备，建立优秀供应商档案，并上报设备部，实时动态了解设备优秀供应商情况。

对统计可靠性评估为Ⅲ级、Ⅳ级、Ⅴ级的设备，开展设备隐患反措、消缺、部件更换或整体更换设备，按实际需求精准列项，加快项目落实速度、提升项目流转效率，确保项目精准实施。同时，对存在家族性缺陷的设备，及时上报设备部备案，确保后续设备招标采购中剔除不良供应商。

二、案例实践效果

（一）综合效益

经济效益方面，开展基于可靠性的设备精准化管理后，一年可减少因周期性检修导致的停电时间约1200小时，可确保约40万kW负荷持续供电。建立基于多维度的设备动态评价机制后，节约设备运维检修成本约8000万元，节省工时约5000人次。

社会效益方面，一是直观展示设备健康状态，及时处置黄码或红码设备，全方位评估设备状态，采取对应措施，消除设备安全隐患，确保居民生产生活安全可靠供电。二是设备管理数字化水平提高，充分运用前沿智能科技加强设备管理，促进设备运维检修精益化，提升工作效率和质量。

（二）推广应用前景

本项目建立设备健康码的设备健康管理平台，构建多维度的设备动态评价机制，形成基于可靠性评估的设备精准化管理模式，实现变电设备差异化运检。该成果可直接应用于电厂、供电企业等变电设备管理。此外，本项目创新设备管理思路、创新点和设备管理模式还可推展应用于化工、铁路、航空等领域。

（蔡亚楠　杨帆　高惠新）

基于“全层级、全专业、全要素”的供电可靠性管理实践案例

一、案例基本情况

（一）单位基本情况

国网浙江省电力有限公司杭州供电公司（以下简称“杭州公司”）是国家电网公司大型重点供电企业之一，下辖9家县供电公司和4家城区供电分公司，供电区域覆盖杭州全地区。近年来，杭州公司先后获得全国文明单位、“全国五一劳动奖状”、中央企业先进集体、国家电网红旗党委、国家电网先进集体、联合国实现可持续发展目标先锋企业等荣誉。截至2022年，杭州公司资产总额达569.7亿元，用户553万户，全口径职工超1万人。

杭州电网是全省负荷中心，属于典型受端电网，80%的电力电量经由省网供入，其余由杭州境内电厂供入。拥有35kV及以上变电站456座、容量9576.6万kVA，规模约占全省的1/5，位列国网系统省会城市第一。杭州城区配网电缆化率达97%，处于国际领先水平。

2022年，杭州全社会用电量949.9亿kWh、增长4.3%，最高负荷达到1913万kW。

（二）案例具体实践

1. 总体思路

近年来，杭州公司将供电可靠性工作作为提升配网管理、优化营商环境的重要抓手，发挥公司“全层级、全专业、全要素”之力，克服杭州区域面积大、城市负荷密、台涝影响多、山区占比高等现状，聚焦“向管理保障、向体系变革、向建设改造、向带电作业、向故障压降、向配自”要时户数，实现“计划不停电、故障少发生、停电快恢复、隐患早消除”。

2. 主要做法

（1）聚焦内部挖潜，向管理保障要时户数

牢固“一把手”责任制。明确各单位、各部门、各层级“一把手”为可靠性管理第一责任人，可靠性管理“一把手”亲自抓。

可靠性情况每周需向主要领导汇报，推动主配协同、主产联动、营配贯通、地县一体，公司全专业、全员工、全要素发力。

压实管理层级，管理直接穿透至供电所、网格、设备主人，每月考核并约谈落后供电所“一把手”，建立时户数“余奖超罚”管控机制，考核结果直接与管理人员升职、一线员工收入挂钩。

问题导向推动短板提升，从指标、网架、故障、不停电、自动化等方面多维度穿透分析全域可靠性情况，制定可靠性争先创优工作方案，按照轻重缓急、远近中期靶向制定包括树障清理、大分支整治、自动化消缺等共20类负面清单，销号管控、滚动更新、按周通报。

故障全量复盘，对每一起停电事件、每一张故障工单实时管控并复盘分析，责任定级、问题定位、措施定量、计划定时，确保时户数颗粒归仓。

（2）聚焦提质增效，向体系变革要时户数

①推动配网办实体化运营。在市本级成立基础上，指导各分公司、县公司完成配网办成立及运营，形成“1+13”的市县（区）两级配电网建设管理体系，建立周简报、双周会、月专报机制。锚定优化完善配电网规划落地、落实供电可靠性争先创优各项举措、完成新型电力系统及亚运相关重点工程建设、加快129号文件政策落地实施、进一步强化业务管控能力等五个方面，推动配网办15项重点工作任务落地。

②推动供服指挥业务下沉。高质量完成国家电网关于西湖供电分公司供服分中心建设试点任务，并完成全部城区分公司供服分中心建设，做实总指挥长模式，推广应急指挥暨政治保电平台，实现故障抢修过程跟踪、故障后评估等15类业务正常流转。按照平时市供服指挥中心对城区配电网架设备实现“统一管理、集约调度”，战时“战役（主干电网）集中指挥，战斗（区域电网）战区自治”，全面建成市区“平战结合”应急体系。

③推动不停电地县一体化管理。成立实体化不停电中心，进一步压实主体责任、理顺管办层级，实现全域带电作业现场视频接入，常态化开展带电计划管控、风险定级核查、视频远程稽查等安全管控工作，统筹调配地县一体化资源，加强地县、县县支援，提升人员、车辆、装备利用率，年跨区域支援数达2000次以上。推动自动化运检模式转型。健全主产联动机制，打造自动化自主运检核心力量，城区公司完成14名自动化人员补强，DTU安装调试、自动化二次接线等业务实现自主施工，县域完成自动化运维组建设，自动化运维消缺水平大幅提升。

④推动供电所运检能力挖潜。开展“低压人员高压取证、高压人员带电取证”工作，完成624名供电所、服务站低压运检人员高压取证，供电所运检高压人员占比在30%以上，有序参与运维巡视、故障隔离等基础运检工作。组建供电所带电队伍，规范作业类型、作业流程等，扩充30名供电所带电人员，提升属地带电业务水平及不停电抢修消缺速度。

（3）聚焦网架引领，向建设改造要时户数

①开展负面清单“挂图作战”攻坚行动。坚持问题导向，完成标准化接线改造、线路N-1提升等1729条负面清单治理，城区重点区域全部中压线路满足110kV变电站全停情况下100%负荷转供能力，线路联络化率达99.5%，线路N-1通过率达98.1%，网架基础达到世界领先水平。

②推广微网供电模式。完成324处大分支首端、低压综合配电柜（低压JP柜）等“中低压发电车快速接口”改造，构建“广义联络点”。在临安、桐庐开展水电微网集群建设，结合架空线三遥技术，实现库容电站“一键调令”远程并网，推动主供线路故障情况下“山村电自愈”。

③提升电网抗灾能力。雷区线路开展防雷改造，新上线路逐基安装避雷器或过电压保护器。对

杭州临江临湖、山区风口等易受洪涝台风影响区域推广应用窄基铁塔，加强拉线强度，提高线路基础强度。促成政府出台浙江省首个地下电力设施防涝整治标准，推动政府明确防内涝政企联动机制、配电房“下改上”迁移流程，完成全部8373个地下配电房防涝补强，其中30%地下配电房实现水浸监测全覆盖，完成浙江省首个中高风险地下配电站房“下改上”。

④打造钱塘多能互补零碳柔直示范样板。建成国内首个中低压直流配用电示范工程，园区通过建设三端口柔性直流背靠背供能网架，实现不同电压等级、不同供电相位供区互联互通，提升电网可靠性；通过建设低压直流配电网络，减少用户侧负荷接入交直流变换环节，节省交直转换造成的能量损耗，提升电网经济性；此外，打造风光储氢用等多种能源耦合利用的电网形态，满足多种社会用能负荷即插即用，提升电网灵活性。

（4）聚集取消计划停电，向不停电作业要时户数

①分步分区取消计划停电。工程评审阶段，不停电专业全流程介入可行性研究（可研）设计、现场踏勘、方案评审等环节；计划平衡阶段，施工方案逢停必审，确保所有工作“能带不停、一停多用”；计划实施阶段，按照典型停电检修方案标准化时长进行作业全景监控、在线管控、实时协调，保障计划不超时。2020年取消核心区域10kV计划停电，2021年取消县域城区计划停电，2022年进一步将取消计划停电区域拓展至农村，实现全域覆盖。

②提升带电作业岗位吸引力。推动县域带电施工单位副股级建制建设，对带电作业人员薪酬绩效、晋升通道等方面予以倾斜，一线带电人员薪酬较同编制人员平均高2万元以上，搭建劳模工作室、大师工作室，积极开展带电专业先进事迹宣传，培养带电领军人物。

③完成带电产业化转型。在浙江省率先实现带电作业产业化转型，城区及各县公司均成立带电项目部（分公司），实行“主业专业化管理、产业化运营”模式，联合产业单位评审人员招聘及不停电特种车辆采购需求，大力补强带电作业力量。带电一线作业人员达290人、不停电特种车辆达186辆，近三年一线作业人员及不停电特种车辆数量翻番，作业次数翻两番，不停电作业率达98%以上。

④推广配网不停电综合检修。通过负荷转供、带电作业、发电车（机）综合保电等“停设备不停用户”措施，聚焦高故障率、高故障时户数“双高”线路及多用户、多负载“双多”线路，重点解决防雷改造、防小动物、保护整定等问题开展线路不停电综合检修。

⑤深化不停电新技术应用。公司带电机器人作业次数占比达10%以上。25%带电作业采用单人单斗作业模式，作业效率和安全水平进一步提升。全国首创绝缘杆旁路间接法负荷更换柱上开关技术，推广蜈蚣梯、绝缘平台等新装备，提升在山区丘陵地区的带电作业能力。

（5）聚集设备本质安全，向故障压降要时户数

①打造设备可靠性管理体系。依托供服指挥体系，基于业务中台及移动终端技术，通过“业务工单化、工单绩效化”，对设备状态、主动运维、消缺改造等开展评价分析、跟踪闭环。全面应用无人机等智能巡检技术，以固定机巢为核心、移动机巢为补充，打造无人机运检新模式，实现余杭、钱塘367条配电架空线路无人机自主巡检全覆盖。

②开展运维薄弱环节快速攻坚。梳理包括树障清理、主线退保护等共7类运维类负面清单，针

对运维薄弱环节力行立改、销号闭环。近年来累计完成23000余处树障清理、2720处小动物防治、259处用户故障消缺、361处主线保护退出等工作，基本实现负面清单动态清理，台风“梅花”“轩岚诺”损失时户较2021年“烟花”下降86%。

③启动配网老旧设备整治三年攻坚行动。综合历年设备故障及设备运行年限、运行环境，梳理老旧开关站、美式箱变等共2137项负面清单，应用不停电技术开展销号更换。

④加强配网外破防控。拓展人防手段，全域组建17支政企联防队，推广地钉、现场视频监控等技防手段，严格执行外破“三到位”（认识到位、赔偿到位、整改到位），发挥电力行政执法授权作用，震慑电力外破行为，外破故障压降40%。

⑤加快故障处理速度。固化电力抢修驿站机制，针对故障频发网格、线路，摸排选定70个抢修驻点、8个电力孤岛，一旦发生极端天气，抢修人员、应急物资直接入驻；推广典型故障快速复电方案。以“先复电、再抢修”原则，针对断线、炸柜等修复时间久、停电面积大的故障类型，推广小旁路接电法、桥接法、发电车快速接入等技术。

⑥完成除险保安“百日攻坚”电力安全专项整治行动。联合市综合行政执法局，创新“用户自查、电力专查、执法督导”隐患整治模式，针对防汛防涝重点用电单位、亚运重要场所等开展电力隐患排查及督查整改，提升用户可靠安全用电水平。

（6）聚焦故障快速隔离，向配自要时户数

①牢固自动化实用化导向。构建以“一二次同步投运率”为核心的配自建设指标体系、以“遥控使用率”为核心的配自运行指标体系、以“线路智能化率”为核心的配自实用化指标体系，加强与配网运维、建设改造、停电管理、抢修管理等业务协作力度，实现对配自建设、运行、实用化的全过程管控，以结果为导向，FA线路失败1起、考核1起。

②加快自动化全覆盖建设。出台自动化覆盖原则，梳理“一线一方案”，明确各单位现有设备规模、目标设备规模及施工方案，制定物资储备方案，2022年累计投运配自智能终端共计900座，上线一二次融合智能开关1000套，在市区全覆盖基础上，全市配自覆盖率突破90%大关。

③自动化实用化进程全面提速。应用“5G/量子”、零信任等新技术，推进FA线路差异化建设，推广核心城区全自动FA线路和山区长线路“合闸速断式+三遥”FA线路模式；建成浙江省内首个量子三遥开关全覆盖网格，完成全省首台基于4G公网遥控的智能开关三遥改造，累计完成666台智能开关三遥改造，201条架空线路部署合闸速断功能。核心城区、农村区域故障隔离时间分别压缩至5分钟、20分钟以内，实现故障快速精准隔离。

④提升自动化管控水平。国内首创配自全业务数智管控掌上应用，通过终端智能管控、虚拟调试助手、检修供电管控、信息综合展示四大功能、33个子模块打造配网二次设备数字管控新体系，常态化开展虚拟无人调试、缺陷线上管控等工作，加大晨操力度，市区372条自动化缺陷实现阶段性动态清零，完成250个老旧DTU更换，加速推进自动FA线路升级部署。

⑤打造全息感知配电站房。省内首次将视频及水浸、烟感、温湿度等环境数据全部接入浙江省配自主站，构建省内首个地市级配网视频服务系统并全省推广，满足3～5年配网视频接入需求。

二、案例实践效果

（一）综合效益

2019—2022 年，杭州全域户均停电时长逐年下降。2022 年度供电可靠率超 99.996%，连续三年位列全国“1 小时”重点城市。其中，城网供电可靠率超 99.996%，核心城区持续建设国际领先一流配电网，打造“五个 9”高可靠性都市拥江带；农网供电可靠率超 99.989%，农网迈入“1 小时圈”，农村区域差异化制定乡村振兴可靠性目标，建成“四个 9”共同富裕农网区。

（二）行业推广前景

围绕“管理创举、专业做实、数智引领”的运营理念，优化供电可靠性管理体系，有效解决了杭州配电网建设运维中网架薄弱、自动化程度不足、建设难度大、运维抢修困难、人力资源紧张等问题，推动配网运检管理能力提升。该模式覆盖城市电网、农村电网，具备可复制性，并且可以根据各公司的具体情况开展差异化调整，在供电可靠性管理工作中具备推广应用价值。

（刘伟浩　刘箭　孔仪潇）

基于“1134”数字化牵引运营管理体系的供电可靠性管理提升实践案例

一、案例基本情况

（一）单位基本情况

国网台州供电公司（以下简称“台州公司”）成立于1981年4月，是国家电网有限公司大型重点供电企业、国网浙江省电力有限公司直属企业，承担着保障台州清洁、安全、高效、可持续电力供应的重要使命，供电营业范围涉及椒江、黄岩、路桥三区及玉环、温岭、临海、天台、仙居、三门六县（市），供电区域9411平方千米。下设14个职能部门、11个业务支撑和实施机构，下辖9个县级供电公司。截至2021年年底，全市110kV及以上变电站173座，容量3885万kVA，线路403条，总长度5651千米。

近年来，公司认真履行企业责任，在服务台州经济社会发展、加快台州电力工业发展中，不断地成长壮大，先后荣获“全国文明单位”“全国模范职工之家”“全国电力行业用户满意企业”“全国学雷锋活动示范点”，浙江省“重点建设立功竞赛先进集体”等称号。

（二）案例实施背景

为更好地服务于浙江省“高质量发展高品质生活先行区、城乡区域协调发展引领区、收入分配制度改革试验区、文明和谐美丽家园展示区”战略定位，落实省委、省政府忠实践行“八八战略”、奋力打造“重要窗口”决策部署，围绕国家电网寄予公司“走在前、作示范”的要求，台州供电公司确立“走在前、作示范，打造具有中国特色国际领先的能源互联网企业的示范窗口”的目标，贯彻落实国家电网“1135”配电网发展思路，以客户为中心，以提升供电可靠性为主线，落实配电网结构、设备、技术、管理、服务等方面重点任务，全面提升配电网精益管理水平，有力支撑地方经济发展。

配电网作为电网末端，直接影响客户对供电企业的电能质量和服务质量的感知水平，台州公司在2022年卓越绩效自评诊断中，配网运维管理成熟度水平有待提升，台州公司线路分支大，用户基数较大；线路分段开关（智能开关）位置设置不合理，开关保护定值设置存在问题；线路防雷装置不足，导致线路防雷水平不高，遇雷雨天气时极易发生故障停电，故障发生后不能快速隔离出故障点位，不能及时进行保供，容易造成大范围停电，直接影响到台州公司供电可靠性及用电客户的满意度水平。经诊断主要因素为：一是变电站全停全转能力不足、配电网标准化接线率不高及设备选型不佳等，造成配网基础结构薄弱；二是配自起步晚、自动化应用不深及智能巡检应用不足等因素造成智能化程度不高；三是防灾抗灾能力弱、运维工作开展困难及配网运维资源紧张等，造成运维抢修效率低；四是应急装备物资配置不足、设备防洪无法满足要求及高危及重要用户应急电源配置不规范等，造成防台抗灾应对能力不足。

（三）案例具体实践

1. 总体思路

台州公司为全面贯彻国家电网“168”战略体系和“1135”配电网发展思路，以客户为中心、以提高供电可靠性为主线，坚持问题导向、目标导向、指标导向，全力推动配电网标准化建设、精益化运维、智能化管控，全面提升配网运维管理水平。为进一步夯实台州配网防灾抗灾基础、提升故障智能自愈水平、促进配网运维提质增效，结合台州指标现状，以浙江省公司标杆单位为参考，制定形成“1+5”维度、“3+13”项子指标的评价体系，开展配网自动化推进工作，扩大配网自动化覆盖面；开展老旧环网室设备改造工作，做好边界线路配电网互联互通工程建设，解决辖区边界自环线路转供问题，增强电网承载能力和自愈能力。以确保全年供电可靠性指标为目的，降低主、分线故障，明确职责范围，定期梳理分析巡视成果，跟踪消缺情况直至闭环。深化线路防雷改造，提高配网自动化设备的应用。

2. 主要做法

台州公司锚定“打造省级示范区湾区样板”，以“不停电就是最好的服务”为理念，以“目标导向、问题导向、指标导向”为导向，围绕“配网网架提升、配网管理能力提升、配网信息化深化应用、薄弱环节攻坚克难”四大核心工作，构建台州特色“1134”数字化牵引运营管理体系和配网智敏运检指标评价体系。以客户为中心、以提高供电可靠性为主线，坚持问题导向、目标导向、指标导向，全力推动配电网标准化建设、精益化运维、智能化管控，全面提升配网运维管理水平。围

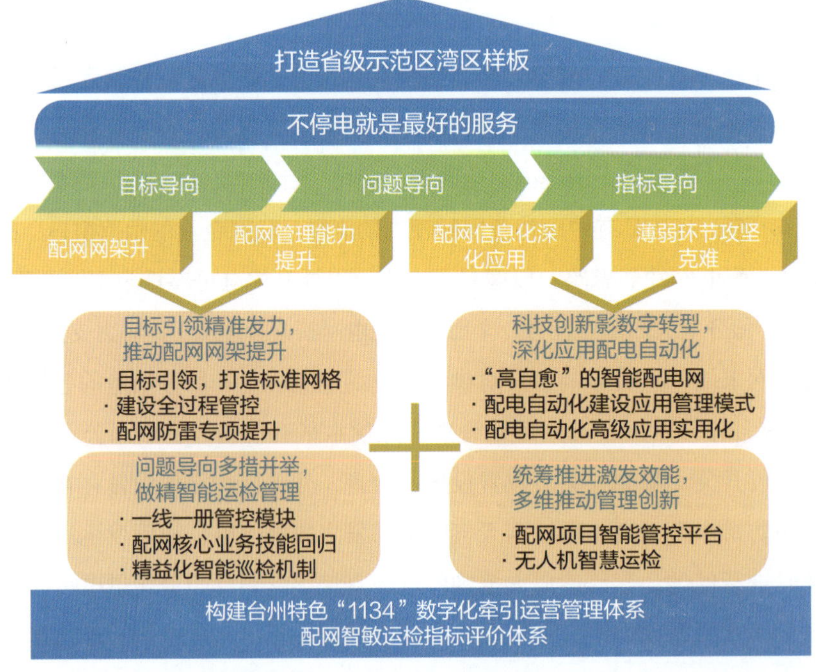

图1　台州特色“1134”数字化牵引配网运营管理体系思路图

绕五大核心工作，结合卓越管理指标要求，形成“1+5”类指标评价维度，分别明确相关指标，量化评价短板提升成效。通过管理体系实施和量化评价，引导配网运检专业运用卓越绩效的理念和方法开展工作，从而夯实台州配网防灾抗灾基础、提升故障智能自愈水平、促进配网运维提质增效，全力压降用户平均停电时间，形成可复制、可推广、可持续的管理经验，推进配网管理向数字化、智能化转型，助力新型电力系统建设，为台州经济社会发展提供有力保障。

（1）目标引领精准发力，推动配网网架提升

坚持问题导向、目标导向、指标导向，全力推动配电网标准化建设、精益化运维、智能化管控，全面提升配网运维管理水平。深度融合前期规划、设计施工、运行检修、不停电作业、配自等专业，完善配网建设全过程管控机制，制定网格化目标网架，坚持“一张蓝图绘到底”，打造坚强智能配电网。

①强化目标引领，打造标准网格。推进配电线路标准化接线改造，坚持目标网架引领，树立网格目标，分析网格问题，确立网格项目，解决网格问题，建成目标网格的提升步骤，做细项目颗粒度，形成配网网架类项目库。通过推广简洁高效接线模式，2022 年新增建成标准接线线路 441 条，标准化接线率提升 13.36%，有效提高配网承载力。

因地制宜开展配网差异化建设。提高配网设备选型标准，环网柜出线开关、柱上开关采用全断路器配置，树竹穿越区域应优化路径选择，对穿越区开展差异化设计，严格落实配网防雷技术标准，降低运维工作量，提高设备健康水平。以 10kV 南环 611 线为例，2020—2021 年南环 611 线因大分支负荷过重、老旧分支箱等问题引发故障共计 16 次，消耗故障时户数超 1450。结合省公司综合改造工作要求，于 2022 年 6 月完成差异化建设，对线路进行合理分段，整治大分支，消除安全隐患，2022 年未发生故障跳闸。开展跨域联络建设。推进多元融合高弹性电网建设，发挥跨区配网线路联络作用，解决黄岩西部、永嘉北部配电线路单辐射、供电半径长、末端大分支等影响供电可靠性的一系列难题，实现黄岩联丰 104 线与永嘉岭头 921 线鱼里支线、英山 105 线与岭头 921 线黄加山支线、鞍山 108 线与永嘉张溪 773 线金竹溪支线的联络，实现两地 92 个专用变压器（专变）、

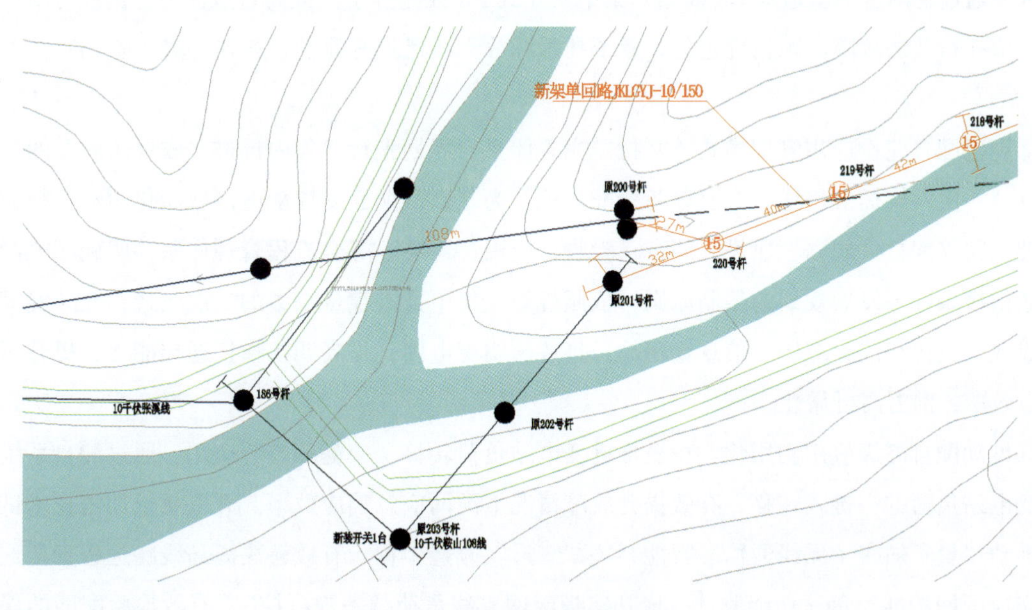

图 2　跨区域联络改造建设示意图

164 个公变灵活转供，为 17431 户低压用户持续稳定用电提供保障，进一步打造配网互联互通、创新协调新机制，努力开创跨区域电网融合新局面。

②加强精准立项与建设全过程管控。建立配网精准立项管理机制。锚定“标准网格”投资一个、建成一个工作思路，按照“目标导向、问题导向、指标导向”三个导向，确保标准接线、“N-1”校验、配自有效覆盖、不停电作业条件、运行矛盾治理等“五个方面”达标，统筹配网工程、国网大修、运维检修、配网迁改“四类项目”建设，编制年度配网项目改造需求。全面推动配网工程施工转型升级三年行动。紧盯“两确保、两提升”工作要求，以“夯基础、育队伍、转模式、赋智能”为抓手，实施“四个严抓、两个加快”六大举措。选定温岭、临海、黄岩、仙居四家县公司先行试点，全力推动公司配网工程管理转型升级，重点落实项目部标准化、施工单位专业化、作业方式机械化、管理手段数字化，全力开创“管理规范、现代智能、安全可靠、优质高效”的配网工程施工新局面。开展配网防雷专项提升。以提高配网线路防雷性能为目标，综合考虑地闪密度和线路防雷装置现状，全面分析雷击灾害对配网的故障类型。深入思考目前配电线路的避雷线、架空导线本体、瓷瓶、避雷器、接地线、接地体等在防雷方面存在的问题。按照省公司《国网浙江省电力有限公司 10kV 架空线路防雷指导意见（试行）》（浙电设备字〔2022〕8 号）要求，因地制宜，指导各县公司对每条线路制定差异化防雷改造方案。应用 10kV 交流复合外套带间隙金属氧化物避雷器、合成瓷瓶等防雷设备，提升防雷等级，逐步提升防雷能力。

（2）科技创新数字转型，深化应用配自

依照配自有效覆盖原则，结合台州新型电力系统建设，全面梳理配自建设现状和需求，规范配自建设管理，明确配自建设改造标准，强化配自项目管理，实现配网新建项目配自“四同步”建设（即同步规划、同步设计、同步建设、同步投运），实现配自有效覆盖率逐年提升。通过集中投资建设，基本实现配自有效覆盖率达 100%，打造智能透明的高自愈配电网。

①构建“高自愈”的智能配电网。根据不同负荷等级的区域，开展有针对性的高自愈电网建设。重要区域通过 5G 差动保护、智能分布式、集中式全自动 FA 线路等方式提升区域电网可靠性。一般区域通过合闸速断就地式 FA 线路、集中交互式 FA 线路等手段提高自愈能力。偏远海岛、山区等地，依托行波法故障测距精准定位、量子技术释放无线遥控等途径，快速完成故障的定位及抢修复电。

②规范配自建设应用管理模式。坚持“完善体系、规划先行、集中推进、成效拓展”的工作思路，以“一次网架标准接线、二次设备标准覆盖”为基础，全面支撑配电网智能化驱动、精益化管理。健全完善配自“规划、建设、调试、验收、应用、运维”等全流程管理体系，明确配电网、配自、通信接入网等发展规划的编制原则，依照规划，集中推进存量设备的二次改造，充分发挥配自建设成效，支撑智能化应用、信息化驱动，打造透明配电网，提高调控指挥遥控能力，提升运检抢修复电效率，助力高可靠性。

③推动配自高级应用实用化。积极推进变电站负荷转移“一键顺控”应用，通过配自系统快速实现变电站负荷的一键式转移，有效提升故障情况下配网应急响应效率。开展量子加密技术试点应用，推动“量子加密 + 无线通信”智能开关“三遥”改造工程，有效解决海岛线路远程安全遥控痛点。完成配网精准控负荷功能测试，成功实现配网支线负荷“一键群控”，有效检验配网的保供能

力。基于配电主站开展潮流越限分析自转供功能应用，以馈线为分析对象开展负载率计算，完成运行方式自动调整，提升配网调度监控工作效率。积极谋划基于智能融合终端的“智能中保”台区全透明化建设，有效监测剩余电流动作，实现台区精细化运维。探索光伏接入监控高效消纳、电动汽车充电桩有序充电等应用。基于同步量测精准感知设备的试点覆盖安装，开展系统可靠性、控制策略响应时间、通信组网等科目的有效性调试，解决供电质量精准刻画难、谐波高密度宽频谱强、噪声溯源难等问题，满足中低压配用电系统状态的精准刻画、各类扰动的实时监测分析及治理需求，建设新型配用电系统。

（3）问题导向多措并举，做精智能运检管理

以供电所全员技能大比武为契机，深化应用“一线一册”管控模块，落实配网运维工作责任到人。工单化管控巡视工作，全面提升巡视质量，确保缺陷及时处理和运维过程有效管控。充分利用智能巡检 App、红外测温、无人机智能化设备，提升巡视到位率、缺陷发现和闭环管控能力。通过“提运维、消缺陷、减故障”，全面提升运维水平。

①试点建设一线一册管控模块。整合中台多源数据资源，展示线路全景。打通配网多系统数据壁垒，实现数据的集约和互联互通。将多平台数据与供服系统数据进行交互联通，形成完整的数据链路。打造以“线路”为中心的数字全景影像。实现线路台账、接线图、网架、故障、巡视、缺陷、自动化、线路工单、检修计划等信息的全覆盖。深化数据应用，赋能线路管理。构建线路重点事件“一张日历图”。以时间轴概念来整合线路的故障、检修、消缺、巡视四类信息，将较为独立的数据有效串联起来，用“一张日历图”直观展示线路的全年运行情况、工程建设情况、运维消缺情况及最终的工作成效情况。丰富线路单线图的应用场景。在线路单线图中全景展示线路当前故障、历史故障、异常台区、线路大分支。实现故障线路的实时推送和故障区间的研判、历史故障次数的叠加分段展示、台区异常信息的拓扑定位、大分支线路的高亮显示。建立评价体系，落实管理责任。分级评定线路，客观评价线路运行健康状况。通过制定合理的规则，将系统测量值转化为直观的可视化指标，便于基础人员实时把握线路健康情况。综合考量线路主人，建立工作成效考评机制。应用现有数据，客观反映线路主人的日常工作量和工作成效，督促线路主人做实线路日常运维工作，激励线路主人履职尽责，发挥主观能动性。制定县公司及供电所评价标准。为后续管理人员对线路建设规划和人员配置提供参考，进一步加强专业化管理水平，全面落实设备主人制。

②推动配网核心业务技能回归。建立配电运检技能提升常态化机制。推动立杆及架线、配变更换、电缆头制作、低压盘柜更换，智能化、自动化运维五大核心业务技能回归，定期举办技能人人过关、运维比武，巩固常规配网业务技能，加强无人机、巡视 App 和红外测温仪等智能化装备应用水平。加强全业务核心班组建设。优化人员装备资源配置。综合设备规模、人员承载力，提升配电运检人员配置水平，保障人员、技能不断层。加大无人机巡检覆盖、红外局放带电检测等巡检辅助类装备配置，满足生产车辆、检修装备、仪器仪表等基础支撑装备。聚焦配网运维主责主业。围绕班组业务能力提升和高素质技能人才队伍建设，提升配网运检班组全业务自主实施能力，确保核心业务“自己干、干得精”，常规业务“干得了、管得住”，重点开展重过载线路及配变改造、故障范围一档线路及以内抢修、配自消缺等项目自主实施，以干代练，补齐业务能力短板。

③构建精益化智能巡检机制。深化智能巡检应用。充分利用智能巡检 App、无人机、机器人、

红外测温、局放检测等智能化设备提升巡视质量，结合台州配网特性及设备类型，明确智能巡检要求。2022 年，台州公司共开展 App 智能巡检 10591 次、无人机巡检 1517 次、机器人巡检 1167 次，红外测温 11816 次、局放检测 4531 次，智能化巡视率达 98% 以上，依托智能巡检发现缺陷 11619 起。重点推动配网无人机规模化应用。构建“1+1+2”无人机自主巡检组织体系（一中心一平台两强化，即一个智能化运维管控中心、一个无人机管控平台、强化无人机硬件配置和人员技能提升、强化应用指导管控和闭环考核），全面推进台州全域配网无人机规模化应用。通过杆塔采点、激光点云建模开展航线规划，确保无人机自主巡检安全可靠，推行机器代人解决山区配网人工巡视成本高、雷击闪络等隐蔽性故障等问题，实现减负增效。推广夜间照明、喷火清障、搭载红外测温等功能。

二、案例实践效果

（一）综合效益

1. 供电可靠性显著提高

配电网供电可靠性持续提升，用户停电越来越少，客户满意度不断提高，电力营商环境进一步优化，有力促进了经济高质量发展，加强了对台州打造省级示范区湾区样板的支撑。截至 2022 年 8 月底，台州公司全口径平均供电可靠率同比提升 0.0135%，用户平均停电时长同比下降 46.81%，停电时户数同比压降 44.06%。

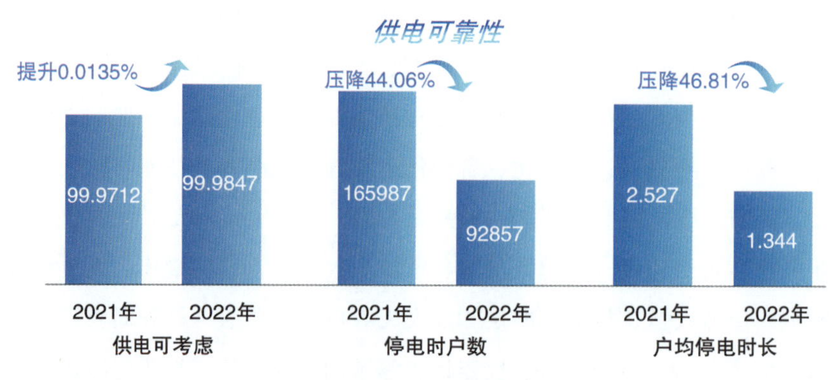

图 3　供电可靠性指标提升对比图

2. 配网网架指标大幅提升

通过标准化与差异化建设协同互补，解决配网实际困难，提高配电网承载力。10kV 线路标准化网格新增建成 72 个，10kV 网格标准化接线建成率同比上升 29.71%，10kV 线路联络化率提升 9.76%。

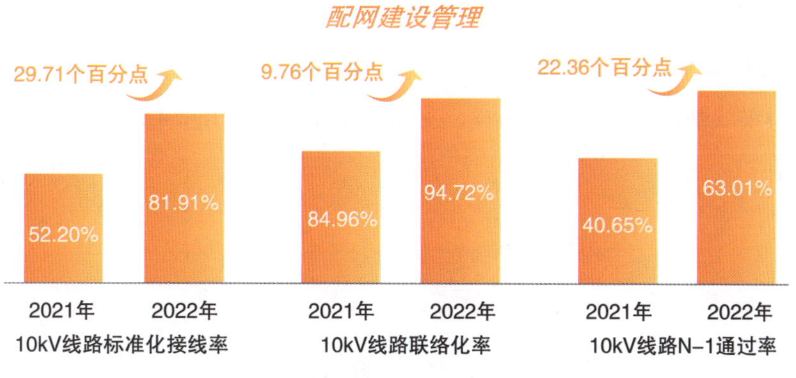

图4 配网建设指标提升对比图

3. 配自指标大幅提升

通过推进配自实用化，提高配电网故障自愈能力。配自有效覆盖率提升 17.79%、10kV FA 线路投运数新增 1222 条（电缆 753 条，架空 469 条）、10kV FA 线路启用率上升 7.05%。

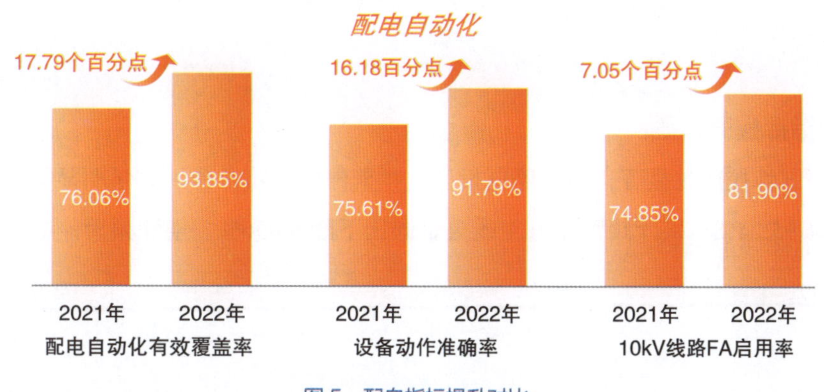

图5 配自指标提升对比

4. 配网智能运检水平大幅提升

实现配网精益化运维管理水平提升，智能化巡视率提升 1.16%、缺陷发现率提升 11.95%、无人机巡检覆盖率同比提升 191.93%。

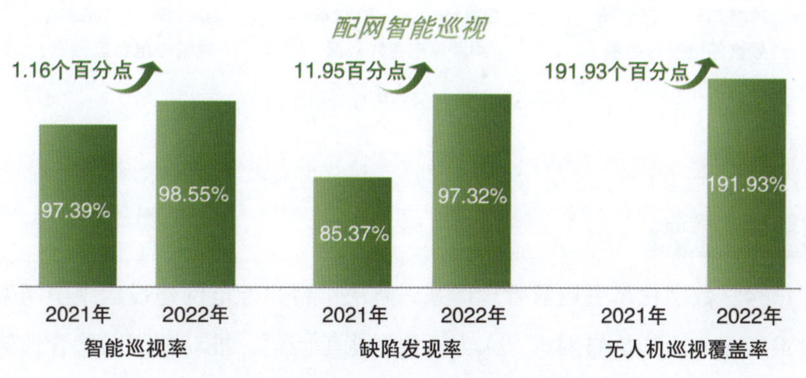

图6 配网智能运检指标提升对比图

5. 薄弱环节攻坚克难方面

全面启动配网高故障负面清单线路综合改造，持续推动故障压降，实现主线、支线故障双压降。高故障负面清单线路治理合格率达 77%、主线故障跳闸同比压降 44.94%、支线故障跳闸同比压降 34.55%。

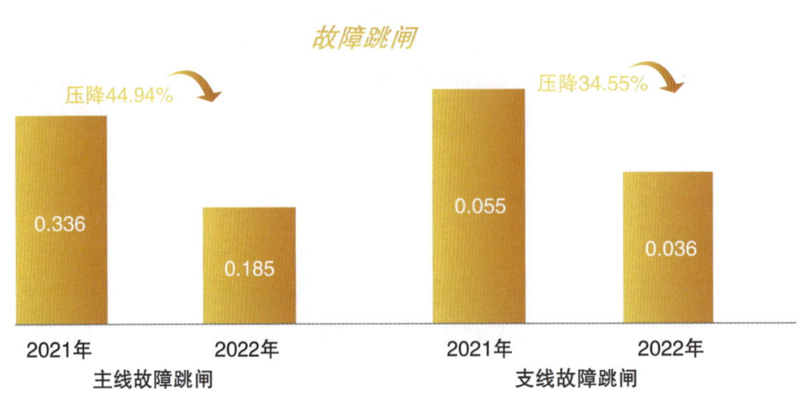

图 7　薄弱环节提升对比图

6. 供服指挥提升方面

配网频繁停电管控成效显著，频繁停电投诉、频繁停电线路及台区数量明显下降。频繁停电投诉数量同比压降 95.24%、累计频繁停电主线数量同比下降 55.56%、累计频繁停电台区数量同比下降 58.66%。

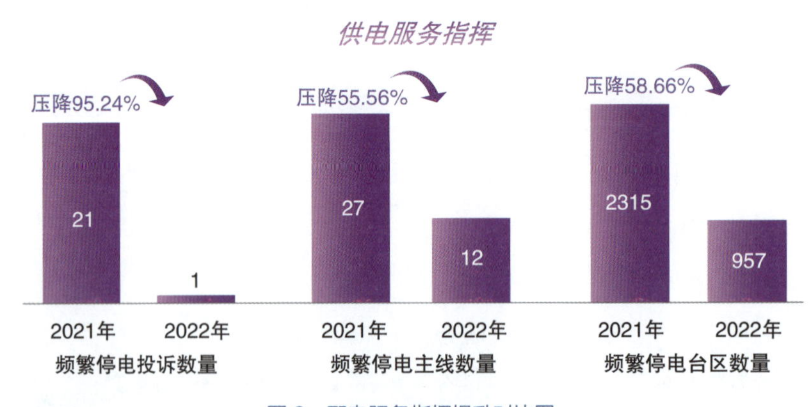

图 8　配电服务指挥提升对比图

（二）行业推广前景

通过构建“1134”数字化牵引运营管理体系，解决了台州配电网建设运维中网架薄弱、自动化程度不足、建设难度大、运维抢修困难、人力资源紧张等问题，推动配网运检管理能力提升。通过全面调配优质资源，从人、财、物多角度充实配网运检管理和供服指挥支撑能力，充实不停电作业人员装备，提升站所生产实力，全面提升运检创新、专业管控、处置能力。转变管理理念，以配网全过程技术监督为抓手，覆盖规划设计、物资供应、工程建设、运维检修、退役报废等各个工作环节，将核心业务能力牢牢掌握在自己手中，占据运检技术制高点，助力配网管理提质增效。该模式具备可复制性，并且可以根据各公司的具体情况开展差异化调整，在配电网管理工作中具备推广应用价值。

（周灵刚　李剑　赵文浩）

城市电网谐波污染的溯源与治理管理实践

一、案例基本情况

（一）单位基本情况

国网浙江省电力有限公司（以下简称“浙江公司”）是国家电网有限公司的全资子公司，以建设和运营电网为核心业务，是浙江省能源领域的核心企业。截至 2022 年年底，浙江公司下辖 11 家地市供电公司、20 家直属单位和 69 家县级供电公司；拥有 110kV 及以上输电线路 7 万千米、变电容量 5 亿 kVA；已建成 1000kV 变电站 3 座、变电容量 1800 万 kVA，±800kV 直流换流站 3 座，换流容量 2400 万 kW；供服人口超过 6400 万。

（二）案例实施背景

高质量的城市电网是城市经济发展的重要保障。以空调为代表的城市非工业负载的电力电子化、城市电缆化率的提升对城市电网谐波水平恶化存在不可忽略的影响。国内已出现谐波影响城市居民用电的案例。现有的电能质量监测设备配置数量不足，基于有限的测量设备开展谐波分析，成为电网管理的新难题；同时供电设备复杂，治理设备需要满足低噪声、低振动、低损耗等严苛的技术条件，以满足周边居民对人居环境的要求。

（三）案例具体实践

1. 总体思路

浙江公司按照“积极探索，精益分析，树立机制，产学研联动”的思路，通过“查”“定”“治”三步走工作步骤，排查城市电网污染，制定治理方案计划，因地制宜治理污染。

2. 主要做法

（1）精益化检测，逐电压等级排查和分析谐波污染

案例以杭州市电网大面积谐波超标为背景开展管理实践。该市多个变电站谐波污染严重，并且因谐波电压指标过高而影响了省外特高压直流输电工程的接入。为分析原因，浙江公司多次组织开展谐波测试和溯源。工作由高电压逐步向低电压拓展，并分析各级电压的主导干扰源；由电网侧开始，逐步向用户侧推进。

城市电网结构庞大，涵盖 10～500kV 等多个电压等级，谐波超标的原因是综合、复杂的，多种

电气设备影响电网谐波。本案例通过测试，总结各电压等级谐波影响关键因素。

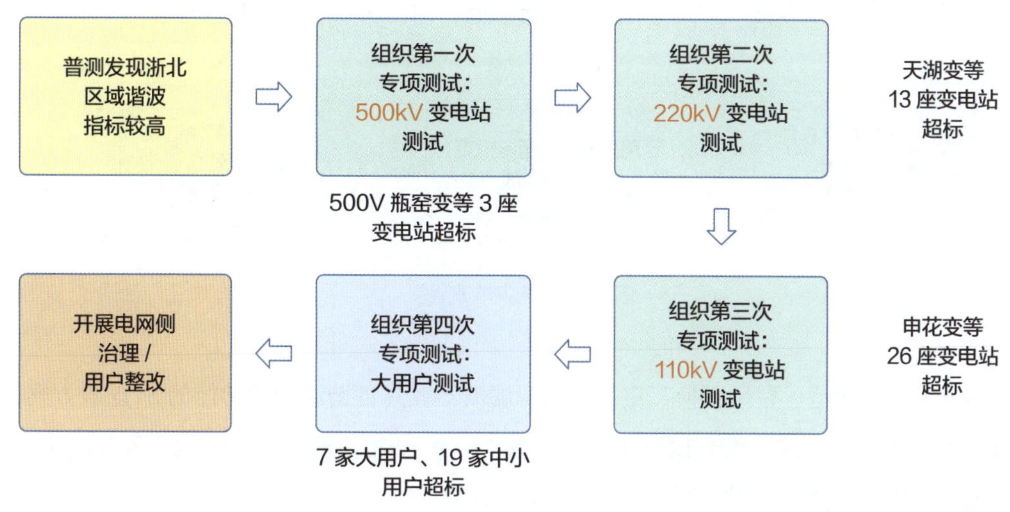

图 1　杭州市谐波污染排查分析流程图

首先，城市电力用户供电电压等级以 10kV 为主，楼宇变频空调是谐波污染的主要源头。随着钢铁、化工等传统重工业逐步从市中心退出，以科技公司为代表的数字经济迅速发展，城市电网谐波污染源由大型、集中的工业电弧炉、整流器等，逐步转为分散型的变频空调楼宇负荷。夏季高温期间谐波污染最为严重，其次为冬季低温时期。另外，部分变电站电容器参数选型不当，配置 1% 串抗的电容器造成 5 次谐波放大。

其次，110～220kV 城市输电网络电缆化率较高，电缆分布电容在谐波源激励下产生容性电流，导致输电网谐波严重放大。如瓶窑供区 220kV 的城区线路电缆化率超过 70%，该电压等级的谐波电压最高，个别变电站谐波电压指标甚至超过国家标准限值 2 倍。

最后，500kV 超高压输电网层面需要考虑大型换流站对谐波的影响。因谐波存在感容耦合放大机制，换流站双调谐滤波器应用导致背景谐波放大。特定滤波器运行组数下，形成以换流站为中心，向周边变电站扩展的 5 次谐波超标区域。

（2）科技引领，研制和应用基于故障录波器的谐波分析技术，提升城市电网谐波污染源定位的效率

城市电网谐波污染源数量众多且广泛分布于多个变电站，现有的电能质量监测装置布点不足，并且基层的电能质量作业人员少。为减少人力成本并提升工作效率，本案例研制和应用了基于故障录波器的谐波分析技术，通过电网既有的大量故障录波器开展区域电网的谐波测量、分析和溯源。

该技术首先触发并采集区域电网多台故障录波器的数据，广域测量多个变电站的谐波注入功率、线路谐波功率；然后使用 SciPy 等开源数学分析城市电网的频域模型，以谐波功率测量为输入量进行了节点电压信息的状态估计；最后根据各个支路的谐波贡献因子判断谐波源。

该技术克服了广域电网谐波相位测量困难的问题，仅升级改造调控系统的保信子站，即可低投入地实现广域电网的谐波污染全自动化快速定位，减少了大量的设备投资和人力资源投入。

（3）有源和无源结合，集中与分布结合，综合运用多种措施抑制城市电网谐波污染

谐波治理从两方面开展：一是集中将变电站电容器组更换为滤波器或增加消谐设备。电容器组

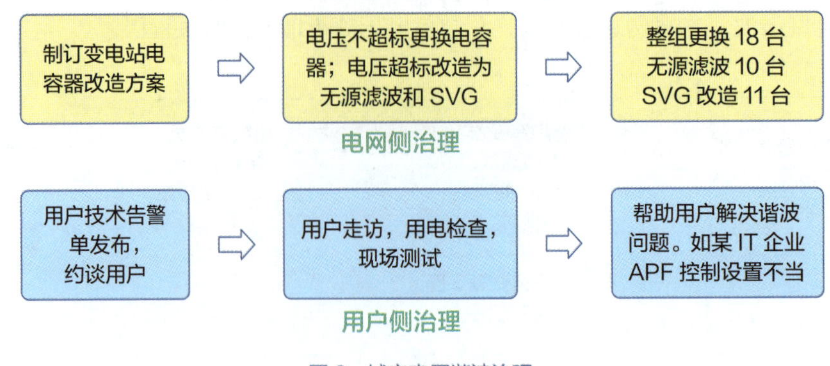

图 2 城市电网谐波治理

改造可以细分为串抗改造、整组更换、更换为无源滤波器或具备谐波治理功能的 SVG 等方案；二是分布式排查谐波源用户，加强管理以减少负荷侧谐波。治理规模涵盖 500kV 瓶窑等 3 大供区 24 个 110kV 公用变电站，治理装置 39 套。

该公司在治理实践过程中，总结出 110kV 城市变电站的谐波治理措施，如下：

一是 10kV 母线谐波电压超标且运行电压水平较高的变电站，加装具备谐波治理功能的 SVG，兼顾无功补偿和谐波治理。SVG 单台基波容量 5MVar，冷却方式为水冷，5 次、7 次谐波电流输出容量分别达 60A、40A。

二是 10kV 母线谐波电压超标但运行电压水平不高的变电站，综合运用有源和无源两种技术手段：仅一段母线谐波超标，该母线上一组电容器组改成无源滤波器；两段母线谐波超标，电容器为一组 SVG 和一组无源滤波器；三段母线谐波超标，建设两组 SVG 和一组无源滤波器；无源滤波器应满足户内式使用、较低基波容量、较大的谐波通流能力等三个技术条件。

三是 10kV 母线谐波电压不超标但电容器投入后超标的变电站，更换电容器组串抗率为 5%。

四是开展用户谐波筛查和检测，累计确认谐波源用户 34 家，其中大部分为产业园、楼宇等用户。浙江公司发布技术监督告警单督促用户整改，并积极为用户提供技术支持。如某大型 IT 企业因治理设备参数设置不当导致治理效果不佳，在公司技术专家现场指导下，企业调整控制参数，完成谐波整改。

二、案例实践效果

（一）综合效益

提升可靠性方面，特高压钱塘江换流站即将接入杭州电网，因谐波电压过高会引起换流站的滤波器过流、换相失败等异常，制约了直流功率输送。通过城市谐波治理保障特高压输电工程运行可靠性。

提高生产效率方面，项目研制基于故障录波器的广域谐波分析技术，使电网公司掌握了在线、自动化、高效的分析工具。项目牵头编制《谐波扰动溯源技术导则》国网企标已获报批。

保障安全生产方面，根据杭州公司运行经验，谐波电流重载电缆线路的电缆头发生故障概率更高，谐波治理降低高压电缆故障概率，保障电网安全供电。

支撑“双碳”战略方面，谐波治理降低了线损，以每条高压电缆谐波线损 5kW、城市电网 100 条高压电缆计算，谐波治理每年可节电 438 万度。

（二）第三方评价

治理效果现场检测：2022 年 4 月，某 110kV 城市变电站的带谐波治理功能 SVG 运行后，经中国计量认证（CMA）机构检测，5 次谐波电压由治理前的 4.34% 下降到 1.89%，满足国家标准不超过 3.20% 的规定；设备稳定运行并且治理效果良好。

治理设备的型式试验：无源滤波器应用需考虑解决城市电缆化率高的容性无功过剩、户内式小型化紧凑设计、低噪声运行等技术难题。国网无功实验室的型式试验表明，滤波器需满足国家标准要求，具备 75A 以上谐波通流能力，噪声控制在 70dB 以下，符合国标控制在 80dB 以下的要求。

谐波溯源比较分析：浙江电科院比较区域电网节点谐波电压的现场测量值和故障录波溯源分析值误差在 5% 以内，满足谐波快速检测的工作需要。

（三）行业推广前景

城市电网谐波超标是经济发展带来的共性问题，谐波严重超标会导致电气设备寿命缩短以及供电质量下降。本案例的城市电网谐波污染排查、分析和治理经验，可以推广到全国其他大型城市。

（马智泉　赵峥　方涛）

转变理念，创新思路，努力提高变电可靠性

一、案例基本情况

（一）单位基本情况

国网安徽省电力有限公司（以下简称“安徽公司”）是国家电网有限公司的全资子公司，2022年售电量2471亿kVh，同比增长11.5%；完成固定资产投资186亿元，投产110kV及以上线路2009千米、变电容量1668万kVA；全员劳动生产率97.8万元/人/年；公司领导班子三年任期考核获评“优秀”，企业负责人业绩考核连续2年位列国网A段。在服务安徽经济社会发展、加快安徽电力工业发展中，该公司先后荣获“全国五一劳动奖状”、全国国有企业创建“四好”领导班子先进集体、全国群众体育先进单位、全国厂务公开民主管理先进单位、中央企业思想政治工作先进集体、全国“安康杯”竞赛活动示范企业、第十二届安徽省文明单位等称号。

2022年，该公司已建成1000kV淮南—南京特高压交流环网和 ±1100kV昌吉—古泉特高压直流等工程，形成“两交一直”特高压格局，500kV电网形成“四纵三横”结构，“送受并举、南北互济”主干网架已基本建成，省际输电通道电力交换能力达到1700万kW。共拥有500kV及以上变电站41座、输电线路9000千米，其中特高压换流站1座、变电站2座，500kV变电站38座，220kV变电站276座，实现安徽省地市500kV变电站全覆盖、区县220kV变电站基本覆盖，形成以特高压为骨干、500kV电网覆盖全省的坚强电网格局。

（二）案例实施背景

当前，GIS在电网系统中应用比例越来越高，为有效提升GIS设备运行的可靠性，缩小GIS设备扩建、检修后交流耐压试验中的停电范围，国网铜陵供电公司转变观念、创新思路，在省内首次使用220kVGIS设备同频同相交流耐压试验，实现了在其中一条母线不停电的情况下对该站（双母单分段接线方式）另外两条220kV母线进行交流耐压试验，确保了该变电站4条220kV联络线运行正常，有效避免了因该站220kV母线全停所造成的县域19个重要用户、60多个村庄、5万多户用户无法正常用电事件。220kVGIS设备同频同相交流耐压试验方法的应用，有效提高了输变电可靠性，降低了电网运行风险，具有很高的推广应用价值。

（三）案例具体实践

1. 总体思路

铜陵供电公司在省公司及省电科院的大力指导下，坚持问题导向，首次使用同频同相交流耐压试验技术解决了“试验电压与运行电压之间较大差值”的难题，实现了 GIS 设备扩建或解体检修后在原有相邻部分无须停电的情况下即可开展交流耐压试验。同频同相交流耐压试验技术是以运行电压为参考电压，动态跟踪运行电压频率、相位，通过谐振方式获取试验电压，使试验电压与运行电压的频率、相位保持同频同相状态。为了保持交流耐压全过程始终保持上述状态，利用“锁相环”技术检测运行电压频率或相位发生改变的信息，并通过内部的反馈系统来调节耐压仪器的输出频率，直到试验电压与运行电压重新同步。

2. 主要做法

（1）抽丝剥茧，深度剖析可靠性提升难点

根据电气设备安装验收全过程技术监督规程规范要求，应在 GIS 设备扩建、检修等工作结束后开展工频交流耐压试验，试验合格后方可并网送电。因交流耐压试验过程中试验电压与运行电压之间的差值会远远超过隔离开关断口所能承受的绝缘耐压值，造成隔离开关断口绝缘击穿，因此，在新设备交流耐压期间，相邻间隔设备必须停电以保证安全试验。

GIS 设备工频耐压试验过程中，与该 GIS 设备直接连接的母线以及相邻母线均应停电，对于大部分变电站，尤其是偏远地区的电源点变电站，会造成与该 GIS 设备同电压等级的设备全停，大大降低输变电设备可靠性，造成较高的电网运行风险，同时也会严重影响用户安全用电。为了解决上述问题，提升电网输变电设备可靠性，核心难点在于克服交流耐压试验过程中试验电压与运行电压之间存在较大差值造成的断口绝缘击穿故障问题。

（2）探索研究，充分评估同频同相技术可行性

因试验电压与运行电压的参数没有任何相关性，造成了两者电压存在较大差值，若能使用监测技术始终获取其中一方的电压频率相位值并以此为基准值，使用新技术保持两者电压的频率相位保持一致，即可大幅降低交流耐压试验过程中试验电压与运行电压之间的差值 ΔU。

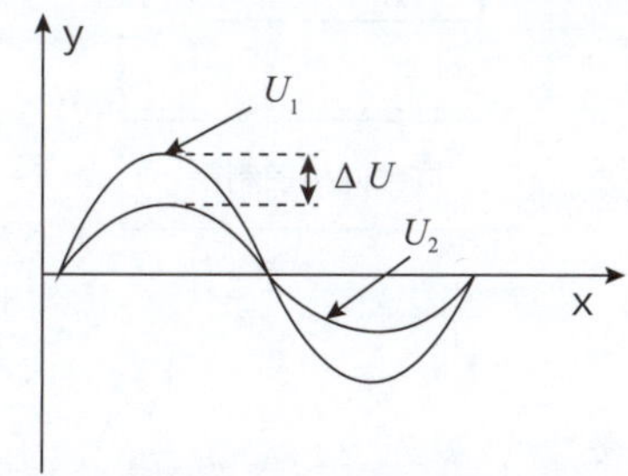

图 1 U_1: 试验电压 U_2: 运行电压 ΔU: 断口电压

同频同相交流耐压试验的实现需充分利用“锁相环”技术，该技术基本原理是利用反馈控制原理从而实现电压的频率、相位保持同步，其作用是将输出的时钟与其外部的参考时钟保持同步。当参考时钟的频率或相位发生改变时，锁相环会检测到这种变化，并且通过内部的反馈系统来调节输

出频率，直到试验电压与运行电压的频率相位重新同步，该技术可解决交流耐压试验过程中试验电压与运行电压之间的较大差值难题，实现无须相邻设备陪停的 GIS 设备耐压试验。

（3）实施应用，切实提升电网运行可靠性

铜陵供电公司所辖 220kV 渡江变为户外 GIS 站，该站坐落于铜陵市枞阳县，为该县仅有的两座 220kV 变电站之一，因用户光伏接入需在该站内扩建一回 220kV 间隔，设备安装后耐压试验需要该站 220kV 设备全停，因而该站部分负荷需要转由另外一座 220kV 变电站（220kV 会宫变）转带，剩余负荷则需要拉停，造成迎峰度冬期间该县电网运行方式薄弱，严重影响用户安全用电。为保障迎峰度冬关键时期供电安全，提升电网运行可靠性，铜陵供电公司利用同频同相技术开展新扩建间隔工频耐压试验。试验期间，220kV 渡江变一条 220kV 母线始终带电运行，得益于前期的充分研究、组织得当以及实施有策，整个试验过程安全顺利。

此次渡江变同频同相试验电压频率相位基准值参考运行母线，使用电压测量装置监测带电运行母线的电压互感器二次侧电压，通过谐振方式获取与运行电压同频同相的试验电压。GIS 同频同相交流耐压试验设备包括同频同相控制箱、同频同相试验电源、试验变压器、保护电阻器、电抗器及电压测量装置。

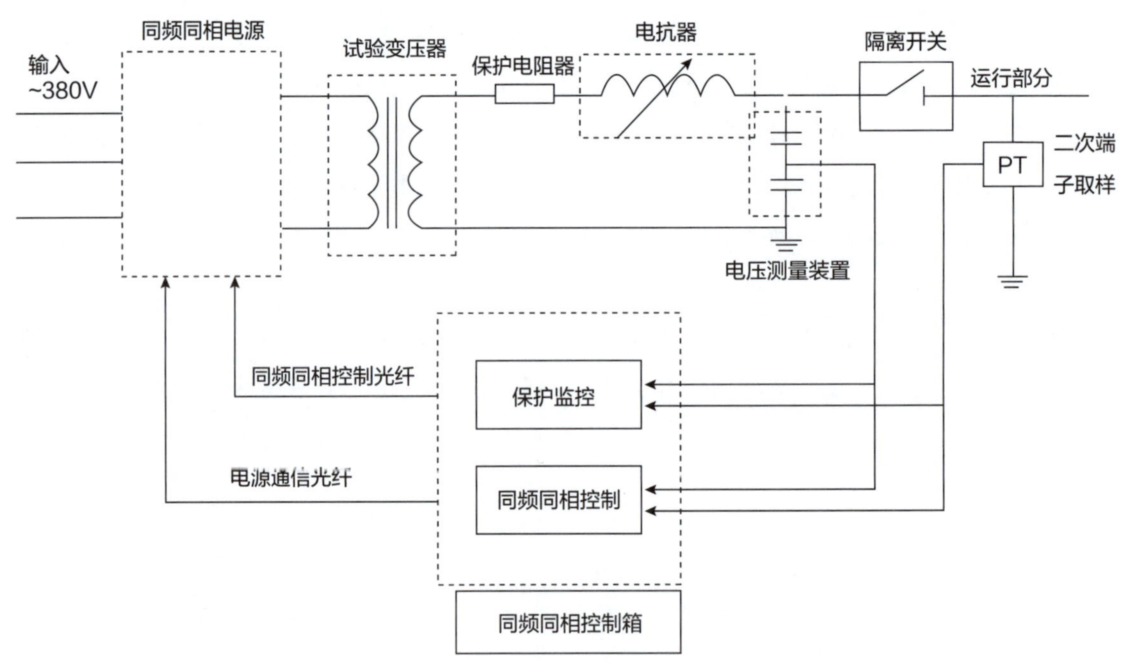

图 2　同频同相交流耐压试验装置系统结构图

（4）总结提炼，扩大同频同相应用范围

铜陵供电公司 220kV 渡江变同频同相耐压试验成功实施标志着 GIS 设备扩建、检修后耐压试验时无须再将相邻设备停电，意义重大。为此，铜陵公司在此次渡江变新技术成功应用的基础上，继续总结提炼，探索 GIS 设备同频同相耐压技术在更多场景中的研究应用，为努力提升输变电可靠性作更大贡献。

二、案例实践效果

（一）综合效益

此次 220kV 渡江变 GIS 设备检修工作涉及新安装 220kV 母线设备耐压试验，若采用常规方法开展 220kV 新增母线耐压试验，需要将 220kV 变电站 220kV 设备全停，这将造成属地五级电网风险。为此铜陵供电公司在省公司设备部、省电科院的技术帮助下，探索应用新方法新技术—220kVGIS 设备同频同相交流耐压试验方法，在母线不停电情况下对该站两条 220kV 母线进行交流耐压试验，大大提升输变电设备可靠性。

同频同相交流耐压试验方法应用在 220kVGIS 设备上在安徽省内尚属首次。在省公司的指导下，公司与电科院专家对该变电站现场进行细致踏勘，对仪器定位、吊装、加压位置、试验危险点以及应对措施进行认真分析，形成了完善的试验方案、试验指导书、风险调研报告以及应急预案。在 220kVIA 母线不停电的情况下，对 220kVIB 母及 220kVII 母三相依次进行同频同相耐压试验及特高频局放检测，经过三个多小时的精心操作调试，220kVGIS 同频同相交流耐压试验取得圆满成功。

此次试验的成功实施，有效解决了传统交流耐压需要母线全停、停电计划复杂、停电压力大等难题，开辟了 220kVGIS 设备同频同相交流耐压试验的先河，为后续同类试验开展提供了宝贵的实践经验，对于提高输变电设备可靠性具有重要意义。

（二）行业推广前景

案例中的 GIS 同频同相交流耐压试验技术应用于 GIS 设备的扩建和检修后耐压试验，可适用单母线 / 双母线 GIS 间隔扩建、双母线接线 GIS 母线检修以及双母线接线 GIS 间隔同时扩建的情况。

1. 单母线接线方式 GIS 间隔扩建或解体检修

对于单母线接线方式 GIS 设备，单个或多个间隔扩建或检修后同频同相耐压试验方法，试验电压由扩建间隔（或检修间隔）出线套管加入，原有运行母线保持运行，母线侧隔离开关 QS2 断开，从运行部分（如母线电压互感器二次端子）取参考电压。

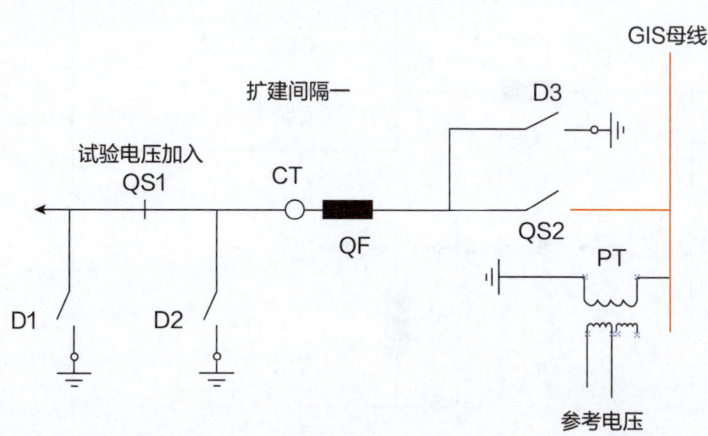

图 3　单母线接线 GIS 间隔扩建或检修后同频同相耐压试验示意图

2. 双母线接线方式 GIS 间隔扩建或解体检修

对于双母线接线方式 GIS 设备，单个或多个间隔扩建或检修后耐压试验方法，试验电压由扩建间隔（或检修间隔）出线套管加入，原有运行母线Ⅰ母、Ⅱ母保持运行，母线侧隔离开关 QS2、QS3 断开，母联间隔断路器和隔离开关均断开，从运行部分（如Ⅰ母或Ⅱ母电压互感器二次端子）取参考电压。

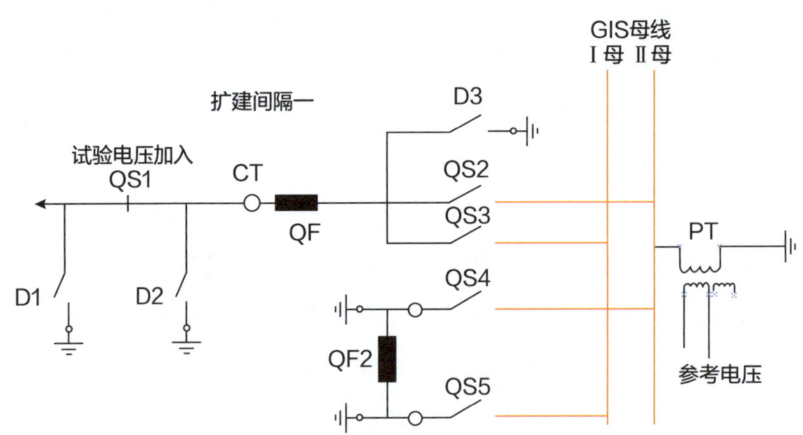

图 4　双母线接线 GIS 间隔扩建或检修后同频同相耐压试验示意图

3. 双母线接线方式 GIS 母线解体检修

对于双母线接线方式 GIS 设备，母线解体检修后耐压试验方法，试验电压由某一出线间隔套管加入，故障母线Ⅰ母停电，负荷全部转移至Ⅱ母，隔离开关 QS2 断开，QS3 合上，母联间隔断路器和隔离开关均断开，从运行部分（如Ⅱ母电压互感器二次端子）取参考电压。

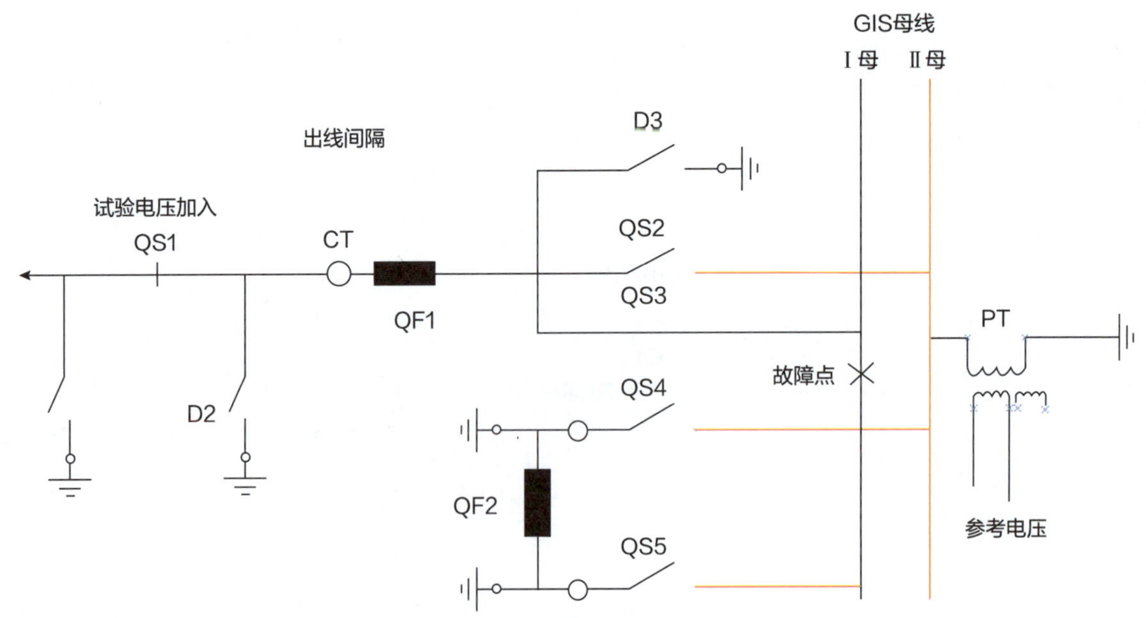

图 5　双母线接线 GIS 间隔母线检修后同频同相耐压试验示意图

4. 双母线接线方式 GIS 母线或间隔扩建

对于双母线接线方式 GIS 间隔及母线扩建交流耐压试验，应分两步进行。

第一步，将全部负荷转移至Ⅰ母，Ⅱ母停电并与Ⅱ母扩建部分相连，Ⅰ母扩建部分与Ⅰ母暂不连接，扩建间隔断路器、Ⅱ母侧隔离开关 QS2 合上，Ⅰ母侧隔离开关 QS3 断开，母联间隔断路器和隔离开关均断开，试验电压由扩建间隔出线套管加入，对扩建间隔及Ⅱ母扩建部分进行交流耐压，从运行部分（如Ⅰ母电压互感器二次端子）取参考电压。

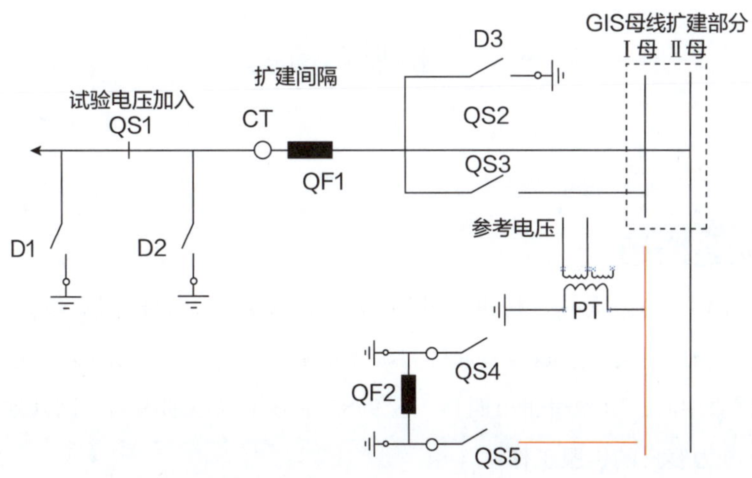

图 6　双母线接线 GIS 母线及间隔扩建同频同相耐压试验示意图

第二步，将全站负荷转移至Ⅱ母，Ⅰ母停电并与Ⅰ母扩建部分相连，扩建间隔Ⅱ母侧隔离开关断开，Ⅰ母侧隔离开关 QS3 合上，母联间隔断路器和隔离开关均断开，试验电压由扩建间隔出线套管加入，对扩建间隔及Ⅰ母扩建部分进行交流耐压，从运行部分（如Ⅱ母电压互感器二次端子）取参考电压。

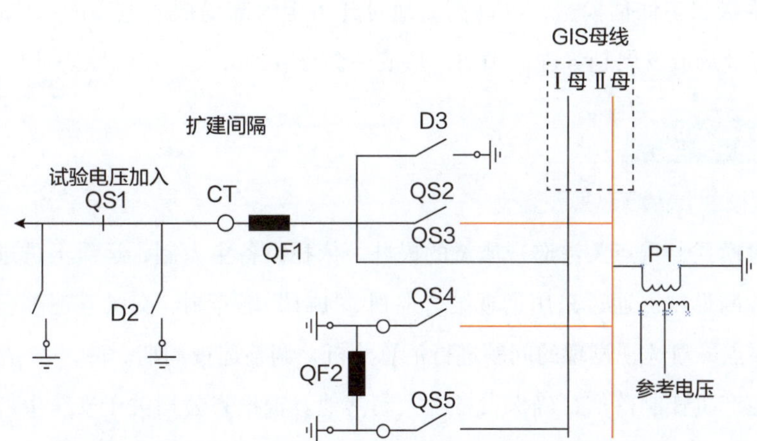

图 7　双母线接线 GIS 母线及间隔扩建同频同相耐压试验示意图

GIS 同频同相交流耐压试验技术安全可靠，使用范围广，可以在原有相邻部分无须停电情况下对 GIS 扩建或解体检修部分进行交流耐压试验，具有较强的使用价值。该技术的施行将有利于提高 GIS 变电站的供电可靠性，促进经济社会和谐发展。

（汪勋婷　徐斌　谢铖）

推行“联合诊断”模式，提升开关柜设备健康水平典型经验

一、案例基本情况

（一）单位基本情况

国网宿州供电公司（以下简称“宿州公司”）成立于1976年，是国网安徽省电力有限公司下属分公司，管理萧县、砀山、灵璧、泗县、埇桥和城郊6家县级公司，下辖中心供电所72个、供服站7个，2个网格化供服中心，负责宿州市四县一区9787平方千米范围内的电网规划建设、运行管理、电力营销和665万电力客户的供服工作。

（二）案例实施背景

为降低开关柜设备故障率、实施不停电检测的开关柜状态检修，减少开关柜设备停运次数，提升用户变电可靠性，宿州公司不断探索开关柜不停电检测技术，推行开关柜设备“联合诊断”模式，通过专业巡检、多手段带电检测技术联合诊断，辅助在线监测系统，优化开关柜不停电检测技术，建立开关柜绝缘状态评估模型，准确高效地对开关柜内部局部放电程度、位置进行诊断评估，对开关柜绝缘状态及局放发展趋势进行预测，形成一套有效的开关柜绝缘状态评估体系。

（三）案例具体实践

（1）创新巡视模式，提高巡视质量

积极创新巡检模式，重点关注巡视质量的提升。依托设备主人制，运维人员进行周期巡视，专业技术人员开展诊断巡视。通过采用远近结合巡视、“1+1”培养制、交叉互巡等模式，制定切实的开关柜设备巡视要点，对巡视发现的问题进行汇总分析，调整巡视周期。

①强化安全生产责任制落实，确保设备主人制落地。根据省公司关于安全生产设备主人制的相关要求，宿州公司强化安全生产责任制落实，确保每台开关柜设备都有相应的设备主人，按照谁管辖谁负责的原则，实时动态记录自己所管辖设备的缺陷发现及消除情况，并定期进行汇总分析上报。

②周期巡视与专业巡视相辅相成。根据专业特点，运维人员主要对开关柜设备进行周期巡视，对发现的问题及时反馈给检修专业班组人员，检修人员按照专业巡视项目及周期要求定期开展巡检。但需在每次巡视前查阅变电站设备隐患库、缺陷记录和近期工作要求，在普巡设备的基础上，有针对性地对异常运行设备加强巡检，判断发展规律，避免酿成事故，同时针对反映开关柜设备运

行情况的各项表征数据进行重点关注并记录。制定切实的开关柜设备巡视要点，对巡视发现的问题进行汇总分析，调整巡视周期。

③注重远近巡视相结合，提升巡检质量。创新巡检模式，设备巡视注重远近巡视相结合。随着监控业务的划转，变电运维人员对于电网实际运行方式、系统当前潮流及后台信号等情况掌握力度有所下降，因此建立远方巡视制度即后台巡视，要求监控人员定期对变电站相关运行状况进行巡视并做好沟通协调，运检人员现场巡视前必须先行与监控人员取得联系，了解电网、设备运行情况，再行开展巡视，避免发生意外。

④多渠道探索巡检模式，提高巡检效率。考虑到目前专业班组人力资源问题，采取"1+1"巡检模式，即 1 名技能水平高、业务能力强的师傅带领 1 名刚刚参加工作、技能水平低的徒弟进行巡视，既能切实有效地提升巡检质量，又能起到传帮带的作用。根据不同设备责任主体定期进行交叉互巡，并对交叉互巡中发现缺陷的人员进行奖励。

（2）应用多种带电检测技术联合诊断，提升检测能力

①推行联合诊断模式，确保检测结果准确性。暂态地电压检测技术、超声波检测技术和红外检测技术各有优劣。暂态地电压检测技术对尖端放电、电晕放电敏感有效，而对沿面放电、绝缘子表面放电不敏感。超声波检测无法检测绝缘子内部缺陷但对其他放电类型较敏感。红外检测无法发现开关柜早期放电现象，但可以发现接触不良等严重载流故障。宿州公司在开展实际检测时，综合各种带电检测技术特点，对开关柜故障开展联合诊断分析，互相印证检测结果。当利用现场联合检测技术对 10～35kV 的开关柜进行带电检测时，先利用暂态地电压检测技术对开关柜进行带电检测，排除现场的干扰，然后再进行实际的测量。为保证测量数值的准确性，可以把局部放电测试仪放置在开关柜局部放电易发生的地方。测量后，要以开关柜内以及前后金属门的信号测试平均值作为信号背景的参考值。当暂态地电压检测到开关柜异常时，再利用超声波检测技术进行进一步确认，详细掌握开关柜局部放电的具体位置。在超声波检测的时候，要把超声波传感器放置在开关柜缝隙处，这样可以更好地接收传播信号。运维人员发现可疑状态或危险状态开关柜后，专业人员通过各种带电检测技术联合诊断，对异常开关柜进行复测，并记录检测数据，之后对数据进行综合分析，重新判断开关柜的运行状态，并对异常开关柜进行定性，判断是否立即开展停电检修，若缺陷较严重，则列入停电计划开展检修施工；若缺陷不影响运行，则缩短检测周期，跟踪监测。

②试点应用在线监测技术，拓展监测手段。通过参考相关文件与资料，对近 10 年的开关柜故障、缺陷统计结果进行分析，得出绝缘、过热、机械类问题是开关柜存在的主要问题。绝缘类问题检测手段主要包括超声波、特高频、暂态地电压；过热类问题检测手段主要包括红外测温、在线测温；机械类问题检测手段主要包括"状态操作"分合闸线圈电流检测。虽然暂态地电压检测技术、超声波检测技术和红外检测技术等带电检测手段可以准确地检测到设备状态，但是无法做到实时监测，准确掌握设备状态。当开关设备出现故障时，能够迅速动作，如若断路器能够快速切断故障，并以无线通信方式通知客户中心故障时间、地点和事故的性质，能有效避免用户故障引起的配电网大面积停电，满足智能电网对高压设备的要求。在此背景下，开关柜同时具有在线监测开关柜母线发热温度、断路器的机械状态监测，以及绝缘监测等功能就可以有效地解决以上问题，真正做到实时准确掌握设备状态。

③多维度进行数据综合分析，优化检修策略。暂态地电压和超声波检测数据的主要判断方法主要有四种，包括定值判别、横向分析、纵向分析、声音判别。其中暂态地电压检测判断主要是结合定值判别、横向分析、纵向分析三种方法进行的，超声波检测判断主要是结合声音判别、定值判别、纵向分析进行的。横向分析法就是对同一个开关室内同一电压等级所有开关柜的同一次测试结果进行比较，当某一个或某几个开关柜的测试结果比其他开关柜的测试结果及现场背景值均大时，就可以判断此开关柜存在缺陷的可能性。

纵向分析法是对不同时间的测试结果进行分析，得出开关柜局部放电的趋势。纵向分析法仅用于异常数据缩短检测周期时的比较分析，正常数据不列入纵向分析法中。在纵向分析过程中，还应从局部放电产生影响因素的细微波动对暂态地电压检测数值和超声波检测数值的变化进行分析，主要内容如下：

负荷的变化：在不同的时间段用电负荷不同，负荷增加时设备产生热效应，对设备绝缘造成伤害，长时间的累积效应就可能造成设备绝缘劣化从而产生局部放电。

环境因素：在不同的时间段，错开外界的干扰，分析背景干扰的波动对检测数值的影响；分析不同温度、湿度条件下检测数值的变化情况；根据开关柜的清扫频率分析不同污秽下检测数值的变化情况。

通过应用多种分析技术对检测数据进行综合分析，确定各变电站开关柜运行状况，进而优化调整检修策略。

④保证流程正常运行专业管理的绩效考核与控制。保证工作成效，主要是规范流程各环节执行，确保及时发现开关柜各类设备隐患、缺陷。工作组根据流程环节，设立考核要点，鼓励多发现设备隐患、缺陷，规范检测的记录、检测报告的撰写、问题缺陷的定性等，逐步提升市县公司检测人员水平及工作规范性。工作组将检测情况纳入公司目标管理考核体系。发现缺陷时，按照公司安全奖惩办法给予物资奖励，同时在月度绩效中体现。

二、案例实践效果

（一）综合效益

基于不停电检测的开关柜状态检修推广实施后，宿州公司先后发现并处理开关柜设备缺陷 32 处，并及时调整了巡视及带电测试周期，安排停电进行处理，保证电网安全稳定运行。按照基于不停电检测的开关柜状态检修工作思路，检测正常的开关柜设备，取消停电例行试验工作，根据统计，宿州公司 2022 年到期开展停电例行试验的开关柜共计 288 面，市公司 139 面、县公司 149 面。涉及变电站 24 座、市公司变电站 9 座（220kV 变电站 1 座、110kV 变电站 8 座）、县公司变电站

15 座。

基于不停电检测开关柜状态检修实施后，检测正常的开关柜原停电例行试验可取消，可为公司节省开支约 2.208 万元。此外，还减轻了专业人员工作量，缓解了宿州公司专业人员结构性缺员给生产工作带来的压力，具有很好的综合效益。

通过开展“联合诊断”模式开关柜带电检测，开关柜设备故障停运率明显降低，开关柜设备缺陷检测率显著提升，设备缺陷盲检率得到了降低，同时未发生因开关柜设备问题造成主网设备停运跳闸的情况，且“联合诊断”模式带电检测覆盖率与状态评估的准确性有了一定的提高，大大提升了设备健康水平。

（二）第三方评价

“联合诊断”模式开关柜不停电检测管理工作成效，主要从定量、定性两个方面进行。

表 1 “联合诊断”模式开关柜不停电检测管理指标体系

体系	序号	指标名称	目标值	最佳值
专业指标	1	开关柜设备故障停运率	0	0
	2	开关柜设备缺陷发现（检测）率	90%	100%
	3	开关柜设备缺陷盲检率	10%	0
	4	因开关柜设备造成主网设备跳闸率	0	0
管理指标	5	“联合诊断”模式带电检测覆盖率	95%	100%
	6	“联合诊断”模式状态评估准确性	95%	100%

盲检事件：设备发生故障，且该故障通过当时的检测手段未能提前发现；
异常事件：设备发生的危急、严重缺陷和故障；
盲检率（Md）：统计周期内发生的盲检事件占所有异常事件的比例；
Md=（盲检事件数量 / 异常事件总次数）× 100%

定量方面：1 项专业指标达到最佳值，2022 年开关柜设备缺陷盲检率降低到 7.2%，其他 2 项专业指标均为 0。2 项管理指标达到最佳值，“联合诊断”模式带电检测覆盖率达到 100%，“联合诊断”模式状态评估准确性达到 98%。

定性方面：实时掌握设备状态，有效地减少了开关柜设备停运次数，减少了操作次数，最大限度防止设备损坏事故的发生和运维检修作业风险，保证了人身、电网及设备的安全。

（三）行业推广前景

“联合诊断”是一种科学的、可靠的开关柜不停电检测技术开展模式，是真正对“应修必修，修必修好”和降低开关柜设备停运率工作思路的具体实践，是一种创新巡检模式，应用多种带电检测技术并辅以在线监测技术的多维度综合诊断分析的状态检修新模式，对于提高系统变电可靠性及检修、试验人员的操作安全有着重要的意义，各单位开展不停电检测的开关柜状态检修工作可参考借鉴。

实现开关柜状态检修模式的重大转变，变革传统以周期性停电例行试验为基础的模式，系统的变电可靠性和设备可用系数得到进一步提升，电网误操作风险明显降低。

多种带电检测、在线监测及专业巡检等技术手段的充分运用，确保了设备状态可控、在控，极大地减少开关柜设备停运率，最大限度防止设备损坏事故的发生和运维检修作业风险，保证人身、电网及设备的安全。

可以规范巡视检测作业流程，优化巡视检测人、财、物资源配置，形成资源互补，节约不停电检测的开关柜状态检修管理成本，提升公司的经济效益，增强状态检修管理能力和水平。

可以加强考核，提升责任意识。加大对生产、管理人员工作情况的考核力度，与综合奖金挂钩，并结合内部奖惩规定，完善激励机制，充分调动了广大员工的工作积极性。

“联合诊断”在各单位的不停电检测的开关柜状态检修工作推广应用前景广阔，开关柜状态检修工作可借鉴“联合诊断”工作机制、流程等，结合自身特点优化完善，优化资源配置，提高工作效率与效益，提升开关柜状态检修水平。

（黄伟民　李坚林　杨昆）

以可靠性为中心的变电检修质量精益管理探索与实践

一、案例基本情况

（一）单位基本情况

国网福建超高压公司（以下简称“福建公司”）由原国网福建检修公司于 2021 年 11 月 11 日变更名称而来，主要承担福建省特高压、超高压电网设备运维检修，以及福建省 110kV 及以上断路器工厂化轮换检修和 110kV 及以上主变、GIS 专业化集中检修、SF6 快速接头气体回收处理等业务。目前公司管辖 1 座特高压变电站、28 座 500kV 变电站、2 座 ±320kV 柔性直流换流站和 1 座 ±100kV 背靠背直流换流站；在运 500kV 及以上主变 165 台，容量 6181.8 万 kVA；在运输电线路 103 回、6401 千米。

福建公司自成立以来，紧盯打造“运维检修高地”目标，致力抓班子、带队伍、干事业，保持了福建主干电网长周期安全稳定运行，企业呈现良好发展态势。超高压公司先后获得“全国五一劳动奖状”、全国模范职工之家、全国安康杯竞赛优胜单位；国家电网公司先进集体、安全工作先进集体、专业机构同业对标标杆单位；福建省文明单位；福建省公司优秀领导班子、直属单位企业负责人业绩考核 A 级单位、安全生产先进单位等多项荣誉。

（二）案例实施背景

1. 保障大电网安全稳定运行的需要

习近平总书记在党的十九届五中全会上提出，要坚持国家安全观，统筹安全和发展，把安全发展贯穿国家发展各领域和全过程。进入新发展阶段，经济社会发展和人民日益增长的美好生活对电力可靠供应提出了更高的要求，防控大电网安全风险上升到了保障国家安全的战略高度。

在电网设备中，变电设备数量大、种类多、电压跨度大，变电专业技术密集、故障影响大。枢纽变电站一旦发生故障，可能导致大范围停电，严重影响公共安全和社会稳定。福建省超特高压电网老旧设备基数较大，大量新投运设备质量参差不齐，特高压、柔直设备故障形态复杂，核电等新能源接入比例不断提高，能源外送压力大，设备安全稳定运行的压力更大，迫切需要实施变电检修精益管理，提升变电设备健康状态，提高电网安全稳定运行可靠性。

2. 建设现代设备管理体系的需要

面对新的形势和高质量发展要求，福建公司在“十四五”规划提出要抓好现代设备管理体系建设，加快重点举措落地实施，加强专业能力建设，提升公司设备管理水平。

电网变电设备规模较大，种类较多，部分厂家设备质量较差，设备可靠性距离世界先进水平还有一定差距。实施变电检修精益管理，建立以可靠性为核心的精益检修模式，优化检修维护人、财、物投入，一方面通过状态检修及时处置工况较差的设备，另一方面避免定期检修对运行良好的设备过度维护，切实提高变电设备检修维护质量，提升变电设备生命周期内的健康状态。

3. 建设高水平检修人才队伍的需要

党的十九大以来，党中央把建设高素质队伍摆在突出重要的位置。国家电网作为国民经济发展的中坚力量，培养一支优秀队伍，对于增强企业核心竞争力，适应新时代发展具有重要意义。

随着电网的快速发展，变电设备数量呈现较快速度增长，同时部分运检核心业务外包造成了基层变电检修人员的技术技能弱化，基层班组结构性缺员、技术力量断层问题日益突出，变电设备精益管理压力逐年增大。一方面提高人员工作质量，提升设备质量可靠性，能够助力企业提质增效。另一方面实施变电检修精益管理，深化落实设备检修主人制，能够提高检修人员的设备主人翁意识，使检修人员在设备基建验收、缺陷处置、隐患跟踪等工作中提升自身专业水平，有助于培养专家型、工匠型人才队伍。

基于以上背景，福建公司创新实施以可靠性为中心的变电检修质量精益管理。

（三）案例具体实践

1. 创新设备检修主人制度，以责任夯实可靠性

（1）打造变电专业修试融合班组，落实检修主人制

福建公司按照“鼓励前端业务融合，设置复合型大班组”的精神，整合变电检修中心的检修、试验班组，保护、自动化班组，形成 8 个一次检修复合型班组和 5 个二次检修复合型班组。解决了传统的生产作业组织方面存在因专业分工过细导致的人力资源综合利用效率不高的问题。复合型班组按区域划分承担变电设备的基建验收、检修消缺、试验检测、故障抢修、隐患整治等变电设备全流程技术监督工作，打破了检修、试验间的专业壁垒。

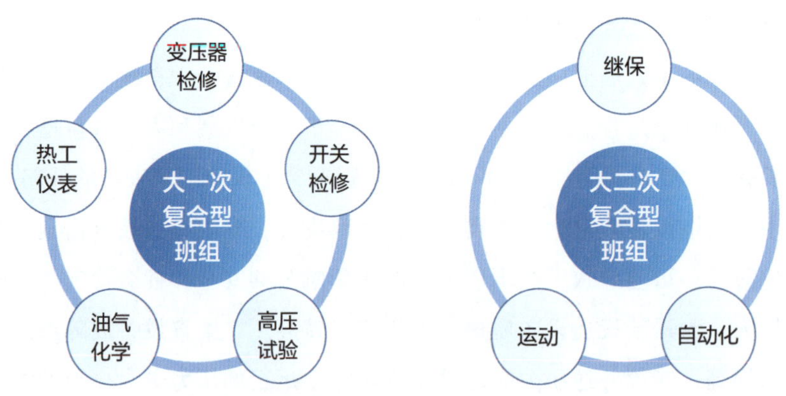

图 1　打破专业壁垒成立“大班组”一体化运作

建立以设备为界面，以公司、部门、班组为层级，形成设备管理部门专责、车间设备专责、班组设备检修主人的纵向三级专家团队，明确设备管理各环节责任，设备主人深度介入全过程管理，

设备台台有人管，管理人人有责任，将设备从专业管理迈向全员管理。班组按设备类型选聘设备检修主人，负责设备的健康状态跟踪，深入参与设备各阶段技术监督工作，推动班组从维修管理向健康管理的有效转变，提升了变电设备本质安全和运检质效。

应用智能生产管控平台，贯通多维生产系统信息，全景感知设备状态，综合“设备历史缺陷”“隐患类型”“同厂家设备缺陷情况”等信息构建设备状态智能评价与检修决策模型，实现设备状态自动评价、运维检修智能决策，让数据可“说话”，提升检修针对性。评价准确性高于80%，结果纳入项目储备指导。

（2）强化复合型队伍培养，提升检修主人能力

为了加快业务融合，培养“复合型人才”“全能型员工”，福建公司全面分析员工技能水平和检修需求等现状，梳理出36项核心业务技能模块，细化445条技能知识点，建立技术技能分层次评价模型，利用现场工作培训、脱产集中培训开展专业交叉技能培训。为鼓励员工利用业余时间自学，组织复合技能比武，以考促学，以比促学，促进员工互相配合、技能同步提升，推进跨专业赋能，在较短时间内实现人员和专业融合。

为了加快变电检修队伍专业核心能力建设，该公司依托全省唯一的工厂化检修基地实施开关检修“集群化”作业，建设断路器检修诊断实验室等，自主攻关组合电器领域重点技术。建设国网B级金属检测试验室，打造金属检测自主作业团队，自主开展基建、技改工程的金属检测技术监督。推进业务自主实施，稳步实施业务“回流”工程，实现变电检修核心业务100%自主实施，全业务自主实施业务类型覆盖率达93%。

应用智能运检管控平台员工技能档案模块，实时掌握人员变动信息和岗位能力认证等级数据，了解员工“实操＋实训”执行情况及日常参与的例检、缺陷处理、设备验收、带电检测、技改大小等情况，了解人员技能水平，打造一支一流队伍为现场管控奠定坚实基础。

（3）强化隐患缺陷管理，提升设备本质安全

完善隐患闭环整治。坚持分级闭环管控、“一患一档”管理。根据各级规章制度，结合反措和典型事故（事件）暴露的问题及“家族性”隐患，滚动更新隐患排雷清单，明确隐患排查内容、排查方法，提高隐患排查发现能力，确保设备隐患排查全面深入开展。持续巩固“三查六强化”专项行动成果，结合隐患全面排查、日常排查和专项排查等工作，利用春秋查、各类专项排查、停电检修等时机，常态化开展隐患排查，确保隐患勤排查、全覆盖。按照分级管理要求，运用PMS隐患管理系统规范隐患管理，建立设备隐患数据库，落实“一患一档”管理要求。隐患登记、评估审核、安排整治及验收销号等全过程“线上”闭环管控，破解隐患动态管理不到位的问题。按照“主动检修、彻底处理”的原则，逐项制定治理计划，明确责任人和完成时限，结合年度、月度及周计划，倒排隐患治理计划，及时推进隐患整治工作。

（4）强化技术监督约束，落实标本兼治

坚持“源头防范、预防为主”的方针，充分发挥技术监督作用，在基建工程各个阶段严格执行技术标准，落实全过程技术监督工作要求，从源头防范设备增量隐患。定期跟踪隐患排查治理情况，开展增量隐患溯源，针对排查发现的共性问题和突出隐患，从管理和技术层面深入分析隐患成因，确定隐患产生阶段、明确责任班组，提出相应整改措施及建议。对于新技术、新型号特别是首

台首套设备，应加强技术监督，开展有针对性的技术评估，把好设备入网安全质量关。

（5）加强设备缺陷全过程管理，提升缺陷管理成效

规范设备缺陷信息维护，在 PMS 系统规范填写消缺计划、停电需求、备品需要、修试记录等，为检修作业提供清晰准确的设备信息。严格执行缺陷管控标准，补充完善缺陷定级标准。对于“北电南送”重要保电间隔设备缺陷处理提级管控，可不停电处理的危急缺陷原则上不过夜，严重缺陷在一周内消缺，一般缺陷消缺时间不超过一个月，无法按时消缺的，应汇报专业组同意，并制定有针对性的预防措施。其他可不停电处理的一般缺陷消缺时限原则上不超过三个月。定期开展消缺分析统计，部门定期点评通报平均消缺时长、缺陷消除率、缺陷填报率等数据，督促班组提升消缺及时率和准确率。定期分析设备缺陷规律，掌握设备缺陷分布情况，提出缺陷整治提升措施，闭环更新检修质量提升策略。

（6）加强备品备件储备管理

综合设备缺陷发生率、运行年限、设备数量、备品出库频次以及备品采购周期等因素，预先做好前端备品备件储备工作，建立备品备件安全库存清单。对损坏率较高、通用性较强的元器件设定最低库存量，利用 PMS 运维物资平台库存阈值设置功能，及时预警备品备件采购。组织做好备品备件入库检查试验及周期性检验工作，确保库存中的备品备件满足应急消缺需要。对特定型号、批次且故障率极高的元器件，进行专业分析论证，试点制定易损件的替换整改方案，减少缺陷重复发生的概率。

贯通 PMS、ERP、专业仓等多业务系统，实现实物资产、协议库存、电商物料领用和备品备件“一本账”。实时监控备品备件库存数量及设备消耗，提升抢修资源调配力，优化年度协议库存（品类及数量）和备件采购存储策略，推动退役设备再利用，实现实物资产价值全景监控。

2. 强化检修质量闭环管控，以质量强化可靠性

（1）编制“一站一表”，强化修前信息收集

福建公司高度重视设备修前信息收集，梳理基建遗留问题、缺陷隐患、反措问题、精益化问题等设备异常情况，形成各变电站设备病历“一站一表”。班组检修主人负责设备异常信息的收集和问题的跟踪整改闭环，更新动态更新“一站一表”，清晰掌握设备健康状态。

检修主人在结合春秋季安全大检查、各类反措隐患专项排查等工作，持续做好设备问题信息收集研判的同时，用好“一站一表”评价设备综合工况，思考设备检修策略，根据设备病历制定问题整治计划、停电时间安排、物资采购储备、技改大修建议，形成设备状态感知与设备健康状况提升有效闭环，为精益检修工作夯实基础。

（2）创新实施检修质量违章，强化修中质量管控

为强化检修作业质量管控，福建公司定期组织运检专业“回头看”，收集各类检修工艺提升措施、设备事故反措要求、各项规章制度重点，结合公司实际情况分析各项措施的重要性、可行性、时效性，编制并发布《变电检修质量违章扣分标准》。各级管理人员到岗到位时，既检查检修人员安全履职是否到位，也同步检查班组检修质量管控措施是否落实。检查发现的问题依据质量违章扣分标准纳入班组对标考核。质量违章扣分达到一定分数，要求当事人“说清楚”甚至是“待岗培训”，督促班组养成“严、细、实”的工作作风，确保“修必修好”，遏制因检修质量不到位造成的设备隐患。

（3）开展检修质量保质期管理，强化修后责任闭环

为提升检修质量，福建公司自 2019 年 4 月发布《国网福建检修公司变电设备检修质量保质期管理要求的通知》后，连续三年发布检修质量提升要求及方案，确保在一个基准检修周期内不发生因检修工艺不良造成的重复停电或设备操作异常等问题，明确检修质量责任以 3 年基准检修周期为限。其中一个检修周期内，因检修不到位造成二次元器件卡涩等可不停电处理的问题为一般性问题；造成刀闸发热、卡涩等需 10 小时临时停电处理的属于严重问题；造成开关设备频繁打压、变压器设备严重漏油需超 10 小时停运处理构成重大问题。

福建公司将检修质量问题纳入公司内部重要考核事项，对被上级单位通报或考核的检修质量责任问题，或因检修质量原因造成人身、设备、电网严重后果的，均按公司有关规定对变电检修中心提出考核意见。将检修质量纳入班组同业对标管理，直接挂钩所在班组月度整体薪酬包，班组间最大考核金额达到 2 万元。班组根据保质期的管理要求，修订班组工分库中检修质量的绩效管理细则，完善检修质量事件考核依据，将被考核的质量事件细化到责任人员进行内部绩效惩罚。

3. 创新智慧运检提质增效，以效率提升可靠性

（1）优化停电方式安排，提升停电检修成效

持续压实检修主人责任，做好修前信息收集，在计划源头上运用好设备健康信息，按照“一停多用”“三年不重停”的原则滚动修编 5 年停电计划，组织编制变电一、二次 5 年技改大修规划，组织变电、输电、计划等专业协调会，统筹各专业技改大修、例检工作需求，合理安排年度停电计划。月、周计划工作内容纳入需结合开展的各项消缺、隐患整治、精益化及反措问题整改等内容。在计划填报、审查以及方案审核中，重点检查结合停电开展项目的完整性，抓住设备停电窗口，做好设备维护工作，落实好“应修必修、应试必试”的要求。

（2）精练编制作业文本，促进一线减负增效

为提升设备检修质量可靠性，福建公司编制了变电一次设备检修试验标准文本，有机整合变电检修（试验）作业卡、检修（试验）记录及检修（试验）报告，形成“一型号一文本”，提升现场检修试验作业文本的实用性和针对性。在作业文本编制过程中收集梳理国家电网、省公司发布的各类检修导则、试验标准、反措要求、缺陷分析成果等，将各项规定统一细化落实到现场指导作业文本

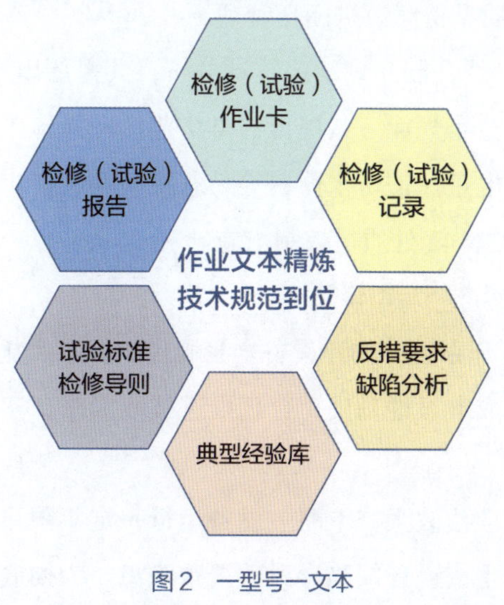

图2　一型号一文本

中。2019 年以来累计发布检修作业文本 107 份，试验作业文本 30 份。检修人员严格按工序打钩，逐项落实检修工艺标准，作业后工作人员署名签字，压实质量责任管控措施，规范执行标准化作业，真正实现了“一卡多用，文本实用”，既减轻基层班组负担，又能够有效指导现场检修工艺。

（3）创新智慧运检技术，提升检修工作质效

福建公司注重激发检修人员创新新技术、新方法意识，提升工作质效的积极性。首先注重激发班组首创意识。班组创新使用“内窥镜法”开展避雷器爆膜室锈蚀隐患排查，解决封闭空间难以排查的难题，发现了 28 支避雷器存在内部受潮或锈蚀、12 台 HPL 型（断路器的一种型号）断路器存在分闸弹簧锈蚀隐患；创新应用无人机开展变电站设备区避雷线隐患排查，弥补变电站设备区避雷线专业管理盲区、降低现场作业风险、实现避雷线隐患精准消缺，在全省推广。其次加大状态检测技术应用。全省首例通过相对介损测试发现 CVT 异常，通过跟踪复测、在线监测趋势分析及停电确认，高效完成崇儒变 220kV 崇德线 CVT 更换；自主开展“X 射线检测”，发现三阳变、洋中变、榕城变等三台 GIS 设备存在异物，其中榕城站 5063 开关合闸电阻螺栓脱落无法修复，自主开展断路器更换，成功避免了一起 GIS 击穿放电重大故障。

4. 迭代优化设备修试策略，以策略提升可靠性

（1）深化典型经验分析，持续改进检修工艺

为持续改善设备检修工艺，提升设备健康状态，福建公司深入挖掘“设备病历”综合工况评价回头看，纵向闭环更新“检修策略”，持续更新完善《基建工程项目可研初设审查经验库》《设备监造经验库》《设备现场验收经验库》《设备检修典型问题库》4 个典型经验库，用数据说话，找准症结，精准下药。

定期开展设备运行缺陷情况及缺陷处置“大数据”分析，利用“6σ”管理手段，按照 DMAIC［定义（Define）、测量（Measure）、分析（Analysis）、改进（Improve）、控制（Control）是 6sigma 的一套操作方法，是由以上五个阶段构成的过程改进方法］五步循环改进方法，以数据说话，挖掘设备缺陷管理过程中的潜在逻辑链条，得出设备隐患缺陷与设备运行年限、设备类型、检修质量、厂家型号、变电站、巡视手段、备品备件之间的关系，重点抓好缺陷与小修工艺、技改大修策略之间的内在逻辑，有针对性地提出改善性工艺及预防性措施，并将其闭环更新到检修试验作业文本中，形成基于数据驱动的检修质量持续改进闭环管理。

自 2019 年起，福建公司持续开展年度缺陷统计分析，共提炼出 10 类设备 39 种共性易发缺陷，细化分析各类缺陷产生原因及分布规律，共提出各类防范提升措施 112 项。通过缺陷分析、挖掘发现户外表计易受潮及变压器非电量保护防水薄弱等易忽视问题，提出 4 类设备 8 项检修工艺改进措施，修订完善 35 份检修作业文本 42 处质量控制措施。

（2）开展设备状态评价，精准制定检修策略

深入应用 PMS 智能运检管理系统，构建设备全景画像，探索实施组部件差异化检修策略；统筹平衡安全、效能、成本，夯实成本显性基础，合理推进技改大修，实现成本精准投入，深化资产管理行动。

①做实设备状态评价，精准技改大修策略。设备运行一定年限后，运维成本将逐年提高，常规小修也难以处理设备因老化产生或设计缺陷导致的严重隐患。为彻底解决设备的不良工况及老化产

生的高额维护成本，就需要对设备进行相应的技改大修。通过分析设备缺陷与变电站、设备厂家、投运年限、检修周期的关系，挖掘缺陷与设备状态的内在关联，辅助开展各设备的状态评价，破除简单以年限为标准的技改大修策略。对于状态评价较差、运维成本较高的设备，优先安排大修技改，实现设备精准检修，避免因高维护成本的设备频繁小修，或因缺陷停运带来的经济损失，提高技改大修资金的投入效率。

②总结典型经验做法，探索差异化检修策略。对不同类型、不同工况设备制定有针对性的检修策略，形成明确的差异化检修策略库。分析变压器非电量保护、冷却系统、开关类设备机构、二次控制元件等部件老化情况，研判设备重复性缺陷与材料老化的关系。配套制定差异化检修策略，对应投资典型方案，固化典型可研及估算模板库，实现快速、精准投资，推进资产管理挖潜增效。二次专业立足专业本色、发展特色，不断创新专业管理，通过方案编写、专业论证，在全网率先提出实施保护技改、首检一体差异化检修策略，推动保护技改与首检工作同步开展，以首检的标准开展验收工作，提升设备入网健康水平。

（3）提升数字化管理，驱动检修作业变革

以数字化平台、新技术、新装备应用为手段，班组数字化建设为契机，围绕生产工作实际，加快班组运检生产数字化成果落地应用，推动数据信息与电网业务深度融合，培养一批数字化应用骨干。

①扩展新平台应用，加快生产业务数字化

综合运用移动作业平台、智能管控平台等数字化平台，以检修质效提升、设备健康管理智能化为班组数字化工作主线，将大数据分析及预警、智能运检工单、日常报表等模块应用作为班组常态化管理手段，统筹检修策略管理，促进设备健康管理手段智能化；强化移动作业平台全流程一体化运转，班组建立以作业文本在线办理、作业工单处理为基础，知识库实时调阅为辅助，故障高效处置为重点的质效保障机制。

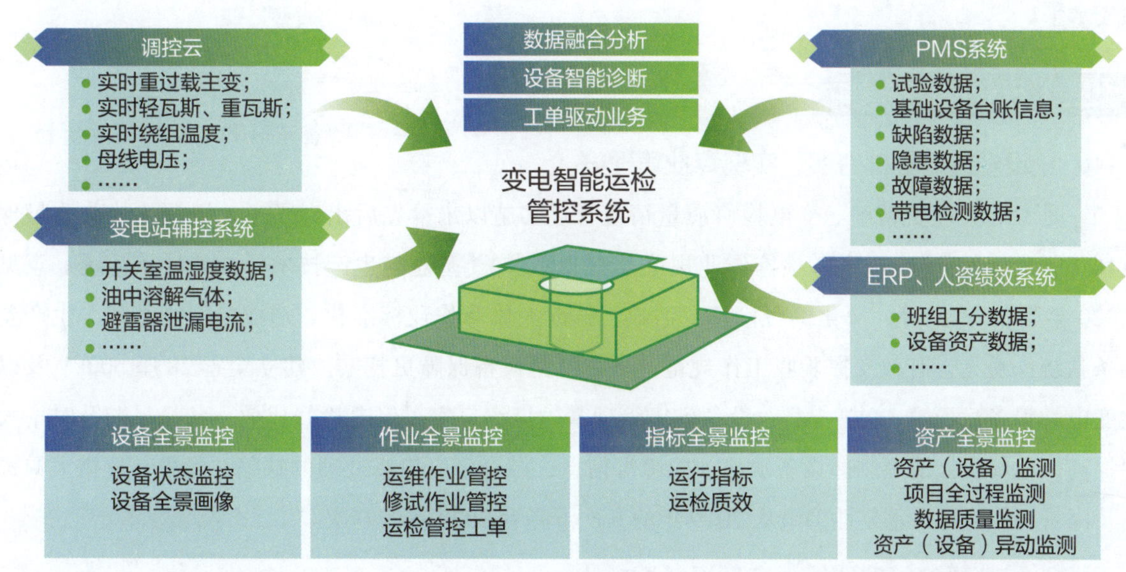

图3　变电智能生产管控系统

②深化新技术应用，提升队伍装备智能化。及时跟踪产业新技术、新装备、新仪器的动态，积极引入双端接地测试仪、介电频谱分析仪等新仪器，加大带电检测、在线监测等技术的培训及应用

力度，不断拓展套管在线监测、无人机等新手段应用场景，积极深化声学定位、声纹识别、X射线检测等新技术应用，提升设备状态的智能感知水平。

③抓实“数据驱动”，推进设备管理数字化。全面推进设备隐患线上管理，规范记录缺陷数据、检修记录，常态化开展PMS数据治理；充分利用数字化平台检修试验数据预警，细化缺陷隐患分析维度，强化数据趋势性分析能力，及时发现设备隐蔽问题，对于重复性缺陷进行检修策略修订，持续完善主设备标准化检修导则，推进差异化检修，尽快实现设备管理由“经验驱动”向“数据驱动”转变。

二、案例实践效果

（一）综合效益

福建超高压公司紧盯打造“运维检修高地”目标，开展以可靠性为中心的变电检修质量精益管理探索与实践，全过程实施检修质量提升管理工作，提升变电设备管理质效，公司输变电可靠性管理取得显著成效。自2020年以来未发生220kV以上变电设备非计划停运。2022年，累计年变压器可用系数达100%，年变压器运行系数达99.947%，同比2021年提升0.14%；累计年线路可用系数达99.998%，同比去年提升0.12%；年线路运行系数达99.776%，同比去年提升0.15%，达到国内领先水平。

（二）行业推广前景

1. 设备管理基础夯实，实现专业管理好

一是专业管理更精细。变电检修质量精益管理实施以来，先后出台了《关于深化检修质量保质期工作的通知》《变电设备检修作业规范及专业要求》《基建与生产技术标准差异条款统一意见（2020年版）》等文件，深化例行检修、消缺、技改大修等作业标准化，形成公司级基建、生产差异条款统一意见，有效支撑验收工作规范开展。二是设备保障更扎实。建立全省28座500kV及以上变电站设备病历“一站一表”，设备健康管理基础持续夯实。停电检修成效、备品采购及时率大幅提高，检修主人清晰掌握设备缺陷、隐患等信息，结合停电检修处理的缺陷、隐患、反措大幅提高。因管理原因导致重复性停电从2019年的6次下降到2022年的0次。

2. 检修质量管理到位，实现设备质量优

一是设备检修质量显著提高。设备缺陷管理质效大幅提升，以2022年与2018年数据进行对比（见表1），设备检修后一年内整体缺陷发生率从1.5%降低至0.3%，消缺及时率从92.7%提升至99.5%以上，历史遗留缺陷压降率达40.5%。通过专题攻关，强化断路器、隔离开关行程开关、

辅助开关、接触器、继电器等元器件的试验及检查维护工艺，变电设备检修一键顺控成功率从 2018 年的 77.8% 提升至 2022 年的 96.6%，环比提升 18.8 个百分点。

表 1　实施精益检修管理以来检修质量提升情况

项目	2018 年	2022 年	环比
历史遗留缺陷库	676	424	-40.5%
设备缺陷重复发生率	1.5%	0.3%	-1.2%
消缺及时率	92.7%	99.5%	6.8%
变电设备一键控成功率	77.8%	96.6%	18.8%

二是重大设备隐患有效处置。检修主人制度管理理念激发员工主人公的责任感，及时发现并有效处置了 1000kV 榕城变 500kV 川榕Ⅱ路 5063 开关 C 相螺栓松脱、通港变 500kV#1 联变 A 相内部铁芯夹件间磁屏蔽缺陷、泉州变 500kV 主变 GOE 套管乙炔含量超标、三阳变 #4 联变 500kV 侧套管进水多起重大隐患。

3. 员工培养成效显著，实现人才队伍强

一是员工队伍技能水平稳步提升。打造“从零开始学习”精品培训课程，稳步提升员工实操技能，不断夯实专业理论基础，加速专业化检修能力提升，促进例行检修效率大幅提升，78 项典型变电例行检修工作效率提升幅度高达 38%。“复合型人才”占比由 2019 年的 5% 提高至 2022 年 75% 以上，跨专业人才培养成效显著。在 2022 年“新福建 · 电网杯”变电设备检修工职业技能竞赛中获得团体第三名，在 2020 年省公司青年技能挑战赛中包揽高压试验、一次检修两个专业金奖、银奖，变电检修骨干连续 3 年入选省公司“闽电工匠”。

二是自主实施锻造检修专业核心能力。2019 年以来，福建超高压公司通过逐步安排部分技改大修项目自主实施，推动技改大修项目自主实施“重要设备类型全覆盖、修试项目全覆盖、班组人员全覆盖”。2022 年，公司变电检修班组实现核心业务 100% 自主实施，全业务自主实施业务类型覆盖率达 93%，有效提升检修人员核心业务能力。

4. 修试融合提质增效，实现检修效率高

一是作业人员配置有效改善。修试融合避免了大量重复交叉作业，平衡了专业间忙闲不均，10 项典型变电例行检修工作效率均得到有效提升，以 500kV 敞开式间隔例检为例，人力投入从 40 人 / 天下降到 28 人 / 天，提升率为 30%。二是跨专业协调大幅下降。原检修、试验专业壁垒打破，跨班组协调优化为内部工序安排；一次、二次专业跨专业工作协调次数下降约 50%。三是作业物料使用效率显著提升。人机物流动更加集约，车辆重复派用率平均降低了 35%，现场作业车辆移动次数减少了 40%，装备迟滞导致的工序等待时间缩短 60%。

（张诗鹏　林滔　何建华）

通过构建“12345 全业务、全流程管控模式”提升供电可靠性实践

一、案例基本情况

（一）单位基本情况

国家电网福建电力厦门供电公司（以下简称“厦门公司”）成立于 1979 年，是国家电网公司辖区内唯一服务特区的大型重点供电企业，公司设 13 个职能部门、17 个业务机构、3 个重点项目指挥部、10 家省管产业单位，有 27 个营业网点，服务 160.7 万客户。

厦门公司始终秉承“人民电业为人民”的企业宗旨，牢记“为美好生活充电、为美丽中国赋能”的企业使命，坚持“国民经济保障者、能源革命践行者、美好生活服务者”的战略定位，发扬“努力超越、追求卓越”的企业精神，连续蝉联“全国文明单位”荣誉称号，先后获得全国“安康杯”竞赛优胜单位、中央企业先进集体、全国供电可靠性 A 级金牌企业、“电力可靠性管理”先进会员企业、全国实施卓越绩效先进企业、全国实施用户满意工程先进单位、全国市场质量信用 AA 级用户满意服务企业等荣誉称号。

（二）案例实施背景

1. 满足人民群众需求的必然要求

供电可靠性与人民群众生产生活息息相关。对于老百姓而言，停电次数多少、停电时间长短，直接关系到生活的方方面面；对于生产企业来说，停电意味着产值的下降、利润的损失。随着厦门城市经济的快速增长，厦门经济体量不断增长、产业结构不断升级，用户对高供电可靠性的强烈需求与当前供电可靠性的电网水平之间的矛盾越发突出。因此，提高电网水平满足城市用户关于高供电可靠性的需求日益迫切。

2. 塑造公司核心竞争力的关键手段

供电可靠性指标水平是供电企业技术装备水平和管理水平的综合体现，是世界银行营商环境指标体系和国家发展改革委营商环境试评价体系的重要指标，是社会对供电企业认可度的重要体现。因此，加快推动配电网管理模式升级，不断强化供电可靠性管理，进一步增强城市电网供电能力，对提升企业品牌影响力、塑造公司核心竞争力起着至关重要的作用。

3. 推动经济高质量发展的重要保障

党的十九大以来，党中央、国务院提出我国经济转向“高质量发展”新阶段。厦门经济特区是改革开放的“重要窗口、试验平台、开拓者、实干家”，是闽东南核心城市和对台交流的重要城市。作为台资、港资、侨资企业聚集的城市，特殊的地理位置和经济发展的需求对清洁、可持续电力供应提出了更高的要求。厦门经济特区当前正进入增速换挡、结构优化和动力转换的新常态，产业主体正逐步迈向中高端。面对改革发展新形势，供电企业需持续提升客户服务能力、改善服务质量效率、提高供电可靠性，为城市生产力的持续发展和产业结构顺利转型提供坚强可靠的电力保障。

供电可靠性是供电企业的生命线，供电可靠率的高低不仅关系企业自身的经济效益，更代表着供电企业的服务水平，是供电企业自身发展的需要和追求目标，也是满足人民群众需求、支撑地区经济高质量发展的重要保障。

（三）案例具体实践

1. 总体思路

深入贯彻国家电网“1135”配电网管理战略与供电可靠性提升工作部署，认真落实省公司“3552”十五项可靠性重点措施，开展“12345”供电可靠性攻坚提升工作。以提升供电可靠性为主线，融合现代设备管理体系、新型电力系统创新思路，聚焦配电网“全专业、全流程、全业务”模式，以标准化引领发展，以网格化精益管理，以数字化促进转型，以系统化统筹资源，推动配网规划建设跃升、不停电作业能力跃升、配网智能水平跃升、主动运维质效跃升、可靠性管理水平跃升“五大跃升工程”，确保攻坚供电可靠性创先争优，更好地服务与满足厦门现代化国际化城市的用能需求。

2. 主要做法

（1）配网规划建设跃升工程

聚焦供电能力薄弱环节，以“核心区电缆双环网为主，其他区域电缆单、双环网并重”网架为建设目标，通过网架薄弱点补强、电网设备优化选型等规划前期措施，支撑供电可靠性提升。

①构建坚强电网网架。一是全面优化网架结构，遵循“增量严格规范、存量逐步优化”原则，推动网架向核心区双环网、其他区域双环与单环并重的目标网架过渡演进。二是政企协同解决规划用地问题，推动目标网架融入城市国土空间规划，实现设备用地、通道资源全预留；创新政府财政出资变电站土建先建模式、同步完成 10kV 替代电源建设；无缝衔接市政建设，在道路新建、新区开发、城区改造中由市（区）财政提前建设电力管沟、开闭所。三是加快推动网架负面清单治理，优先开展单辐射、大分支、不满足 N-1 等 9 类问题销号，降低因局部网架薄弱造成停电时户数损失。四是加快消除城中村供电能力短板，推动台区布局规划，政企联合在城中村负荷密集区建设配电站房。五是差异化推进“中压合环、低压互备”建设，敏感负荷集中区域构建合环运行“花瓣式”电网，提高用户可靠性供电水平。

②推动设备优化升级。一是落实全寿命周期管理要求，提高隔离开关、避雷器等小型易损设备入网技术标准；全面应用“全绝缘、免维护、环保型”标准化设备；严把入网设备质量管控关，配网主设备检测率达 100%。二是根据地域特点推进设备差异化选型，针对福建沿海城市抗台风需求，结合市政道路提升，稳步推进架空线入地电缆化；建设全户内变电站；针对福建山区丘陵地貌，提

升设备防雷害、防山洪等灾害水平。三是积极拓展新技术应用场景，在高铁迁改、变电站技改等多场景运用“移动变电站”补强主干电网，确保负荷高峰期不拉闸、不限电；在城中村、老城区等负荷密集、用地紧缺地段，落地“地埋变、单杆变、景观变”补强末端电网，解决厦门局部区域供电薄弱问题。

图1　车载式移动变电站

③可靠性理念融入规划设计。一是推广适应不停电作业的规划设计。关口前移，配网规划设计坚持优先为不停电作业创造条件。架空方面，新建线路路径优先选择绝缘斗臂车可到位作业的范围内。线路上合理设置耐张段，便于分段改接负荷、临时断接线路等带电作业项目的开展。电缆方面，分支线路的末端预留一个备用间隔，便于失电后应急电源的快速接入。住宅小区配电站低压柜安装发电应急接口，以满足 0.4kV 发电车的负荷转供需求。二是推动一二次设备的规划设计。在配电网一次网架优化时统筹考虑保护、自动化等二次配置，按照“四同步”原则，一二次同步推进标准自动化馈线建设与改造，提升设备自动化水平。三是加快落实坚强局部电网规划。以城市指挥（应急）机构、核心基础设施等用户为保障对象，选取城市重要变电站、重要线路和抗灾保障电源进行差异化建设维护。提升配电网应急处置能力，在台风等自然灾害或突发事件发生时灵活应用移动车载变、10kV 发电车、移动箱变车等装置，快速组建局域中低压供电网络。

（2）不停电作业能力跃升工程

按照“目标导向、示范引领、全面覆盖、能带不停”的原则，全面提升配网不停电作业管理与技术，推广“零计划停电”示范区，推动工程作业模式由停电作业向不停电作业模式高质量转变。

①全面深化不停电作业。以“作业全覆盖、管理数字化、装备智能化”为主攻方向，全面提升不停电作业能力。一是推动不停电产业化改革。成立产业不停电中心，实现不停电作业队伍的全面扩充，不停电作业小组由 6 组扩充至 10 组，内生动力及自主作业能力进一步提升。二是提升“全专业、全地形”作业能力。拓展全专业不停电作业覆盖，积极应用移动开关车、移动箱变车、10kV 发电车、旁路放缆车等开展旁路不停电作业。强化全地形装备应用，推广无支腿斗臂车、蜘蛛车、蜈蚣梯、绝缘平台等非常规地形装备及绝缘短杆作业法，打破复杂地形限制。加强带电设备发明创新，持续深化机器人不停电作业技术应用。三是加快不停电数字化管理转型。依托不停电作业智能管理系统，实现方案、计划、安全、装备、绩效薪酬等数字化管理，拓展相关 App 应用，实现生产作业移动化。四是强化不停电作业全链条支撑。分类编制配网生产全场景不停电解决方案和典型设

图 2　常规绝缘斗臂车

图 3　带电作业双臂机器人

计，通过开展项目规划、可研设计、施工方案、停电管控等全链条培训及不停电专业嵌入管控，全面支撑配网停电作业向不停电作业模式转型。开展大时户计划停电、故障停电事件后评估，针对新储备配网项目按照零停方式进行方案设计，从源头把控实现配网工程全量零计划停电。

②不停电作业能力。强化计划停电过程关键环节管控，着力减少压降工程建设引起的停电次数，减少单次停电时间。一是施工方案阶段，项目部门以不停电、少停电为目标，优化施工方案和时序，运检部、各运维部门重点开展方案审查，严格控制线路、台区预安排重复停电次数。对大中型小区、50 时户以上的停电项目需提出至少 3 种方案比对优选，确保停电范围合理，停电次数、停电时户数最优。二是停电计划阶段，强化配电运维部门作为停电时户数管控主体，落实“一停多用”；强化调控中心作为主配网停电衔接枢纽作用，最大化开展“结合停电”“综合检修”，调控运行方落实停电计划阶段运行方式调整及转供电工作，做到“能转必转”。三是停电实施阶段，全面落实“配网十小时作业法”和“六个时间节点”管控要求，合理压缩各环节停电时长，滤除无效停电水分。

图 4　不停电作业 App 主界面

（3）配网智能水平跃升工程

全面提升电网侧、用户侧设备的数字化、智能化水平，丰富设备感知触手，搭建信息汇聚平台，强化调度决策能力，进一步转变传统电网业务运营模式，做到缺陷隐患及时预警、故障发生快速处置，实现智慧感知和智慧调度。

①赋智赋能，强化设备全景智慧感知。一是加快全时空“一张图”建设。汇聚运维检修、电力调度等 6 类生产信息，实现基于地理信息的运行监测、态势感知和应急指挥 3 大场景的应用。二是加快自动化设施建设。投运 7616 套配自终端，建成光纤通信网 3638 千米、三遥站房终端 5800 余个，配自馈线覆盖率达 100%。三是深化智能台区应用。建设智能台区终端 7155 余台，HPLC 户表覆盖 5600 台。基于智能融合终端，实现分布式储能、可控负荷、低压柔直等端设备标准化数据接入，自下而上实现台区级、馈线级分层分级平衡自治。四是开展“数字厦门”创新实践。布设电力监控新“天眼”，接入公安系统约 9000 个监控视频，实现故障周边画面实时调用，对应急抢修、电网规划等提供决策支撑。共享市政管网信息，建成人口流动量及台区负荷的关联模型，可用于指导城中村负荷预测、配网建设、抢修力量布点等工作。

②可观可控，深化“三化两全”智慧调度应用。一是开展“集群化调度”。按照“统一制度”“统一标准”的原则，建设 4 个区域联络站，实行“1+X”值班模式，常态化开展“供服指挥中心 + 区域联络站”双场所值班实战演练，提升灾损应急响应效率，该模式已获国家电网配调最佳实践案例。二是推行“网络化调度”。利用网络通信取代传统的电话下令、复诵过程，节省大量话务时间。截至 2022 年 5 月，厦门地区共完成网络化下令 8.8 万条，网络化许可 1.5 万份，网络化下令应用率达 99.2%，网络化许可应用率达 100%。三是应用“智能化调度”。立足现有自动化建设成果，深化营配调数据融合，实现故障自动研判并隔离的全自动 FA 线路、保护流程全在线化、调度指令智能成票、节点管控自动预警等智能化调度应用。全市 1806 条公用馈线全自动馈线实现全自动化投入，近三年累计达到正确动作 1461 次，实现配电网自愈，30 秒内完成故障点隔离与非故障线路恢复供电。四是开展“全网络调度”。实现配电网全电压等级的调度，将调度范围从 10kV 电压等级延伸至 0.4kV 用户表计，实现“调度到户、服务到户、互动到户”。完成全市 1.2 万台低压台区建模，扫除了低压配网调度服务盲区。五是推行“全场景调度”。按照“三图层、四场景”设计路线，接入电网图层、交通图层、气象图层，建设操作全场景、工作全场景、抢修全场景、故障全场景，支撑系统应用人员地理准确定位、到岗路径规划、气象信息查询，实现操作指令优化、检修作业全流程管控、抢修高效处置。

（4）主动运维质效跃升工程

持续推进现代设备管理体系建设，加快组织管理、设备管理、业务流程的精益化升级，保安全、提质效、促创新，多措并举全面提升供电可靠性。

①组织管理精益化。一是组建配电部，加强配网全过程、全专业管理，确保配网规划、运维与可靠性的高效协同。二是组建区供服中心，强化属地营配末端融合，推动停电时户数管控与规划、运维、服务深度联动。三是组建市级智能运检中心，筑牢安全“一个底线”，加快组织、业务模式“两个转型”，创新网格化、共建共享、智慧管理“三个机制”，建成运行监测、态势感知、决策支撑、联动指挥“四个体系”，实现安全管得住、数据盘得全、态势能感知、决策算得准、指挥响应

图 5　配电站房智能巡检机器人

快“五个能力”。

②设备管理精益化。一是痛点问题专项治理。因地制宜，狠抓厦门雷害、台风、外破、客户故障 4 大痛点，持续推行“雷打不动”“风驰电骋”“织网护线”“客不出门”专项提升工程，建立“一个故障，多维度分析、先措施、后工程、闭环监督”的标准化运行专题分析机制，全面完成“一线一档”隐患治理。二是实行设备运行隐患挂账销号管理。实行缺陷库、隐患库的线上闭环，推动一二次设备缺陷、安全隐患全量管理。扩大带电检测覆盖范围，建立红外成像、超声波、地电波常态巡检机制，实现全市配网主设备带电检测全覆盖并闭环消缺。持续开展架空线路通道治理，推广架空线路走廊标准化创建，常态开展树线矛盾整治竞赛。加装用户分界开关，加强用户侧安全用电管理，持续降低用户故障对公网的影响。推广电缆状态评估，结合停电开展电缆振荡波局放及超低频介损检测。三是丰富巡检质效提升手段。开展基于机巡应用系统的无人机业务集中管理，形成“无人机 + 高清探头 + 机器人 + 天眼”立体巡检模式。建成梧侣网格化巡检示范区，实现线路故障、重过载特巡等七类场景应用。创新应用城市管道“纤网先知”预警系统，实现电力管道外破事件的主动感知、精准研判及快速处理。

③业务流程精益化。一是推行“工单驱动”运检管理新业态。以工单驱动业务管理平台为支撑，以业务工单为抓手，推动运检模式由“周期 + 计划”向“问题 + 任务”转变，变被动抢修为主动运维，实现配网运检工作的数字化、透明化、流程化、痕迹化管控。建立设备健康评价模型，形成设备精准画像，构建“全景画像 + 工单驱动”的设备管理模式，制定差异化运维周期和分级策略，累计推送主动运维、检修、抢修、储备及数据核查等 27 类 12783 份业务工单，主动工单闭环率达 100%。二是全面深化先复电后抢修应用。依托大数据开展抢修资源配置分析，超前预判、动态优化抢修梯队网格配置，完成区域抢修调整改革，优化网格化抢修布点。全面应用 17 类“先复后抢”典型场景应急供电措施，全域开展“先复电、后抢修”。

（5）可靠性管理水平跃升工程

①全面应用“时户数银行”管理策略。围绕供电可靠性提升总体工作目标，锁定供电可靠率年

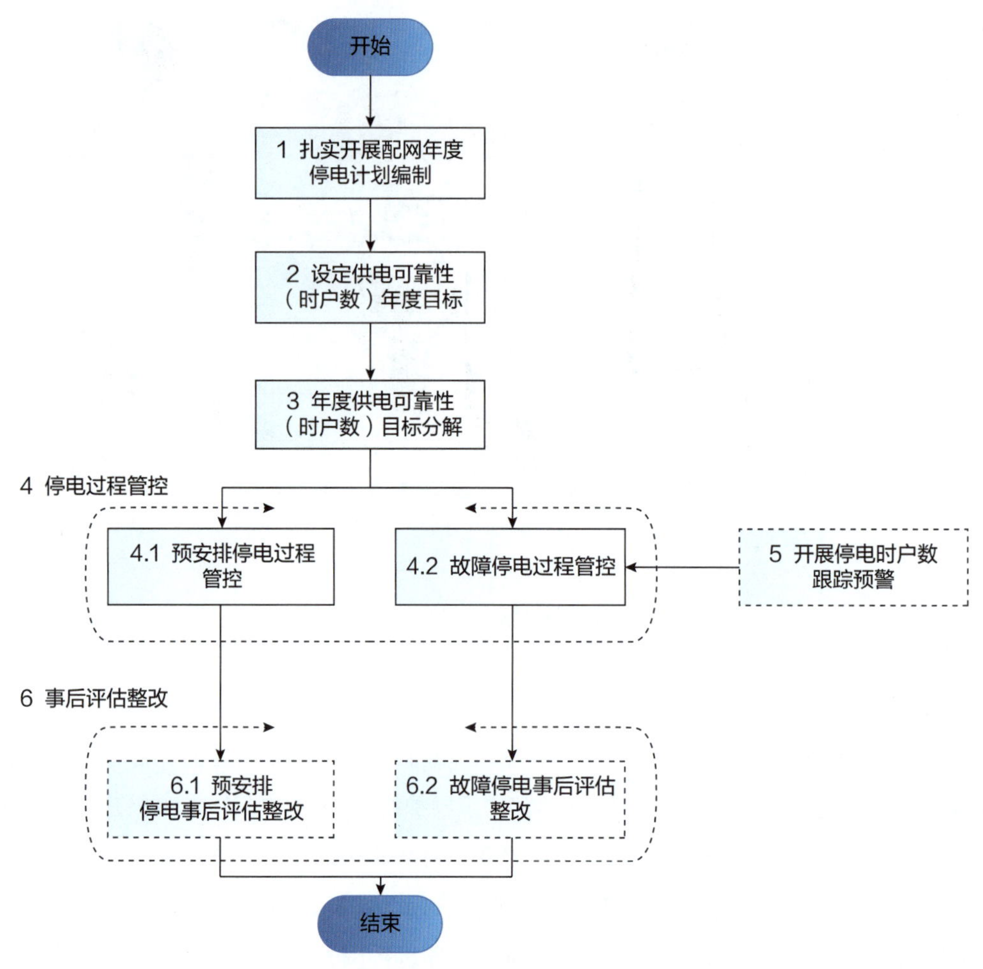

图6 “时户数银行”供电可靠性管理策略

度目标值，借鉴银行授信额度管控的思路，全面应用“时户数银行”供电可靠性管理策略，在公司层面成立“时户数银行”，基层部门分片区设立“支行”，每个“支行”预存年度时户数额度，并将预支额度分解至每月，按周、日统计支取情况，每月开展节支或透支情况结算并纳入月度绩效考核，全年节支或透支情况与“支行”年度绩效挂钩，实现停电时户数年、季、月、周、日的全方位、全过程量化管控，切实推动“人人为可靠性作贡献”工作理念入脑入心。

②目标网格化量化分解。统筹全年度主配网检修、基建、技改、大修项目，有效整合停电需求。季（月）度检修计划综合考虑市政迁改、业扩、消缺等各类停电需求，综合配电网架水平、近三年故障情况及上级下达目标值，实行停电时户数总额控制和预算式管理。一是量化公司全年度停电、计划停电和故障停电总时户，测算年度不停电节约时户数。二是明确时户数管控责任主体，配电部归口实施停电时户数管控；6个配电运维部门作为所辖区域、业务时户数管控的责任主体，负责统筹平衡所辖区域内所有主配网工程、业扩工程消耗的配网停电时户数。三是主网停电协同考评，变电运检、输电中心、电缆中心、建设部（项目管理中心）计划停电时户数纳入中心考核、消耗时户50%协同考。四是停电支撑协同考评，供服指挥中心、供服公司、城供分公司、经研所、设计院、远通公司、电力工程、不停电中心按照主要服务支撑区域、类型分别协同。五是指标分解下达，综合考虑年度生产计划、网架水平、历史数据等因素，将供电可靠性指标分解到各

责任单位，细化分解至每月，6 个配电运维部门将月度目标分解到操作班、运维班、工程班等责任班组。

③持续强化综合停电管理。严肃停电管理，严格执行“一停多用”原则，提升综合检修效率。一是开展季（月）度检修计划，综合考虑市政迁改、业扩、消缺等各类停电需求，开展“结合停电”和“综合检修”，减少重复停电。完善配网两级停电平衡，部门层面平衡会审查、优化片区内所有主配网停电项目，公司层面平衡会，配电部、供服指挥中心等重点审查，按城网和农网分别严格限制计划停电时户数或 10 小时以上的项目。二是建立停电时户数管控机制，在计划停电执行“先算后停”、大小工程结合模式（上午集中力量开展大型工程施工、下午开展小型施工）。

④打造推广“零计划停电”示范区。以用户零停电感知为导向，建设“零计划停电”示范区，在示范区内取消计划检修停电作业。截至 2022 年，已累计建成 9 个“零计划停电”示范区，惠及 18.6 万户。下一步，继续推动厦门全岛与岛外 4 个核心区全面建成“零计划停电”示范区，覆盖 200 平方千米，惠及 79.96 万户，占比达 51%。

二、案例实践效果

厦门公司通过构建“12345 全业务、全流程管控模式”，持续提升供电可靠性，有效促进了企业核心竞争力和效率效益的全面升级，在管理效益和社会效益方面均取得卓越成效。

（一）综合效益

自 2018 年以来，厦门公司供电可靠性管理取得显著成效，供电可靠率、全口径平均停电时间、全口径平均故障停电时间、全口径平均预安排停电时间，不停电作业化率、配自三遥终端占比、馈线电缆化率等指标达到国内领先水平，客户满意度大幅提升。

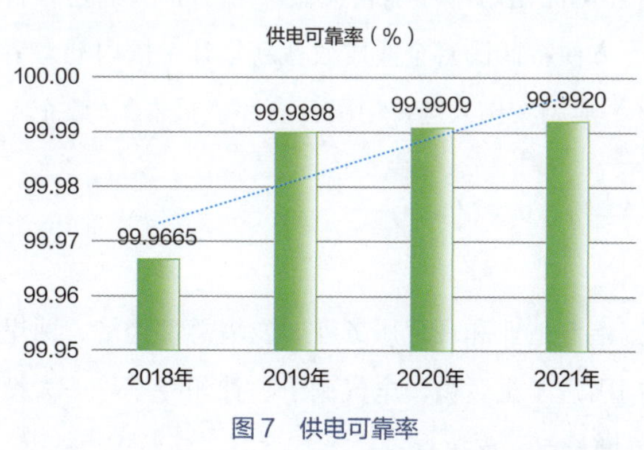

图 7　供电可靠率

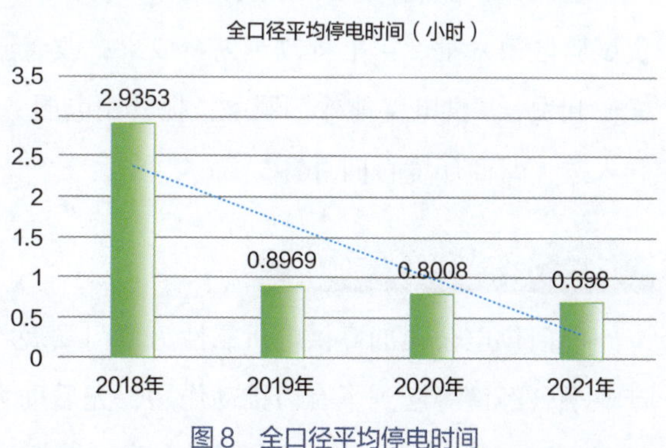

图 8　全口径平均停电时间

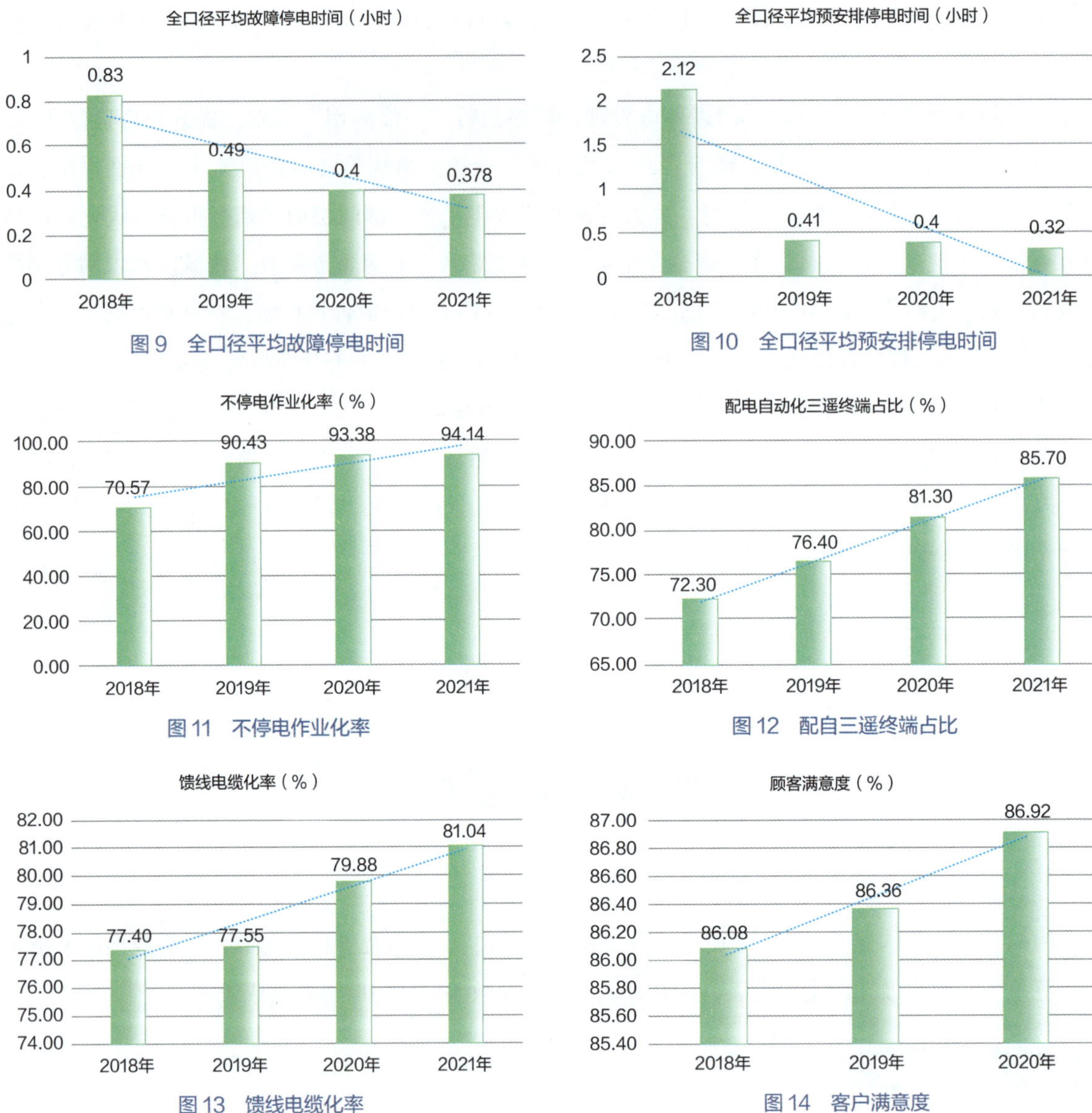

图 9　全口径平均故障停电时间

图 10　全口径平均预安排停电时间

图 11　不停电作业化率

图 12　配自三遥终端占比

图 13　馈线电缆化率

图 14　客户满意度

（二）第三方评价

厦门市“获得电力”指数得分大幅提升，厦门公司优化用电环境相关做法分别获选福建省自贸试验区第六批、第七批改革创新成果；改善服务、方便特区民营企业成效获新华社《国内动态清样》刊发，《“供电 + 能效”服务，提升用电服务水平》典型案例入选《中国营商环境报告》、政企互联入选《营商环境百问百答》。

（三）行业推广前景

厦门供电公司的高供电可靠性为厦门发展壮大高端制造业和现代服务业，发展总部经济、两岸产业融合经济等起到了有力推动作用，先后助力厦门引进了士兰微、电气硝子、神州专车等一大批新型高端产业龙头企业，助力厦门形成一批新的经济增长点、支撑点。

（林国新　沈添福　黄锋）

构建台区融合终端应用"12345"管理体系，提升中低压电网电能质量水平

一、案例基本情况

（一）单位基本情况

国网福州供电公司（以下简称"福州公司"）是国网福建省电力有限公司的分公司，也是国家电网确定的大型地市供电企业之一，担负福州六区一市五县及平潭综合实验区供电任务，下辖8个县级供电企业。2022年，该公司供电客户417万户，资产总额221.1亿元，拥有变电站243座，10kV全地区"N-1"通过率97.8%，公用配变3万台、容量1638.6万kVA，10kV线路长度2.4万千米，地区最大负荷1025.1万kW。初步建成"清洁低碳、安全可靠、泛在互联、高效互动、智能开放"的能源互联网，公司资产总额230亿元以上，营业收入285亿元以上，售电量突破540亿kWh，用户年均停电时间不超过2小时，零计划停电区域扩大到156平方千米。

（二）案例实施背景

中低压电网的精益化管理是加快建设数字闽电、深入开展新时代"双满意"工程，构建数字化生态的重要领域；围绕数字化转型、智能化管控，强化数据赋能一线，推动生产组织方式转变、管理重心下沉，让运营管理更加贴近设备、贴近基层、贴近用户、贴近市场，打造公司高质量发展数字引擎，在福州公司全面建设新型电力系统省级示范区。

由于分布式能源、电动汽车充电桩等新型源荷广泛接入配电网，电力平衡呈现明显的空间、时间不均衡，使得配网电能质量问题越发突出且多问题并存。当前配电台区存在的电能质量问题主要有：三相不平衡问题、高/低电压问题、谐波问题、电压暂降、电压波动等。针对配电台区存在的电能质量问题，目前大多采用有针对性的设备进行单独治理，很大程度上依赖于人工经验，尚未形成整体的电能质量问题解决方案，缺乏全面、实时、定量的有效监测分析手段，工作难度大且治理效果参差不齐。

鉴于此，福州公司以客户为中心，以提高供电质量为主线，推进管理精益化机制纵深发展；以设备状态全采集、业务方式全转变、寿命周期全贯通，扩展业务数据化赋能高效运营；以工单驱动业务为抓手，采用互联网思维和电力物联网建设思路，解决融合终端数据接入并给至低压网格化台区经理手中应用的需求，挖掘数据价值，形成基于融合终端应用的"12345"管理应用体系的提升电能质量有效手段。

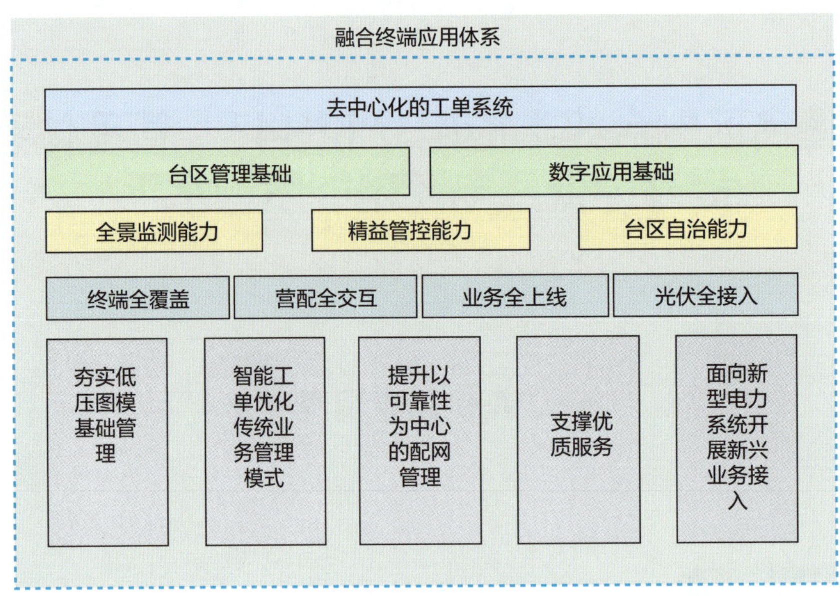

图1 “12345”应用体系

（三）案例具体实践

1. 总体思路

福州公司围绕数字化转型、智能化管控，强化数据赋能一线，推动生产组织方式转变、管理重心下沉，让电能质量管理更加贴近设备、贴近基层、贴近用户、贴近市场，探索电能质量优化提升新模式。

基于台区智能融合终端，通过微应用开发融合终端的电能质量治理，可实现台区无功电压的全景监测。基于融合终端应用的台区无功补偿监测和治理对提升台区电能质量具有显著的综合效益，可实现国网三年行动计划中在2024年针对低压无功补偿装置监测率和控制率达100%、配变低压侧日平均功率因数不低于0.9的目标。

2. 主要做法

（1）构建“一个系统”，推进电能质量负面工单驱动

构建“一个体系”，构建工单应用体系。采用互联网思维和电力物联网建设思路解决融合终端数据接入并给至低压网格化台区经理的思路，构建一个去中心化的应用体系，通过融合终端采集上送的配电网运行数据，融合数据中台的低压电网基础模型和台账数据，构建低压配电网台区谐波、线损及电能质量的分析模型和算法，对于高损、负损等线损异常线路，生成待排查工单，实现融合终端线损异常预警。实现网格内工单自动生成、流转闭环、智能质效评估，助力配电专业多岗多级人员实时获取数据及工单信息，实现停复电、电能质量问题等信息及时精准发布，打造“数据驱动型”配网，改变依靠人员责任的“随机管理型”配网，提升配网智能化管理水平。全面深化末端专业融合，做好“最后一公里”供服。

（2）夯实“两个基础”，构建台区设备画像

低压配电网作为供服的“最后一公里”自动化、信息化、智能化水平不高，现有资源配置能力

无法满足快速变化的业务服务要求。福州公司贯彻落实新电总体方案“两高两化”实施路径，开展新型配电网示范区建设，聚焦高可靠性、数字化、智能化发展要求，构建以台区为中心的低压配电网数字化智能互动中心，夯实台区基础管理，基于融合终端打造适应多场景应用的配电网运行管理体系，以融合终端为应用中枢，采用边缘计算技术，对低压配电网全信息数据进行实时监测、融合和挖掘分析，实现低压配电网的智能化、信息化、分级化处理分析，实现对低压配电网全方位智能管控，做好“最后一公里”供服。

以台区智能融合终端为核心，五个层面推进低压透明化建设，一是通过融合终端监测配变运行数据；二是通过低压出线监测装置低压分支运行数据采集；三是通过光伏分界开关实现光伏用户运行数据采集；四是通过“融合终端+I型集中器”就地交互、新型融合终端就地交互和“伴听”三种方式实现营配贯通，实时获取用户数据；五是通过加装传感器实现设备与环境等非电气量数据采集。在配变侧实现台区智能电表交互、配变状态监测、智能漏保监测、无功补偿监测。在线路侧实现低压分路检测、配电线路拓扑、故障研判、线损分析。在用户侧实现用户电表采集、低压分路监测、充电桩有序接入、分布式光伏接入、表箱开关监测。通过构建台区设备画像，展示配变、开关三相电流电压；从台区设备管理、实时数据展示、故障信息统计、工单推送四个方面综合描述台区设备的运行情况。

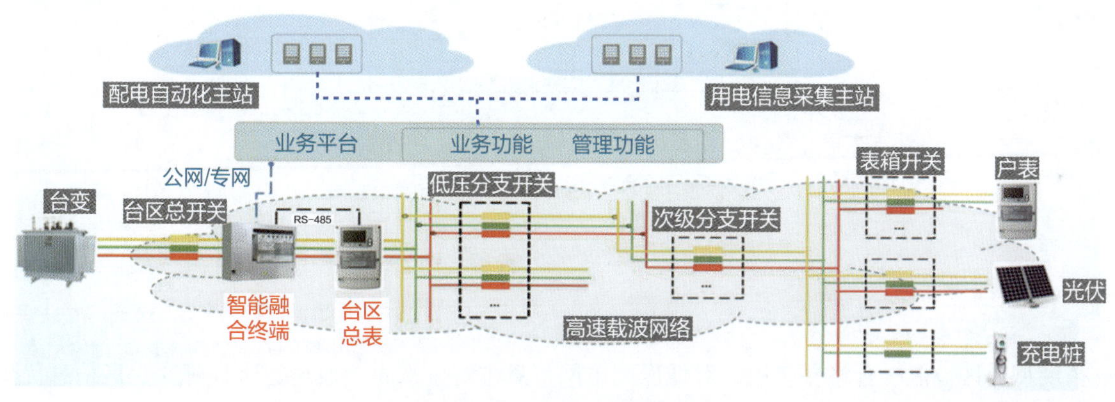

图2 构建智能低压配电设备互联

以“融合终端—内网云平台—互联网大区—手机端台区智慧运维App”为总体技术路线，通过APN专网将数据上送至内网云平台，低压数据在云平台经实用化处理后由数据穿透平台送至互联网大区，最终推送至运检人员的手机端App，实现低压运维的智能互动。

（3）提升“三个能力”，创新全过程系统化保障体系

以提升台区全景监测能力、精益管理能力、自治自愈能力为抓手，重点推动设备状态感知、作业方式和资产管理的数字化变革。打造面向班组全业务的移动集成应用，确保业务全过程数字化支撑。着力推动智能台区建设，保障信息有序管理。实现营配本地交互应用、智能拓扑等10项融合终端高级应用，提升低压信息的精益化管理水平。

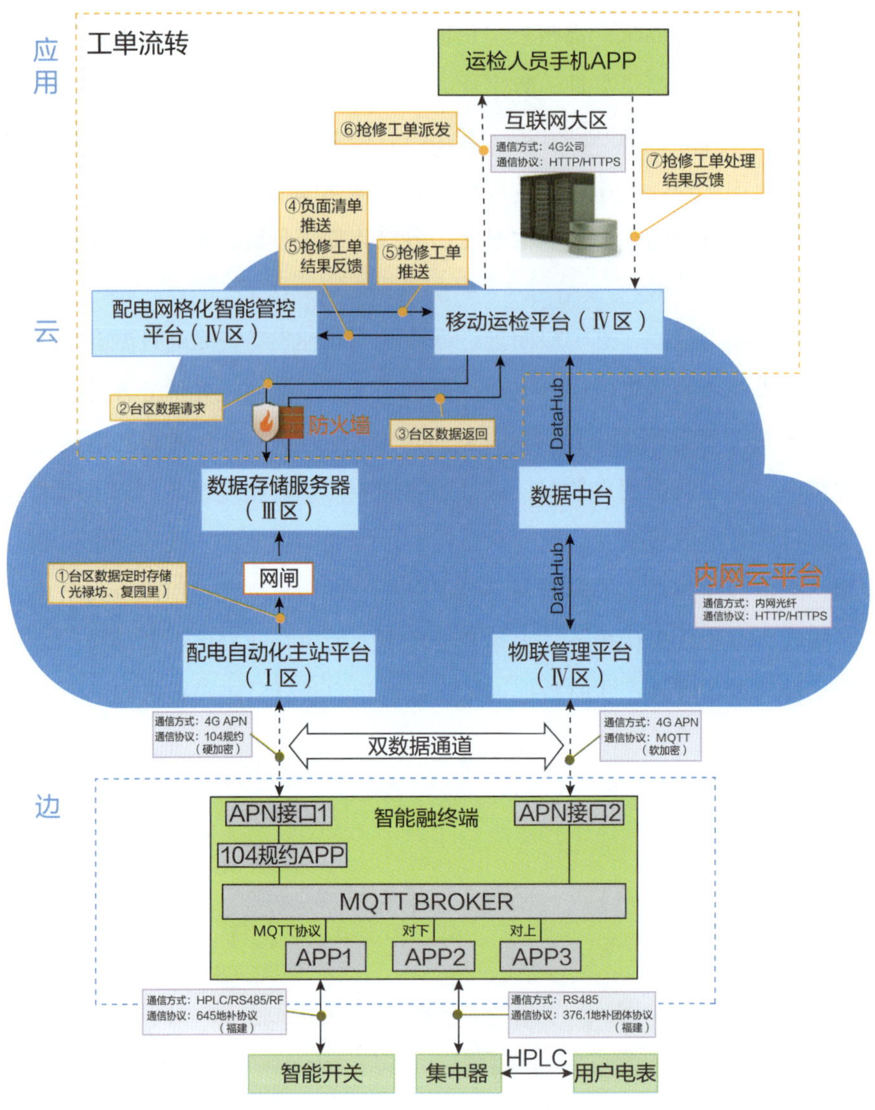

图 3　云边协同总体技术架构

拓展型台区智能融合终端应用，对低压配电网信息进行全采集，通过边缘计算对台区信息优先进行本地化分析处理与决策，减少主站决策压力，同时借助无线通信网络实时上传高关注度数据至配自主站，实现终端与主站的端云协同配合。基于台区融合终端实现台区低压侧全景透明、云边协同自治，可以很好地解决动态变化的电压和无功质量问题，实现无功分级优化自治管理。

（4）匹配“四个全面”，打造全方位智能化支撑体系

围绕配网业务末端网格融合的需求，建成终端全覆盖、营配全交互、光伏全接入、业务全上线的智能化支撑体系，服务配网电能质量全方位提升。基于智能融合终端实用化 App 应用研究开发及示范区应用建设，通过与可调节负荷、充电桩、光伏逆变器、电化学储能装置等设备进行数据交互，实现光、储、充及可调节负荷的数据接入及可观可测，同时发挥新型配电智能融合终端边缘计算能力，开展智能化分析、就地化决策，实现台区内光、储、充及负荷自平衡、自调整，并响应上级主站和虚拟电厂下发的调控要求，实现台区级分层需求响应和自治管理，智能融合终端汇集采集源、荷、储充响应数据，并能上传虚拟电厂系统以实现响应数据上线上链。

（5）支撑“五大应用”，实现电能质量优化支撑体系

基于融合终端实用化应用，实现夯实低压图模基础管理、智能工单优化传统业务管理模式、提升以可靠性为中心的配网管理、支撑优质服务管理、新能源新兴业务接入管理，打造“数据驱动型”配网，提升配网智能化管理水平。

一是准确的台区低压拓扑模型是供服指挥中心开展低压网络调度的基础，在全覆盖智能低压开关的台区，在融合终端内部署断路器监测、拓扑识别等 App 可实现拓扑自动生成，生成以低压开关为节点的台区拓扑关系，支撑精益线损分析、故障研判等高级应用。实现台区拓扑自动识别与校验、低压台区感知和辅助决策功能，包括低压开关运行状态监测、漏电排查、三相不平衡分析、过重载分析、线损分析等。

二是可靠供电以设备本体和运行环境为着力点，通过配变、开关以及电表数据，基于融合终端边缘计算能力进行就地研判，将研判结果以智能工单的形式第一时间告知运维人员，实现台区主动检修管理。管理人员可通过丰富的台区信息开展分区域、分时段的台区综合分析，支撑台区节能降损等应用。

三是在系统上以主动运维工单为抓手，全过程闭环跟踪异常处置进度，分析工作成效。可实时、精准上报台区重过载、三相不平衡度、谐波畸变率、电压合格率、功率因数，低压开关过重载、用户过 / 低电压告警等数据，三相不平衡工单还可一并推送调相的决策建议。

四是通过融合终端边缘计算台区过重载情况，更加精准地反映台区的供电能力及电能治理能力，过重载工单先于 PMS 发布，时效性更好。在系统上部署区域可开放容量的应用，实现“两类（负荷类、电源类）、三分（分相、分支、分时）、三态（实时态、规划态、预测态）”的可开放容量，支撑低压业扩服务，预测区域内负荷增长情况，实现台区建设精准投资，避免台区过重载的发生。

五是开展分布式电源即插即用、充电桩有序充电管理等高级应用研究，服务分布式电源、电动汽车充电桩、储能等柔性负荷的大规模接入和消纳。在区域电网内，综合考虑电网负荷、用户行为数据和充电设备运营数据等多数据网络的数据信息，监测分布式能源接入对电能质量的影响，提出最优的充电策略，对电网侧、用户侧和充电设备运营商等具有重要意义。

二、案例实践效果

（一）综合效益

1. 工作模式全面革新，管理手段显著增强

已实现工单全链路流转 2.1 万单，其中三相不平衡、台区过重载低电压等工单 1.3 万单，治理电能质量异常台区 852 个，推动运检模式由“周期 + 计划”向“问题 + 任务”转变，实现配网运检

工作的量化管控，提升配网精益管理水平。

2. 精益管理全程发力，客户满意大幅提升

运用主动运维工单 App，实现主动运维工单全流程在线运转，运维工单线上接（回）单率达 100%，提升工单处置效率，平均减少台区电能质量问题处置时间 45 分钟以上，客服满意度大幅提升。

3. 优质服务全盘实施，社会效益广泛彰显

用户电压异常时间同比下降 15%，用户平均停电时间同比下降 37%，全年频繁停电事件下降 84%，减少客户停电时长 4977 小时，获得社会各界广泛好评，社会效益得到彰显。

4. 业务内涵全新诠释，生态效益良性循环

为光伏可靠接入提供技术支持，促进全社会节能降耗绿色可持续发展。由传统面向设备的管理方式转为面向数据的管理方式，减少新能源接入引起的台区电能质量问题，以技术创新驱动全力构建产业供应链新生态。

（二）第三方评价

2022 年，通过福州公司组织的国家重点研发计划“储能与智能电网技术”重点专项“配电网业务资源协调及互操关键技术”专家组评审。

（三）行业推广前景

根据新时代新发展理念，结合现代设备管理体系建设要求，从围绕数字化转型、智能化管控，强化数据赋能一线，推动生产组织方式转变、管理重心下沉，让运营管理更加贴近设备、贴近基层、贴近用户、贴近市场，探索低压管理智能新模式。成果已在福建公司成熟应用，并在全省推广实践，后续可推荐至国家电网对项目进行评估，通过后可向全国家电网推广应用。

（吴振辉　郑峰　陈玲）

以“多赢”为目标打造满足“全产业”需求的供电质量实践

一、案例基本情况

（一）单位基本情况

国网莆田供电公司（以下简称“莆田公司”）属于国网福建省电力有限公司的分公司。公司已形成以500kV莆田变、园顶变和湄洲湾电厂为支撑的220kV主干“双环网”结构，110kV电网形成“双电源链式”为主、“双辐射”为辅的高压配电网架。截至2022年年底，莆田电网共有220kV变电站15座、容量426万kVA、线路793千米；110kV变电站43座、容量420万kVA、线路1095千米；35kV变电站15座（含2座配电化站），容量21万kVA、线路310千米。近年来，莆田公司在保持全国文明单位、全国“安康杯”竞赛活动优胜单位的基础上，先后荣获“全国五一劳动奖状”“全国模范劳动关系和谐企业”“国家电网先进集体”、建设美丽莆田先进集体等荣誉。

（二）案例实施背景

当前，国家正全面实施《优化营商环境条例》，国家电网印发《打造国际领先电力营商环境三年行动工作方案》，要求全力打造高效率办电、高品质服务、高质量供电的电力营商环境。然而，随着我国进入产业升级转型特殊时期，电网系统形成了高新产业与传统低端产业、居民用电处在同一区域的全新局面，不仅存在高端制造企业面临的电压暂降问题，还有诸多常见的电能质量问题如功率因数不达标、谐波电流等电能质量指标超标等，给电网公司供电电能质量带来巨大挑战。

一方面是以半导体为首的高新技术产业对供电电能质量提出了全新要求，该类企业会受到电压暂降影响，一次仅持续50毫秒的电压暂降便可能造成部分高新技术企业的生产线“宕机”，企业恢复至正常产能的时间甚至可能长达一个月，产生的经济损失与产能影响在一定程度上阻碍着该类高新技术产业的稳健发展。

另一方面，与高端制造企业处在同一区域的传统产业电能质量等不达标将给周边高端产业安全生产带来消极影响，以及给其自身、给供电公司公网带来额外的能源损耗，不利于国家能源转型和节能减排战略落地。如炼钢厂、轧钢厂等冲击性负荷用户大电机启停引发的电网电压短时扰动影响周边高新技术产业正常生产；谐波超标、功率因数不足未就地平衡导致的用户自身及公网附加损耗。

鉴于此，公司以社会责任根植项目为抓手，积极引入利益相关方参与、综合价值最大化等社会责任理念，转变以往独自、固化的工作模式，以追求经济、社会综合价值最大化为目标，联合各方共商共建供电电能质量提升联盟，共筑一个“政府满意、企业受益、治理商盈利”的供电电能质量提升治理生态，创造供电电能质量提升治理新模式。

（三）案例具体实践

1. 总体思想

莆田公司以社会责任根植项目为抓手，携手政府、用电企业（含高中低端全产业）、治理厂商、金融机构等利益相关方，共同打造“多方共治电能质量联盟”莆田方案、福建典范。

2. 主要做法

（1）挖掘电压暂降问题利益相关方诉求，找准着力点

莆田公司通过走访调研、实地考察、发放问卷等多样化的形式，积极开展政府部门、高端制造企业、治理供应商等“电压暂降、谐波、功率因数等电能质量治理”涉及的利益相关方调研，收集各方的核心诉求和期望，整合各方优势资源，推动各方共同参与“多方共治供电电能质量联盟”建立应用，实现多方共赢发展。

（2）开展问题深度分析，明确相关利益方痛点

基于利益相关方访谈调研情况，遵循“综合价值最大化”理念，公司深入分析各利益相关方就电压暂降、谐波超标、功率因数不达标治理改造的态度、存在的担忧，梳理出各方关注的电压暂降、谐波超标、功率因数不达标等电能质量治理三大痛点。

（3）建平台，达成协同治理共识

为促进政府、低中高端制造企业、供电公司达成电压暂降、谐波超标、功率因数不达标等电能质量问题应由各方共同负责治理的共识，提升电压暂降问题、谐波超标、功率因数不达标透明度，公司开展如下三个方面工作。

①建成国内首个电压暂降智慧互动可视化平台，实时捕捉电压暂降事件及其对地区企业影响的情况，实现电压暂降可视、可查。高端智造企业可以获得电压暂降风险预警及跟踪服务等，了解电压暂降是不可避免的，唯有开展内部治理才能根本解决，并通过该智慧平台为企业提供量身定制的精准治理模块服务自助优选治理方案，强化治理意愿；政府可以获得园区、企业的暂降影响专项报告，辅助政府了解高新产业健康发展状况，发布精准的政策支持，树立高端智造企业电压暂降治理示范样板，增加招商引资筹码；供电公司可以获得高端智造企业的私域流量，了解掌握该类企业的治理需求等，为后续供电公司培育新业务新业态创造条件。

②构建谐波电流超标影响可视模块。政府掌握区域非线性用户造成的能源损耗、碳排放量。制造企业了解正常生产时产生的谐波污染给自身及供电公司带来的附件损耗，并且获得治理改造综合方案。

③建立工业用户无功平衡治理潜力挖掘诊断分析模型。掌握工业用户无功治理降损潜力，线上为用户算好“节能账”，包含治理前投入资金、治理后利率奖励金额、节电成效等信息。此外，同步开发推广用户功率因数告警数据产品，靶向为功率因数低的用户提供数据服务，每日推送上一日用户功率因数水平数据，不仅便于用户及时作出调整制定应对措施，还可以通过该数字化手段强化在设备侧安装无功补偿设备的宣传引导。

（4）聚合力，价值创造省成本

针对“资金从哪里来的”的问题，公司在积极发挥自身专业、数据优势的同时，联合电压暂降、谐波超标、功率因数不达标等治理的关键利益相关方，寻找各方协作“最大公约数”，共同推进电压暂降、谐波超标、功率因数不达标等治理降本增效。

①综合治理方案由供电公司提供，公司依托智慧平台，量身定制综合性的电压暂降、谐波超标、功率因数不达标治理方案，由于是建立在电网公司共同实施精准差异运维工作后由平台自动生成的治理方案，投入更低、效果更佳。

②为治理厂商提供区域性的治理需求报告，基于供电公司为主导的平台所掌握的企业治理需求信息，可自动生成区域性的治理需求报告，为治理厂商实现以销定产、降低生产成本提供有力的数据支撑。

③为地区政府提供企业受电压暂降、谐波超标、功率因数不达标影响情况专题报告，辅助政府精准施策，通过由政府提供补助政策、发文倡议设备安装等措施，为企业减负，为社会减排。

（5）推联盟，综合价值最大化

加入联盟的宣传推广十分重要，若能有更多的制造企业进驻，政府能增加地方收入带动就业，电网能提高售电量，治理商能扩大治理市场，也会有更多的治理商加入联盟，形成更好的、良性的市场竞争环境，进一步压降治理设备成本，实现综合价值的最大化。为强化联盟推广力度，公司试点地级市供电公司协同政府召开市政府领导主持的企业现场办公会，分别将电压暂降、谐波超标、功率因数不达标治理联盟推广纳入会议纪要、发文倡议。由公司主导牵头组建并推广该联盟，充分发挥电网公信力及电力大数据资源优势，率先通过为政府、企业提供免费的增值服务吸引服务对象加盟，并将数据价值进行再创造吸引电压暂降治理厂商、广告商、金融机构等多维服务商加盟，共筑一个“政府满意、企业受益、治理商盈利”的电能质量治理生态，创造电能质量治理新模式，打造“多方共治电能质量联盟”莆田方案。

二、案例实践效果

（一）综合效益

自 2020 年以来，区域内供电电能质量得到较大提升，其中电压暂降实现零投诉。此外，莆田公司提供的增值服务获得莆田地区两家精密制造业企业的充分肯定，企业受电压暂降影响大幅下降，企业提高了生产效率，保障了安全生产。

2021 年至今共召开 5 场节能降耗暨用户无功就地平衡宣传会，精准组织各区县约 400 家企业到场参会。2022 年完成 371 家企业在设备侧安装无功补偿装置，让用户减少 92.9 万元的力调电费支出，为客户减负，同时为电网降低附加损耗 393.889 万 kWh，实现用户减负与电网降损双提升。

（二）案例第三方评价

专家评审高度认可福建公司在电压暂降防治服务工作上的创新，经讨论一致认为项目相关技术内容已达国际领先，且具有较强的工程实用性。

（三）案例行业推广前景

电压暂降协同防治体系全省推广应用该平台搭建体系已在福建全省范围部署上线，各地市公司可推广应用该项目体系。

（陈晶腾　张衍　高漩）

基于设备主人制管理实践的电缆专业转型提升

一、案例基本情况

（一）单位基本情况

国网江西省电力公司南昌供电分公司(以下简称“南昌公司”)始建于1958年,是国有大型企业。南昌电网是江西电网枢纽中心、负荷中心,南昌地区所有110kV、220kV输电电缆线路由南昌公司电缆运检中心负责运维检修。截至2022年10月，南昌公司电缆运检中心共管辖110kV以上高压电缆209回，合计671千米；电缆隧道10条，合计12千米。随着城市社会发展，南昌公司生产技术部、电缆运检中心严把设备入网，强化设备精益管理，努力提高电网健康水平，有力保障输电线路可靠运行。

（二）案例实施背景

电缆运检中心组建之初，仅以高压电缆400千米为基数进行定员定编，实际缺员15%，目前电缆里程达到671千米，且每年按照18%加速递增，专业结构性缺员日趋严重。按照现有的安全管控要求，班组人员在全方位开展周期巡视与防外破工作的基础上，还要常态化开展基建迁改工程管控的关键工序及试验旁站监督工作，基层人员承载力严重不足。同时，部分专业员工技能水平、管理水平存在不足，防外破流程制度、隐患排查整治进度、建设标准、巡视检测技术手段等方面均离精益管理存在一定差距。

按照《国网江西省电力有限公司关于进一步加强高压电缆专业管理工作的通知》有关要求，南昌公司以国内一流城市标准推进高压电缆精益化建设。因此，在现有的队伍基础上挖掘潜力、提升电缆运检效率是建立“两个一流”精益管理示范城市的必要条件。做实设备主人制则是助推专业制度规范与技能素质提升的必然之需。

（三）案例具体实践

1. 构建基于设备主人制的管理模式，释放转型发展“新动能”

电缆运检中心从组织机构、支撑体系与配置原则三个方面围绕设备主人搭建了电缆专业的设备主人运行管理模式，通过优化专业管理“责、权、利”，在量化基础上建立人对设备的合理配置，实现设备责任人全覆盖，同时为业务实施提供各类的运作规范与技术保障，均对电缆运检中心管理转型升级提供了更多的“新动能”。

（1）支撑体系：建立“四位一体”的支撑体系

建立、完善各项制度，充分利用各类系统与工具装备，给设备主人制度的平稳实行提供必要、有益的补充，给设备主人工作履责提供必需、有效的保障。支撑体系主要通过四个支点来实现，即制度支撑、系统支撑、装备支撑和技术支持。

①制度支撑。从“职责、规范、考核”三个方面细化、编制各项制度，包含中心、班组及设备主人各层级职责清单，班组业务流程规范及各类管控卡和班组绩效工分等制度。三项制度由上至下监督执行情况，利用奖惩手段调节、激励设备主人提升自身水平，分别对设备主人做什么（职责）、怎么做（指导）、做得如何（评价）为设备主人制有效落地提供支撑。

②系统支撑。专业中心现有 PMS、高压电缆地下管网系统、隧道监控系统，以及通道温湿度、接地环流、隧道机器人、故障定位等 10 类 330 套分布式在线监控装置，统一接入专业监控中心，同时着手开展设备监控平台与精益化管理平台的建设，通过统一的大数据整合，提升电缆设备主人对设备状况的实时感知能力。

③装备支撑。依据国家电网装备采购和省公司指导意见要求，分批分级配齐仪器仪表、安全工器具等装备，保障设备主人制落实。结合设备主人制度要求，对装备采取差异化配置原则，将设备划分安全防护基础装备、精益化检测测试装备、高级特种装备三类，对安全防护基础装备，如基本安全工器具、气体检测仪等，通常全员配齐或按作业车辆随车配齐；对于精益化检测测试装备，如金属探测仪、钳形电流表等，一般按照最大作业面数量配齐，存在差额纳入年度零购计划；对于高级特种装备，如局放检测仪、故障测距仪等，根据应用频率按班组配置或专业统一配置，部分特种设备按两年逐步配齐，同时高级特种装备可作为部门间及外单位支援应急后备资源，充分彰显电缆中心作为省公司电缆应急机干分队的基层支撑作用。

④技术支撑。一方面电缆运检中心坚持内部挖潜，中心由青年技术骨干成立“缆聚”创新工作小组，组织分析讨论与经验总结，主动承担科技创新，采取创新思维解决工作中遇到的“疑难杂症”；另一方面坚持“引进来，走出去”的理念，在国家电网内部，积极与电科院沟通学习，邀请

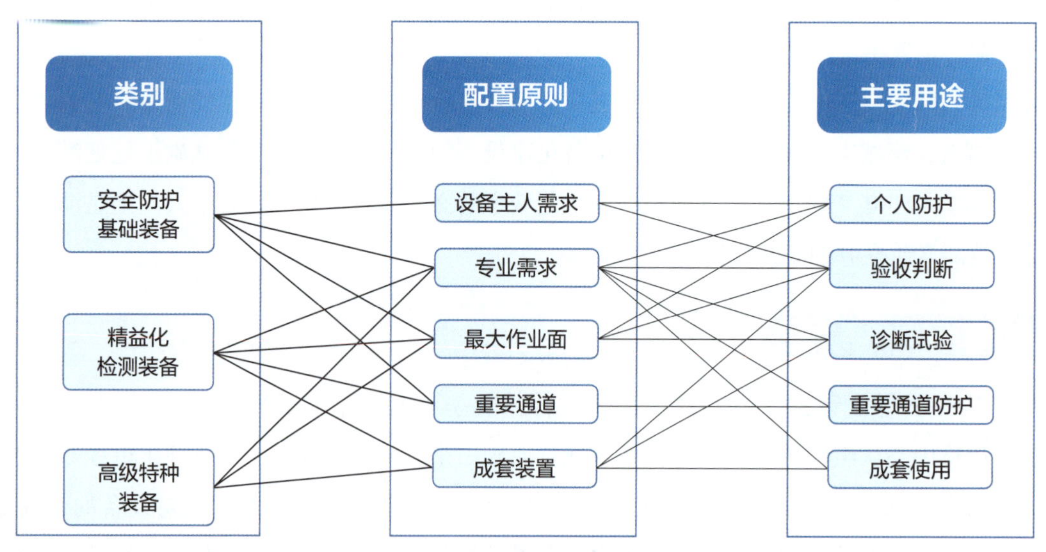

图 1　装备配置原则示意图

系统内部专家交流指导，在外部，积极参与入厂监造、施工现场管控与行业学术交流，不断提升专业技能水平。

（2）配置原则：构建设备主人优化配置平台

电缆运检中心设备主人负责的业务涵盖设备运行、维护、试验、状态检测、检修、抢修和消缺管理，同时参与建设、迁改工程项目可研、初设、图纸、方案审查及竣工验收。业务种类繁多、涵盖面广，而设备主人个体存在较大差异性，要实现精益管理，从客观上要求为电缆设备配置最“合适”的设备主人，最大化提升效率与安全运维水平。基于以上情况，电缆运检中心建立以电缆线路量化评价及运维人员技能分级为两翼的配置平台，服务支撑设备主人制这个主体。

①电缆线路量化评价。电缆线路量化评价主要将设备分解为不同的运维要素，对不同要素分级评分，通过评分累加得到线路量化评价值，一定程度上反映该设备的运维难度与工作量。具体操作上，从电压等级、线路总长度、接头组数、投运年限、历史故障次数以及运维距离 6 个方面进行评分。各要素的选取不同程度反映了运维难度或工作量，例如电压等级间接表征着线路的重要性，总长度与接头组数与运维工作量直接相关，投运年限长短与历史故障次数多少代表线路健康程度等。

②运维人员技能分级。建立运维人员技能分级机制，对应于设备量化评价中Ⅰ、Ⅱ、Ⅲ等级所需匹配的技能水平，对设备主人岗位胜任能力划分“初级、熟练、骨干”三个层级，并从职业素养、职业技能、职业（技术）资格、岗位（职务）晋升四个方面设立标准。同时以“一年初级、两年熟练、三年骨干”为岗位技能三年提升目标，将熟练期拔尖人员转化为技术骨干，打造专业核心队伍，把合格的适岗型人才充实到设备主人体系中。

③设备主人优化配置平台。通过以上电缆线路量化评价及运维人员技能分级，开展设备主人优化配置，设备量化评价中Ⅰ、Ⅱ、Ⅲ等级的设备，分别匹配“骨干、熟练、初级”三个层级的设备主人。以 220kV 龙苑ⅠⅡ线为例，依据上述电缆线路量化评分规则，得分为 16 分，Ⅰ级，属于重点关注线路，分配给具备班组长或班组安全员、技术员业务能力的三年骨干的Ⅲ级成员作为其设备主人。同时，对于设备量化评分高、安全风险高的前三名线路，可以采用多个设备主人轮值，缩短设备主人轮换周期，采取联合运维保障设备安全运行。

2.“查表法”夯实设备主人安全管控，稳住本质安全“压舱石”

电缆运检中心细化分解设备主人日常业务环节，从开展的业务本身到开展业务面对的设备，均在安全风险防控角度列出相对应的分层分级标准，设备主人均可以通过“查表”确认对应的安全风险等级，同时进一步通过“查表”明确设备主人开展业务时应执行的安全防控策略，指导设备主人综合利用科技手段、管理手段，在人防、物防、技防各个方面提升安全等级。建立了业务本身 - 业务开展的“客体”- 业务开展的“主体”全环节的风险分级与策略规则，通过“查表”将安全管控量化。

（1）建立基于业务本身的业务风险评价表

业务风险评价值 R 主要依据设备主人涉及的电缆线路通道分级及生产作业中的人身风险进行分级。R=0.5× 电网风险 +0.5× 生产作业风险。其中：电网风险依据《国家电网公司安全事故调查规程》进行分类（注：220kV 及以下电缆线路只涉及五级至八级电网风险）。生产作业风险依据《国网江西省电力有限公司生产作业风险管控实施细则》分类。

表 1　业务风险取值标准

事故分类	分级和分值			
电网风险	五级	六级	七级	八级
分值	10	7	4	1
生产作业风险	1 级	2 级	3 级	4 级
分值	10	7	4	1

（2）建立基于业务实施客体的设备健康指数表

在充分借鉴相关输变电风险评估导则、各类设备评价导则与技术标准的基础上，提出以减分制的方式从设备状态评价、设备主人定性评价、精益化管理评价等 3 个维度量化设备健康指数。设备健康指数 S=150–E–Δ–Q。其中，E 指设备状态评价扣分值，Q 指设备主人评价扣分值，Δ 指精益化管理评价扣分值。

状态评价是指设备主人对电缆线路及其附属设备等的整体评价，主要反映的是通过专业巡视、带电检测、在线监测、例行试验、诊断性试验等各种技术检测手段，依据电网设备状态评价导则进行评价，状态评价结果存储在 PMS 中。状态评价结果按严重程度由低到高依次为正常状态、注意状态、异常状态、严重状态。

精益化评价是依据《国网设备管理部关于印发输电专业精益化管理考核评价规范通知》，对发现的缺陷情况进行扣分。设备主人进行精益化检查发现的缺陷分为危急缺陷、重大二级缺陷、重大一级缺陷、一般缺陷等四个等级。

定性评价是在状态评价与精益评价之外，设备主人根据设备运维经验，对前两项评价未覆盖的方面进行有效的补充。包括可靠评价、年限寿命、反措问题、检修维护、巡视巡查等 5 个因素。每个因素按扣分由高到低依次分为危急问题（5 分）、重大问题（3 分）、一般问题（1 分）、正常状况（0 分）。专项评价同样采用扣分制，专项评价扣分值 Q = 5× 可靠评价 + 10× 年限寿命 + 10× 反措问题 + 2× 检修维护 + 2× 巡视巡查。

综上所述，设备主人根据得分，可将设备状态评价分为四个等级，分别是一类健康设备、二类健康设备、三类健康设备、四类健康设备。

表 2　设备状态健康指数分类

健康指数	分值	描述
一类健康指数	> 120	正常状态
二类健康指数	91～120	注意状态
三类健康指数	61～90	异常状态
四类健康指数	≤ 60	严重状态

注：总分为 150 分

(3)建立基于业务实施主体的安全防控策略

通过对业务风险评价值 R、设备健康指数值 S 查表对应的分级情况，可以得出相互匹配的耦合矩阵，将矩阵划分为 4 个分值区间，依次对应 A、B、C、D 4 个安全防控等级（简称“防控等级”），并对应具体防护策略。

3. 严格设备主人三个维度精益管理，规范生产运维“业务链”

在知晓安全风险、明晰安全防控策略的基础上，电缆运检中心对设备主人开展的业务按照安全基础管理、隐患缺陷管理、项目工程管理三个维度进行划分，对“业务链”各环节规范化、标准化，确保设备主人业务开展可执行、可评价。

(1)以“三化”要求刚性执行安全基础管理业务必选项

第一个维度是安全基础管理业务，此类工作往往涉及专业工作中的红线指标与安全生产相关的基础工作，是保障人身、电网、设备安全的工作必选项，主要包括电缆线路、电力通道巡视、信息系统维护等。电缆运检中心对安全基础管理业务提出“三化”要求，即现场作业标准化、计划执行精细化、信息维护精益化。

现场作业标准化，是采用标准化现场作业指导书（或管控卡）的方式将作业工作要求细化并落实到具体工作过程中，对作业过程中的关键环节和流程实施有效管控。标准化现场作业指导书或管控卡格式统一、要求一致。目前，电缆运检中心结合实际工作开展编制了《国网南昌供电公司电缆运检中心电力电缆隧道运行管理规定》《电缆运检中心生产作业风险管控卡》，修订了《巡视管控卡》《电缆运检专业设备主人安全生产责任书》等。

计划执行精细化，是指应用设备主人风险评估结果，动态调整专业中心及班组运检计划工作。目前，南昌公司电缆运检中心通过设备主人综合评估配置结果，动态调控日常运维检修工作所需人力、物料、设备、后勤等资源需求，并在专业周例会由管理人员及班组长应用风险评估核定是否符合设备主人实际情况，在此基础上编制专业计划，并由班组以班前会、派工单等形式将每日的计划任务下达。为进一步管控日常运检工作，专业中心强化施工方案及管控系统录入，保障生产计划的顺利实施，最终汇总设备主人计划执行情况，进一步应用提升设备主人的计划执行过程。以日常巡视为例，结合设备主人风险评估结果，优化巡视路径，将巡视路径相近、健康状况相似的两位设备主人组队，在满足巡视周期要求的情况下，针对评分较低、设备状况不佳或存在树障等恶劣运行环境的电缆线路适当缩短巡视周期，加强带电检测，将班组设备主人发现的缺陷隐患按相关缺陷管理规定分级及时整理报告与施工方案提交中心审核，申报停电检修计划。

信息维护精益化，主要体现在系统平台建设维护与基础资料工作，通过融合环境监测、红外测温、接地环路等在线监测系统及设备主人核实的图数治理、账卡物一致性等专项检查数据，整合建设南昌电缆中心综合监控平台实现数据集中管控，同时，将班组建设诸如两票管理、安全活动、学习培训等及项目管理的过程资料如路径图、顶管坐标、隧道断面图等资料交由设备主人整理，分类分级，专人负责进行管理，达到信息完整、分类清晰、一线一档、便于检索，促进业务精益化管理。

(2)以“去存量，控增量”严抓隐患缺陷管理业务硬指标

第二个维度是隐患缺陷管理业务，主要包括缺陷隐患治理、故障查找及抢修、外破管理三个方面工作，此类工作均属于和同业对标与业绩指标直接相关的关键性工作。电缆运检中心采取“去存

量，控增量”的方式对各项工程流程进行规范。

缺陷隐患治理建立“四步法”流程，分别对发现缺陷隐患、缺陷隐患上报、消缺隐患、分析运维流程规范明确，实现缺陷的及时发现与有效闭环。设备主人在现场发现隐患缺陷上报至专业中心，并记录于专业缺陷记录表及 PMS 实现不同电缆线路设备缺陷隐患数据的集中化管理。设备主人依据专业中心通过班组派发的消缺工单组织消缺工作，并在验收合格后整理相关分析数据，作为缺陷分析的样本，为运维人员提供重点优先巡视的隐患点，提升现场运维效率，及时发现缺陷，实现闭环管理。故障查找及抢修与上流程相似，主要对故障巡视、分析判断、抢修组织、汇报总结四步流程进行明确。

防外破管控可分为三阶段流程，分别是对外破隐患与风险识别阶段、外破预控预防阶段、外破风险跟进与闭环阶段明确规范流程。

①外破隐患与风险识别阶段要求设备主人按照各类来源的外破隐患消息调节巡视重点，在确认风险后立即开展风险评级，根据风险评级调整巡视周期或安排专人蹲守，同时更新隐患档案。

②外破预控预防阶段要求设备主人按期限、按要求完成安全协议签订、安全交底与相关取证留档，同时按照风险级别在现场布置相应的安全防护措施、安全保护设施。

③外破风险跟进与闭环阶段则是及时沟通施工方或按周期巡视现场状况与安全防护措施的变化情况。若出现野蛮施工等较大风险情况，及时报警、联系上级主管单位，甚至多部门联动实施紧急避险，关停对方施工电源；若风险等级降低或消除，可以将外破隐患流程闭环处理，同时更新台账。

（3）以“全过程管控”答好项目工程管理业务综合题

第三个维度是项目工程管理业务，主要涵盖前期审查阶段、中间施工阶段、投产验收阶段三个方面，按照《国网江西电力有限公司提升高压电缆本质安全水平三十项重点措施》要求，专业实现关口前移，施工现场关键点管控把握工程质量、设备主人全过程参与所属设备全寿命周期管理的机制，实现项目工程管理水平提升。此类工作周期长，管控效果与设备运维单位的介入深度与业务水平直接关联，属于影响到整个设备全寿命周期的“综合题”。

①前期审查阶段包含可研、初设、图审等环节，对于新建设备，要求可研阶段即明确设备主人，设备主人必须全过程参与所管辖设备的可研、初设、验收及各类方案审查。为了使设备主人更加深入专业地介入该过程，生产技术部同专业中心在该阶段审核编制了《电缆工程可研阶段关键环节管控卡》《电缆工程初设（排管）阶段关键环节管控卡》等 4 类管控卡，督促设备主人严格执行。

②中间施工阶段包含到货验收、土建验收、转序验收、电缆敷设、附件安装等环节。专业中心同样要求设备主人在关键环节严格把控，例如电缆敷设时采取抽查方式督促敷设质量，并要求敷设前后开展电缆主绝缘及外护套绝缘电阻测量、交叉互联系统试验、耐压试验等；附件安装要求厂家开工前安装组长到专业开展安装工艺预交流，第一个接头制作设备主人全程见证，其余接头抽查关键工序，全程录像留存；使用测距仪对每个电缆通道进行尺寸验证，利用回弹仪进行混泥土强度验证。专业在这个阶段同样审核编制了《排管本体工程施工管控责任卡》《电缆敷设阶段关键环节管控卡》等 7 类管控卡，督促设备主人严格执行。

③投产验收阶段包含交接试验、竣工验收等环节。设备主人全过程参与主绝缘及外护套绝缘电阻测量、主绝缘交流耐压试验、外护套直流耐压试验、电缆两端的相位检查、金属套与导体电阻

比、交叉互联系统试验、局部放电检测试验，试验报告竣工验收后一个月内提交资料，对于竣工验收发现的问题按照缺陷级别不同分级处理，影响电缆正常投运的未整改前原则上不允许验收通过，整改期限最长不超过一个月。此外，为保障工作延续性，设备投运后至少完成两个检测周期的日常运维工作。专业中心在该阶段审核编制了《电力电缆工程竣工现场验收卡》《电缆交接试验关键环节管控卡》等3类管控卡，要求设备主人持卡验收，严格把控设备入网关。

二、案例实践效果

基于设备主人制管理实践，改变了以前由公司运维检修部在设备管理运维上“大包大揽”的粗放型管理模式，将安全生产压力逐层传递，设备主人与电缆设备分级匹配更加优化，管理职责权限更加明确，设备主人制实施后，在电缆线路里程增加而人员不变的情况下，人均管理11条线路，较2021年同比增加27.2%；巡视检查、检测深度与频度显著增加，2022年共完成巡视5865人次（含特巡）、带电检测4236条次，较2021年同比翻了三番，及时发现并消除重大缺陷21项，节约人力成本190万元。通过梳理设备主人外破防控流程，累计发现电缆外破隐患点179处，对固定外破隐患点安排蹲守人员超过257人次，下达安全隐患告知书105份，签订电力设施保护安全协议52份，有效防止外破发生。

基于设备主人制管理实践，改变了以前“以抢代维”的运维模式，逐步过渡到实时监测、状态检修的运维模式，主动发现并消除220kV南瑶线、220kV龙苑Ⅰ线、塘阳Ⅱ线、110kV前滩ⅠⅡ线、110kV双珠ⅠⅡ线、110kV西长沙线等21处严重及以上缺陷，其中电缆终端及中间接头发热缺陷19处、接地环流异常缺陷1处、终端搭头发热1处。共避免六级及以上电网事件11起，实现经济效益0.11亿元。

基于设备主人制管理实践，改变了以前作业人员“要我安全”的观念，形成设备主人的“我要安全”及建立“我能安全”的本质安全观，通过设备主人排查电缆通道隐患，完成45回共计360个接头井的积水抽排、清淤并防水堵漏425处，针对阳明东、桃苑隧道开展专项防水治理工作2022年防汛期间有效避免了通道断面丢失。通过设备主人自主实施开展防火综合治理工作，共缠绕防火包带5.4千米，更换灭火器96套，增设防火隔板440平米。结合工作实际，设备主人积极开展接地线防盗、井盖开启装置研制等科技创新及QC项目4项，通过科技管理创新提升工作效率，实现工作效益180万元。

（陈盼庆　曾春　张晨晖）

构建“全景感知”驱动的智慧配网，提升可靠供电能力

一、案例基本情况

（一）单位基本情况

国网青岛供电公司（以下简称“青岛公司”）是国网山东省电力公司直属供电企业，担负着青岛市七区（市南、市北、李沧、崂山、黄岛、城阳、即墨区）三市（胶州、平度、莱西市）的供用电服务，供电面积 1.13 万平方千米，服务 560 万用电客户（其中居民 494 万户）。

（二）案例具体实践

1. 总体思路

青岛公司紧密围绕国家电网“中国特色国际领先的能源互联网”战略目标，以配电网各类终端的深度融合建设为突破口，打造“万物互联”的坚强智能电网，增强配网可靠供电能力，提升供电可靠性水平。以古镇口电力能源互联网示范区为试点，积极探索建设以智能配变终端为核心，以云化配自区主站为“大脑”，多种类端设备为“触角”，无线、光纤、载波等多种通信技术为“神经”的物联网试点台区，实现“云－管－边－端”配电物联网技术路线的完整落地。开发与业务管控深度融合、与一线作业直接相连的高级应用，通过数据共享、系统贯通、人机交互，实现“三流合一”。

2. 主要做法

（1）实现客户需求导向，驱动能源互联网建设

①用“万物互联”让客户不停电。青岛公司在试点台区电源侧引入无感知调电技术。在智能配变终端的控制下，实现 10kV 线路故障停电后 45 毫秒内主备用电源切换；融合“一键顺控”技术，作业人员通过移动作业终端编制操作策略，45 毫秒内完成停送电作业，让客户侧丝毫感受不到停电的影响。在低压电网侧，出线开关、分支箱开关、表箱总开关和表后开关全部具备“三遥”功能，将 10kV 配自模式贯通到低压侧，实现低压配网的故障点隔离和快速自愈。在客户侧，表后开关能够实时监测微弱泄漏电流，主动向客户提醒户内线路、电器的安全隐患；通过实时的单户负载率计算，主动告知超容量用电引起的过载跳闸风险，避免单户突发停电，最大化解决客户停电“痛点”。

②用“精准感知”让客户快来电。单户停电的监测和主动抢修，是主动服务的“盲点”。通过

表箱总开关、表后开关在线监测，实现客户发生停电1秒内停电事件连同停电原因立即上送智能配变终端。终端根据电流、电压变化精准确认停电信息，并经云主站、供服系统派发主动抢修服务工单。服务人员1分钟内与客户取得联系，有针对性地到场帮助客户排除故障、恢复供电。

③用"节能减排"让客户少花钱。充分发挥智能配变终端的边缘计算能力，实现台区电能数据就地汇集分析。建立量化模型，跟踪客户24小时用电量数据变化，对应"峰谷分时"电价模拟计算，主动提醒用户通过改变计费方式降低电费支出。智能配变终端与充电桩数据交互，在客户汽车充电时，根据峰谷电价和台区负荷变化，主动为客户提供不同时段的充电策略。一方面让用户少花钱，另一方面引导客户改变用电习惯，主动参与电网"削峰填谷"，实现低压负荷峰谷平衡控制，为全社会"节能减排"起到示范效应。

（2）实现数据资源整合，形成价值创造平台

①一是用"一次录入"贯通所有系统。基于物联网技术，定义数据接口和设备自描述模型，实现端设备上线后，智能配变终端主动发现，完成在终端和云主站的注册。作业人员只需应用移动作业终端，现场识别设备实物ID，并确认上下游拓扑关系，新增设备即可在各个系统上线运行。从根本上保证设备基础数据、图纸的源端唯一性，用"一次录入"解决所有系统的数据维护问题。

②用"一个数据"贯穿所有专业。通过台区高低压开关柜、电缆分支箱及表箱开关的"物联网化"，实现从台区高压电源侧至末端客户侧各节点的电压、电流监测。智能配变终端实时分析配变重过载、导线"卡脖子"、客户低电压等问题，主站实时掌握全部设备的分析结果。任何专业针对某个问题、某片区域、某种特性的中低压配网分析需求，转化为边缘计算App，即时装载到智能配变终端内，分析结果立刻呈现在云化Ⅳ区主站中，再由各专业应用。实现"一个数据"对各专业的分析应用，保证了数据的源端唯一性，从而彻底打破数据专业壁垒。

③用"一个平台"实现价值挖掘。在山东公司统一组织下，青岛积极探索建设云化配自Ⅳ区主站。通过物理层、数据层、应用层的相互分离，实现了硬件资源的弹性扩展和微应用服务的快速迭代，灵活应对不同数据量、不同复杂模型的计算分析。根据政府、社会的需求，构建区域负荷变化分析、用电密度分析等模型，对数据按需求进行深度整合挖掘。

3. 成果应用

（1）"指标导向"多源数据分析，升级故障管控模式

建立以可靠性提升为抓手的故障压降机制。

①将故障停电时户数预算目标分解至10家配网运维单位，确定月度管控目标，并按季度进行考核评价。

②供服中心对故障停电时户数超过50时户的线路故障停电进行重点管控，监督责任单位写明原因，并从网架结构、配自等方面分析压降措施，在次日日报中一并发布。

③加强监测分析。用好智能配变终端、低压线路节点采集终端、用户末端采集终端监测数据，按层级融合数据分析，实现由高压至低压的数据一致性分析，精准掌握停电情况，探索低压台区供电可靠性管理。

④依托配网抢修移动终端及故障分析系统，形成报修大数据支撑运维分析。加强首次抢修分析，重点防控抢修不到位导致的重复故障。常态化开展重复报修工单梳理，及时安排消缺及设备改

造，压降配网故障率。

（2）“终端整合”主动设备监测，升级数据应用模式

对在运设备监测装置进行“物联网化”改造，拓展终端应用范围，将监测数据整合到边缘计算体系中，实现协同分析。

①加强智能巡检机器人的应用。将 2 台开闭所机器人、4 台电缆隧道机器人、2 台配电室机器人的 PC 端分析程序改造为 3 个计算 App，机器人侧加装物联网通信单元，全部接入 DTU 或智能配变终端中，实现数据广泛接入、就地分析。

②加强站房智能辅助系统的应用。新投运站房全部按要求安装智能控制系统，同时加快老旧站房智能控制系统的安装。应用站房环境监测平台，实时监测设备运行环境，及时报警并开展主动调节。

③实现数据贴合分析。新增监测装置与传统装置的数据全部接入本地边缘计算终端，开发高纬度的数据分析模型及 App，异常状态及时预警并推送数据至设备主人，消缺成效由监测数据确认，实现闭环管控。

（3）构建“主动抢修”体系，降低用户感知

①配网抢修过程提质。以深入用户表后的停复电监测手段为依托，分类分析区域内客户停电抢修业务量、平均复电时长等关键指标，指导完善配网抢修点布点、充实抢修人员力量。

②加强抢修工作服务成效评估。建立抢修及故障巡视责任制，比对监测数据与回单数据一致率，保证抢修服务行为可控，提升抢修质量，做到修必修好，避免重复故障。

③开展配网抢修劳动竞赛。每年对全市所有抢修网点从抢修时长、抢修质量、优质服务水平等方面实施业绩考核评价，评选年度优秀抢修网点。

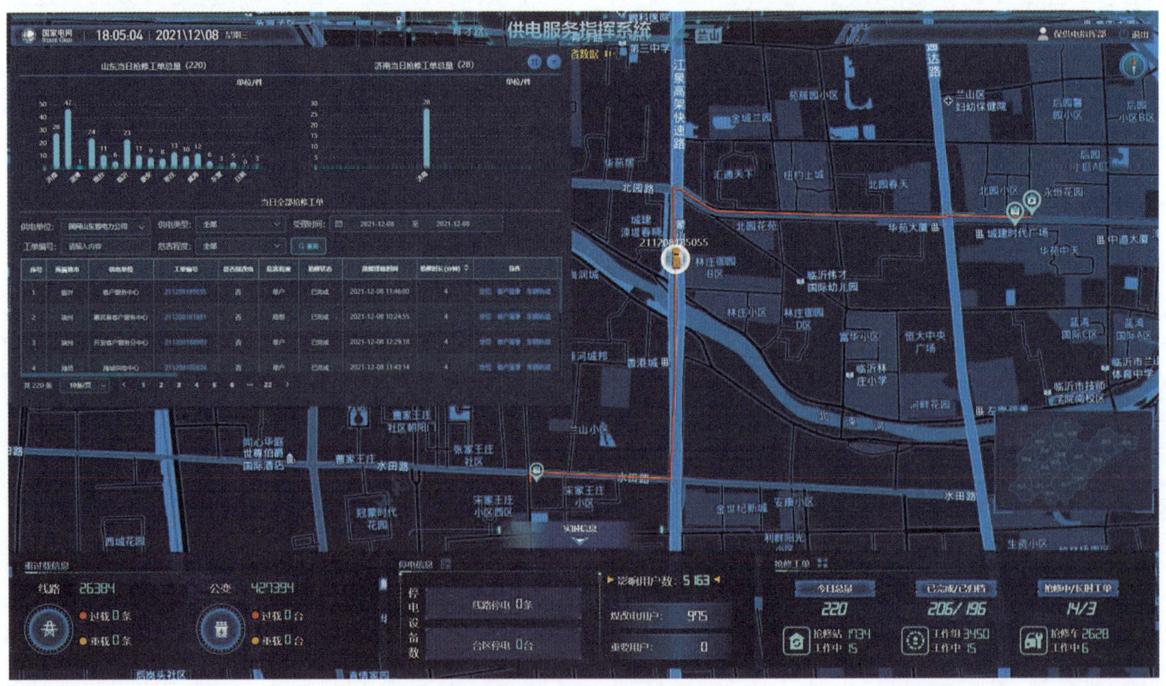

图1 主动抢修管控系统示意图

（4）探索“AI抢修”策略，精准服务客户

①依托大数据技术优化“网格化”抢修网络驻点建设。将“互联网+”技术引入抢修业务，率先实现台区总表物联网化全面监测，完善台区失电主动上报功能，全面部署主动抢修，提升抢修智能化水平。

②利用移动互联网技术。全面推广移动抢修业务，开展配网全过程、全专业、全范围移动作业，实现抢修工单自动派发，依托大数据和智能电表等技术装备制定“台区失电情况提前分析”和“精准客服”功能，实施抢修指挥辅助研判，在用户报修前应提前派发抢修工单，精准分析报修用户特征，精准制定抢修策略，提升用户用电体验和故障抢修满意度。推动业务效率的提升。

③应用AI和大数据技术。开展抢修工单与台区关联分析，定位设备故障原因，发现“家族式缺陷”，为后续精益运维和精准投资提供依据。

（5）“上下贯通”提升数据分析和业务管控能力

①建设云主站，即“云”化配自Ⅳ区主站。利用资源虚拟化、分布式计算、分布式存储技术，提供高性能的计算服务及海量数据存储服务，为配电业务的海量数据融合、大数据分析等需求提供有效支持。大规模的数据采集、多应用系统业务的融合要求平台具备海量数据存储的能力；大数据分析场景的应用如数据挖掘、机器学习、AI等需要对海量历史数据进行大量的迭代计算，云主站的建设使其成为可能。

②建立与管理业务需求紧密契合的微应用开发机制。构建基于容器的业务功能软件定义，App云端发布采用应用商店机制，满足日常业务中对数据及时分析、结果及时发布的微应用开发部署需求。开发出含智能配变终端各种功能的App，实现终端功能App化；分析终端App发布过程，研究基于Docker（一个开源的应用容器引擎，基于Go语言开发）的App灰度发布技术，实现App平稳发布，保证系统的稳定，方便App的调度及升级，满足日常管理业务中复杂多变的场景应用需要。

③建立与配网海量数据相适应的大数据处理功能。数据管理为整个云平台提供数据的统一管理功能，包含了模型、历史和实时等多方面的数据，数据管理能够在数据的采集与汇聚、存储及使用和展示等多个阶段对数据进行管理。数据管理对结构化、半结构化、非结构化实时数据和非实时数据提供分布式存储与统一访问功能，并提供统一数据服务，以统一的方式实现数据访问请求的处理。通过对不同数据存储系统的统一管理，实现对不同种类数据的优化存储，改变传统通过关系数据库存储所有数据的状态，提高数据的存储效率和访问效率，实现业务即需、数据即提、结果即显的能力。

（6）“两层三类”满足终端接入和业务场景需求

以保证网络安全为基础，充分考虑各类终端接入的安全性、便捷性、可靠性，将通信管网分为两层三类。

在云主站－核心终端层中，核心终端指具备边缘计算和控制功能的物联网终端，主要包括一二次融合的柱上开关、环网箱的智能终端设备、智能配变终端、电动汽车充电桩等。积极探索自适应双工通信，研究5G无线专网工业化应用，稳定应用光纤通信技术。

在核心终端－末端终端层，以是否具备控制功能将末端终端分为末端采集终端和末端控制终端两类。末端采集终端主要指各类负责采集电流、电压、开关位置、局放等电气量信号，以及温度、湿度、水位等环境量的终端；充分考虑接入的灵活性、稳定性，节省核心终端有线接口资源，并防

止开孔、引出线等改造降低一次设备的绝缘能力，以及通信距离等因素，重点应用本地微功率无线通信，如无线网格网络（mesh 网）等方式；距离核心终端距离较远的采集终端，重点应用电力线载波宽带（HPLC 宽带）载波技术实现数据交互。末端控制终端主要指能够控制断路器、隔离开关、接地刀闸等设备分合的终端；主要应用 485、载波等有线传输技术，以及微功率无线传输技术，通过被控制设备 IP 化及加密认证功能，保证控制系统的安全性。

（7）突出边缘计算应用，深入挖掘数据价值

梳理出日常配电网运行监测分析中的 18 项重点指标，对应开发实时计算模型，以 App 方式部署到智能配变终端中，实现业务指标管理 App 化实时分析。研究多源数据量测点的属性、特性、分级和关联，确定基于边缘计算的多源数据处理与融合模式。研究多源数据格式化技术，消除多源数据的异构性。对多源数据预处理技术和异常数据进行筛选、识别、清洗、矫正。研究多源数据融合方法，实现数据融合、特征融合和决策融合的三级融合。

深度挖掘配网监测数据对业务决策的支撑能力，研究基于多种消息机制的信息交互技术，建立交互数据信息平台。以开放式框架来支持多种电力终端协议规约，无论是电表数据，还是低压线路等数据，终端均可以实时获取。实现营配数据末端就地融合分析，打破专业管理数据壁垒。

探索基于AI的边缘计算应用技术，全栈AI贯穿配电物联网端到端，云主站具有AI的训练模块，可训练 AI 的模型和算法。边缘计算点具有 AI 的处理能力，能够远程获取云主站的 AI 算法和模型，并拥有运行算法和模型的 AI 处理能力，面向谐波分析、故障研判、负荷预测、入侵监测等配电管理场景，自动预警异常状态，为业务管理向智慧管控方向迈进奠定基础，提升边缘计算的智能化水平。

（8）突破多元化终端技术，适应管理业务需求

以万物互联为基础，以配电网管理、分析、决策所需数据为出发点，与国际国内知名电气设备生产厂商联合开展相关采集、感知、控制设备的研究工作。在 DTU、FTU 等配自终端设备上，增加边缘计算和数据存储功能，应用华为 Lite OS 操作系统，实现设备智能化自治。

配变加装智能配变终端，实现低压台区配变负载率、电压情况、分路出线及分支节点停送电情况、用户停送电情况等实时监测，通过计算 App 实现重过载、低电压、用户停电的主动研判预警。基于管理需要，增加终端的低压供电可靠性、电压合格率、设备局放水平等指标计算，以及配变有载调压调容、电源快速切换、故障点精准定位等控制分析功能，全面支撑配网深度智能管控。

广泛适应不同节点的信息采集需求，在低压台区及线路上，因地制宜加装高低压开关柜进出线开关、配变、剩余电流动作保护器、分支箱等设备的电流及电压采样终端、开关量采集终端等，配电室内的温度、湿度、水位传感器等，以及电表侧数据通信、表后开关量采集的终端等。以日常巡检业务应用为重点，研究应用能够识别实物 ID、与信息系统交互的移动作业终端、车载巡检终端和无人机终端，实现配网业务管理“物联网化”，将配网业务管控能力推向新高度。

（9）加强低压分析预警，实现数据智能研判

①加强低压数据采集监测。全面开展低压停电信息池管理，实现 919 台配变共计 72157 低压用户的停电事件采集，通过分析中、低压停电事件关键信息对中压影响低压的停电事件进行自动关联。

②深化低压数据分析应用。探索区域内最小停电范围智能研判以及制定研判规则，实现低压停电信息池数据推送至全业务数据中心并计算，集成低压事件相关信息，实现支撑低压用户供电可靠性指标统计分析，基于供电可靠性计算结果，实现基础数据智能分析、实时预警、限时督办。

（10）强化配网大数据分析，指导精准决策管控

①加强线路及配变重过载、配变关口低电压、用户低电压、线路跳闸、设备停运、报修投诉等关键指标分析，建立电网资源负面清单，实现电网受限项目改造有效督导。

②协同开展改造前后设备规模、供电可靠性、供电能力、供电质量和设备运行年限等工程项目效益指标分析，实现配网项目投资精准决策。

③加强用户设备故障风险管控。开展星级客户免费深度定制化物联网服务体验，引导大客户加强自身设备运行状态分析，将主动运维、主动抢修理念深入客户内部，及时发现排除客户设备隐患。

二、案例实践效果

（一）综合效益

1. 经济效益

通过提升供电可靠率，可逐年同比提升售电量 1.02%，按照青岛地区平均电价计算，每年新增电能销售额 2520 万元。

通过设备主动运维，可压缩巡视及抢修人员投入约 1/4，两年减少运维人员及车辆成本投入 1046 万元；压降设备故障报废 1/3 以上，累计减少设备损坏价值 849 万元。

通过客户用能状态监测分析，准确甄别客户侧用电问题，减少抢修服务人员及车辆投入 15% 以上，减少相应支出 283 万元 / 年。

2. 社会效益

优化电力营商环境。电网故障准确选线选段隔离、故障自愈时间压缩至 30 秒以内，大幅降低客户停电感知，保证客户安全稳定用电；加强业扩全流程实时管控，开展 7 × 24 小时预约办电业务，加强对业扩协同环节、报装流程、业扩质量、业扩结存、配套工程进度和客户满意度等过程指标的监督、预警及评价工作，压缩客户接电时长 30%，助力新建企业快速投产。

提升客户“获得感”，电网可开放容量信息公开，推广营配一体移动终端应用，实现中低压供电方案辅助设计和生成，业扩服务时限达标率、95598 工单处理及时率、停电信息分析到户率等供服关键指标稳步提升，客户投诉同比下降 30%，服务过程管控水平显著提升。

促进清洁能源发展，通过网源荷互动，分布式电源分布在客户侧，与负荷形成就地平衡，减少

电能的远距离输送，降低损耗；充分利用风能、太阳能等清洁能源，能够替代火力发电，减少煤炭消耗，降低碳排放。

3. 间接效益

通过源、网、荷互动控制技术应用，配合电价政策，引导电力客户合理安排用电时间，缓解负荷高峰时段电网输电阻塞，降低负荷峰谷差，延缓应对高峰负荷新建厂站的投资，降低电网运行成本，在低电价时段用电，降低电费支出。

（二）第三方评价

本项目获国家电网管理创新成果一等奖、山东省第四届智能制造（工业 4.0）创新创业大赛一等奖、国家电网电力科技创新奖三等奖。项目成果在青岛公司及所辖 5 个县公司（胶州、即墨、平度、黄岛、莱西）推广应用，应用效果良好。

在提升供电可靠率方面，本项目为评价配网建设、运维、检修及服务等工作对供电可靠性提升的贡献度提供支撑，引导全员、全业务工作开展向供电可靠性提升聚焦。实现配电设备低电压、重过载和三相不平衡等运行工况的实时预警、督办，开展设备负荷预判和趋势分析，提前开展变压器增容和负荷转移等措施，主动降低了配网运行风险。试点单位供电可靠率均提升 0.43%～1.21%，停电时户数同比降低 70%。

在提升配网运检效率方面，通过在配电设备由中压至低压的全面预警监测、实时分析，主动式运维管理覆盖率达 100%，缺陷发生率同比降低 70%，计划停电的户均停电时间降低 50%，一线运维人员每日忙不停、转不开的局面得到根本性扭转，运维班组平均人员配置数量压缩 25%，配网故障水平、客户报修次数平均下降幅度达 19%。

在提升配网优质服务方面，通过业扩协同环节、报装流程、业扩质量、业扩结存、配套工程进度和客户满意度等过程指标的监督、预警及评价工作，支撑业扩形势实时分析管控，有效压降新装客户接电时长 30%，提升客户用电“获得感”。客户投诉同比下降 30%，服务水平显著提升。

在提升清洁能源利用效率方面，通过网源荷互动，缓解电网输电阻塞，降低负荷峰谷差 3% 以上，延缓应对高峰负荷新建厂站的投资，降低电网运行成本，新能源就地消纳比例持续保持在 100%。

（三）行业推广前景

经实践应用证明，本成果在构建配电网智慧化管理中的各项举措，可推广至电力系统其他省市供电公司，且应用效果显著、前景广阔。能够加快实现配电网管理数字化转型，促进先进信息通信技术、先进控制技术、先进能源技术在配电网的实践应用，为建设具有中国特色国际领先的能源互联网，起到了示范引领作用。

（王奉冲　王乃德　公伟勇）

基于“1 个体系 +9 项引擎”架构的全专业、全业务供电可靠性管理

一、案例基本情况

（一）单位基本情况

国网菏泽供电公司（以下简称“菏泽公司”）隶属国网山东省电力公司，担负牡丹区、定陶区、曹县、成武县、单县、巨野县、郓城县、鄄城县、东明县及菏泽市经济开发区、菏泽高新技术产业开发区的电力供应和服务任务，是菏泽电网规划、建设、调度、运行、检修和电力服务中心，供电面积1.2 万平方千米，服务客户 460 万户。

（二）案例具体实践

1. 总体思路

为了可靠保障地方经济发展及民生改善的电力需求，全面提升电网供电能力及公司服务水平，达到“一个提升、两个下降、三个消除”的预期目标，菏泽公司充分发挥纵横协同、市县一体机制的作用，实行多部门联控、输、变、配协同、全过程管控，构建了“1 个体系 +9 项引擎”全专业、全业务的供电可靠性提升管理模式。

“1 个体系”是上下贯穿、左右协作的组织架构体系，由发展、建设、运检、营销、调度部门横向协同，同时按照专业分工组织输、变、配电各专业中心、各县区公司纵向联动；公司主要领导挂帅牵头，各分管领导主导分管专业领域，市县一体化运作，上下协同化实施，稳步推进组织协调、监督指导和检查考评工作。

“9 项引擎”涵盖全专业、关联全业务的纵横联动举措，分别是综合谋划停电安排，严控计划执行；精准定位电网规划，完善网架结构；发挥带电作业作用，增强支撑能力；统筹安排电网方式，精准掌握停送电；精益运维电网设备，减少故障跳闸；高质量推进主网工程，打造质量强网；推进配自应用，精准隔离自愈；加强客户设备管理，降低故障影响；优化配网抢修管理，提升抢修效率。在组织体系的保障作用下，通过 9 项举措的有效落地实施，优减预安排停电时户数，压降故障停电时户数，从而实现供电可靠性提升和户均停电时间下降的根本目标。

2. 主要做法

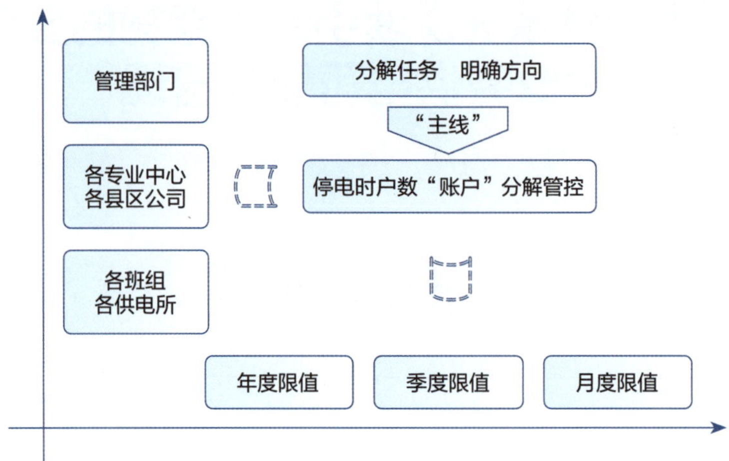

图 1　停电时户数分解管控架构图

（1）推行九项举措，发挥助推作用

①综合谋划停电安排，严控计划执行。统筹规划“一停多用”。运检部牵头各部门统筹考虑网架结构补强、老旧设备改造、线路综合治理、配合市政迁改等年度重点工作安排，编制《全市台区频繁停电管控工作方案》，从避免大范围停电、长时停电和重复停电问题的角度优化整合全年停电计划，实行“一停多用、综合治理”。

月度计划“一审到底”。每月 15 日，运检部、调控中心组织全市县各部门及各单位梳理提报下月停电计划；每月 20 日左右组织市县一体预平衡会，讨论分析停电必要性、合理性，优化工作方案、优减停电影响、核实有无重复停电等；每月 25 日左右召开全市正式平衡会，确定停电计划。运检部每日监督、检查、管控工作开展情况，结合调控中心核定停电优化调整方案。停电时户数超过 100 的临停工作报分管领导批准，同时将非计停运维责任落实到月度考核中。

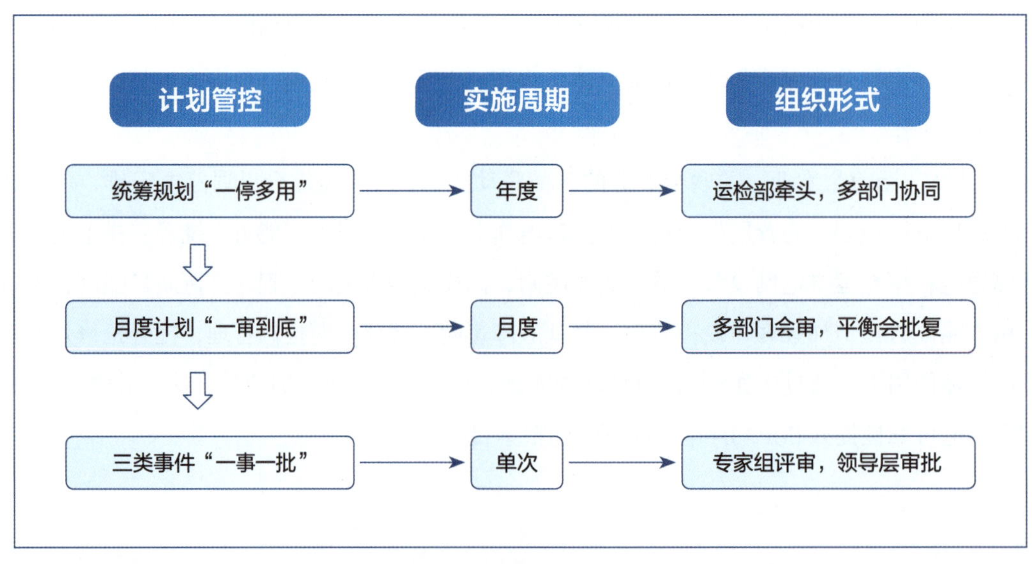

图 2　停电计划统筹管控架构图

三类事件“一事一批”。单次停电超300时户数的预安排事件，责任单位充分论证工作必要性和可行性，经运检、调控部门组织专家组评审，并严格执行逐级审批制度。每条停电计划以8小时工作时间为时限，超时长停电列入敏感停电并上会论证。严抓单条主线年内申请2次计划全停问题，第二次停电必须经市公司运检部、调控中心联合审查、充分论证，并报分管领导批示。

②精准定位电网规划，完善网架结构。准确把握规划定位。即时掌握经济发展新常态，密切关注政府规划和产业结构调整等宏观政策变化情况，精准分析电网薄弱环节，统筹考虑电网安全风险、负荷需求及项目可行性，科学安排投资计划，确保项目投资精准。

攻关主网薄弱环节。深入分析主网过渡网架、目标网架问题，全面评估网架结构及远近景负荷趋势，落实电网薄弱点，改进项目储备，解决主网多级串供、单线单变等现状，逐步消除11座单线站供电、52条设备不满足“N-1”的问题，降低大范围停电风险。

推行配网跨区联络。组织研讨配网网架及负荷转供规划方案，基于全市配网重过载、低电压现状，选取开发区、定陶区、牡丹区和曹县作为配电线路跨域联络先行试点，在管辖划分、计量认定等实践经验成熟的基础上全市推广，解决管辖区域边界线路无联络、无效联络问题。

打造配网标准网架。扎实开展配电网“网格化、功能区、单元制”规划及“一图一表”村镇规划，以城区单环网、农村多分段适度联络为目标，推进标准化构建项目投资落地，优化线路分段，提升转供能力，缩小停电区间。力推“一项多能”项目落地，完成联络率达95%、“N-1”通过率达85%的任务目标。

③发挥带电作业作用，增强支撑能力。充实带电作业装备。加快推动带电作业分公司实体化运作，增配移动储能车、低压综合抢修车、旁路电缆车和带电绝缘喷涂机器人等新型设备，拓展不停电作业应用条件及范围。带电作业中心配齐两套第四类旁路及电缆作业项目车辆装备；市县公司Ⅰ、Ⅱ、Ⅲ类带电作业工器具满足每组作业人员1套的配置要求，不断提升服务支撑能力，促进业务模式良性发展。

提升带电作业能力。深化全业务管控系统应用，实现不停电作业成效计算、作业可视化展示。持续推广“带电+发电”微网作业，深化机器人带电喷涂新技术应用，试点推广四类19项0.4kV不停电作业，推动配网不停电作业从中压到低压延伸，从“人机协同”向“机器替代”转型，提升“全电压、全类型、全时段、全地形”作业能力。城市配网不停电作业化率提升至98%、县域配网不停电作业化率达95%，三、四类复杂作业比例达10%以上。

④统筹安排电网方式，精准掌控停送电。停电时间做到“可控”。综合考虑是否为工作日、调度值班及施工单位最大工作量、运维人员配合操作等综合因素，合理安排停送电时间及时长。针对计划性停电调电操作，创新编制市县一体“停电调电典型操作票”，形成《菏泽电网停电调电管理规定》并下发，停电操作以遥控为主、就地操作为辅，优先采用备投装置切换电源，将停电时长控制在3分钟以内，大大降低客户停电感知度。组织制定停送电工作协同策略，让现场检修、运维操作、调度下令、客户告知等各环节有序衔接，杜绝无效停电。

停电风险做到“能控”。分析停电影响用户是否涉及保电用户、是否存在重要用户、当年停电次数是否超过上限。杜绝安排削弱网架结构、扩大电网运行风险、降低供电可靠性的重叠停电。严格遵循低电压等级服从高电压等级原则，协调安排不同电压等级设备检修工作。按照“先降后控”原则对电网运行风险进行管控，根据风险等级及管理规定，准确定级并提前发布风险预警通知单。

⑤精益运维电网设备，减少故障跳闸。输电通道防护“立体化”。推广输电线路“精益管理”智能巡检系统全面应用，深化属地化队伍管理，压紧压实属地单位主体责任。新增、升级可视化监拍装置 3800 套，实现 220kV 线路输电线路通道全可视，2022 年实现 110kV 及以上线路可视化率达 100%。完成 7600 基杆塔的多旋翼无人机巡检，实现 110kV 及以上线路无人机自主巡检全覆盖，市县协作一体化提升无人机巡视技能，打造“空天地”立体巡检体系。

变电设备监测“智能化”。19 座变电站实现一键顺控，22 座变电站完成“机器人 + 视频”智能巡检部署，220kV 变电站智能巡视全覆盖。以主变、开关、GIS 等主要设备为重点，在常规巡视检测基础上增设主设备监视功能，全面开展主变负载率、油温、设备运行状态信息监控。改造 244 面老旧开关柜，同时基于状态评价分析开展老旧设备治理改造，防范重要设备故障引发大面积停电事件。

配电跳闸压降“专项化”。以降低故障停电时户数倒逼配电线路跳闸治理防范，重点抓通道树障、异物、外破、客户故障等安全隐患防范。下发《全市配电线路重复跳闸专项治理行动实施方案》《推进配网“一降一升一控”、提高可靠供电能力百日攻坚行动工作方案》，编制《供电所配电业务“一本通”》、老旧分支线改造计划、综合检修验收单等下发执行。实施跳闸治理攻坚行动，通过多措并举确保年度配电线路故障停运率再下降 20%，达到 0.4 次 / 百千米 / 年以下。

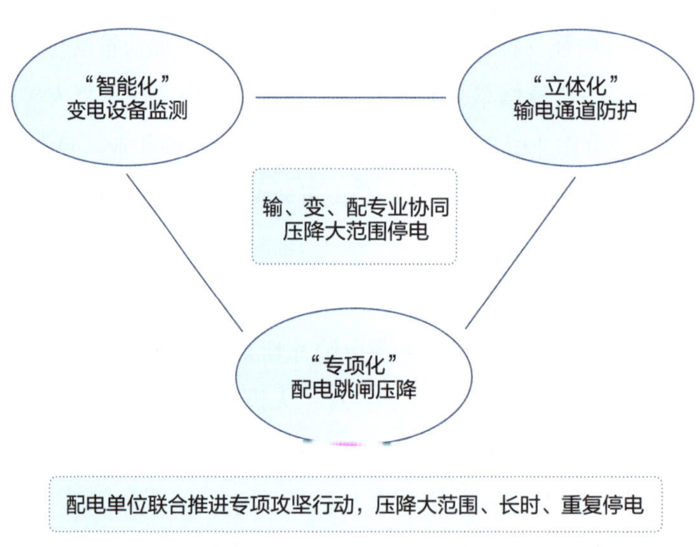

图 3　故障停电压降专业协同架构图

⑥高质推进主网工程，打造质量强网。严把设备材料验收。严抓原材料、构配件、地脚螺栓及装置性材料进场验收和检测，确保现场复试项目齐全、标准准确，坚决杜绝材料设备“带病”安装。严格开展业主、监理、施工、物资、厂家设备开箱联合验收，做好验收过程记录和存档。

严控设备安装质量。依据合同协议，进一步明确和细化主变、GIS 等主要设备施工单位与设备供应商的质量责任。无尘化安装等关键工艺务必满足施工条件，现场防尘设施等不达标时严禁密封性设备开盖和安装。强化电缆隐蔽工程质量检查，未经验收不得进入下道工序。

严盯设备隐患整改。制定公司典型缺陷预控清单，在施工图设计前、设备排产前、工程施工前，以书面形式告知设计、设备、施工单位，杜绝再次出现相同缺陷。建立缺陷预控清单执行定期巡查机制，将巡查情况纳入建管单位业绩考核和参建队伍招标评价。以工程为单位建立缺陷排名考核机制，加强缺陷及整改情况通报考核，全面降低竣工预验收阶段各类缺陷数量，工程达标投产率保持在100%。

⑦推进配自应用，精准隔离自愈。“一线路、一方案”提升故障防御能力。组织编制完善1769条线路配自的“一线一案”，按照“出线+分支首端+分界”配网保护模式，明确线路关键节点“三遥”配置，实现故障精准隔离与快速自愈。每月评估配电线路故障自愈能力提升成效，全年故障停电时户数减少23.48%。

“消存量、遏增量”提高设备运行质量。组织开展配电终端及自动化主站消缺治理，同步严格把关新增入网终端设备质量。按照“消存量、遏增量”原则，完成全市配自主站及长期、频繁离线终端缺陷整治，县域配自主站自愈策略优化后全部投入，配自主站自愈功能投入率达100%。

⑧加强客户设备管理，降低故障影响。集中排查用户隐患。总结分析近年线路跳闸的客户原因，找出客户隐患密集区域，协助客户开展用电设施安全隐患集中排查，重点针对故障多发用户，下发隐患整改通知单督导限期整改。发挥台区经理等基层组织作用，定期跟踪重点用户做好设备维护和缺陷治理。

快速隔离用户故障。推广分界断路器、快速跌落开关等设备在用户产权分界点的应用，压降单户故障引发整线、整段停电事件；存量用户考虑加装故障指示器，实现用户故障精准定位，提高人员到场处置效率。

⑨优化配网抢修管理，提升抢修效率。抢修复电提速增效。组织修订完善配网故障抢修工作指导意见并下发执行，实行分段检测、分段排除、分段送电；坚持“先复电、后抢修”工作思路，非故障段第一时间恢复，必要时紧急调用中压发电车接带非故障线段或采用旁路电缆车隔离故障区，适时调派低压发电车专门保障重要用户，最大限度降低故障抢修造成的客户陪停影响。

抢修策略优化提升。归纳分析故障类别及制定有针对性的抢修策略，集中开展故障处置专项培训特别是电缆故障，提升人员诊断分析及现场处置技能；结合租赁项目等逐步补充班组/供电所故障检测装备配置；迎峰度夏前组织开展事故预想及事故处置预案演练，提升应急响应能力。每月初组织分析上月抢修时间长、工作效率低等问题，实施定向指导帮扶。

（2）实施监督考核，发挥激励作用

①责任认定原则。依据“谁引起、谁负责”的基本原则，从横向管理、纵向管理两个维度划分停电事件责任归属；横向层面涉及责任部门为运检部、发展部、建设部、营销部、调控中心，纵向层面涉及责任单位为输电运检中心、变电检修中心、变电运维中心、城区供电中心、牡丹供电中心、城东供电中心、供服指挥中心及八家县区公司。运检部负责按照本原则认定各相关部门、各单位及各县区公司停电事件的责任归属，各县区公司运检部负责按照本原则核实本单位各项停电事件责任归属，并落实到月度绩效考核中。

②绩效考核策略。紧跟省公司关键业绩考核管理工作要求，将供电可靠性管理纳入菏泽供电公司关键业绩指标范畴，指标名称设为“用户平均停电时间”。按照“专业负责、上下联责、各担其责”原则，以月度时户数消耗为主线，以三类停电事件为重点，以特殊工作事项为支撑，明确月度考核评

价细则。基本策略为：设定基准分值，通过时户数限值管控进行加减评分；大范围停电、长时间停电、重复停电作为重要扣分项，数据质量、试点工作、典型经验作为辅助奖分项，形成奖罚有度、有据、有理、公平、公开的激励考核办法。

二、案例实践效果

（一）综合效益

1. 管理效益

通过“1 个体系 +9 项引擎”全专业、全业务供电可靠性管理实践，菏泽电网薄弱环节得到有效增强，电网运维建设管理水平得以明显提升。2019 年，主网建设完成“26 开工、34 投产”，县域 15 座老旧变电站完成全站改造，特别是 35kV 电压等级网架得到加强；2020 年，建设进度再提速，高效完成“3 开工、17 投产”，连续两年累计解决了 15 项电网单线单变问题，53 项主网、12 项配网重点工程竣工投产，实现了 2020 年菏泽电网迎峰度夏期间过载消除、重载可控，实现了消除 11 座单线站供电问题，消除 52 项输电线路及主变不满足“N-1”问题的“两个消除”目标。2021 年，全年开工 220kV 琴台等工程 26 项，线路长度 457.26 千米、变电容量 204.6 万 kVA；建成 220kV 永丰等工程 21 项，线路长度 637.42 千米、变电容量 226.1 万 kVA，13 项工程提前开工，5 项工程提前投产，超额完成“24 开工、19 投产”的里程碑计划。2022 年全年建设任务为“10 开工、24 投产”，截至目前已完成“8 开工、15 投产”。相比 2018 年初，2021 年 35-110kV 线路跳闸率和设备故障率分别下降 42%、47%，10kV 线路故障跳闸率同比下降 66.9%；实现了“两个下降”目标。同时，形成单县“135”电网治理经验，成为山东省首例推广的典型经验，得到省公司领导高度评价。

2. 经济效益

针对预安排停电占比最高、影响最大的问题，菏泽公司通过实施“1 个体系 +9 项引擎”管理架构的供电可靠性提升实践，以优减停电计划、提升停电效率为重点，统筹年度输、变、配各专业建设改造计划，形成主网改造与配网改造协同实施、站内设备与站外线路同步检修治理、新增配出与拉手联络及负荷切改结合等多种协同作业模式，实施“综合检修”，做到“一停多用”，避免“一事一停”，杜绝“反复重停”，实现了消除主网年内重停、配网三个月内重停的检修计划问题的另“一个消除”目标。

以 2019 年为例，累计开展带电作业 2.6 万次，减少停电 362.55 万时户；从经济效益分析，通过优化停电工作和不停电作业工作，累计多供电量 1.155 亿 kWh，按照每度电 0.5469 元计算，两年来多供电效益总计为 1.155 亿 kWh × 0.5469 元 /kWh=6316.7 万元。

3. 社会效益

2022 年，菏泽全市全口径供电可靠率提升至 99.977%，实现了“三个 9 以上”的历史性突破，完成了“一个提升”目标，电网可靠供电能力得以提高，社会用电需求保障再度加强。电力用户平均停电时间由 2018 年的 17.85 小时下降至 2022 年的 2 小时以内，大大降低了用户停电感知，提升了用户电力获得感，社会生产和居民生活电力供应得到更可靠保障。

（二）行业推广前景

基于“1 个体系 +9 项引擎”架构的全专业、全业务供电可靠性管理实践，菏泽公司已形成了《国网菏泽供电公司供电可靠性管理工作方案》并下发全市各单位执行实施。该管理方案可推广应用于目前正开展供电可靠性管理提升工作的市、县公司，通过实施可将供电可靠性主线作用更有效地贯穿到发展、建设、运检、营销、调控等各部门及输电、变电、配电各专业中心、各层级单位，形成纵横联动、市县一体合力，提升电网供电能力，提高供电可靠性管理水平，对其他地区、单位具有很强的借鉴意义和应用价值。

（张曙光　王震　李晓蓉）

分布式光伏电能质量精益化管理

一、案例基本情况

（一）单位基本情况

国网临沂供电公司（以下简称“临沂公司”）是国网山东省电力公司直属供电企业，是国家电网公司大型供电企业之一，担负着临沂市三区（兰山区、河东区、罗庄区）九县（费县、莒南、临沭、平邑、蒙阴、沂南、沂水、兰陵、郯城）供用电服务，供电面积 1.72 万平方千米，服务 639.4 万用电客户（其中居民 494 万户）。

图 1　整村分布式光伏开发全景

（二）案例实施背景

随着分布式光伏的飞速发展，以新能源为主体的新型电力系统成为电网未来发展的重要方向。随着分布式光伏并网容量的增加，诸多供电企业难以解决的“安全之困、管理之困、政策之困”逐渐暴露，电网安全运行和保消纳压力日益增大，制约了分布式光伏健康有序发展。

分布式光伏大量接入电网对供电可靠性带来了巨大的挑战。针对这个问题，临沂公司认真遵循国家和行业各项要求，坚持高起点、高标准，大力推进新型电力系统建设，形成了推动能源转型的先发优势。依托台区融合终端建设，在全省率先开展整县分布式光伏“可观、可测、可控”建设，在国网率先实现分布式光伏第 2-21 次谐波数据采集上送。出台山东省内首个分布式光伏建设规范，提出整村开发“直流汇集、集中逆变、专变升压、一点并网”的典型模式，市县一体推进实施，促进了全市分布式光伏的安全有序发展。广泛融合多场景应用需求，开展重要敏感源、污染源用户电能质量监测试点建设，形成了《基于“监、控、治”一体化的电能质量管理》等一系列成果，探索出分布式光伏电能质量管理的“临沂经验”。

（三）案例具体实践

1. 总体思路

临沂公司积极助力“双碳”战略目标，认真贯彻国网及省市公司工作部署，探索研究整县分布式光伏规模化开发推进的问题和工作建议，确定“政企协同、安全运行、统筹规划、先行引领”总体思路，全面发力、主动作为、科学服务整县屋顶分布式光伏开发试点工作，为分布式光伏整县开发提供坚强支撑。增强配网可靠供电能力，提升供电可靠性水平。试点建成“源、网、荷、储”为一体的微型电网，起到削峰填谷作用，提高了供电可靠性，在解决台区出口过电压、台区末端低电压问题等方面成效显著，同步考虑负荷发展需求，应用系统思维开展台区综合提升参考。

2. 主要做法

（1）融入融合，政企协同强化政策落地

①政企协同达成开发共识。派专人进驻政府光伏开发专班，实现公司、政府及开发企业三方联动，无缝对接，达成整村光伏开发优先选取电网承载力强区域、优先采用 10kV 并网、开发企业投资汇集网络及升压变三项重要共识，与电网发展实现有序融合。

②政策引导实现规范开发。落实《临沂市分布式光伏建设规范》《关于分布式光伏规模化开发的实施意见》，明确全县分布式光伏发展规模及配建储能政策。强化组织管理，多环节协同推进，编制《屋顶分布式光伏整村开发指导意见》，针对全过程关键环节提出明确要求，实现标准化、规范化开发。

③试点推行光伏 + 储能配置。以点带面推动储能配置稳步开展，积极推广“光伏 + 储能”模式，推动引入国电投新源智储公司 300MW/600MWh 时储能电站建设项目，一期 100MW 已列入山东省能源局 2022 年储能示范项目，有效提升电网调峰能力。

（2）保障保安，科学规范强化安全运行

①严格设备选型，提升设备可靠性水平。编制屋顶分布式光伏建设标准，积极引导光伏开发企业简化电气设备选型，每类设备固定 3～5 种常规型号，确保电网运行安全可靠。

②严格施工管理，确保设备安全可靠运行。统一设计标准和施工工艺，采取“一村一案”的低压专线汇集方式，与现有台区低压线路保证安全距离和物理隔离，规范设置设备标识牌、安全警示牌，明确产权分界点，避免发生权责不清、交叉运行风险等问题。

③严格验收把关，压实专业责任。编制试行分布式光伏工程验收标准，严把升压变、控制室等关键设备建设和验收关口，压紧压实专业安全管理责任，杜绝分布式光伏设备带病入网，为光伏科学并网和电网安全可靠运行提供保障。

（3）成果应用

①技术引领，试行群控群调。开展分布式光伏谐波溯源和群控群调等研究工作，解决分布式光伏电压越限超过 242V、谐波超 5% 等异常情况，试点开展“分布式光伏 +5G”和可信 WLAN 通信技术应用，安装 AGC 四合一终端，与逆变器建立通信，研究基于“台区融合终端 + 光伏保护”智能断路器技术路线的分布式光伏监测路线的应用，促成项目开发企业建设集中运维监控中心，并将检测和控制功能接入公司集中监控中心，远程或就地对光伏保护开关实施分闸操作，精准进行切除或调控，试点实现分布式光伏可观、可测、可控、可调，有效提升供电可靠性。

②建立“源、网、荷、储”并存的微网运行模式。在八达峪村试点配置两套容量 138kWh 的低压集中式储能装置，建立水井公变、村中 4 号公变、恒温库专变 3 台配变低压直流柔性互联系统，实现微网运行、分布式光伏就地消纳和削峰填谷，满足试点村 135 户居民全部用电需求，实现台区发用电负荷均衡、容量互济，彻底解决该村重过载和低电压问题。2022 年，该试点区域内电压合格率超 98.6%、供电可靠率超 99.966%。

③试点应用升压变，降低光伏对台区电能质量影响。随着并网收益稳步提高和投资成本大幅下降，并网用户逐年增多、台区容量受限严重。针对客户提出的光伏并网申请受限问题，试点新上 400kVA 升压变压器，将并网负荷通过升压接入 10kV 黄土山线，解决了并网申请受限问题，同时避免了光伏过电压并网对台区居民电能质量的影响。

④应用光伏柔性控制，保障电网运行质量。选取八达峪村等 3 个公变台区和 18 台光伏逆变器，试点安装光伏协议转换器，实现逆变器与台区新型融合终端通信互联。部署相关控制策略，根据光伏并网点周边用户电压及台区运行负荷，对光伏逆变器并网功率进行动态调节，既保证电网可靠安全运行，又保障光伏用户发电效益。

⑤样板引领，推动全面开发。打造尧崖头、东上坪等“单多户逆变、交直流汇集、公专变升压、一多点并网”等全场景接入示范工程，围绕“绿能三区”新沂水（绿能低碳示范区、绿能红色旅游示范区、绿能生态示范区）试点示范建设，以管理、技术、现场三大类十项重点工程为抓手，全力打造党政机关、公共建筑、工商业厂房、农村居民屋顶四类场景开发样板。以点带面，全面推动全县分布式光伏有序、规范开发建设，提升光伏发电及客户用电可靠性。

⑥实施安全生命周期管控，规范运维管理。建立完善的融合终端施工管控及技术支撑体系，研发部署终端全生命周期管理模块，开发完善终端供货前检测、到货全检、投运（调试）、退运、缺陷管理等六类应用，对终端施工、调试等工作进行全过程跟踪。加强投运、退运流程管控，掌握新上配农网工程施工计划，送电前同步验收、同步调试，确保验收、调试、PMS 异动关联、退运等流程管控到位。规范验收标准。制订台区智能融合终端（终端侧、主站侧）验收标准口袋书，明确终端运行状态、安装工艺、接线工艺、采样信息和主站运行状态、图模、基础程序验收标准，达到验收标准规范统一。强化日常缺陷管理，明确缺陷的分类分级、处理流程和验收标准，完善缺陷发现机制，及时掌握设备缺陷状况。

⑦采用不停电安装方式，确保供电安全可靠。针对架空线路、电缆线路等不同台区类型和安装方式，编制六类标准化不停电作业指导书，组织召开 0.4kV 配网不停电作业现场会，开展 3 轮次低压带电作业技能培训，16394 台智能融合终端、45141 台光伏开关全部采用不停电方式安装接入，改造实施过程中未发生客户投诉，建设周期内报修工单同比压降 13%，大幅度降低了建设改造对客户用电和供电可靠性的影响。

⑧营配数据融合，数字化助力精准服务。临沂公司依据省公司制定的营配融合数据交互工作方案和“伴听”技术路线，强化融合终端营配数据融合，在融合终端全覆盖的基础上，将已完成 HPLC 户表改造的 3000 余个台区通信模块由单模通信更换为双模通信，同时在主站侧对通信模块进行升级，具备接收 HPLC 户表数据的能力，在主站侧绘制到户低压拓扑图形，将用户电流、电压、冻结电量、停电信息上送到主站，基于营配数据融会贯通实现低压台区可视化监测、故障精准定位、主动抢修等功能。

二、案例实践效果

（一）综合效益

1. 经济效益

通过分布式光伏规范化管理，提升供电可靠率，可逐年同比提升售电量 0.98%，按照临沂地区平均电价计算，每年新增电能销售额 1890 万元。

通过分布式光伏规范化管理，规范管理分布式光伏开发模式、并网位置等，有效降低分布式光伏并网过程中的线路损耗，线路损耗降低 1.33%，按照临沂地区平均电价计算，每年降损收益 876 万元。

通过分布式光伏规范化管理降低分布式光伏运维、维修成本，减少抢修人员投入约 1/3，两年减少运维人员及车辆成本投入 1236 万元；减少分布式光伏设备故障报废 1/3 以上，累计减少设备损坏价值 1370 万元。

2. 社会效益

（1）优化电力营商环境

提升分布式光伏本体设备健康状况评估机制、强化运维，降低谐波污染、电压波动、闪变、漏电等事故发生造成的并网电能质量下降，减少台区用户频繁停电，提升用户可靠供电和电网安全稳定。

（2）提高分布式光伏的安全性

完善分布式光伏法律法规的配套政策，明确分布式光伏有序接入和参与电网调度的主体责任，确立光伏企业、电网企业等主体的责任义务划分，修订分布式光伏准入、检测、验收、运行等核心涉网标准，对达不到相关标准要求的，可以采取短时中断、一定时间中断上网等策略，保障在运设备性能满足电网安全运行和用户可靠供电要求。

（3）降低用电成本

通过源、网、荷互动控制技术应用，配合电价政策，引导电力客户合理安排用电时间，缓解负荷高峰时段电网输电阻塞，降低负荷峰谷差，延缓应对高峰负荷新建厂站的投资，降低电网运行成本，在低电价时段用电降低电费支出。

3. 间接效益

提升电网调峰能力。切实用好分布式光伏可开放容量，引导分布式光伏在负荷集中、可开放容量大的区域布局，促进就近、就地消纳。深入开展分布式光伏规模化发展下的配电网规划，科学制定电网升级改造方案，保障光伏有序接入。落实关于分布式光伏规模化开发的实施意见，探索“分布式光伏 + 储能”发展模式，明确光伏开发配置储能标准，提高大电网调峰能力。

（二）第三方评价

自整县屋顶分布式光伏开发试点工作以来，临沂公司参加国家电网整县光伏开发工作研究工作专班，受到国家电网表扬，“试”事引领——助力光伏整县开发良好开局入选省电力公司“规划”专业大讲堂金牌课程，整县屋顶分布式光伏开发试点工作推进典型经验被省公司采纳，《基于整县屋顶分布式光伏开发的县域分布式光伏管理体系构建》参加山东省企业联合会 2022 年管理创新成果评选，整县光伏开发管理成果丰硕。

（三）行业推广前景

推进分布式光伏全面发展，构建以新能源为主体的新型电力系统开好局。打造绿色能源与工业发展相融合的绿能低碳示范区。预计至 2025 年年底，临沂光伏开发总规模将达 1000 万 kW，年发电量 110 亿 kWh，占全社会用电量的 23%，清洁能源电力消纳占比达 40% 以上，成为山东省内县域绿色低碳发展先行示范。临沂公司将以最高站位，高质量推进整县分布式光伏规模式开发，以强管理提质增效为重心，深入挖掘提炼技术降损和电能质量控制的新技术、新设备应用和治理成效，从运行监控、电网建设、问题治理等方面持续发力，打造供电可靠性和电能质量控制样板。

（孙子寒　赵辰宇　赵永贵）

基于“一网互联”智能精准防御的供电可靠性管理提升

一、案例基本情况

（一）单位基本情况

国网潍坊供电公司（以下简称“潍坊公司”）是国网山东省电力公司的直属供电企业，担负着潍坊市四区（奎文、潍城、坊子、寒亭）、六市（寿光、诸城、青州、昌邑、高密、安丘）、两县（临朐、昌乐）的供用电服务，供电面积1.62万平方千米，服务449万电力客户，服务客户数量约占山东省客户的十分之一、国家电网公司客户的百分之一。

2022年，公司完成售电量564.62亿kWh，连续11年保持山东省第一，进入国家电网公司地级市前12名。公司先后获得全国先进基层党组织、全国文明单位、全国五四红旗团委等荣誉称号，连续17年获评国网山东省电力公司先进单位。

（二）案例实施背景

当前，新型工业化、信息化、城镇化和农业现代化进程不断加快，经济社会的快速发展使用电需求不断提升，广大电力客户已不满足于基本的用电需求，对电网的供电可靠性等供服的要求持续提高。

近年来，潍坊公司持续加大投入配电网建设，配电网取得了长足发展，但由于基础薄弱，当前供电可靠性指标与先进城市相比差距较大。与此同时，潍坊分布式电源上网规模居山东省第一，大量分布式电源、综合能源等接入配网，具有规模小、数量多、风险点难控等特点，“有源配网”网架的复杂性进一步提高，可靠供电难度凸显；随着能源供给侧改革的加快推进和电力市场化改革的全面实施，配电网运行将面临日趋复杂的新情况、新问题，增加了电网安全稳定运行的难度，给可靠供电带来了更大的挑战。供电可靠性存在一级专业管理和末端执行的管控链条较长、缺少预警预控机制、信息化监督滞后、缺少线上互联互通协同等问题；横向各专业管理不畅通，管控流程和客户诉求、客户感知不同步，信息不能互融；同时缺少智能分析工具，不能及时发现短板，影响了管控能力和服务水平。因此，需要进一步强化供电可靠性管理，建立可靠性管理上下游互联互通机制，优化设备运维策略和手段，提升配网故障精准智能防御能力，延伸400V低压配网职能，提升主动抢修效率，完善智能分析方法，以客户感知反向评估管控手段促进供电可靠性管理水平提升。

（三）案例具体实践

1. 总体思路

潍坊公司以“停电少、服务好、运营优”为目标，搭建以供电可靠性为核心的供服指挥平台，延伸职能触角，链接一级专业管理和各类执行末端，形成“一网互联”的可靠性专业管理网。将可靠性理念贯穿配网专业全过程管理，建立计划停电预控、过程统筹指挥、运维智能防御、诉求主动抢修、指数分析评估五类核心体系，对影响供电可靠性的因素进行深挖掘、再分析，通过完善配网指挥机制，将执行前端和管理后台互相校验，压缩管控链条；通过优化提升智能管控手段，做到中压、低压配网信息互汇互融，提高全网智能自愈水平和精准防御能力；通过调整配网指挥流程统一管控标准，做到上下游互通、解决有源配网的风险挑战，提升配网精益化运维水平；通过建立两级双向联动的主动抢修方式，提升抢修服务效率；通过开发智能分析模型、推进数据治理、深挖大数据应用，完善闭环分析评估策略。做到可靠供电“全链条”预控、“全自动”防御和“全过程”管控。

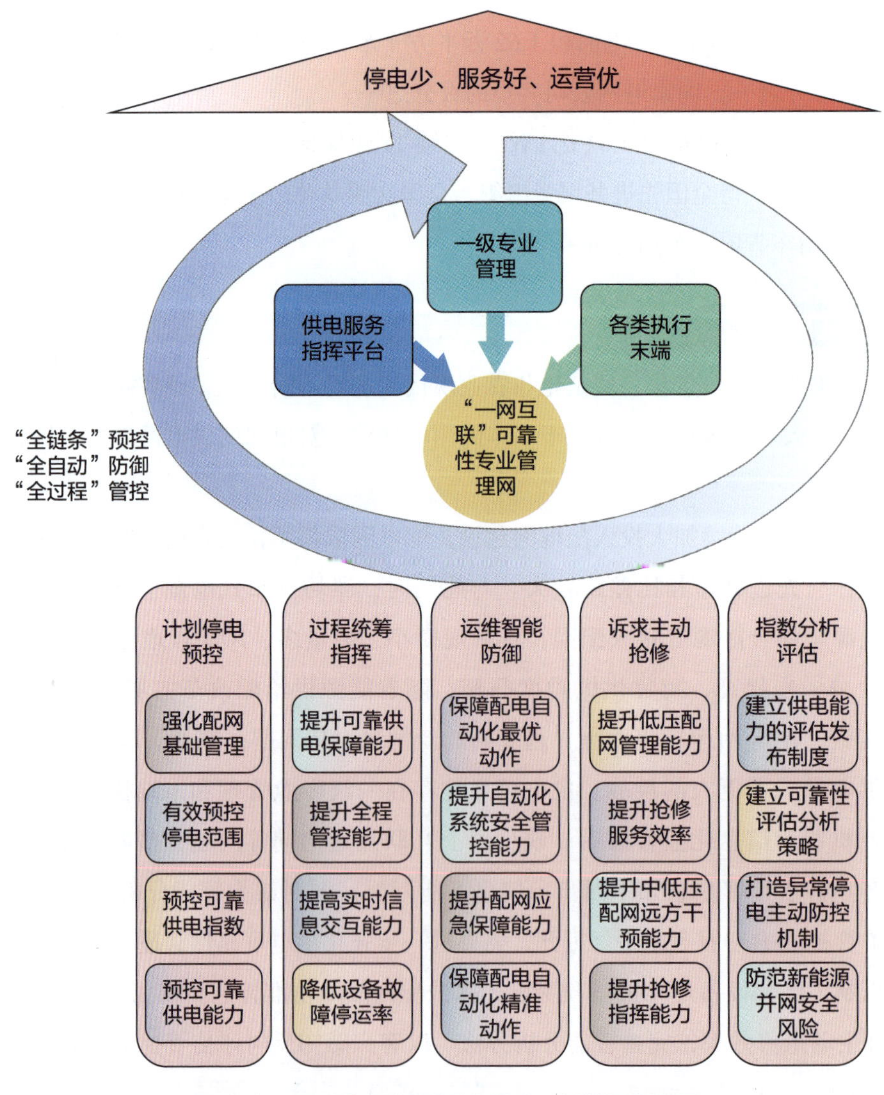

图1 “一网互联”智能精准防御提升可靠性管理逻辑图

2. 主要做法

（1）构建停电预控的“四个一”管理机制

以超前预控、营配调服务资源统一调配的“协同中枢”为核心定位，建立“一个档案”，配电线路“一线一档”全覆盖，全面诊断配网设备状态，实施综合运维整改；建立“一个团队”，组建配网全专业团队，针对网架运行方式、设备状态、健康水平，评估停电需求和作业方式，预审停电计划；建立“一个指标”，先算后停、预算分解可靠性指数，形成控制指标；建立“一个流程”，实施预控、执行过程融合管控，提高可靠供电管控能力。

①“一线一档”诊断分析，强化配网基础管理。开展配电线路“一线一档”诊断分析，将其作为配网管理的总抓手，贯穿于配网规划、运维检修、项目储备、建设改造全过程。坚持目标和问题两个导向，从缺陷隐患、供电能力、网架结构、智能化水平四个方面、二十七个维度，建立诊断分析标准体系，每周组织开展“专家会诊”，逐条线路出具“体检报告”、逐项问题明确解决措施，建立配电线路问题档案库和项目储备库。强化评审结果应用，将“一线一档”诊断分析成果纳入配网发展规划、指导配网建设改造、支撑配网运检管理，未经“一线一档”审查的线路，不审批月度停电计划。

②“一个团队”多维评估，有效预控停电范围。组建运维检修、方式运行、带电作业、停电计划专家团队，建立“五不批”审核标准（即未经现场勘察、未经带电作业论证、未经“一线一档”审查、未经可靠性测算、超出标准化作业时间的作业不批准），实施一票否决制，从源头上管控计划停电。充分考虑“一线一档”与带电预审结果，通过优化计划审查模式，加强大范围停电、重复停电与超长停电的审查力度；强化本质安全管控到位制度，科学制定方式调整与作业方案，预控带电作业造成的安全风险，做到方式最优，缩短带电作业流程，提升作业能力执行效率。集合配电线路档案会诊，实施中低压、一次、二次“综合检修”，提前发布运行方式调整方案，通过调整运行方式、改变负荷分配等方法满足客户的供电需求，减少对外停电；综合考虑重要客户、大型住宅小区、居民用户数、专用变压器和公变台数等因素，确定可靠供电的差异标准和保障需求。

③“一个指标”预算分解，预控可靠供电指数。实施“先算后停”，将可靠性供电指标，按照设备数量分解，超前分配到二级专业单位，按照月度、年度停电时户数控制目标；实施“一算多用”，每月统计停电设备和客户数量，拟定停电计划，改善以往只关注结果，缺乏事前预算预警，只总体管控停电数量造成时户数超支的管理形式；实施“一停多干”，结合客户需求，优化 10kV 配电线路主线、分段、分支线、公备台区计划，综合治理隔离问题；坚持主网与配网、基建与运检、公备与客户“三协同”，统筹跳闸压降、智能化改造、故障防御能力提升、市政业扩等重点工作，做到“线路一次停、问题全部清”；强化配网不停电综合检修，坚持“能带不停”，业扩接入、日常消缺、常规检修等工作做到完全不停电；同步开展停电时户数日监控、预算完成周分析、时户数余额月通报，评估可靠性指数，核查“逢停多检”效果，杜绝重复停电。

④“一个流程”融合管控，预控可靠供电能力。将可靠性预控固化到配网检修核心业务流程管控，形成预控、执行过程融合流程，精确管控倒闸操作和检修过程。按照“人等设备”的原则，协调全部配合操作人员严格按照计划时间提前同步到位，按计划停电时间进行停电操作；优化操作顺序和操作方法，不影响客户停电的操作提前完成，压缩无效时间，远程控制替代现场操作，减少现

场操作时间；实施标准化检修，详细明确施工前期准备、设备停电、检修方式等要求，保障检修工作刚性执行。

（2）建立统筹指挥的“四化”调控中枢

以计划停电过程管控的“指挥中枢”和故障智能自愈的“智慧中枢”为核心定位，以问题为导向，倒逼计划管控，实现对配电网可靠性管理的统筹指挥。优化管控流程，让可靠性节点流程化，提升可靠供电指挥能力。

①网架结构合理化，提升中压配网可靠供电保障能力。坚强可靠的配电网架是提高安全可靠供电能力的基础。结合配电网现状、负荷发展、资源应用情况以及配网运维需求，开展配网网架运行性价比和短板分析，提出配网规划指导意见，着力解决配电网供电薄弱环节、受限环节和闲置资源，加强配网联络能力分析，优化智能联络转供方式策略，实施智能联络转供人工干预，确保负荷快速准确转移，为配电网供电可靠性提供坚强保障。

②可靠性节点流程化，提升全程管控能力。建立停电计划刚性执行体系，优化操作、检修执行管控流程，彻底解决线下沟通协调、过程控制粗放，职责不明确，无效、超期时长不能精准追溯到责任单位的弊端。将可靠性节点流程化，严把流程节点，科学调配资源，线上精确管控操作和检修时长；实行“全链条”设备异动营配调贯通，规范配网设备异动管理，确保营、配、调信息互通互融。提升供服指挥的保障能力。

③调控方式互动化，提高实时信息交互能力。建立分布式电源、储能装置高压接入的监视与控制机制，结合分布式电源“双重”身份，开展信息数据上传整改和安全风险隐患分析，实现对电源公共连接点、并网点的模拟量、状态量及其他数据的采集和必要的控制，确保电源信息准确上传和安全调控；在开放和互联的信息模式基础上，改变传统配网性质，以智能电网技术为基础，建立客户与电网之间、电网和电源之间的联系，通过双向的信息流通和能量交互，实现电源、电网和用户资源的互动协调，达到安全、经济、环境效益的最优化。

④二次管理主网化，降低设备故障停运率。与主网相比，配网二次管理存在设备缺陷核查不及时、管理滞后、二次终端保护投入策略不规范等薄弱环节。实施配网二次“主网化”管理，一、二次同步运维，建立隐患缺陷闭环管控机制，完善配电设备智能动作分析评估机制和消缺流程，发挥调控研判分析的主导作用，实现故障自愈研判、问题分析、异常消缺同步闭环；开展智能开关机构动作排查和遥控定检操作，地毯式排查机构缺陷，督促二级单位及时消缺，提高设备运行水平；把好智能设备入网关，终端接入、设备安装、调试同时到位，做到设备改造完毕一次设备送电的同时终端、保护即投入系统。

（3）完善配网精准防御的智能系统功能

以提升配网可靠防御能力为核心定位，建设新一代自动化主站系统，部署智能防御技术，提升个性化防御策略和实用化功能，提升配网故障防御能力；建立智能的“全天候”智能应急处置体系，提升应急保障能力。

①智能策略，保障配自最优动作。老一代自动化自愈策略仅限于变电站保护动作跳闸，故障切除范围广，造成客户受牵连停电。新增分级保护动作故障自愈策略做到了分支跳闸启动重合闸和自愈功能；优化配网负荷监视、FA线路动作、解合环分析、转供策略等手段，解决供电“卡脖子”问

题；深度分析分段选线、故障指示器、分界开关故障异常信息，提高短路故障、接地故障定位准确率；开展配自二次系统安全防护工作，线路终端加装微型硬件加密装置，提高配网终端安全防护水平和配自利用率，保障配网设备的智能化率、设备品质和信息上传能力。

②智能防误，提升自动化系统安全管控能力。完善配自系统的仿真功能、配电网智能操作票模拟功能，利用图票一体化技术，实现操作票的智能生成、自动模拟、自动拓扑着色、自动安全校核，杜绝误调度、误遥控，规避误操作造成的异常停电；建立实际电力系统的网络模型，开发仿真态下的模拟操作，并提供安全校核功能，防止误操作，实现事故仿真演练及对配网操作人员的培训，提升安全调控能力。

③智能转供，提升配网应急保障能力。编制大面积停电事故处置策略和快速恢复供电的“一站一案”“一户一策”，部署到自动化系统中，形成“一张图”，实现自动检测、自动评估、自动转供；优化处置方式，统筹营、配、调资源，故障抢修、缺陷处理优先采用不停电作业方式，针对短时间难以恢复供电的故障，采用新型“微网”发电方式，保障居民和重要客户、重要场所供电；实施调控、指挥人员应急备班制度，保障值班力量，实时监测配网运行动态，确保全面响应和应急保障能力。

④缺陷治理，保障配自精准动作。推进配电线路联络点和关键节点自动化改造，实施配网设备投运、调试、消缺全流程管控，保证设备健康运行，保障发生故障时快速精准定位故障点、最小化隔离故障区间，缩短停电时间和停电范围；建立配网设备、终端缺陷治理规范，实时监测评价配电网运行状况，指导现场及时处理缺陷，消除在运设备运行缺陷，提升设备运行水平；常态化开展自愈能力分析，梳理、备案系统中存在的数据、信息异常等缺陷，督查责任单位整改提升，提高配网自动化基础数据质量。

（4）建立停电诉求全渠道服务的主动抢修机制

以客户为中心，建立“快速通道”提升处理客户诉求的效率，以加快停电抢修速度为核心定位，实施横向协同、上下联动的双向响应和主动抢修；建立服务风险防范机制，不定期开展明察暗访，规范服务行为，管控服务质量，提升客户服务获得感。

①低压调度，提升低压配网管理能力。延伸 400V 调度职能，拓展低压调度业务，依托供服指挥系统，与 10kV 中压配网同标准管控；完善配变计划执行流程，规范管控配变计划刚性执行；建立设备异常风险传递流程，加强低压设备监测，400V 智能融合终端实时上传，将客户、配变停电与 10kV 设备信息综合研判，做到疑似停电统计向分析甄别停电转变；实施设备计划、信息监测、抢修指挥一体化低压调度管理，提升诉求服务能力和 400V 配网运营效率。

②两级响应，提升抢修服务效率。建立抢修指挥到低压网格的两级响应机制，抢修服务诉求由指挥人员直接派发到客户经理和设备主人，指挥平台由调控、抢修指挥纵向协同，改变停电造成的抢修服务环节多、链条长的问题；前端客户经理和设备主人营、配合一，形成服务业务快速响应体系，第一时间指导现场消缺，提高抢修效率。目前，平均每天处理各类工单 200 余件，全年工单处理及时率达 100%，业务零差错、服务零投诉。

③互联互融，提升中低压配网远方干预能力。用好防御技术，集合配网三级保护和配自策略，设备发生故障异常时分类研判配电主线、分支线、分界保护信息，同时融合客户电能表信息精确定位故障位置，将线路区段研判范围精准到点，将设备研判变更为客户研判，实现故障精准隔离和非

故障线段的快速恢复供电；用活智能技术，将系统智能自愈、精准隔离、客户信息自动研判作为节点，人机结合，融入事故处理流程，转变事故处置方式，真正做到防御的前台智能研判和远方择优干预。

④角色转型，提升抢修指挥能力。监测指挥人员业务工作单一，缺乏许可管控职能，综合指挥能力弱。规范台区计划管控和信息研判，实现配网抢修指挥业务职能转型升级为低压安全运行调度；建立监测指挥人员上岗资格制度和培训机制，提高上岗门槛，从源头提高指挥人员技能素质，实现由原来的简单接派单座席到现在低压调度指挥的角色转变；通过开展大讲堂、专项实训、现场情景考核，提升故障抢修指挥和客户应答能力。

（5）构建配网运维全维度分析评估办法

以精准分析、精细评估的运营分析为核心定位，建立“智能化”分析模型，掌握可靠性停电时户指标真实数据，同步分析可靠性指标，同时重点关注大范围多户数停电事件，评估管控方式，指导各单位“靶向”解决疑难症结；以提升运行水平为目标，建立新能源入网管理机制，解决“有源配网”的安全风险挑战。

①可靠指数分析，建立供电能力的评估发布制度。强化可靠性指数监控力度，实施统计分析日发布、周汇总、月通报制度，常态化持续分析停电计划执行、故障跳闸、抢修过程、智能自愈等情况。汇总各个系统数据来源，实施数据整合，去除干扰重复数据，针对产生的非计停电，分析正常运维和故障异常之间的因果关系，分析出各单位真实停电时户数，正确评估配网的可靠供电能力和水平；针对客户性质和服务反馈，分析服务过程和服务人员的能力；针对故障自愈和研判情况，分析精准防御能力；建立责任追溯“说清楚”机制，提高可靠供电的管控能力。

②智能分析模型，建立可靠性评估分析策略。线下、人工统计数据慢，不能深挖影响可靠性指标的因素，管控措施提升缓慢，建立“智能化”分析平台，以400V配电设备停电和客户感知为融合点，按照日、周、月周期，科学分析可靠性指标，评估供电可靠性水平；以故障跳闸、重复停电为问题导向，实施专业分析，提高停电计划的综合性和科学性，减少故障停电次数，严控重复停电。统计分析历年负荷变化规律，结合气候特点，预测重过载线路和台区；统计分析全年投诉、故障报修工单，利用大数据分析，定位设备和服务的薄弱点，督导二级单位限期整改。

③大数据应用，打造异常停电主动防控机制。统计分析全年停电工单，深挖影响可靠供电的根源，编制预控知识库，变“被动管控”为“主动防控”；实施配网中、低压设备信息共享，提高信息传递、事故快速研判和处理能力；实时监测供电设备异常风险、发布问题工单和预警，先于客户感知预控停电风险；后端协调、统筹资源，做到调控、监测、抢修指挥纵向协同、一贯到底；创新滴滴打车式微信报修，实现客户一键报修、零秒派单、双向互动，客户诉求响应提速增效。

④安全特性分析，防范新能源并网安全风险。分布式电源等新能源发展，改变了配网运行的特性，新型结构影响安全稳定运行的能力。强化分析、合理确定配网耐受水平和有功、无功调节能力，严格入网把关；统筹保障电网、用户、电源安全，解决安全与消纳方面出现的矛盾，规避分布式电源广泛接入带来的电网调控风险；督导落实反措整改，防止连锁反应引发电网事故；实施分布式运维值班人员上岗制度，编制分布式电源信息传输机制，保障分布式电源安全管控数据信息准确及安全可控、在控。

二、案例实践效果

（一）综合效益

1. 供电可靠性指标达到先进水平

通过开展基于"一网互联"智能精准防御的供电可靠性管理，对停电计划进行有效压减、刚性执行，减少用户预安排停电时户数；提升故障防御能力，消除隐患，减少因电网事故造成的客户停电；缩短操作时间，通过故障自动隔离和快速恢复，减少停电时间。2022 年，潍坊公司全口径供电可靠率达 99.975%，户均停电时间为 2.19 小时 / 户，在全国地级城市中达到先进水平。

2. 供电可靠性管理水平显著提升

潍坊公司紧紧围绕构建"强前端、大后台"服务新体系工作理念，坚持聚焦客户需求、扎实开展可靠供电各项业务，充分发挥"一网互联"管控作用，压缩管控行程，提高专业管理和执行效能；安全可控地解决了清洁能源大规模集中开发、分布式电源高速增长带来的安全及吸纳压力；优化配自管理模式及配电障碍管控技术，智能化、信息化的手段为配电网可靠管理提供了支撑能力；理顺配网调控、运行、检修和营销各个环节的协同，实施调度计划的刚性执行，实现管理方式和调控行为的提升；目前潍坊 10kV 线路智能应用实用化率达 100%，线路自愈成功率提升到 95% 以上，增强了配电网智能防御故障和防范风险的能力，提高了配网安全运行水平，减轻了工作人员的工作强度；实现业务规范，提高工作效率、配电网管理水平和调控安全工作效率。

3. 客户"获得电力"服务感显著提升

通过树立全员服务理念，变被动服务为主动服务，以"业务为中心"向"以客户为中心"转变，规范配网抢修指挥业务，提高地县调控、抢修指挥人员业务能力。搭建统一指挥平台，完善配网信息资源，建立从电网调控到客户服务业务快速响应的指挥体系，全面实施主动抢修模式，客户报修服务体验和抢修服务水平全面提升；优化抢修流程，提升故障抢修速度，提高抢修效率；压缩办电业务流程，有效实现营销服务提质增速，赢得了政府和客户对电力事业的认可和支持，彰显了责任央企形象。2022 年，客户故障报修到达现场平均时间从 18.7 分钟缩短至 12.5 分钟，下降 33%；抢修时长从 45 分钟缩短至 36 分钟，下降 20%。供服业务零差错，抢修服务满意率达 100%，各类诉求同比下降 75%，供服满意率大幅提升。

（二）行业推广前景

经实践应用证明，本成果在提升供电可靠性管理中的各项举措可推广至电力系统其他省市供电公司，且应用效果显著、前景广阔，为建设具有中国特色国际领先的能源互联网起到示范引领作用。

（李全俊　赵辰宇　张志峰）

八大攻坚打造高可靠性"不停电"示范区

一、案例基本情况

（一）单位基本情况

国网郑州供电公司（以下简称"郑州公司"）是河南省电力公司的分公司，也是国家电网下属的大型重点供电企业，下辖七家县级供电公司和一家集体企业。2022 年，公司服务总户数为 452.2 万户，售电量 527 亿 kWh。

郑州电网地处河南电网核心，是河南省最大的负荷中心和功率传输枢纽，在河南电网中具有承东启西、联南贯北的重要作用。郑州地区有 ±800kV 直流换流站 1 座、500kV 变电站 6 座、35～220kV 变电站 348 座，变电总容量 4745 万 kVA；35～220kV 及以上输电线路 730 条，总长度 6551.4 千米。10kV 配电线路 3263 条，总长度 2.67 万千米；配变 4 万台，总容量 1813 万 kVA。郑州地区电网历史最大负荷为 1354 万 kW。

（二）案例实施背景

国家"双碳"战略对配电网提出新方向。习近平总书记在联合国大会上承诺我国二氧化碳排放力争于 2030 年前达到峰值，努力争取 2060 年前实现碳中和，可再生能源将加快发展，分布式电源渗透率和电能占终端能源消费比重不断提高，要求配电网具有强大综合承载能力，要求传统配电网数字化转型，满足风电、光伏发电等分布式新能源足额消纳和 5G 终端、电动汽车等多元用户灵活接入。

国家能源局省会城市坚强局部电网战略提出新目标。国家能源局提出 2025 年省会城市初步建成坚强局部电网目标要求，但郑州电网存在故障情况下负荷无法快速转移、线路无法互供、配网自愈能力不足等问题，与坚强局部电网目标要求差距较大。

郑州国家中心城市高质量发展对配电网提出新标准。国家中心城市黄河流域生态保护和高质量发展、中部地区崛起等一系列重大国家战略先后落地郑州，对电网发展提出了更高要求，但目前郑州配电网网架基础仍然较为薄弱，线路联络率、负荷转移能力、供电可靠性与国内先进城市相比差距较大。

人民群众日益增长的、对美好生活的追求，要求提升供电质量，减少频繁停电，增强百姓的获得感和幸福感，需要提升供电可靠性。

为加快推进郑州国家中心城市配网建设，落实国家能源安全新战略相关要求，适应新能源为主体的新型电力系统发展需求，加快建设“安全绿色、智能高效、服务无感、开放互动”的坚强局部电网配网网架，2021 年 1 月至 2022 年 8 月郑州在郑东新区 CBD 区域先行先试开展了高可靠性“不停电”示范区建设。

（三）案例具体实践

1. 总体思路

郑州公司始终坚持以客户为中心，以供电可靠性提升为主线，以高质量建设、高标准运维、高智能支撑、高品质服务为抓手，采取坚强网架提升、取消计划停电、配网全息感知、线路智能自愈、配网智慧调度、精细运维管理、应急能力提升、“心贴心”式服务八项措施，历时 20 个月在郑东新区 CBD 精心打造高可靠性“不停电”示范区，为区域内政府机关、商业居民提供高品质供服。

2. 主要做法

（1）坚强网架提升

①精准布点、打造高可靠主网网架。科学布局 220kV 变电容量，优化完善 220kV 网架结构，构建坚强、灵活、安全的 220kV 主网架。加快构建以“链式 π 接”为主的 110kV 目标网架，提升示范区电网承载能力。

②主配协同、打造标准配电网网架。采用国内首创的“星型”配电网网架结构开展 10kV 网架提升，形成“主次双层、双通互济、主配协同、全停全转”的坚强配电网网架，实现示范区 10kV 线路联络率达 100%，线路 N-1 通过率达 100%。

“主次双层、双通互济”构建主干网、次干网两级中压网架结构。10kV 主干电缆网以开关站为核心节点，形成双环网网架结构。开关站开关设备均为断路器，采用单母线分段接线。任一线路停运情况下，负荷可经由开关站母线联络由至少 2 回线路转供，实现智能自愈控制。线路所供负荷能够满足高峰负荷正常方式“N-1”和春秋季负荷检修方式“N-1-1”。10kV 次干电缆网以环网柜为节点，由开关站供出，形成单环网网架结构。通过次干单环网，实现开关站母线或开关站配出线路

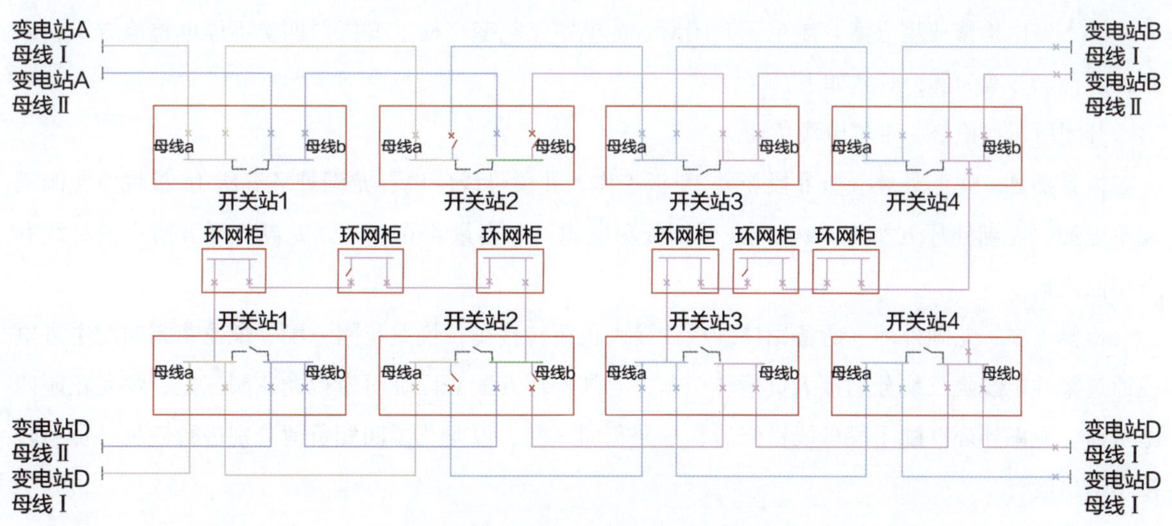

图 1　星型网架主次干网站内接线示意图

停运情况下的远程局部负荷转供，进一步减少停电范围和停电时间。"主配协同、全停全转"主干双环网两侧第一级开关站两路电源来自同一变电站不同母线或不同变电站。变电站全部出线均形成站间联络。通过10kV主干开关站双环网灵活负荷转供通道，实现变电站正常运行方式下的负载均衡，以及变电站母线或主变多重故障或检修停运情况下的负荷全停全转。

③系统优化，实现接地方式新转变。明确低电阻规划建设先行。印发《10kV配电网中性点接地方式选取指导意见》，明确示范区配电网选取低电阻接地方式，按照公司"主配协同、一停多用"原则，协同推进已投运变电站10kV中性点改造和配网设备接地电阻改造，同步督促用户进行低电阻改造，提升城市配网单相接地处理能力。

（2）取消计划停电

郑州公司主要从"优化中低压配网网架""加大不停电作业力度"和"加强应急供电能力建设"三个方面入手，实现CBD区域取消计划停电。

①优化中低压配网网架。示范区配电主干网按照规划网架，形成标准接线；大分支（带3台及以上公专变）增加联络开关形成环网；开闭所按照最终规模上齐开关柜，为业扩和应急电缆接入做准备；开闭所每段母线、环网柜预留一面开关柜，对于无空余板位的站房，利用PT间隔进行改造，满足临时转供电缆和应急电源接入条件；配电房低压母线形成互联，改造母联柜或综合配电箱，使其具备临时转供电缆和应急电源接入条件。新投线路要按照取消计划停电有关要求，网架建设一步到位，新报装用户原则上应为双电源，低压配电箱配套加装应急电缆接入装置。

②加大不停电作业力度。常态化开展不停电作业，常规检修采用绝缘杆作业法、旁路作业法，减少停电作业需求。组建低压带电作业队伍，配合使用负荷转移车和应急发电车，逐步取消配变新增、维修等检修停电计划。增加试点区域不停电作业车辆及装备配置，具备开展复杂类作业项目能力。

③加强应急供电能力建设。对于网架结构不具备负荷外倒条件且无法实施带电作业的检修工作，通过补强应急供电装备配置，完善应急供电技术路线，组建水平一流的技术队伍，为取消计划停电提供有力支撑。配置移动变电站、中低压发电车、小型移动发电车等应急供电装备，明确各级各类负荷临时供电方案和技术原则，打造具备应急供电系统设计、施工、运维值守能力的保障队伍，为全面实现取消计划停电提供坚强保障。

④不停电检修典型方案。制定了开闭所、配电室、箱变、柱上变压器四类不停电检修方案，以开闭所检修方案为例，具体如下：

开闭所母线检修，带单电源负荷。

情景描述：龙湖外环五所Ⅱ段新并19板工作，Ⅱ段母线停电，龙湖外环五所16板悦龙花园三配单电源，龙湖外环五所17板悦龙花园四配单电源，总容量4800kVA。龙湖外环五所Ⅰ段母线有备用馈线板位。

检修方案：龙湖外环五所备用馈线板位接入负荷转接车；悦龙花园三配、悦龙花园四配主进电缆通过柔性电缆延长线分别接入负荷转接车，龙湖外环五配Ⅱ段临时带悦龙花园三配、悦龙花园四配负荷。龙湖外环五配Ⅰ段母线检修后，悦龙花园三配、悦龙花园四配负荷分别进行恢复，负荷转接车退出运行。

负荷转接车适用于单电源客户数量不超过3个的临时供电，如仅有1个单电源，可直接接入备用馈线板位。

（3）配网全息感知

①打造中压配网百秒感知体系。通过整合现有数据资源，构建配网停电全息感知体系。一方面依托配电物联网云主站，整合调度自动化终端、用电信息终端、站房 DTU、柱上开关 FTU、TTU 等现有配网数据资源，借助配自与 PMS、供服指挥平台及其他系统信息数接口贯通优势，实现配网设备的全方位、多维度监测管理，精准掌控配电网设备运行状态，突破原有信息孤岛，全面构建配网整体停电感知体系，实现配网停电“百秒感知”。另一方面强化数据融合效应，结合 D5000 系统（D5000 系统终端）“保护启动信息 + 负荷跌落情况”、用采系统“配变停上电事件”、配自系统“网络拓扑结构”，采用“配变逆推分支”的停电研判策略，进一步提升配网停电感知水平。

②构建低压配电网透明化体系。完成示范区内所有台区智能融合终端、低压智能开关及多元感知设备部署应用，全面构建以智能融合终端为核心的低压配电物联网体系，推广智能融合终端营配就地交互、低压故障精准研判 13 类 App 应用，实现覆盖配变、低压线路、用户运行情况的全息感知，形成“变—线—户”关系自动梳理动态维护，构建实时监测—故障研判—运维作业的完整体系，进一步提升低压配电网状态全感知、透明化管控水平。

③开展相电流法接地保护应用。通过在 10kV 线路开闭所、环网柜、柱上开关处安装相电流接地保护装置，实现配网单相接地故障精准快速隔离，线路故障平均修复时长缩短 70 分钟。

（4）线路智能自愈

郑州公司主要从组建攻坚团队、推进配自建设、严格线路投入、优化系统算法四个方面入手，高效推进示范区 FA 线路建设，实现线路分钟级自愈。

①组建公司配自实用化攻坚团队。建立配网部整体牵头全自动 FA 线路建设，指挥中心负责全自动 FA 线路改造清单梳理、投退管理，各城区供电公司（部）、县公司负责终端设备安装调试及过程管控的三级管控体系，压实压紧各部门责任，强化工程建设过程管控，高效推进全自动 FA 线路建设。

②推进中压配网 FA 线路建设。加快推进配网网架改造、实现线路互联互通，完善配电线路开闭所、环网柜等关键节点自动化功能，实现示范区内配电线路精准研判、快速隔离与非故障区间自动转供，非故障区域负荷复电时间从“小时级”降至“分钟级”。

③严格 FA 线路投入。制定全自动 FA 线路投入流程，从网架类型、终端配置、保护配置、联络开关定相、联络开关恢复备用、系统仿真模拟、配自系统设置七个环节，确保 FA 线路功能正确投入。

④优化系统 FA 线路算法。创新采用“集中型 FA 线路 + 配网三级级差保护”自愈模式，优化故障区间研判算法，在原有遥信信号启动故障研判基础上增加遥测判据，系统通过检测流过开关的故障电流，模拟一个保护动作信号并以此为依据启动故障研判，防止故障区间研判错误，提升 FA 线路动作成功率。

（5）配网智慧调度

①构建以示范区供服指挥分中心为核心的配网生产和营销业务指挥中枢。进一步明确指挥分中心职能定位。坚持将指挥分中心建成城区供电公司内配网生产、营销服务、配网调度的全业务指挥

中枢，明确指挥分中心职能定位及与公司各部门、内部各班组的职责界面。进一步界定指挥分中心所辖业务范围。围绕配网“运检抢”指挥、配网调度指挥、客服服务指挥、营销业务、运营分析五大业务范围，实现配网监测、抢修指挥、停电管控、营销服务等业务高效顺畅流转。

②搭建以支撑指挥分中心相关业务流程再造的“集约化、智能化、透明化”指挥平台。推进营销集约管控平台建设，实现营销业务管控集约化。通过集成“营销业务应用信息系统、用电采集信息系统、营销智能稽查监控平台”等基础业务数据，实现“业务流程监控、客户服务、营商环境、计量业务、稽查业务”等主要功能。推进配网生产指挥平台建设，实现配网生产指挥调控智能化。通过集成“运维管控、抢修指挥、两票管理”等业务流，贯通“调度业务系统、现场移动终端”等数据流，全面保障配网生产指挥体系的高效运转。深化配自平台功能应用，实现配网停电感知透明化。通过整合“D5000系统终端、DTU、FTU、TTU及用采终端”等现有配网数据资源，强化数据融合，实现配网设备的全方位、多维度监测管理，精准掌控配电网设备运行状态，全面构建配网整体停电感知体系。

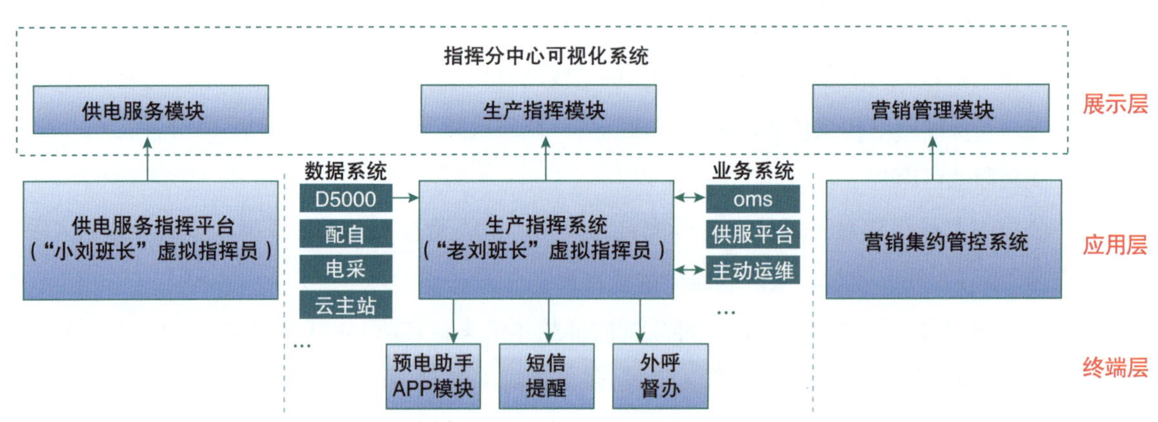

图2 指挥分中心生产指挥系统框架

（6）精细运维管理

①管理变革，构建高效城市配电管理机制。优化调整城区供服机构，深入开展“四个融合”（政企融合、营配融合、班所融合、网办融合），组建与行政区划对应的区域供电公司。做实运检抢多业务融合的配电网运检网格，充实管理、技术、技能三类配电专业人员，加强专业管理穿透力和管控力。推行城区“同质化”运行，建立主产协同机制，补足中压配电运检人员，配电线路人均维护长度从41.79千米降至26.26千米，配电运检业务支撑能力得到有效提升。优化城区三级网格，规范公司三级网格设置，明确建设标准，引入竞争机制、网格长竞聘上岗，鼓励多劳多得、试点推行“承包制”，培养营配复合型员工，提高运维抢修效率、快速响应客户诉求。

②精益运维，提升配网安全运行水平。打造配网高效运检抢体系。依托供服指挥平台，以“信息化驱动、工单化管理”为抓手，全面构建“运检决策、供服管控、班所执行”配网标准化运检工作体系，深化流程机器人技术应用，开展工单发起、执行、跟踪、督办，对配网运检抢修业务进行数字化、透明化、流程化、痕迹化管控，全面提升配网运维精益管理水平。差异化开展配网设备运维。严格落实设备主人制，明确配电设备运维责任主体，完善奖惩机制；推进配网设备网格化、差

异化运维；建立配网故障分析专家团队，深挖管理问题，制定并落实整改措施，做到“五个到位”（设备到位、检查到位、分析到位、措施到位、整改到位）。强化配电电缆运行管理。加强10kV电缆接头管理，推进电缆接头熔接技术应用，降低接头故障；强化故障分析与管控，建立接头制作质量管控和责任追溯机制。严把新建电缆入网试验关，加大带电检测力度，对发现缺陷的设备进行闭环管控。全面开展配网状态检测。加强配网状态检测技术装备配置，深化推进红外、超声波局放等带电检测技术在配网设备故障诊断中的应用，提高配网设备故障诊断水平和状态管理技术水平。

③AI，提升运检智能化水平。打造配电站房智能巡检模式。在示范区内重要配电站房部署AI摄像头、巡检机器人等智能终端，对所内设备及环境进行自动巡检、智能诊断及主动预警，实现配电站房巡视、带电检测等日常业务无人化、智能化。推进电缆通道可视化应用。开发城市电缆状态全方位智能管控系统，通过电缆及通道电子标签、电缆绝缘监测传感器、智能电力井盖等感知载体，实现配电电缆运行环境的全方位立体监控，提升电缆数字化管控水平。

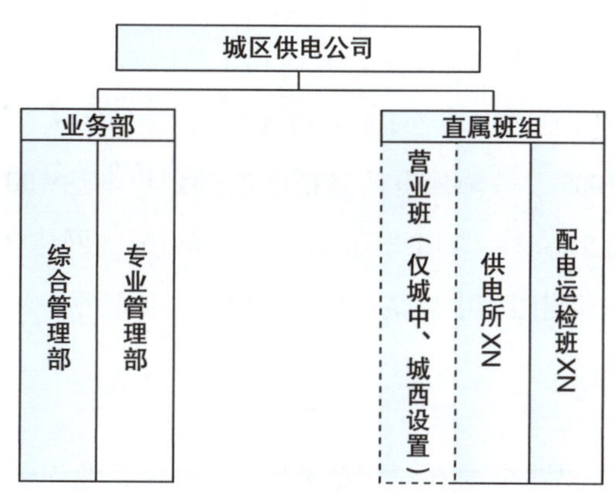

图3 城区供电公司组织结构图

（7）应急能力提升

①理顺应急资源调派机制。开发应急保障资源统一管理系统，统筹调派主业、产业单位应急发电车、电力不间断电源车（UPS电源车）等应急装备和人员，实时更新和跟踪装备状态，提高快速应急响应能力。

②持续补强应急保障装备。加快推进应急指挥车、带电作业机器人等装备应用，增配中低压发电车各1台，提升应急发电容量。

③推进重要负荷应急接口改造。示范区全面推进城区中低压应急接口改造，夯实应急装备基础。

（8）“心贴心”式服务

①深化“互联网+”服务。促进营销业务线下向线上转变，为客户提供报装、报修、查询等业务网上“一站式”服务。

②深化“政企联办”。完善“政务+”，促进政企信息贯通，基于公安系统户籍信息，利用人脸识别技术实现“刷脸办电”；推进用电申请、图纸审核等环节与政府行政审批环节融合，进一步压减办电环节。

③打造“阳光业扩”。开发应用在线数字化审图、电子合同签约等技术，助力业扩工程，提升

用户办电便捷度。

④推进“网办融合”。推进社区服务体系与供服网格有机融合，探索建立“信息共享、资源共享、服务共建”的常态化工作机制和突发事件应急联合响应机制，构建社区与供电网格无缝对接的一体化服务体系，进一步提升人民群众的用电“获得感”。

二、案例实践效果

（一）综合效益

通过坚强网架提升、取消计划停电、配网全息感知、线路智能自愈、配网智慧调度、精细运维管理、应急能力提升、“心贴心”式服务八大攻坚，完成郑东新区 CBD 高可靠性“不停电”示范区建设，示范区内 10kV 线路联络率、N-1 通过率均达 100%，FA 线路率达 100%、台区智能融合终端率达 100%、工单驱动业务模式覆盖率达 100%、故障停电信息精准通知到户率达 100%、供电可靠性达 99.994%，用户年平均停电时间不超过 0.5 小时，为郑州国际先进型城市配电网建设提供样板，引领公司配电网向能源互联网升级，有力支撑郑州国家中心城市发展和服务能源转型，助力实现“双碳”目标。

（二）第三方评价

近年来，郑州公司先后获得“全国五一劳动奖状”、中央企业先进集体、河南省文明单位、抗疫先进集体，国家电网有限公司“文明单位”“先进集体”等荣誉。“雷锋号”电力抢修队被中宣部命名为“全国学雷锋活动示范点”。

郑州公司年度企业负责人关键指标“供电可靠性管理成效”“配网频繁停电治理成效”“公用配变运行水平”“供电抢修恢复时间达标率”等配电指标连续 3 年均位于省公司 A 段。2022 年，郑州公司代表河南省电力公司参加 2022 年中电联举办的电力行业职业技能竞赛，获得团体优秀组织奖。

CBD 高可靠性“不停电”示范区被国家电网纳入 17 个城市建设国际先进型城市配电网试点单位。

（三）行业推广前景

郑东供指分中心建设为国家电网先行试点，可推广至郑州市区、省内其他地市，对全国其他地市有一定的借鉴意义。

取消计划停电建设、“星型”配电网网架、配网故障百秒感知关键技术、“集中型 FA 线路 + 配网三级级差保护”自愈模式具有一定普适性，可推广至其他地区、单位应用。

该高可靠性不停电示范区建设，为郑州建设国际先进型城市配电网提供样板，为全国大型城市配电网建设贡献了“可复制、可推广”的郑州经验。

（冯志敏　王星　王文利）

配网低电压治理实践与应用

一、案例基本情况

（一）单位基本情况

国网湖南省电力有限公司株洲供电分公司（以下简称“株洲公司”）担负着株洲市 5 区 4 县（市）的供电保障任务，供电区域面积 11262 平方千米，服务客户数 193.25 万户，其中 10kV 及以上专变客户 7695 户，下设渌口区、醴陵市、攸县、茶陵县、炎陵县 5 个县级供电企业和天元区供电支公司、城东供电支公司 2 个城区供电机构，主办省管产业单位 1 个。在运 35kV 及以上变电站 132 座，容量 979.25 万 kVA；35kV 及以上输电线路 258 条，总长 3745.37 千米；10kV 公线 1129 条，总长 15493 千米。公变 19453 台，容量 575.33 万 kVA。

近年来，株洲公司积极践行“人民电业为人民”的企业宗旨，秉持“以客户为中心”的服务理念，先后获得全国文明单位、“全国五一劳动奖状”、国家电网公司先进集体、湖南省文明标兵单位、湖南省光伏扶贫先进单位等荣誉。

（二）案例实施背景

在社会经济高速发展的今天，全国人民对电力的需求无论从数量上还是质量上均较过去发生了质的改变，对电能质量的要求也随着经济条件的发展而不断提高，农村地区低电压问题已然成为影响千家万户“用好电”的一大难题。

株洲作为湖南第二大经济城市，配电网规模庞大、环境复杂、基础薄弱，长期以来，因设备管理体系不完善、管理碎片化，导致过程管控缺失，在攻坚过程中存在“家底问题”摸不清、项目立项不精准、治理响应不及时等问题。为解决以上问题，株洲公司以党建为引领，坚持目标导向，强化低电压问题日跟踪、周总结、月评价、季分析，通过全新低电压治理体系建设推动现有管理模式由被动督办向主动作为转型，实现“常态监控、精细管控、主动防控”的精细化管理。

本案例介绍了株洲公司在低电压治理工作中的管理体系、具体做法与实践，主要包括体系搭建、数据分析、治理存量、成效跟踪及持续改进五个环节；同时以株洲公司 2022 年在低电压问题治理工作中开展的实践案例，提出了实施及推广建议。

（三）案例具体实践

1. 总体思路

株洲公司党委将低电压治理工作纳入年度重点工作任务，建立“党委主导、分管主抓、部门主责、专业主战、基层主攻、全员主动”的全战线一体化低电压攻坚作战体系。抓实电网规划建设、设备物资管理、全网运维检修、精准方式调度等全流程低电压管理，发挥生产管控中心业务过程监控监管职能，全面调动基层单位低电压治理工作积极性，实现电能质量与服务水平再上新台阶。

2. 主要做法

（1）主要步骤

①监测分析。通过数字化系统对历史低电压数据进行分析，梳理影响本单位低电压问题的各项因素，查找本单位网架结构、管理、技术措施方面的薄弱环节；通过分析提炼，厘清低电压的地域特征，找出与先进企业在外部条件及内部管理中存在的差距。现状分析主要包括：

一是低电压问题分析。逐台区、逐线路开展低电压问题量化评价。从台区数、用户数、配网低电压率、发生时段、发生原因、用户诉求意愿等多维度深入分析存量低电压问题，优选排序治理重点，同步落实“一台区一方案”，并于年初形成年度治理计划。

二是网架情况分析。按照“站—线—变—户”（分别对应变电站、线路、配变、低压用户）的逻辑关系，综合电网接线情况、容载比、最高负荷情况等因素，分析低电压问题的根本原因，有针对性地制定治理对策。

三是治理策略制定。参考各台区低电压发生时段特征，充分考虑不同地区在低电压分布上的季节性特征，将重点低电压台区按照度冬、度夏两个时段完成分类，科学使用运维、农村电网维护、技改、网改、业扩等不同措施，明确各季度末为阶段性治理工作考核时间节点，督促问题台区治理闭环。

四是实施低电压监测。依托生产管控中心对新增低电压问题开展每日跟踪管控，分析低电压问题深层原因，如低压线路故障、采集故障、线路供电半径长、档位不合理、三相不平衡、配变本身容量不足等问题。在项目手段的基础上及时采取运维手段进行治理，台区低电压问题落实“动态清零”管控。生产管控中心每日监测下发出口低电压问题后，运维单位在一天内开展现场核实，按故障类、可不停电处理类、停电处理类分别规定治理时限，指导跟踪责任单位治理闭环。

②现场治理。结合本单位现有治理资源实际，逐台区对低电压问题开展治理工作，株洲公司运检部、生产管控中心对基层单位上报的治理方案进行技术审核，严抓计划闭环。为确保各时间节点任务如期完成，株洲公司运检部组织将年度计划分解至月、周，压实到班组、供电所，各单位每日以微信笔记、小程序打卡等形式报送低电压治理情况，由生产管控中心归口开展系统核查与治理闭环，通过日早会、周例会对完成情况进行通报，督办治理进度，以月度、季度会议分析改进治理问题，确保年度计划刚性执行，逐步解决低电压存量问题。

③成效跟踪。针对已治理台区，利用数字化系统，制定短期、同期、高峰验证规则，确保低电压治理成效达标。

一是对农村电网维护专项、网改项目类开展治理成效验证，及时发现复发低电压问题。

二是将工作管理要求穿透至供电所，开展工作质量评估。将成效验证结果纳入月度工作质量奖惩通报，从治理成效通过率、低电压率等维度直接对供电所工作开展情况进行评价，按月兑现奖惩，激发基层班组工作积极性。

④持续改进。按照全面质量管理循环（PDCA——Plan、Do、Check、Action）管理方法，分别以年度、季度为周期，对上一周期各项措施落实情况、措施成效进行总结回顾，并结合当前实际动态调整工作目标、完善提升措施，实现持续改进。

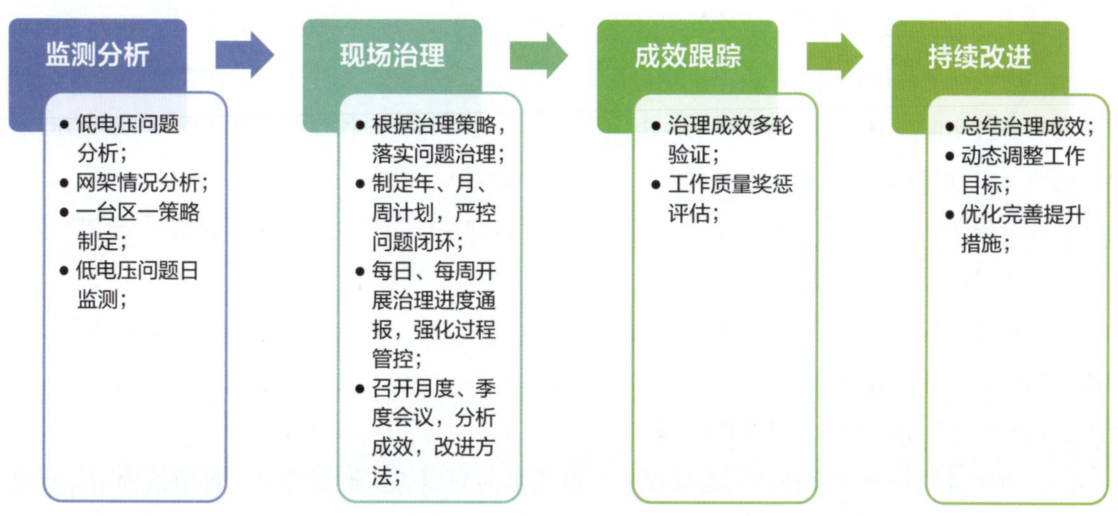

图 1　标准管理工作流程图

（2）具体实践

以株洲公司 2022 年开展的低电压治理为案例，具体介绍低电压治理各环节工作开展情况。

①动态跟踪低电压新增问题。明确按株洲公司运检部牵头，调控中心、供服指挥中心、营销部支撑，运维单位具体负责的职责要求开展低电压常态管控，如遇因负荷转供引起的低电压问题，提前开展方式调整前低电压问题预测，优化运行方式安排。针对采集故障引起的低电压问题，迅速落实采集故障排查整改，将出口低电压问题治理逐步由事后应对向事前防范转变。

一是日监控机制工作成效。2022 年上半年，株洲公司坚持台区出口低电压问题“动态清零”的治理原则，在常态日跟踪工作机制下，出口低电压台区数同比下降 40%。迎峰度夏期间高负荷运行条件下，株洲公司全市低电压台区每日数量均低于 10 台，“清零”天数达到 8 天。

二是落实低电压差异化治理。不同时段、不同区域低电压问题数量存在较大差异，为实现各单位低电压治理攻坚行动全面提升，株洲公司运检部充分考虑基层单位、班组承载力，动态调整低电压重点监控门槛，控制督办问题体量，每日下发重点治理任务，持续将低电压治理工作维持在高效区间。

三是做好分区域专题分析。株洲公司对各县区单位逐一开展低电压问题分析，从指标数据测算看目标差距，从问题总量看治理重点，客观看待各地域电网结构强弱差异，开展差异化管理，坚持“由差转好、由好转优、齐头并进”的整治目标，进一步提升自主履职及低电压问题治理能力。

四是坚定务期必成的决心。坚持“运维治标、建设治本，关键在于治本”以及“先运维、后项目，运维与项目措施并举”的理念，优先发挥运维管控质效。台区低电压原因核实后，要求责任单位在2天内制定“一台区一策略”治理方案。其中，针对供电半径长、线径小等需项目治理的台区，在明确改造工程量并向运检部、生产管控中心汇报备案的同时，制定三相负荷调整、三相负荷改切、配变调档等运维管控方案，在短期内尽量缓解该类台区的低电压问题。

②强化度峰低电压管控。为应对冬季、夏季用电负荷高峰期间低电压问题多发情况，株洲公司动态调整低电压治理思路，优化管控机制。

一是开展重点台区督办。根据低电压发生频次分批下达重点督办治理清单，牢牢抓住关键问题的“牛鼻子”。迎峰度夏期间，运检部累计下达8个批次共计752台重点治理台区，通过线上日早会、公司周例会平台每日通报各单位重点台区完成情况及当月指标实时进度，强势推进问题闭环。

二是发挥10kV母线电压调节作用。由调控中心、运检部梳理各变电站的10kV母线电压现状，动态进行AVC控制策略调整。在全市总负荷达到2100MkVA、2200MkVA、2300MkVA后，分区域启动母线电压逆调压工作，并在上午负荷高速增长时段加强人工监视，防止因母线电压骤降造成线路台区出现成片低电压情况。

三是强化运行方式调整管控。重新明确并行文下发各主变、线路的防过载转负荷方式调整启动阈值，制定设备重过载问题应急预案，严令各级调度根据预案开展方式调整、负荷优化工作，避免因不必要方式变化造成的成片低电压问题。

③注重成效跟踪与运维补位。为确保入户电压低的问题切实得到解决，各项治理措施行之有效，株洲公司制定了分层分级的成效验证机制与运维补位措施。

一是强化组织保障。成立领导小组，统一协调管理各项治理工作，审核各主要时间节点工作成果，部署重点工作计划；成立低电压治理专业柔性团队，选取多名无功电压管理、技术岗位人才，对低电压治理过程中成因研判困难、方案针对性不强等问题进行常态指导，开展措施落实后效果不理想等问题分析。

二是严格管控机制。常态开展低电压治理成效校核，运检部、生产管控中心及各单位通过系统取数、现场测量、用户回访等方式，开展低电压治理前后比对。从治理后30天、用电高峰期30天及第二年同时段三个维度出发，分别开展短期校核、高峰校核及同期校核，确保低电压治理成效达标，督促各单位根治低电压问题；发现低电压治理成效不理想后，组织相关班组启动运维补位工作，辅以配变调档、负荷调平、短线改造等措施，不断改善末端低电压问题，提升群众用电体验。辅助项目决策，促请发策部出台《常态化开展10kV及以下配网项目需求编制的指导意见》，强化监控问题的储备立项全流程管控，充分用好监控成果，促进电网投资效益最大化。定期开展质效评价和生产数据挖掘，不断总结低电压治理工作，编制大数据分析报告，深挖低电压治理在设备主人制落实、项目精准安排、项目实施成效方面存在的问题。通过大数据分析，辅助开展项目需求提报397项，梳理频繁调档台区217台，为宽幅有载变压器的安装点位提供精准靶向，支撑专业决策。

④持续改进。建立一套持续改进机制，在关键时间节点对工作流程开展优化，实现自我提升和突破。

一是不断强化工作过程管控。出台并严格执行《国网株洲供电公司设备管理绩效奖惩方案》，严抓低电压日常管控质量、严控各项工作进度，在任务分工上做到“事事有人做，台台有人管”，在工作质量评价上坚持“在制度面前人人平等、事不到位必严惩”的奖惩落实。

二是继续完善专业管理机制。在数字化分析的基础上，将台区低电压分析向用户侧细化，以用户用电感知为出发点，从根本上摸清低电压问题影响范围及严重程度，提高问题清单真实性、及时性。

三是推动现代化电网建设。根据各县区电网及低电压问题特征，开展相关项目储备及工作安排，重点解决10kV线路供电半径过长、低压配网供电半径及线路“卡脖子”等问题。

（3）重点难点

开展低电压问题治理，关键在于抓住低电压问题的要因，选择有针对性的治理措施。株洲公司结合自身实际，总结归纳出以下几方面，需要在工作时间中予以注意并作进一步探讨。

①治理对象的选择。当前电网存量问题远超供电公司的治理资源，且随着社会发展，未来将不断出现新的低电压问题。因此，想要一次性彻底解决所有低电压问题的想法是极难实现的。在选择治理对象时，首先要考虑用户的实际用电感知情况，其次考虑低电压频次、范围、治理难易程度等问题。各阶段性动态更新重点问题清单，以便能够有的放矢，提高治理效率，达到事半功倍的效果。

②治理措施的选择。低电压原因五花八门，治理措施与问题成因不配套，不仅费时费力，更有可能浪费珍贵的改造资金资源，只有对症下药，才能实现治理效率最大化，治理收益最大化。

③治理成效落地。由于基层单位人员配置、技术力量存在一定瓶颈，难以在繁重的工作任务中细致地分析每一个台区的低电压治理效果，故需充分运用柔性专家团队的支撑，多角度跟踪治理成效，确保用户用电感知明显改善，配网低电压率指标不断向好。

二、案例实践效果

株洲公司自建立低电压治理工作管理体系以来，不断吸收其他先进单位的管理经验，完善自身管理机制与策略，逐步建立了以可靠性为龙头、低电压治理为抓手的供电质量提升构架。

（一）综合效益

一方面助力工作指标显著提升，从低电压率指标看，2022年低电压指标稳步提升，配网低电压问题率同比下降44.70%；另一方面助力电网精准投资，针对日常业务监控过程中的立项需求清单，根据现场核实情况提出靶向解决措施，形成“一台区一策略”清单，指导基层单位常态化开展项目立项储备，解决了以往过程无数据、问题无清单、立项依据少的问题，将过去的“资金等项目”被动局面扭转为“项目等资金”的主动立项模式。

（二）第三方评价

低电压精益化管控带来最直接的成效是用户的用电感知在2022年得到了显著提高。从用户诉求角度看，2022 年发生低电压问题诉求工单较 2021 年降低超 70%，足见人民群众对电能质量的提升给予了充分的肯定。

（三）行业推广前景

通过吸收借鉴其他先进单位的管理经验，完善自身机制与策略，应用 PDCA 循环管理方法，株洲公司建立了一套涵盖低电压治理工作标准、数据监测分析、治理实施监督、问题评估校验四个子体系的低电压治理全过程闭环管理体系，系统地解决了哪里低电压、为什么低电压、要怎么做、做到什么程度等一系列实际问题，应用广泛、成熟，具有一定的普遍适用性，对全国受低电压问题影响的供电企业均有一定参考意义。

（侯文博　江岳　许甜）

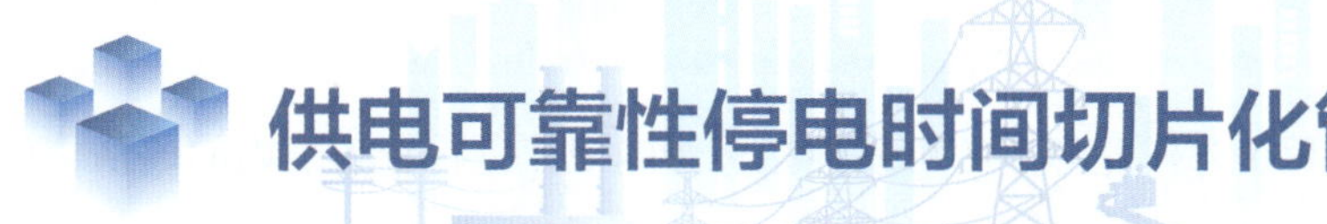

供电可靠性停电时间切片化管理

一、案例基本情况

（一）单位基本情况

国网银川供电公司（以下简称“银川公司”）成立于1973年10月，是国家电网公司所属大型供电企业，承担着银川市三区两县一市的供电任务，供电面积9025平方千米，服务用户185.17万户，客户数量占国网宁夏电力公司的45.22%。本部设职能部门13个，下属业务机构13个，网格化供电公司4个，全资县级供电企业3个，乡镇供电所31个，产业单位2家，在册职工1360人，农电工613人。

银川电网以220kV为骨干网架，呈双环网结构，通过南北两座750kV变电站（沙湖变电站、贺兰山变电站）与宁夏750kV主网相连，并呈辐射状向下一级110kV系统供电，110kV变电站全部为双线双变。35kV及以上变电站共78座（220kV变电站13座，110kV变电站48座，35kV变电站17座），变压器163台，变电容量1058.68万kVA，电网结构坚强，供电平稳可靠。

作为关系银川市经济社会发展和人民生产生活用电的国有骨干企业，银川公司在国家电网和国网宁夏电力公司的坚强领导下，认真践行“人民电业为人民”的企业宗旨，坚持以安全稳定、优质服务为立足点，全力服务国网战略目标实现和银川经济社会高质量发展，通过建设智能化的坚强电网和科学高效的大部管控体系，实现了企业跨越式发展。2021年，银川公司荣获中国工人阶级最高奖项——“全国五一劳动奖状”。

（二）案例实施背景

随着我国电力系统的发展，电力系统的复杂性明显增加，配电网的安全稳定问题也日益突出，供电中断将使生产停顿、生活混乱甚至危及人身和设备安全，停电给国民经济造成的损失远超过电力系统本身的损失。因此，供电系统供电可靠性管控尤为重要。

供电可靠性是以停电时间、停电户数为参数，以用户平均停电时间参数为核心，衡量供电系统持续供电的能力。为了减少停电带来的供电可靠性影响，当前主要管控手段集中在以停电事件为单元的整体预算管控，通过评估停电必要性、不停电方式、停电转供等来减少停电次数和范围。例如，年度及月度停电不能超过既定目标值、单次停电不能超过规定时户、单线路或台区停电次数不能超过约束值等。但是对于必要停电，往往是对停电时户数进行人为大致估算，对停电过程中各作业环节的可靠性影响规律则很少进行研究，尤其是目前许多地区都已应用运维管理信息系统来对检修停电工作进行管理，包含各作业环节的大量实时数据，这些数据反映了供电企业停电过程中的规律性信息。

如果能够对配网停电过程中各作业环节的可靠性指标影响规律进行较为准确的评估，就可以对停电过程中的可靠性薄弱环节进行有效识别，从而对停电管控进行相应调整，优化停电方案，进一步提高系统供电可靠性。对此，本项目实施内容从停电过程的标准作业环节入手，研究了停电作业环节的供电可靠性影响系数计算模型以及影响因素分析方法，实现了 10kV 停电过程的可靠性薄弱环节识别，提供了不同影响因素对停电作业环节的供电可靠性影响的量化特征，为供电可靠性提升新增了信息评估手段。

（三）案例具体实践

1. 总体思路

为减少配电网 10kV 停电对中压用户供电可靠性的影响，可通过对停电事件进行标准作业环节的时间切片划分，构建可靠性切片数据模型，计算各项停电作业环节的供电可靠性影响系数，通过分析不利因素影响下供电可靠性指标的变化规律，评估停电计划时间的合理性。研究结果可满足供电可靠性薄弱环节有效评估，在停电计划编制及停电过程中，将可靠性薄弱作业环节作为管控重点，依据地区特征、停电类型、天气、场地、设备老化等情况，对各作业环节的可靠性指标及作业耗时进行预算，并依据模型优化停电计划，将停电预算工作由以往人为估算向科学量化评估转变。

2. 主要做法

（1）规范停电事件供电可靠性评价参数信息，研究构建停电事件时间切片数据模型

依据供电系统用户供电可靠性评价规程，通常将用户平均停电时间作为供电可靠性核心指标。通过统计供电系统所有用户在统计期间内的平均停电小时数，来评价停电过程对供电系统持续供电能力的影响程度。供电可靠性的主要影响参数为停电时间和停电户数的乘积，停电时户数越大，该区域用户的平均停电小时数就越大，该区域供电可靠性水平就越低。

以此为参考，根据配电网 10kV 停电作业流程及停电耗过程，可将预安排停电作业过程划分为八个基本作业环节。为计算各作业环节的供电可靠性影响指标，依据历史停电事件的作业环节时间记录、停电中压用户数、影响因素及基础信息等参数，构建停电事件切片数据模型。

表 1　供电可靠性评价参数信息

信息类型	参数项
停电基础信息	运维单位、停电设备、所属大馈线、地区特征、停电性质、停电责任原因
供电可靠性评价参数	停电时间、复电时间、影响变压器、停电线段数、停电中压用户数
作业环节时间信息	预安排停电：停电操作时间、安全措施布置时间、检修作业时间、安全措施拆除时间、送电操作时间
	故障停电：故障报修时间、接单登记时间、抢修派单时间、抢修接单时间、到达现场时间、现场勘查时间、故障修复时间、恢复送电时间
影响因素信息	天气情况、场地环境、设备老化程度、其他干扰因素

该模型适用于中压停电事件数据的切片收集，可满足以停电作业标准环节为单元的供电可靠性指标统计。

（2）构建基于用户平均停电时间的供电可靠性影响系数分析模型，为停电作业薄弱环节识别提供量化方法

依据供电可靠性评价规程，将用户平均停电时间作为核心评价指标，依据供电可靠性时间切片数据模型，分别统计不同区域、不同类型停电作业中的供电系统中压用户在统计期间内各项停电作业环节的平均停电小时数，并进一步计算各作业环节用户平均停电时间的指标总体占比。某作业环节用户平均停电时间占比越大，则其停电时长和停电用户数的乘积就越大，对供电可靠性的影响程度就越高。为量化各作业环节对供电可靠性的影响程度，将作业环节用户平均停电时间在总用户平均停电时间中的占比值作为其供电可靠性的影响系数。

以银川公司预安排停电事件切片数据实际计算结果为例，各地区特征的用户平均停电时间分布情况如图 1 所示。

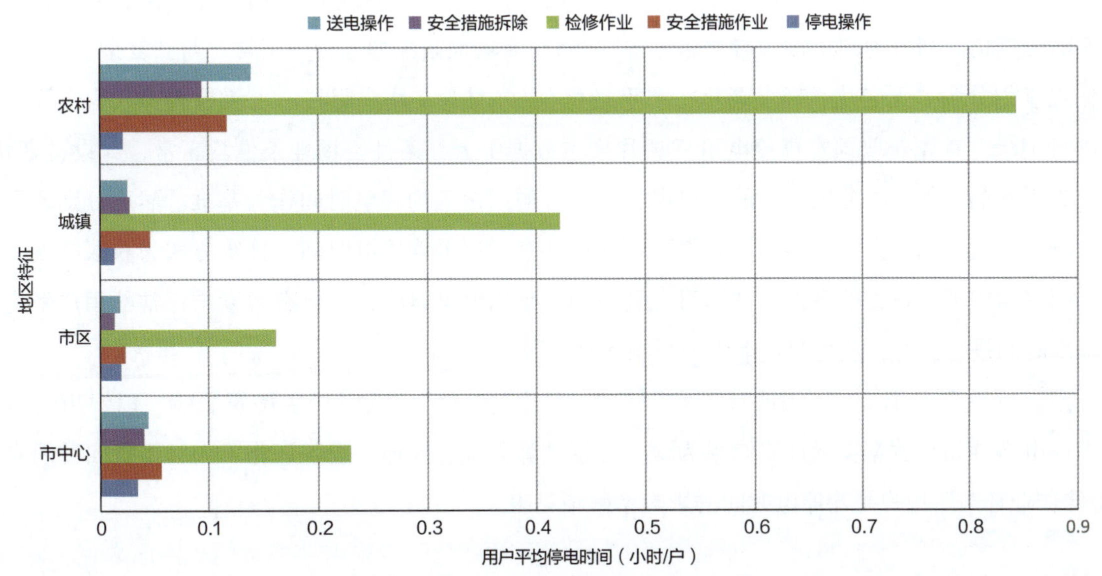

图 1　停电作业环节用户平均停电时间分布

不同地区特征下的预安排停电过程中，“检修作业环节”的用户平均停电时间相对最大，与其他环节的对比差距明显。依据供电可靠性影响系数模型量化统计后的结果如表 2。

表 2　供电可靠性影响系数模型量化统计

地区特征	停电类型	供电可靠性影响系数				
		停电操作	安全措施布置	检修作业	安全措施拆除	送电操作
市中心	计划施工	0.05	0.07	0.67	0.07	0.13
	设施检修	0.11	0.2	0.47	0.12	0.09
市区	计划施工	0.06	0.18	0.68	0.06	0.01
	设施检修	0.09	0.04	0.7	0.05	0.12

续表

地区特征	停电类型	供电可靠性影响系数				
		停电操作	安全措施布置	检修作业	安全措施拆除	送电操作
城镇	计划施工	0.02	0.08	0.81	0.04	0.05
	设施检修	0.05	0.11	0.74	0.08	0.05
农村	计划施工	0.02	0.08	0.7	0.06	0.14
	设施检修	0.01	0.13	0.69	0.09	0.09

在不同维度下，“检修作业环节”的供电可靠性影响系数最大，在停电过程中的停电时户数消耗最严重。将“检修作业环节”作为供电可靠性薄弱环节进行重点管控，压降其用户平均停电时间影响，对公司停电过程可靠性总体水平的提升将最为显著。

（3）引入不同因素下的供电可靠性指标对比研究，构建供电可靠性影响因素分析模型，为停电计划可靠性指标预测及作业过程管控提供参考依据

配电网 10kV 停电作业一般因天气情况、场地环境、设备老化等因素而产生不同影响，将检修作业的天气情况划分为“正常”与“非正常”，将作业场地条件划分为“正常”与“复杂”，将设备老化程度划分为“无老化、轻度老化、严重老化”，并对存在用户阻拦、上级检查等人为干预的情况进行记录。首先获取预安排停电事件切片样本数据中天气条件、场地条件均正常，无设备老化、无人为干扰的事件，将分别统计的各停电作业环节的用户平均停电时间作为基准。然后分别统计天气、场地、设备、人为干扰等不利因素下各作业环节用户平均停电时间。计算方式为获取某因素不利，而其他因素均正常的事件，计算每个环节用户平均停电时间，与所有因素均正常的用户平均停电基准时间进行比对，获得变化率作为影响因素系数。

当影响系数大于 1 时，说明该不利因素对该环节平均停电耗时产生增量影响。以银川公司预安排停电事件切片数据实际计算结果为例，分别计算天气、场地、设备老化、人为干扰四种因素对“检修作业环节”用户平均停电时间的影响系数请见表 3。

表 3 “检修作业环节”用户平均停电时间

地区特征	天气异常影响系数	场地复杂影响系数	设备老化影响系数	人为干扰影响系数
市中心	1	1.004	1	1
市区	1	1.017	1.002	1
城镇	1.02	1.023	1.265	1.12
农村	1.01	1.017	1.373	1.16

各个不利因素对城网区域的检修作业环节未产生影响或影响较小，而农网区域则受各类不利因素影响的不确定性较大，尤其是设备老化因素，影响系数在 1.26 以上。结合供电可靠性薄弱作业环节分析结论，为降低农网区域检修作业环节的用户平均停电时间，应将“减小老旧设备在运比例”作为银川公司供电可靠性提升的中长期重点措施。

二、案例实践效果

（一）综合效益

本项目基于供服系统上线分析功能模块，于 2021 年在银川公司供服指挥中心开展应用。一是依据银川公司历史上中压停电事件及跟踪记录信息，按照供电可靠性时间切片数据模型，构建包含停电过程中各作业环节停电耗时、影响用户数、停电责任原因、各类影响因素情况等信息的时间切片样本数据库；二是依据供电可靠性影响系数模型，统计不同地区特征、不同区县单位、不同停电类型的作业环节供电可靠性影响系数，编制切片数据分析报告，有效识别对公司供电可靠性指标影响较大的薄弱作业环节，进行针对性管控；三是依据供电可靠性影响因素模型，在停电计划审批过程中，针对天气、场地、设备老化、工程延期等信息，对各停电作业环节的历史平均停电时长及影响因素干扰时长进行预算，实现各作业环节的停电时长目标预控，从而对计划时长超长、可靠性影响占比过大等异常情况进行辅助评估，从可靠性角度深化停电过程管控。

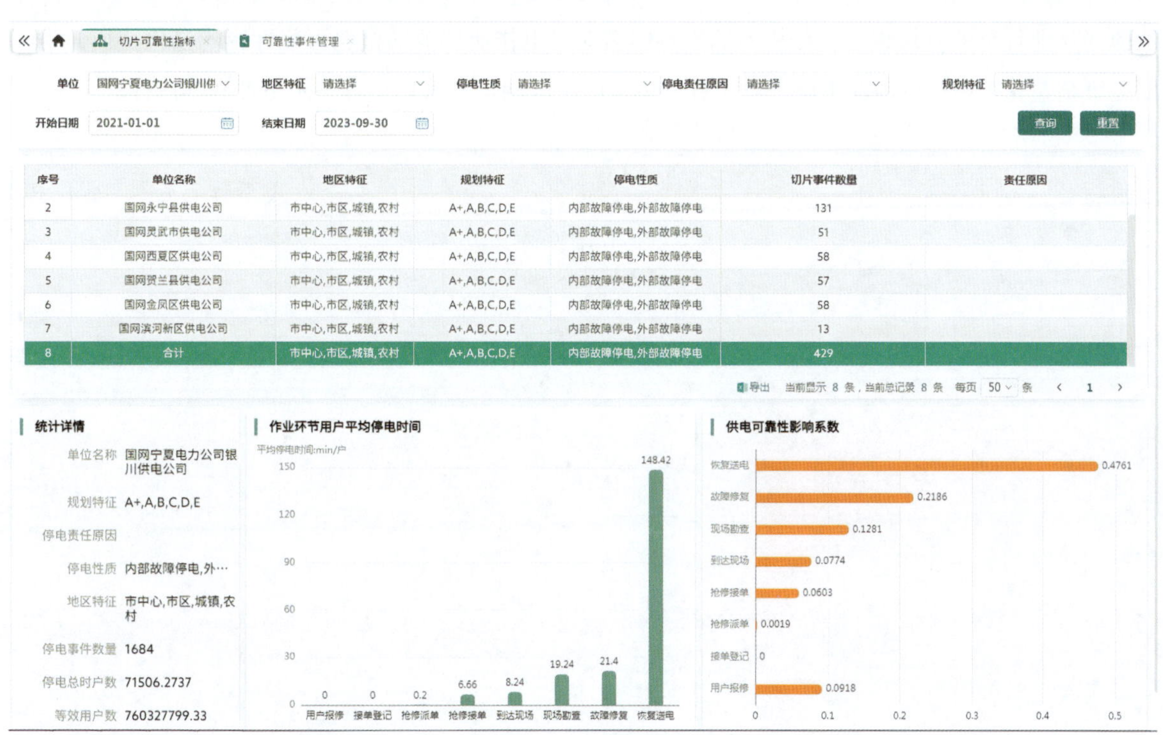

图 2　切片分析功能页面截图

依据应用分析成果，将可靠性薄弱作业环节作为管控重点，对转供电、负荷转移及不停电作业等措施进行审查，对停电计划逐条实施切片目标管控，银川公司应用一年后，停电时户数同比压降 29.5%，用户平均停电时间同比压降 1.79 小时 / 户，可靠性提升成效明显。

（二）第三方评价

2022 年，国网宁夏电力科学研究院对“供电可靠性停电时间切片化管理”应用成果评价如下：本案例着眼配电网 10kV 停电过程，以实际停电事件为对象，基于停电过程标准作业流程，形成供电可靠性薄弱作业环节的评估方法及薄弱环节可靠性提升的分析模型。项目基于供服系统上线分析功能模块，在银川公司供服指挥中心开展应用，通过挖掘停电运行数据，成功构建可靠性停电时间切片样本数据库，可应用模型分析出对公司供电可靠性指标影响较大的薄弱作业环节。同时提供不同影响因素对各停电环节的历史影响特征，辅助专业部门在计划申报、停电实施过程中进行标准化预测管控，减少用户停电影响，引导运维检修工作开展向供电可靠性提升聚焦，可有效提高配电网精益运维水平和信息化管理能力。

（三）行业推广前景

供电可靠性是一项系统工程，是一种科学、系统性的管理手段，坚持以客户为中心、以提升供电可靠性为主线的配电网管理理念不断深入人心，需将供电可靠性管理贯穿于配电网建设管理工作的全过程，提高各项工作对供电可靠性提升的贡献度，引导全员、全业务工作开展向供电可靠性提升聚焦。本案例为深化供电可靠性评估评价提供技术支撑，以配电网 10kV 停电过程的供电可靠性提升为出发点，从停电标准作业环节入手，研究各停电环节的供电可靠性影响分析方法，实现可靠性薄弱作业环节的有效识别，分析不同影响因素对停电作业环节的供电可靠性影响量化特征，为配网运维精益化管理提供辅助手段，对于各级单位的配电网运维管理均具备示范性和推广性。

（李辉　王剑　张仁和）

输电重要通道安全风险管控

一、案例基本情况

（一）单位基本情况

广东电网有限责任公司（以下简称“广东电网”）拥有变电站 2701 座（其中 500kV 变电站 63 座），变电容量 5.3 亿 kVA，输电线路总长度为 9.015 万千米，资产总额为 4297.70 亿元，是全国规模较大的省级电网公司之一。公司在复杂大电网管控、可靠性管理、电力市场化交易以及超导电力应用、柔性直流输电、电力机器人等方面走在全国前列。广东电网连续安全稳定运行超过 26 年，供电可靠性上榜全国前十的地市供电单位数量连续 12 年领跑全国，连续 13 年在广东省地方政府公共服务评价中排名第一。

（二）案例具体实践

1. 总体思路

2021 年 7 月以来，广东电网落实国家能源局、南方电网公司有关文件精神，排查并编制了 7 组输电重要通道“一道一策”管控方案，明确省地安全生产第一责任人为输电重要通道安全管理第一责任人，并向省政府电力管理部门进行了备案。按照“管住风险、降低风险、消除风险”三步走总体思路，广东电网制定了三大方面 11 项重点任务。

（1）管住风险方面

一是全面评估输电重要通道运行基准风险。二是开展山火跳闸精准分析，确定隐患区段。三是推动跳闸风险优先治理，开展档距内高秆植物的清理。四是加强技防手段，实现输电重要通道智能巡检“四个全覆盖”。五是加强设备运维管理，提高巡视标准。

（2）降低风险方面

一是按照国家林业防火标准，全面清理输电重要通道可燃物。二是精准评估电网风险，分析通道内不同线路组合故障后的影响，指导制定风险防控措施。三是开展输电重要通道防火林带建设，综合制定防火林带改造方案。四是完善应急联动及快速处置，推动建立共建共管共享机制。

（3）消除风险方面

一是优化电网运行方式，最大限度减小断面丧失对国民经济的影响。二是严控新增输电重要通道风险，做好新建工程的规划前期审核。

2. 主要做法

（1）全面梳理输电重要通道基准风险

广东电网对7组输电重要通道的外力破坏、山火、地质灾害、雷击等10类典型隐患开展风险评估，编制《密集输电通道运维保护方案》7份、《密集输电通道应急处置预案》5份，明确了通道区段所处地理位置、杆塔编号、设备健康状态、管控级别、区段长度、气象设计条件、导地线类型、电网风险等级、事故后果及应急处置等基础信息。

（2）完善技防手段，实现四个全覆盖

广东区域内输电重要通道已实现“四个全覆盖”，有效提升了技防能力。一是图像视频终端全覆盖，安装图像视频终端153套，实现通道可视化；二是分布式故障测距全覆盖，安装分布式故障测距仪器74套，实现快速、准确定位故障；三是三维通道扫描全覆盖，通过直升机、无人机完成通道扫描和点云建模，实现通道内树障隐患准确识别；四是无人机自动巡检全覆盖，利用统一规划的三维航线完成无人机自动巡检，实现自主精细化巡检，充分利用视频实时监控、无人机自动巡检等技术对设备开展全面的巡视检查。

充分利用视频实时监控、无人机自动巡检等技术，提高设备巡视频次。视频监控每小时开展1次远程自动巡视，运维人员每天查看监控结果；无人机按月对导地线、绝缘子、金具等开展精细化巡视和通道巡视；人工每季度到塔位开展1次现场巡视，对杆塔所在山体、基础护坡、排水沟、挡土墙及杆塔本体及树障隐患等进行检查。

通道可视化

故障定位

图1　加强技防手段　实现四个全覆盖

（3）完成输电重要通道防火林带改造

应用山火评估软件对输电重要通道开展山火跳闸风险评估，结合评估结果，清理山火隐患点10处。同时，邀请林业专业团队综合制定输电重要通道防火林带改造方案，因地制宜选用低矮抗火、耐火树种，提高输电重要通道下林带的防火功能。

截至目前，已完成全部1445亩通道清理工作，其中惠州711亩、清远347亩已完成低矮耐火树种复种。

（4）多措并举做好宣传，开展全民护线

积极开展防山火、防飘挂物宣传工作，营造全民护线氛围。输电重要通道所属线路运维班组共完成入村入户安全宣传637次，派发安全隐患通知书126份，在主要山路入口、巡线便道、输电重要通道线行保护区内每500米设立一处警示告知牌，设置警示牌347个。

地市层面，联合广州应急、林业、能源、公安等部门，充分利用护线员日常巡视的机会，借助主流传媒工具、公司客户服务系统、95598公众号、发放宣传单等方式，强化电力设施保护宣传。清明节、国庆节前后的山火高发期，组织开展“进村委、进农户”防山火宣传宣讲，在山路入口、特殊通道线附近设立防火警示告知牌。

（5）做好政企联动，建立联防联控机制

省级层面，广东电网配合广东省能源局制定了输电重要通道联防联控机制，定期将广东电网输电重要通道“一道一册”更新情况进行备案。建设了与省政务数据管理局专线网络，向政府有关部门提供全省范围内实时的雷电、覆冰、山火监测信息，全面加强灾害监测预警与应急联动水平。按照国家能源局输配电线路火灾风险防控专项工作要求，与省、地林业部门分别签订了业务合作协议，全面提升了输配电线路防山火能力。

地市层面，广州、惠州、清远等供电局主动向属地工信、林业、发改局等主管部门报备输电重要通道管控情况，与政府部门召开联合会议，共同研讨输电重要通道安全管控工作，将输电重要通道风险防控工作提升为政府行动，明确各方职责，建立了相应巡查、山火监测、应急处置等联动机制，定期开展常态化联合巡查执法。广州局作为广州市森林防灭火指挥部成员单位，通过定期参加联席会议、广州森林消防微信群等方式，分层分级建立了政企森林防火联动机制，有效提升了应急响应指挥水平；在树木隐患处置方面得到了市工信局的大力支持，印发了《广州市架空电力线路保护区植物隐患处置工作规则》，明确了供电部门砍伐和修剪树木隐患的权限和义务，为后续广州地区架空电力线路保护区植物隐患处置的安全高效开展提供了坚实的制度保障。

（6）开展应急演练，提升应急处置能力

编制了《密集输电通道应急处置预案》，建立了灾害监测预警体系、应急指挥体系和应急响应机制。组建内部应急抢修队伍，外部应急工作组，负责常态化保管、补充各类应急装备和备品备件。

2022年6月，广州局组织开展了以输电重要通道故障为主要场景的大面积停电事件应急演练。演练科目全面涵盖日前策划、日内应急处置等时间维度，演练了电网调控、信息报送、抢修处置、需求侧响应、有序用电、客户服务、发电车统筹调配、舆情应对、厂网联动等应急协同重点项目。通过演练，进一步检验了《密集输电通道应急处置预案》的可行性，同时也加深了各级人员对相关应急预案的理解与掌握程度，提高了全局应急处置能力，为确保输电重要通道安全运行打下了坚实的基础。

2022 年 9 月 21 日，惠州市能源和重点项目局、惠州市应急管理局、惠州市林业局、博罗县发展和改革局、惠东县发展和改革局、惠东县森林消防大队、南方电网超高压输电公司广州局、惠州供电局联合开展输电重要通道防山火暨防地质灾害应急演练。通过联合应急演练，检验了设备运维成效，进一步提升了防范输电重要通道出现突发情况时的应急联动处置能力。

（7）加强源头管控，避免新增输电重要通道

严控新增输电重要通道。一是积极建议在电力规划导则文件中明确避免新增输电重要通道的有关条款。二是在近期重点工程前期工作中加强有关论证，如在 500kV 太平岭核电送出、500kV 珠东南局部网架优化、500kV 粤东中南通道改造等工程规划设计阶段积极优化路径，避免形成新的输电重要通道。三是对现存输电重要通道设防水平开展专项研究论证，提升现存输电重要通道安全防护能力。

二、案例实践效果

（一）综合效益

多措并举严防输电重要通道导致的大面积停电事件，有效保障了输电重要通道的安全风险，切实降低了线路跳闸及非计划临时停电风险，大幅提升了有关重点通道线路的可靠性，最大限度减轻相关断面丧失对国民经济的影响，取得了显著的安全效益，有力保障了广东经济社会高质量发展。

（二）第三方评价

2022 年 8—9 月，国家能源局、广东省能源局、南方电网公司分别带队开展了三轮输电重要通道运维管控的现场督导检查，本案例成果得到了各方面领导的高度认可和赞扬。

（三）行业推广前景

1. 加强政企联动，建立输电重要通道联防联控机制

以清远市为典型代表，由该市发改局牵头组织应急局、林业局、供电局、超高压广州局、地方区镇政府等部门，通过联合会议，共同研讨清远辖区内输电重要通道安全管控工作，明确了各方职责。2022 年 9 月，清远市发改局印发《清远市密集输电通道联防联控工作机制》，并于 9 月 1 日组织开展了清远市输电重要通道防山火暨事故事件应急演练，公安局、林业局（防火办）、清远供电局、超高压广州局以及密集输电通道属地县区（清城区、清新区）发改局、公安局、林业局参加了演练，进一步检验了清远市相关单位输电重要通道联防联控、信息报送、电网调度、舆情应对及应急处置实战水平。

2. 构建山火隐患评估模型，精确评估山火风险

(1) 创新构建输电线路山火隐患评估模型

通过直升机或无人机采集输电通道多光谱数据，基于融合多源时空地理信息的树种智能识别算法自动提取输电线路本体数据（导线对地距离、导线对树冠距离、相间距离与对地线距离等）与树种数据（线下树高、树种、植被类型、坡度坡向等），利用当地的山火高发期的历史平均气象条件，结合输电线路山火跳闸模型开展山火隐患精细化评估，实现对每 100 米的输电通道进行评估，主要分为以下主要步骤。

①火焰行为参数计算。借助激光点云获取的地表植被与国家卫星气象中心获取的气象数据，计算林火蔓延经验模型、林火蔓延速度、火线强度与火焰高度等火焰行为参数，为后续计算间隙击穿电压提供依据。

②间隙击穿电压计算。根据激光点云获取的线路本体数据，计算燃烧火焰与输电线路的空间位置关系，判断火焰桥接程度，然后分别基于不同桥接方式下的相地、相间击穿模型得到山火条件下架空输电线路相地、相间间隙击穿电压。

③输电线路绝缘击穿风险评估。根据计算得到的山火条件下架空输电线路相地、相间击穿电压，综合考虑交、直流输电线路的运行特性，判断导线相地、相间间隙的绝缘击穿风险。

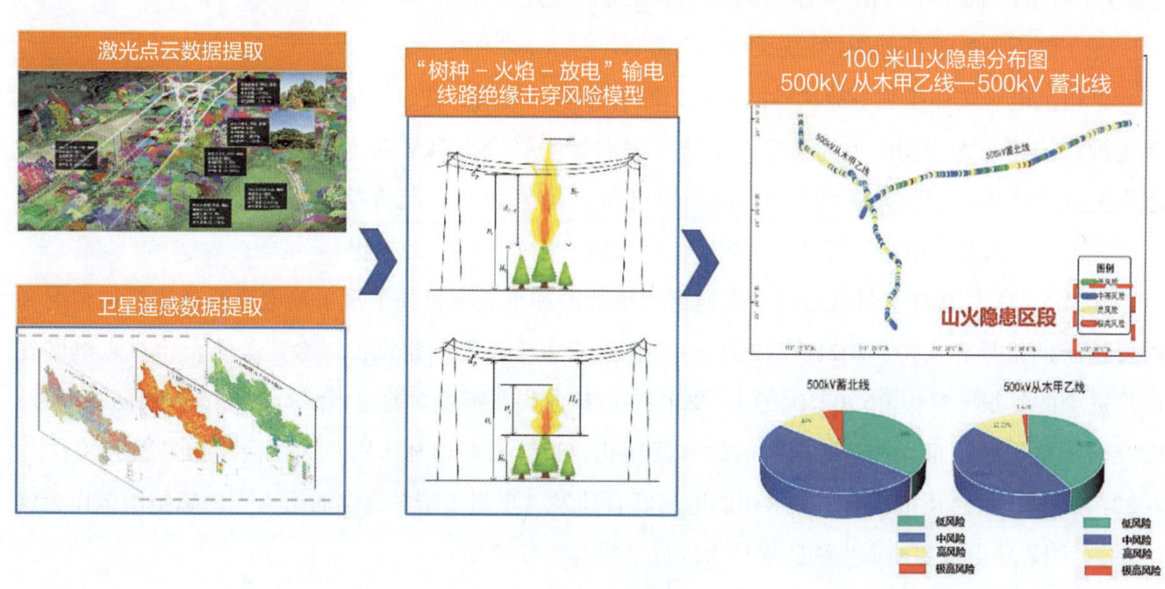

图 2 输电线路山火隐患评估流程

(2) 精准评估山火风险

组织对 7 组输电重要通道、19 条涉港澳核线路、9 组重要交叉跨越点、56 组关键重要线路、36 条保障电力供应的关键线路进行山火隐患评估，经评估存在山火隐患点 85 个，其中涉及输电重要通道隐患 10 处，已完成约 1445 亩通道清理工作，其中惠州 711 亩、清远 347 亩已完成低矮耐火树种复种。

惠州局输电重要通道含 9 回 500kV 线路（屹祯甲线、现祯乙线、屹崇甲线、祯崇乙线、惠茅甲线、惠茅乙线、惠茅丙线、小纵甲线、小纵乙线），为粤东电源向珠三角送电关键通道，区段长度 2.91 千米。经过评估区段内存在山火隐患 3 处共计 27 亩，已指导运维单位精准清理，并完成低矮耐火树种复种。

3. 营造生物防火林带，创新电网与林业和谐共处新模式

（1）清远输电重要通道生物防火林带建设

清远地处粤北山区，森林覆盖率超过 70%，为从根本上解决“线树矛盾”，清远供电局积极联合属地政府探索输电线路保护区内建设生物防火林带模式。2022 年 2 月，清远市发改局印发《清远市密集输电通道防火林带改造工作实施方案》，并将此项工作纳入清远市 2022 年《十大行动方案》，将防火林带改造工作提升为政府行动，要求各级政府部门指导、协助清远供电局开展 3 组（第 7 组清新浸潭、第 11 组清城飞来峡、第 12 组清新太平）输电重要通道防火林带改造工作。

为确保防火林带切实发挥输电重要通道“保驾护航”作用，清远供电局与清远市林业局联动，邀请行业内专业机构运用森林培育学、森林生态学和景观生态学理论和方法，结合电网风险评估结果，因地制宜地完成了《密集输电通道防火林带营造设计方案》。2022 年 3 月 12 日（植树节），清远市发改局在第 11 组输电重要通道现场启动了清远市输电重要通道防火带改造工程。截至 2022 年 10 月，清远辖区 3 组（第 7 组、第 11 组、第 12 组）密集输电通道已全部完成防火林带建设。

以国家能源局现场检查的第 11 组输电重要通道为例，防火林带建设长约 685 米、宽 70 米，造林面积约 72.6 亩，林苗约 12000 株，防火树种为杨梅树，改造总投资 50.52 万元（平均每亩 6958 元），三年成林后可为当地村民增收约 20 万元 / 年（其中，政府对防火林每年补助 50 元 / 亩），按照 20 年设备运维周期计算，可节约运维成本 320 万元左右。

（2）惠州输电重要通道生物防火林带建设

惠州供电局按照控住事故风险的思路，联合惠东林业局，在惠东输电重要通道开展生物防火林带建设：构建一主一副防火隔离带，主防火隔离带主要沿 500kV 惠茅乙线线行走向，宽度 50 米，起火灾隔离作用；副防火隔离带沿沿海高速走向，宽度 30 米，起管控外部火灾风险作用。防火隔离带视山体、水源、道路等情况优化联通，完成网格化火灾治理的设想。

2021 年 11 月 9 日惠州供电局书面向惠州市能源和重点项目局汇报了输电重要通道管控情况和需要给予的指导和支持。2021 年 12 月 20 日，惠州市重点电网建设推进会《关于全市重点电网建设推进会的签报（签报 BN20210403）》要求：“市林业局要组织对通道内线行的树木开展防火林带，以及输配电设施线行保护区范围内的树木低矮化改造，做好森林火灾重大风险隐患的整治工作”。2022 年 1 月 7 日惠州市林业局和惠州供电局联合印发《惠州市密集输电通道火灾隐患整治工作会议纪要》，明确输电重要通道生物防火林带建设要求及工作计划。

2022 年 1 月 24 日，与惠东县林业局签订《惠州供电局输电管理所惠东县密集输电通道防火隔离带建设合同》，正式开展输电重要通道生物防火林带建设工作。惠东林业局牵头成立由属地政府、惠州供电局等单位组成的专项工作组，全力推进防火林带建设工作。经过各单位的大力配合，2022 年 6 月 30 日已完成全部 711 亩防火林带建设工作。

4. 从规划可研源头分析，避免新增输电重要通道

500kV 太平岭核电厂一期接入系统工程（祯州站西侧—白云互通段）的路径由于祯州站西侧存在大量的村庄密集区、城镇规划区及永久基本农田，已建或拟建 220kV、110kV 线路等，祯州站北侧为新村水库一级水源保护区及国家一级保护林地，白云互通北侧已分布 5 条 500kV 线路、2 条 220kV 线路及 2 条 110kV 线路，白云互通南侧为正在改扩建的深汕西高速、白云村等村庄密集区及

永久基本农田密集区，受上述诸多因素制约，本工程祯州站西侧—白云互通段线路路径走廊十分拥挤，路径规划难度较大。

（1）原可研路径方案

惠东县稔山镇政府及规划部门要求本工程线路在白云互通北侧平行已建500kV线路走线，受上述因素限制，本工程祯州站西侧—白云互通段局部地区已无空间开辟两个独立的500kV线路走廊，需改造已建500kV祯崇甲乙线、祯现甲乙线部分区段线路，将在现有的第14组输电重要通道中增加2条新线路，加剧了空间紧张的局面。

（2）可研收口路径方案

在可研阶段，为落实“严控新增输电重要通道”的原则要求，避免本工程新建两条500kV线路，从而导致白云互通北侧输电重要通道负荷加剧，经与规划、设计部门积极协商，在惠州市政府及惠东县政府大力支持下，本工程线路总体往南偏移，线路均在深汕高速南侧走线，在祯州站西侧对原110kV、220kV线路进行迁改，利用其旧线路走廊新建本工程线路，然后沿平行高速的方向往南走线，从而达到了不加剧现有输电重要通道的目的。

（汪皓　郭圣　李国强）

供电可靠性全业务过程管理研究与实践

一、案例基本情况

（一）单位基本情况

广东电网有限责任公司（以下简称“广东电网”）坚持以“1234”本质供电可靠管理机制为引领，打造供电可靠性全业务过程管理新标杆。粤港澳大湾区供电管理水平保持世界主要湾区先进水平。

本案例由广东电网生产技术部统筹部署，由广东电科院等直属中心机构提供技术支持，由下属各地市局共同实践。

（二）案例具体实践

1. 总体思路

广东电网认真思考、系统谋划，在原有供电可靠性管理机制的基础上，提炼出供电可靠性全业务过程管控体系。

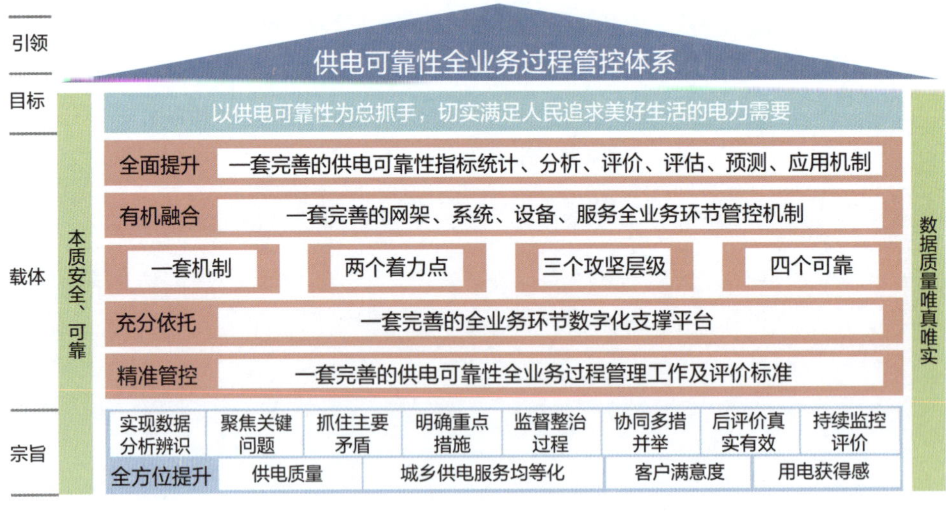

图1 供电可靠性全业务过程管控体系

2. 主要做法

（1）供电可靠性全业务过程管控指标体系

以新时代新思路新格局为导向，以供电可靠性总抓手为引领，以本质可靠管理为目标，以业务融合协同为重点，以海量数据资产为支撑，兼顾先进性与实用性，实现供电可靠性管理联动化及透明化。率先引入战略制定管理工具（BLM 管理工具），以体系化架构为“钥匙串”，充分运用管理机制、管理执行、管理支撑、管理评价“四把钥匙”，促进供电可靠性管理水平全面提升。

（2）管理机制

坚持以“1234”本质供电可靠管理机制为引领，打造供电可靠性全业务过程管理新标杆，具体如下：“1”个目标，坚持本质供电可靠；“1”套机制，持续完善供电可靠性全业务过程管控机制；“2”个着力点，着力提升配网运维质量，着力减少用户停电感知；“3”个攻坚层级，制定供电可靠性“抓两头、促中间”分层分级管控策略；“4”个可靠，进一步完善网架、设备、系统、服务本质可靠管理机制，继续把改善网架结构、提升配网自动化实用化水平作为可靠性管理的根本措施，全面推进配网智能化、数字化、透明化。

（3）管理执行

供电可靠性全业务过程管控体系实践中逐步细化各环节管理精度，推动供电可靠性更高质量、更精准地服务于安全生产。

①供电可靠性评估及预测环节。一是提升基于网架的理论可靠性计算精度。开展配电网可靠性规划技术专题研究，按照《中压配电网可靠性评估导则》（DL/ T 1563—2016）提出的可靠性评估指标体系、模型参数、评估方法，基于电网拓扑结构中设施元件停电率计算的负荷点（用户）、系统停电时间和停电次数，优化理论计算模型，完善信息化计算工具，评估电网规划改造、系统运行相关措施对可靠性指标的影响，提升可靠性理论计算精准度，准确评估“十四五”配电网规划可靠性目标，分析网架结构方面影响供电可靠性的薄弱环节，提出改善供电可靠性指标的规划方案，做到精准投资。

二是开展基于关键业务管控的可靠性指标模型研究及预测。针对可靠性指标主要影响因素及与重点提升措施相关的业务管控要素，按预安排、故障两大停电类型，对停电指标与业务指标进行分解映射，从网架结构、综合停电、不停电作业、设备运维、快速复电、投资效益等维度构建分层分级结构化的可靠性指标分析评价体系，其中预安排停电关联的业务指标维度包括网架结构、综合停电、不停电作业、分类投资规模，故障停电关联的业务指标维度包括网架结构、设备运维、快速复电、分类投资规模。通过构建基于关键业务管控的可靠性指标体系，涵盖可靠性业务管理及投资等多维度关键指标数据的统计分析，结合不同地区发展与指标现状、兼顾可靠性成本效益，科学预测年度可靠性目标值，突出了可靠性指标对业务管理与投资策略的导向性，在实现可靠性全业务、全过程目标管理方面具有较高的可操作性与实用性。

②规划设计环节。一是推进生产规划深度融合。建立将生产运行中发现的因网架问题导致的重大停电事件、电压问题输出至规划问题库的工作机制，并按照轻重缓急提出解决措施并排序。生产部门应参与规划方案编制、评审及实施成效评估，规划部门应根据电网物质基础、社会经济发展和综合管理水平，结合生产部门的业务需求，组织开展投资测算，并在投资计划中加以落实。

二是开展计划停电实际转供电率考核评价。深入挖掘生产系统综合停电模块、运行方式模块数据信息，制定实际转供电率计算方法，分析各单位实际转供电率现状，将实际转供电率纳入绩效考核指标，并开展月度评价。

三是提升生产规划融合工作信息化水平。开展“方式机器人”、集中建设省级网架智能分析系统，提升网架分析水平，减少人工报数，逐步实现网架分析指标自动采集、分析和规划成效闭环管控。在生产监控系统开发大时户“一停电一方案”闭环监控功能措施，并在公司层面开展销号式管理。

③工程建设环节。一是持续推进“统一建设”机制落地实施。成立地市级项目管理中心、区县级综合业主项目部，通过将基建项目、非购置类生产及营销技改（应急类除外）、年度计划内外协修理项目等进行统筹实施，实现项目建设的集约化、专业化管理和项目管理团队的优化设置，提高管理效率，减少重复建设和重复停电。

二是完善指标体系。制定项目均衡实施比例、工程质量通过情况、项目标准化建设比例等指标，并引入供电可靠性指标体系，切实解决工程建设与供电可靠性脱节问题。

④物资采购环节。一是提升运行评价精准度。强化一故障一分析机制，修编一故障一分析模板，建立智能分析系统功能模块，完善自动化开关动作情况、事故事件等级分类、停电对可靠性影响等内容分析，提升配网综合班人员技能水平，对于必须通过试验、测试等方法确定设备故障原因的，必要时应开展解体分析，将因设备质量导致故障的问题更准确地纳入品控及运行评价环节。

二是拓展运行评价范围。深入开展配电设备账、卡、物一致核查，按照南方电网优化后的配电设备台账规范、配网设备功能位置规范、设备设施技术参数和基本信息规范，提升配网材料类设备台账准确度，针对材料类设备优化运行评价模型，逐步实现配电设备运行评价全覆盖。

⑤退役报废环节。一是降低配网资产报废净值率。严控电网项目前期立项评审关，明确报废净值率的准入条件、要求，加大报废净值率以及闲置物资再利用在技改项目准入评价中的比重，审议资产报废净值及设备利用效益，从项目前期阶段开始严把固定资产退役报废决策关。

二是完善配电设备退役报废指标体系。开展配电设备资产现状分析，从投运时间、资产利用率、技改修理规模预测等方面分析配电设备资产指标与供电可靠性的关系，并反馈至运维环节，提升供电可靠性在退役报废环节的管控力度。

⑥评价与改进环节。围绕基于供电可靠性的全生命周期管理体系（LCR）中对组织管理、人力资源、供电可靠性管理、规划与建设、系统管理、设备管理、科技创新与应用、客户管理、评价与改进等要素的规范要求，完善相关体系评价要素，修编 LCR 评价标准，设置评分标准及查评方法，并选取典型地市供电局或区县供电局开展试点评价，根据评价结果持续完善评价标准和评价方式，逐步扩大 LCR 评价范围，并指导各单位根据评价结果持续改进管理问题。

选取涵盖规划建设、生产运行、客户服务等全业务且对客户平均停电时间有较大影响的 95 个指标，打破业务壁垒，以指标为载体，推进供电可靠性全业务环节管理执行。

以湛江局为例，之前的停电时长与湛江作为省域副中心城市的用电需求不匹配，引入管控体系后，通过 95 项指标，分析出优先实施 6 个主网及 31 个配网网架完善工程，停电可减少 11.0 万时户数（2.80 小时 / 户）。如能把故障前 20 条线路停电时户数减少到湛江平均水平（91.5 时户数），可合计减

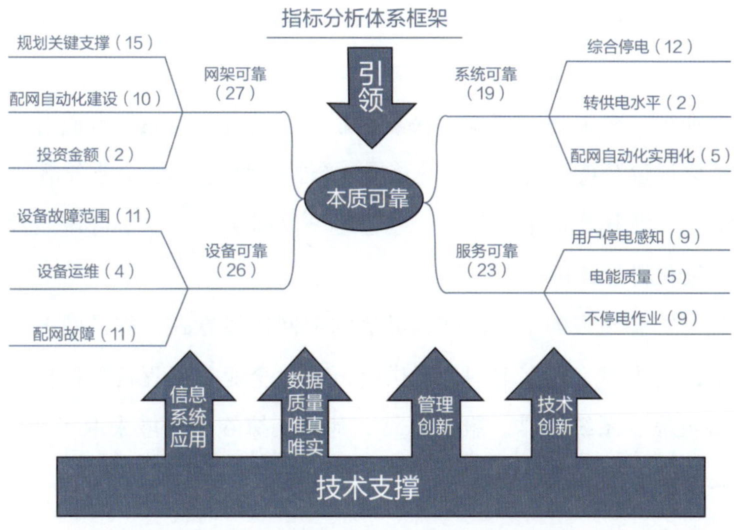

图 2　供电可靠性全业务过程管控指标架构

少 4.8 万时户数（1.22 小时 / 户）。通过对大时户故障线路管控、重复故障线路管控、自愈建设等几个方面的提升，预计故障停电时间可减少至 3.21 小时 / 户，合计可减少至 6.56 小时 / 户。2021 年湛江用户平均停电时间同比降幅超 50%，长时及频繁停电用户数同比降幅超 60%。

（4）管理支撑

一是建成供电可靠性全业务流程指标监控系统，实现“省—地市—县（区）”三级全面智能分析诊断。目前系统已具备管理、展示及分析功能。其中管理功能包括指标基础数据管理、每月指标数据导入、地市局对标，展示功能包括指标数据查询、指标数据展示，分析功能包括单指标分析、关联指标分析。

二是建成网架智能诊断及评价系统，实现了“省—地—县—所”四级配网网架全面智能分析诊断。通过对配网整体网架水平和可靠性水平、运维水平的定量定性分析，厘清网架与可靠性、网架与运行的关系，为基层提供了网架分析工具，达到基于可靠性配网网架的规划建设标准，在推动网架优化完善的基础上，辨识运行管理问题。通过网架分析、运行管理找出问题症结，按照目标网架

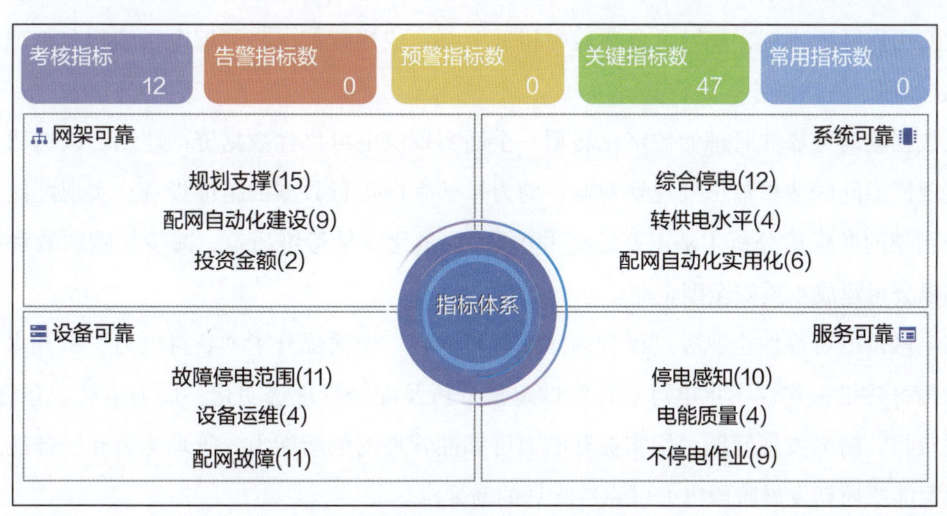

图 3　供电可靠性全业务指标分析界面

进行分析，估算可以挽回时户数。

（5）管理评价

基于“全员、全业务、全流程”理念，探索在业务、人员、绩效等方面对管理机制的建立及落地执行情况进行体系化评价及持续改进，归纳总结9个管理维度、43个业务活动、130个业务事项、330个管理要点，建立了供电可靠性全业务过程管理评价标准，改变了可靠性管理“唯指标”的现状，实现可靠性管理量化科学评价。

供电可靠性的提升需要坚强的主网网架、灵活的配网接线方式、先进的电网装备技术水平以及卓越的服务管理水平作为支撑，广东电网依托供电可靠性全业务过程管控指标体系，在重点工作部署、网架可靠、设备可靠、系统可靠、服务可靠、基础支撑6个领域采取了30项举措，制定了27项关键指标，全面提升供电可靠性管理水平，全业务过程各项指标显著提升。

二、案例实践效果

（一）综合效益

广东电网供电可靠性全业务过程管控体系研究建立了多个领先体系。

率先建成供电可靠性全业务过程管控体系，真正实现供电可靠性总抓手作用。广东电网各部门统一思想，全面应用该体系，减少用户停电感知，2021年领先城市数量连续十二年领跑全国，粤港澳大湾区用户平均停电时间达到世界主要湾区先进水平。

管理引领业务创新，无人机、配网自愈、智能电表电压监测等新技术得到全面推广应用，实现“全国首个、规模最大的配网机巡自动驾驶全覆盖省级电网”；建立省级统一的配网自愈建设和配网自动化实用化管理机制，配网自愈覆盖率超过70%；应用智能电表开展电压监测和治理，实现从“被动响应”到“主动服务”的转变。

依托数据驱动可靠性管理的数字化转型，全面实现供电可靠性数据资产应用。以透明化管理为导向，实现网架问题清单输出到规划专业，助力基于生产运行数据的精准投资；实现配网运维及服务与自身网架的匹配度分析（基于系统直采数据），量化评估运维质量，减少故障次数和提高抢修效率，支撑公司建成本质安全型企业。

广东电网供电可靠性全业务过程管理体系有效运转，全面提升了“获得电力”服务水平，服务粤港澳大湾区建设，实现了供电可靠性定性定量分析及配网管理透明化，助力生技线条管理突破，减轻基层负担，精准发现问题，切实提升电力可靠性管理的创新能力、管理能力和服务能力，有效落实了国家能源局新发展阶段电力可靠性管理的新要求。

通过项目成果整体应用，预计年新增利润1365万元，节支总额4.08亿元，拉动GDP增长10.3

亿元。利润方面，本项目供电可靠性全业务流程监控分析系统实现了可靠性精益管理，预期减少客户停电时间 1.4 小时 / 户，减少停电电量 1.4 × 7500 × 0.65 = 6825 万 kWh，增加收益 1365 万元，自愈功能累计成功动作 291 次，减少停电 47.3 万时户，增加供电电量 105.1 万 kWh，增加收益 21.0 万元。配电网智能调度操作系统，实现调度操作标准化、智能化功能，每次节省停电约 10 分钟，全省平均每天停电操作 1300 次，每次停电负荷约 25kW，增加供电电量 197.7 万 kWh，增加收益 39.5 万元。2021 年广东省（不含深圳）GDP 为 94334.8 亿元，社会用电量 6526.5 亿 kWh，换算一度电带来 14.5 元 GDP 增长，按每年预计减少停电电量 7127.8 万 kWh 计算，可拉动 GDP 增长 10.3 亿元。节支方面，按规划部统计年节约 4 亿元建设成本。人力成本方面，通过网架智能诊断分析等系统应用，每月可节省 1 人工作量，规划人员约 800 人，人力成本按 1 万元 / 月计，全网人工成本总计节约 800 万元。

（二）第三方评价

2021 年 11 月 26 日，广东电网供电可靠性全业务过程管控体系研究通过中电联成果鉴定。由全国电力安全专家委员会、国家能源局可靠性管理和工程质量监督中心等主管部门领导，清华大学、中国电力科学研究院等业内资深专家组成的鉴定委员会，对项目成果给予了高度评价，专家组一致认为：项目成果属于国内首创，达到了国际领先水平。

（三）行业推广前景

从 2020 年 1 月开始，广东电网供电可靠性全业务过程管控体系研究项目成果投入应用。项目成果在省—地—县—所各级单位全面应用，实现各专业协同合作，提升效益显著，在全国各供电企业推广应用前景广泛。同时，成果已在国网有关单位进行宣讲，得到高度好评，并在贵州电网全面应用。目前广东电网正协助中电联编制国家标准，进一步推广成果应用。

（彭发东　张名捷　黄杨珏）

全域高供电可靠性示范区创建实践

一、案例基本情况

（一）单位基本情况

本案例牵头单位是广东电网有限责任公司佛山供电局（以下简称“佛山供电局”）。佛山供电局为广东电网公司直属特大型供电企业，负责佛山全市五区（禅城、南海、顺德、三水、高明）的安全供电、电网建设和供用电服务。佛山供电局目前共有职能部门 15 个，挂靠机构 2 个，直属机构 13 个，直管直供区供电局 5 个；现有职工 5850 人，供电客户 401.63 万户，资产总额达 374.35 亿元。2022 年，佛山年度最大负荷为 1416.6 万 MW，同比增长 3.31%；2021 年营业收入为 447.63 亿元，同比增长 15.52%；利润总额为 38.59 亿元，同比上升 19.11 亿元。

近年来，佛山供电局紧密围绕社会、经济发展需求，全力做好电力供应保障，获“全国五一劳动奖状”“全国安全文化建设示范企业”、全国总工会“工人先锋号”等多项国家荣誉。500kV 凤城站获评“鲁班奖”。供电可靠性连续十二年排名进入全国前十。供服连续十三年位居市公共服务满意度第一名。

（二）案例实施背景

新时代背景下，国家能源局对电力企业供电可靠性管理提出新的要求，南方电网公司也提出“以供电可靠性为总抓手，全面提升配电网运行支撑体系”的工作部署。

深入剖析目前影响供电可靠性水平的网架、设备、作业、管理四类因素，佛山供电局依然存在配网可转供电率不高、影响供电可靠性网架问题突出、自愈技术路线不明确、无人机应用成效不高、带电作业管理不规范、中低压保供电方式不统一、停电优化缺少核心手段、缺少可靠性过程评价标准等问题。

针对上述问题，佛山供电局根据配电网智能化、数字化发展趋势，全面推进电网智能规划和数字电网建设，建立“自主规划”体系，打造“安全、可靠、绿色、高效、智能”的现代化电网。推进智能化运维，系统开展配网故障防控和配网自愈建设应用，降低用户故障停电时间；落实“一抓五联动”可靠性管理策略、推行综合停电“六步法”，创新不停电作业管理，实现用户计划停电“零感知”；不断夯实可靠性管理基础，建设供电可靠性全过程管控平台，探索基于低压台区透明化的低压供电可靠性管理，使供电可靠性水平得到进一步提升，建成佛山全域高供电可靠性示范区。

（三）案例具体实践

1. 总体思路

佛山供电局地处粤港澳大湾区，配网管理站位不断提高，按照“系统思考、科学谋划”的原则，努力建设与“人民美好生活”相适应的配电网及其管理体系。佛山供电局以可靠性为总抓手，围绕“网架可靠、设备可靠、作业可靠、管理可靠”目标，综合应用电网网架智能规划、智能电房建设、无人机自动巡检、配网自愈、不停电作业体系、综合停电管理、数字化平台建设应用等管理及技术手段，切实提高佛山市全域供电可靠性本质可靠水平，确保供电可靠性水平持续保持领先。

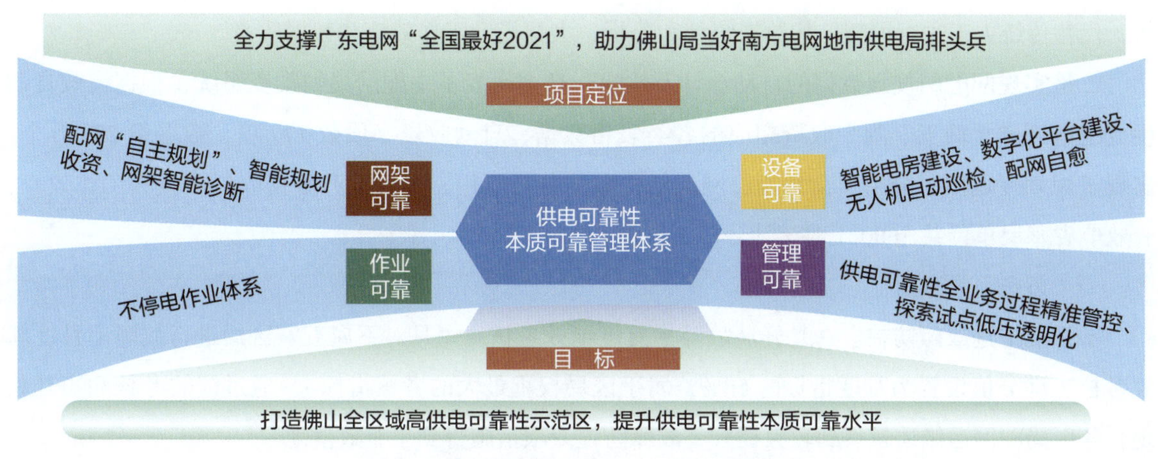

图1 佛山供电局供电可靠性本质可靠管理体系

2. 主要做法

（1）网架可靠方面

①全面建立“自主规划”体系，引领建设“安全、可靠、绿色、高效、智能”的现代化电网。一是构建了适度超前的高可靠电网。通过规划—建设—物资—运维—科技—服务—信息等专业的多线联动，建设了一张满足区域发展和各类客户用电需求的坚强电网。初步形成以500kV罗洞、西江、顺德、沧江、东坡、凤城站为供电中心的分层分区互援互联的高可靠性电网，变电站供电能力和电网抗风险能力明显提升。主网35kV及以上的设备可以实现失压下全部自动转供；配网实现分层、分区组网，“主干线分段、分支分界、联络开关”进行自动化合理配置，划分供电片区，区内形成相对独立的自愈馈线组，组内线路小于等于4回，供电能力进一步提升。

二是坚持自主集约化规划。打破“自下而上”抽查把关的传统分层分级规划模式，建立了“以我为主”的新规划体系，设立佛山供电局电网规划中心，承接了佛山五区电网规划业务，规划业务变得集约高效。

三是依托佛山供电局电网规划中心建立起强力的“自上而下”一体化自主集约规划模式，严格把关，实现“两库”（问题库、项目库）、“两门”（可研、立项），实现了规划与前期、规划与计划的有效衔接，促进规划目标优质高效达成。

四是建立严格把关的自主评审机制。建立健全严格的可研自主评审机制，印发可研质量提升“3+N”工作机制，进一步细化可研审查内审、初审、审定工作要求，确保对规划确定的网架结构和规划目标严格依从，杜绝随意调整规划方案。

五是开发数据透明、准确、集成、实用的规划业务支撑系统，实现规划基础数据自动收资。建立配电网规划项目效益评价体系，形成佛山“十四五”配电网规划成果，同时编制相关评价标准，自动进行评价评分，推进优质规划成果落地。

②坚持数字化转型，推进数字电网建设。发挥规划龙头作用，统筹推进配电数字化工作，建设可视、透明的数字电网，实现电网透明化、规划智慧化。

一是开展配电网网架智能化自主分析。自主研发网架诊断机器人，通过配电 GIS 配网单线图公共信息模型（CIM 模型）数据的深度解析，同时结合各大专业系统数据，实现配电网网架智能化分析，代替传统人工进行网架结构数据统计和分析，大幅提升工作效率和数据质量。

二是实现配电网规划数据的自动统计及输出。自主研发了主配网规划收资系统，根据模版自动生成配电网“十四五”规划收资相应的各类表格数据，自动收资字段数 177 项、数据量 233 万个，实现了规划专题图、分层负荷预测、网架结构数据分析应用，大幅提升数据收资质量和工作效率，有效节省基层单位共 3600 工时统计分析工作量。

（2）设备可靠方面

①系统推进故障防控。一是开展故障率月度绩效考核。每月对下属五家区局进行故障率月度绩效考核（满分值设置为月度指标的 50%，属于区局权重最大的考核指标），通过绩效考核和当月兑现，各区局配网运维质量得到较大提升，故障防控专项措施得到了有效落地。

二是开展重点专项防控。针对历年故障主要原因，从技术和管理方面找准短板，重点针对防雷击、防用户故障出门、防小动物开展专项行动，故障率总体同比下降约 23.5%。

三是无人机自动驾驶巡视全覆盖。佛山供电局共装备无人机 281 架，有获得 AOPA 资质的飞手 123 人，2021 年 5 月完成全市非禁飞区 7719 千米架空线路自动驾驶巡视全覆盖，年累计开展机巡 5109 次，巡视线路长度 21242 千米，发现缺陷 6696 项，提质增效明显，智能运维成效突出。

②推进配网故障自愈建设，实现故障停电“少时户”。一是全域推广应用主站与级差保护协同型自愈方案。建成电流级差式就地型保护馈线组网络，实现中压线路故障区段自动隔离，非故障区段自动转供。

二是构建大二次运维体系。由配网自动化主站通过仓调诊断师、定值修改系统、自动遥控预置和工单机器人等智能化新技术，实现自动化二次系统的远方监测、自动遥控测试等功能，主动发现并精准锁定设备问题，再由区局综合班承接跟进现场具体消缺工作，配合主站完成远方自动化作业。相比传统人工作业，实现二次自动巡检后，各环节效率均大幅提升，2021 年累计减少 1 万作业工时。

三是建立配网自动化综合评价指标体系。建立多维度、精准、可量化的配网自动化综合评价指标体系，从规划建设、调试投运、运维、应用成效、基础管理五大方面梳理出 18 项关键指标，对自动化及自愈管理工作进行量化评价，快速提升配网自动化建设水平和有效覆盖率自愈成效。开发移动端佛山配网自动化动态周报，汇总体系指标情况，发送到各级管理人员手机，使工作开展和指标变化情况一目了然，可随时随地查看。首次提出理论最小可自愈率指标，可利用单线图系统导出的 CIM 模型，实现对线路网架和自动化开关布点合理性及转供能力的精准量化评价。

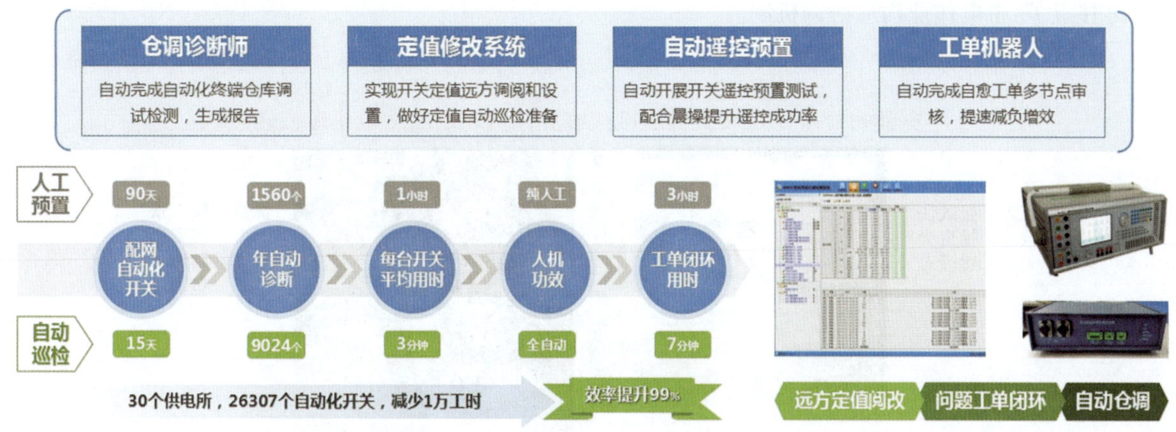

图 2　大二次运维体系

（3）作业可靠方面

建立适合地市局供电可靠性发展的不停电作业体系。

一是组建团队，建立“自主 + 外协”的不停电作业专业管理模式。佛山供电局在配网带电作业和发电车保供电作业方面，构建了“自主 + 外协”组合业务模式，一方面通过开展自主作业有效保障了核心业务回归，确保主业人员“能干会管”核心地位；另一方面通过外协施工，满足日益增长的带电作业需求，同时提升作业质量和安全管控水平。按照分级管理原则，构建了佛山配网带电作业和保供电作业“市局—区局—供电所”三级管理网络组织架构。

二是建设“广义双电源”网架，建设不停电作业友好型线路。明确“广义双电源”配网网架建设目标和思路，将所有中压线路拆分为干线、大支线和小支线的组合；主干线建设末端环网点、大支线建设中压发电车接入构架，小支线建设低压发电车快速接入装置，通过转供电，中、低压发电车临时接入，最终实现所有用户的“广义双电源”全覆盖，让用户享受到供电保障。

中压架空线路安装中压发电车接入构架和电缆线路在配电站预留一面中压开关柜以实现快速接入两种大类。

低压台区停电时，低压发电车（机）保供电的快速接入装置主要有四种实现形式。

三是建立以“双电源法”优化停电计划的管控模式。落实“所有停电范围都可以充分拆分”的理念，将所有计划停电范围拆分为“干线、大支线或小支线的组合”，非检修区段的任意用户可以用“广义双电源”供电，按照管控原则，通过年度、月度停电计划管控，实现预安排停电“零时户”。

四是系统建立不停电作业保障机制和快速响应机制。

完善带电作业中心驻点配置。按照省公司的带电作业和应急发电车抢修到位标准“城市地区 45 分钟、农村地区 90 分钟、特殊边远山区 2 小时”，完成佛山供电局带电作业队伍在各区的驻点班组配置。

成立不停电作业柔性团队。在各区局组成立不停电作业柔性工作团队，负责与外协带电作业单位联动，进行现场勘查、技术支持，编制混合作业清单筛查表、发电车（机）保供电安排表，将带电作业和发电车（机）纳入月度停电计划管控，形成“市局生技部—市局试验所—区局—供电所（外协驻点）”带电作业沟通协调机制。

小支线的公用配变加装低压接入线夹，实现低压发电机车快速接入

1. 快速接入箱
优点：接入快
缺点：投资大
建设难

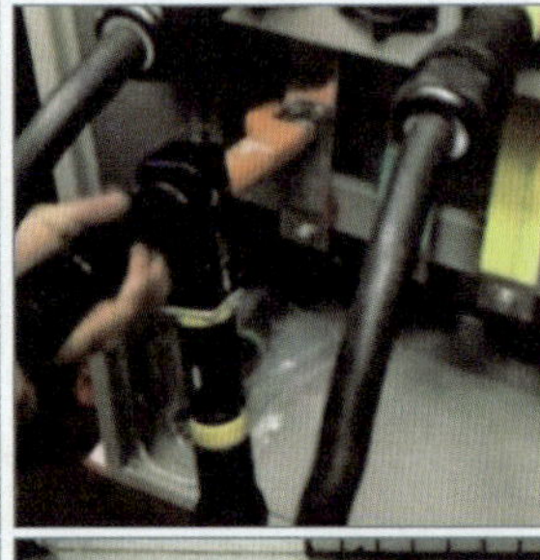

3. 母线汇流线夹
优点：接入快
投资小
缺点：载流小
范围小

2. 防倒供电线夹
优点：接入快
投资小
建设易
缺点：适用架空

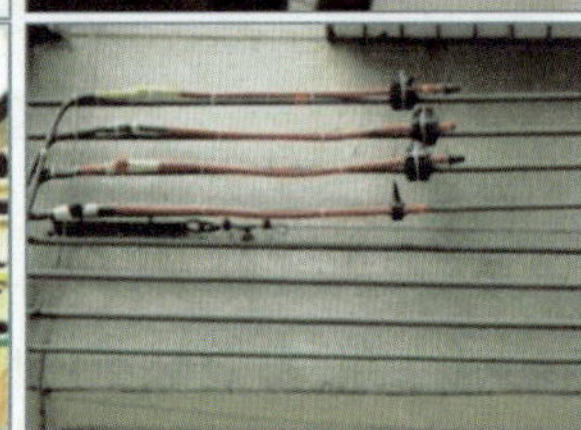

4. 带电穿刺
优点：接入快
无投资
缺点：载流低
接触不良

图 3　低压快速接入装置实现型式

建立不停电作业快速响应机制。形成了带电作业车和发电车（机）市局统筹、分区管理模式，建立保供电队伍和常态化快速响应机制，实现计划停电和故障停电的保供电快速响应，提高保供电效率，同时确保有序、规范、安全地开展中低压保供电工作。

完善带电作业和保供电设备。对现有发电车（机）进行升级改造，使其具备快速接头、穿刺线夹和低压母排汇流钳等多种快速接入保供电的功能，对各公变台区具有通用性，提高低压发电车（机）保供电接入效率。同时，增加不停电作业装备和器具配置，拓展不停电作业项目的广度与深度，稳步提升配网不停电作业数量和效率。

五是完善配网带电作业和保供电作业制度标准体系。结合佛山供电局配网管理标准和运维模式，修编配网带电作业和保供电作业制度体系、指标体系、组织体系、装备体系和考核评价体系。梳理配网不停电作业相关的 15 份管理标准、40 份技术标准、45 份作业标准。

六是积极开展不停电作业新技术应用和探索。开展绝缘短杆作业技术研发及应用，有效降低作业人员触电风险和热应激反应，提高作业效率。应用绝缘涂覆机器人，实现对 10kV/35kV 裸导线带电绝缘涂覆，应用树障带电清除机器人，实现在 10kV 架空线路不停电的情况下，对线路下的树障进行修剪。

（4）管理可靠方面

①强化供电可靠性过程管理，提高配电网运行效率。佛山供电局聚焦“用户停电时间和客户诉求”，以可靠性为总抓手，一是坚持“一抓五联动”的管理策略，抓综合停电管理制度建设、流程固化，推行“综合停电优化六步法”。二是建立月计划提级审批机制，以 30 时户数以上的计划任务

提级管理为切入点，深入剖析线路、所在馈线组的网络架构、近年的停电项目安排合理性，以及本次计划任务不停电措施应用的情况。三是率先开发应用供电可靠性监控模块。运用数据贯穿业务，聚焦指标监控、停电原因、停电管理、重大停电、重复停电、长时停电、数据质量七个维度，实现供电可靠性核心指标和关键事件的实时监控，输出对综合停电、网架规划、检修作业、故障抢修等方面的指导建议，提升供电可靠性数字化管理水平。

②探索试点低压台区透明化，提升可靠性管理深度。在高明局试点按照资产全生命周期管理及客户全方位服务理念，按照“简单、经济、适用”的原则，以“三个透明化”为落脚点，推广智能配电房、低压透明化、数字平台建设等业务应用，将智能化运维延伸至客户端，打通数字配电网的“最后一米”。以智能电表、智能电房为依托，建立中低压设备的智能化运维和急修新模式、建立基于智能电表的现代供服新模式，打造中压、低压和客户侧可视、可测、可控和智能化运维数字配电网示范区，探索出一套适宜全网推广应用的数字配电网建设模式。

二、案例实践效果

（一）综合效益

佛山供电局建立了一套适合地市局开展供电可靠性管理含技术标准、管理规范、业务制度的体系和数字化平台，有助于优化供电可靠性管理手段、促进局供电可靠性管理人才队伍的培养，形成高效管理模式。佛山供电局供电可靠性管理水平持续提升，供电可靠性指标连续十二年进入全国前十名。

一是全面构建了电网自主规划新体系、新架构、新模式。实现了各区局电网规划业务高度自主集约；创新建立常态化规划管理模式，提升规划响应度，强力依托电网规划中心自主完成 145 亿元的“十四五”规划项目储备。

二是建立可穿透性数字电网，自主研发主配网收资系统，全网率先实现智慧规划实用化、数字化。大大提升规划工作效率及专业化水平。全网首创研发网架诊断机器人，实现配电网网架智能化分析，有效节省基层单位 3600 工时统计分析工作量。深入挖掘可靠性管理模块等系统数据，实现可靠性停电数据的自动分析和评价，提升供电可靠性数字化管理水平。

三是建成南网首个自愈全覆盖的地市供电局。开发了南网首个智能配电网可视化系统，构建了一套涵盖规划、建设、运行、维护等各业务环节的量化评价体系，实现了配网故障自愈管理全流程、实用化监控评价。实现故障自愈覆盖率达 100%，年累计自愈成功动作 136 次，平均用时约 1 分钟，减少故障用户 5373 户，占故障线路总用户数的 46.21%，减少用户故障平均停电时间 0.22 小时。

四是建成南网首批不停电作业全覆盖示范区。首创并建成覆盖佛山全域的配网“广义双电源网架”，填补国内中压线路分支线和配变台区低压线路“双电源”规划建设空白。探索建立了“自主+外协”和“主业不停电作业三级管理网络”的配网不停电作业新型管理模式。2021 年，佛山配网环网率达 100%，“广义双电源”改造完成率达 100%，实现不停电作业体系覆盖达 100%，累计开展不停电作业 14010 次，节省中压用户平均停电时间 8.2 小时 / 户，不停电作业化率达 98%。

五是低压台区透明化试点探索成效突出，输出低压台区透明化“佛山样板”。在试点的高明区实现 33.9 万用户基于智能电表计量数据挖掘应用的低压透明化全覆盖，与南方网电数研院联合开发完善支持系统及 App，实现问题自动告警及工单闭环管控。2021 年，电压类客户投诉率同比下降 30%。在南海金融高新区等试点完成低压“变—支—户”关系自动拓扑技术示范点建设，进一步探索基于智能网关、低压测控装置应用和智能电表的低压台区透明化“高标准范本”。佛山供电局配网低压台区透明化建设案例入选南方电网《数字电网实践白皮书》。

（二）第三方评价

一是顺利通过中电联科技成果鉴定。2021 年 12 月 13 日，中电联组织召开了“佛山供电局基于配网不停电作业的供电可靠性管理实践”项目成果鉴定会。鉴定会邀请了中电联可靠性管理中心、南方电网公司生技部、省公司生技部以及国网研究院、贵州电网公司等机构和高校的专家参加了会议。鉴定委员会一致认为项目成果达到国际领先水平，成果系统性强、创新点多、实用性强，在行业内具有显著的推广应用价值。顺利通过评审。

二是《羊城晚报》报道佛山供电可靠性已达到世界主要湾区先进水平。国家能源局发布 2021 年供电可靠性数据，佛山全口径平均停电时间居于 1 小时主要城市之列，供电可靠性指标连续十二年进入全国主要城市前列。

三是在国家营商环境评价中，佛山“获得电力”指标进入全国前 20 名。在广东省电力营商环境评价中，佛山仅次于广州和深圳，获得第二档第一名。佛山供电局不断完善现代供服体系，不断创新服务方式，擦亮“佛山 E 来电”获得电力品牌，打造营商环境“获得电力”示范区，客户用能成本明显下降，供电可靠性水平持续提高。2021 年，佛山供电局在广东省地方服务型政府建设系列调研报告中，以 86.01 分的高分取得佛山政府公共服务满意度第一名，标志着佛山供服满意度实现了十三连冠。

（三）行业推广前景

佛山全域高供电可靠性管理模式系统性强、创新点多、实用性强，其中网架智能规划收资系统、配网自愈、不停电作业体系、低压透明化等多项成果在南方电网、省地市局推广应用，管理效能显著提升，经济社会效益显著，在行业内具有显著的推广应用价值。

（唐鹤　孔令生　张乔琳）

新一代智能运维体系推动组织模式变革，打造国际领先数字配电网标杆示范

一、案例基本情况

（一）单位基本情况

广州地处粤港澳大湾区核心，用电始于1888年，是国内第二个使用电能的城市。广东电网有限责任公司广州供电局（以下简称“广州供电局”）持续为广州提供高质量供服，始终牢记“国之大者”、坚守职责使命，深入贯彻落实国家能源局决策部署，紧密围绕中电联可靠性管理要求，全面承接南方电网公司“两化促两型”建设，立足“创先引领、标杆示范”和“中心、窗口、标杆”定位，推动广州电力高质量发展，助力广州实现老城市新活力“四个出新出彩”。广州供电局通过数字化转型及数字电网建设，建成新一代智能运维体系，支撑可靠性本质提升，用户平均停电时间达到国内先进水平。

（二）案例实施背景

广州供电局全面贯彻数字中国战略和省公司决策部署，着眼于电网未来发展，为破解日益增长的“设备规模快速增长与运维人员不足”的矛盾，深谋划、早布局，依靠“云大物移智”技术统筹，打造新一代智能运维体系，持续推动广州供电局生产业务组织模式向“生产监控指挥中心+网格化管理”的演变和变革，初步建成海珠琶洲和南沙明珠湾国际先进数字配电网示范区，完成生产业务场景App全覆盖，支撑作业数据现场采集取代人工录入，做到“只填一张表”，完成配网智能运检平台建设，应用无人机、智能电房、智能台区远程巡视和监测设备状态，实现“就看一张图”，统一资产实物编码标准，并打通物资采购、品控、施工、验收、运维、报废等各环节，达到“一码通全网”。示范区内部分技术指标达到国际领先水平，为广州供电局高质量发展提供了重要支撑。

（三）案例具体实践

1. 总体思路

依托广域物联网平台和电网管理平台，全面推进数字化、智能化建设，通过技术变革为管理变革铺路，深度融合“云大物移智”等技术，构建“柔性、自愈、透明”的电网结构，实现配电网的智能化、数字化、可视化，进一步降低设备故障率，优化资产利用率、提高运维质量和效率，适应多种能源灵活接入、提升服务互动能力，建成更加安全、可靠、绿色、高效、智能的数字配电网。

2. 主要做法

（1）只填一张表

开发快速复电、验收、中低压巡视、试验管理、检修、不停电作业、操作等 App，形成配网生产 App 全覆盖，支撑作业数据现场采集代替人工录入，实现作业现场无纸化。以快速复电 App 为例，打通了客户—客服—抢修人员—管理人员全路径，集成营销、停电池、生产、配用电、时空大数据、设备中心等系统数据，实现配网抢修工作跨专业、跨系统的高效协同应用及数据共享，形成监控中心、区局和供电所三个层级的分层管理，支撑抢修工作位置可视化、数据采集结构化、从用户保障到用户对抢修过程评价全过程可观、可测、可控、可追溯、可考核。

（2）就看一张图

通过“1+4”（1 个自动化：配网自动化，4 个智能化：智能配电房、智能台区、智能管廊、智能装备）智能硬件体系和智能运检管控平台软件体系，实现配网环境和设备量态势感知，形成“设备风险一张图”；通过作业计划、作业风险、人员管控形成“人员作业一张图”；通过基础时空数据、智能台区数据、配用电和电能量平台数据、运营监控和电压质量监控数据以及快速机制和基建项目等数据底座支撑融合，形成故障可视化、运行可视化、措施可视化、规划可视化的“低压运行一张图”。

（3）一码通全网

通过重构实物编码逻辑定义，实现唯一的实物编码和不同信息系统的编码标签相关联，兼容资产全生命周期管理涉及的各类业务系统，建立不同系统设备资产数据字段的映射关联模型，实现全网设备资产的集约化管理，贯通资产全生命周期管理的各个环节，融合物资系统、工程系统、资产系统和移动 App，按责任主体分摊资产数据录入方式，降低数据差错率，深度融合现场业务和信息系统，重构现场运检作业模式，实现现场作业“一码通全网”。

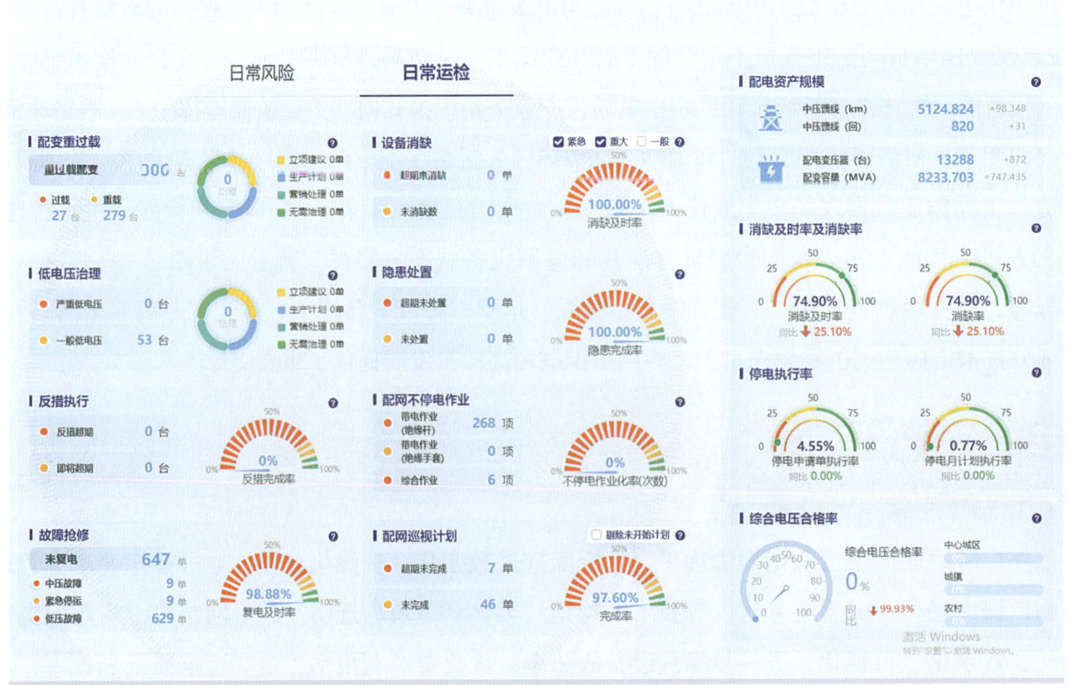

图 1　配网智能运检管控平台

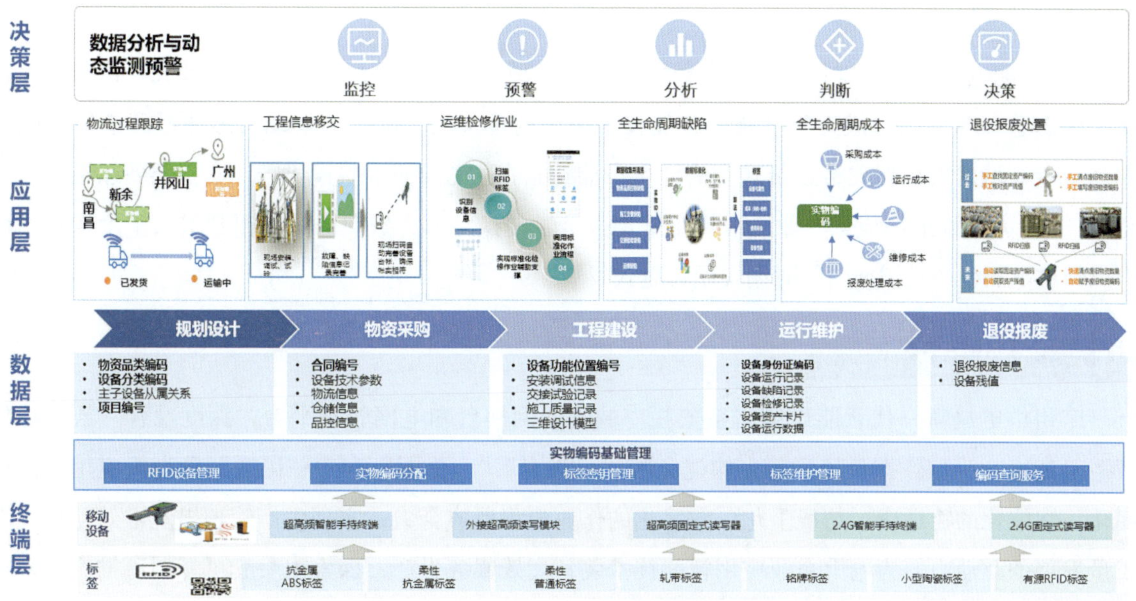

图 2 “一码通”

二、案例实践效果

（一）综合效益

初步建成海珠琶洲和南沙明珠湾国际先进数字配电网示范区，完成生产业务场景 App 全覆盖，支撑作业数据现场采集代替人工录入，做到“只填一张表”；完成配网智能运检平台建设，应用无人机、智能电房、智能台区等开展远程巡视，实现“就看一张图”；统一资产实物编码标准，并打通物资采购、品控、施工、验收、运维、报废等各环节，达到“一码通全网”。

第一阶段：2023 年，数字化创新发展指数达到 90 分。新型数字基础设施能力大幅提升，新建信息基础设施自主可控率达 70%，智能台区、智能电房在南沙自贸区等 7 个高可靠性核心示范区实现全覆盖；数据生产要素与传统生产要素相互衔接，业务数字化指数达到 90 分，全员劳动生产率大幅提升、超过 8%；数据在企业综合效益中的贡献度持续增长，数字经济收入超过 500 万元 / 年。

第二阶段：2025 年，建成广州数字城市电网，电网运营和客户服务达到国际领先水平，数字化创新发展指数达到 97 分。新型数字基础设施能力完备，率先建成全域物联感知体系，新建信息基础设施自主可控率达 100%，智能台区、智能电房全市覆率达 50%，并在越秀、海珠、南沙 3 个核心城区实现全覆盖；数据生产要素与传统生产要素深度融合，业务数字化指数达到 97.5 分，全员劳动生产率保持在 8% 以上；数据在企业综合效益中的贡献度全面提升，数字经济收入超过 1000 万元 / 年。

（二）第三方评价

“智能配电房建设关键技术与设备研究及应用”项目经中电联组织鉴定，技术成果达到国际领先，标志着广州供电局成为生产领域智能技术应用的排头兵，新一代智能运维体系逐渐体系化运作，生产领域的组织形式将逐渐转变为“生产监控指挥中心＋网格化管理”，业务开展逐渐“线上化”，一线人员逐渐完成“专业工程师＋管理人员”转换，人力资源的效能得到最大限度发挥，助力广州供电局生产领域面向新时期实现跨越式发展。

（三）行业推广前景

广州供电局新一代智能运维体系依托广域物联网平台和电网管理平台，深度融合“云大物移智”等技术，深挖数据价值，着力构建完善“一张表”“一张图”和“一码通”等高级应用，使透明化、智能化的物理资产与线上化、数字化的作业流程形成合力，实现生产管理提质增效，形成高质量发展的驱动力，为电力企业应用智能技术装备高效服务生产，探索出一套可复制可推广的管理经验。

（罗林欢　代晓丰　易启淋）

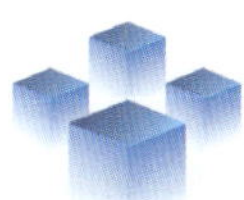

以高质量发展为核心，推进全领域智能运维促进生产运维模式新变革

一、案例基本情况

（一）单位基本情况

韶关市位于广东省北部，下辖3区7县，土地面积1.84万平方千米，居广东省第二位，其中市区面积3468平方千米，地形以山地、丘陵为主，森林覆盖率为73.84%。

广东电网有限责任公司韶关供电局（以下简称“韶关局”）是中国南方电网有限责任公司（以下简称“南方电网”）下属的全资子公司——广东电网有限责任公司（以下简称“广东电网”）的20个地市级分公司之一。韶关局主营业务为韶关地区电网建设、电网运维和电力供应服务，为超过350万用户提供供服。

（二）案例实施背景

国企改革三年行动方案中指出，要进一步推动国有资本的布局优化和结构调整，构建高质量发展新格局。省公司先后启动数字化转型、生产组织模式优化等专项工作，提出了电网运行水平持续提升、劳动生产效率持续提高的高质量发展目标。

一直以来，受地形阻隔、运维人员工作经验、技能水平等因素影响，韶关电网设备运维工作存在巡视效率低、维护质量低的短板，不满足当前高质量发展要求，因此亟须探索运维新技术和新模式，以实现设备运维提质增效。

为进一步践行高质量发展要求，自2018年起韶关局在省公司带领下开始探索无人机自主巡视模式，到2021年3月，完成全域5000余千米输电线路三维建模及航线规划，实现架空线路无人机自主巡视全覆盖；自2019年3月起以新丰为试点开始探索无人机在配电线路中的应用，到2020年9月，完成全域1万余千米配电线路航线规划，实现架空线路无人机自主巡视全覆盖；自2019年4月起，开始探索220kV芙蓉站无人机在变电一次设备巡视中的应用，到2021年4月，完成全域变电站三维建模及航线规划；2023年3月，实现全域户外敞开式变电无人机巡视全覆盖，率先完成了全域输、变、配室外设备无人机自主巡视全覆盖。

（三）案例具体实践

1. 总体思路

韶关局深入贯彻南方电网国企改革三年行动决策部署，落实国家战略优化调整公司业务布局和结构的有关要求，构建基于设备智能巡检的“13631”模式新变革。围绕高质量发展“1个核心”，以实现设备运维提质增效为目标，以设备智能巡视技术为支撑，在输、配、变“3个专业”全领域开展数字化转型工作。通过三维建模、航线规划、高精度定位、简易机巢、数据管理、缺陷识别等“6项关键技术”攻关、融合，实现“航线自动巡视、数据自动回传、缺陷自动识别”设备智能巡视“3个自动化”。建立适宜生产力发展的“1种新模式”，打造生产指挥中心，推动输、变、配“问题发现中心+问题处置中心”的“运检分离”模式有效落地，实现智能巡视“集中化”、数据分析“专业化”、问题处理“本地化”、闭环管控“系统化”，提升业务协同效率。

2. 主要做法

（1）树立“1个核心”，践行高质量发展理念

韶关局党委围绕高质量发展核心，作出坚定不移走创新之路，用科技创新带动管理创新，提高生产力，推动生产关系变革的工作部署。韶关局承接并发布《韶关供电局面向“十四五”电网高质量发展的生产组织模式优化专项行动方案》等工作方案，着力通过电网数字化转型和生产组织模式优化，提升电网运行水平，提高劳动生产效率，为“十四五”高质量发展奠定坚实基础。

（2）覆盖“3个专业”，实现全域数字化转型

以设备智能运维为抓手，在输、配、变“3个专业”全领域开展数字化转型工作。通过“老方法，新实践”，在输电巡视方式及运维模式转型的基础上，进一步推广智能巡检经验，开展中压配网架空线路、变电站运维模式探索与实践，深入推进全领域改革创新转型，以提高输、变、配设备运维水平和运维效率，达到全领域高质量发展目的。

（3）融合“6大技术”，推进运维“3个自动化”

通过融合无人机智能巡视“6项关键技术”，实现输、变、配设备航线自动巡视、数据自动回传、缺陷自动识别“3个自动化”。

①三维模型重构，实现电网一次设备可观。在输电设备激光雷达建模经验基础上，根据配、变设备特点，革新三维建模方法，创新性地将价格低廉的倾斜摄影技术应用到配网三维建模中，将作业安全可靠、精度高的地基雷达技术应用在变电三维建模中，在全国率先完成全域5000千米输电线路、1.2万千米配电线路和128座变电站数字化三维建模工作，为全国首个实现输、变、配一次设备三维建模的地市级供电局。

②巡视航线规划，实现设备立体化巡视。以航线安全性为前提，以基于运维策略巡视要求的高质量巡检为目标，构建无人机巡视航线规划标准，实现输、变、配一次设备三维立体化巡视。在全国率先完成全域5000千米输电线路、1.2万千米配电线路和128座变电站数字化航线规划工作，其中输、配一次设备巡视替代率达100%，变电一次设备巡视替代率达82%。配合省公司完成《变电站无人机巡检航线规划指导意见》的编制。

③北斗高精度定位，实现无人机精准飞行。2019年，韶关局在220kV芙蓉站建成了全省第一

图 1　自动巡检无人机从机巢起飞准备执行巡检工作

座北斗地基增强基站，开展基于北斗的高精度定位服务探索。目前全市已部署北斗基站 15 座，完成北斗定位系统建设，为无人机巡视提供实时厘米级定位服务，实现“航线自动巡视”。

④简易机巢部署，实现无人机远方调度。创新性地保留全自动机场远程调控、数据回传的核心功能，取消自动换电功能，由保安人工换电取代，成本由 60 万元下降至 5 万元。应用“简易机场 + 保安模式”，全面实现全域 112 座户外变电站无人机远程调度，有效减少运维人员进站次数和时间，提高巡检效率。

⑤数据自动管理，实现作业模块化执行。完成巡视业务管理模块开发，为设备巡视、数据管理、缺陷识别提供平台支持，实现计划执行、数据回传、数据分析、缺陷发布、业务管控的全业务流程数据的自动流转，实现数据自动回传。

⑥缺陷智能识别，提升数据分析质量。通过样本积累和算法迭代优化，完成鸟巢、藤蔓攀爬等 5 类配网缺陷智能识别、配网树障快速识别、配网通道隐患分析、配网资产巡查、变电站刀闸状态识别、SF6 快速接头表计识别、红外温度自动提取等识别模块开发，实现机巡数据自动分析、缺陷自动识别。

（4）打造“1 种新模式”，推动运维“运检分离”

韶关局按照“问题发现”与“问题处理”责任主体分离的思路，打造“运检分离”模式。成立生产指挥中心专班，集中开展设备监测、智能巡视、缺陷识别工作，打造“问题发现中心”；原运维班组负责异常数据和设备缺陷的确认、处置，成为“问题处置中心”，从而实现“智能巡视‘集中化’、数据分析‘专业化’、问题处理‘本地化’”。

①组织架构优化。韶关局成立地市级和县区级生产指挥中心。其中地市级成立设备状态监测班、智能机巡班、输电监控班、输电机巡作业班，各区县局成立配网智能作业班，集约化开展输配变专业生产运营监控和智能巡视工作。

表 1　韶关供电局生产组织模式组织架构

部门	班组设置	
生产技术部（生产指挥中心）	设备状态监测班	智能机巡班
输电管理所	输电监控班	输电机巡作业班
县区局生产计划部	配网智能作业班	

②职责界面优化。智能巡视“集中化”：生产指挥中心统筹开展一次设备智能巡视工作：配网智能作业班、输电机巡班和智能机巡班分别集约化开展区县局配网设备、输电线路及变电一次设备集中巡视，实现资源统筹配置。

③数据分析“专业化”。生产指挥中心统筹开展一次设备状态监测、巡视数据分析工作，成为“问题发现中心”。

监测数据分析方面，设备状态监测班、输电监控班专门负责变电、输电设备运行、监测数据融合分析，为设备状态检修和差异化运维提供数据支撑。

巡视数据分析方面，市局智能机巡班通过“人工＋智能”的方法开展巡视数据缺陷分析，向缺陷所属运维班组下发缺陷单，并对缺陷处理情况进行闭环监控。

④问题处理“本地化”。各区（县）局、输电、变电原运维班组取消非必要巡视，工作职能由“巡视、维护、消缺、操作”转变为“维护、消缺、操作”，成为专业的“问题处理中心”。

其中，各区（县）局为了解决中压设备运维人力不足的问题，成立中压运维班，集中开展线路维护、抢修工作，各区（县）原供电所属地化开展低压设备运维，形成“中压集中运维＋低压属地化管理”模式。

⑤闭环管控“系统化”。生产指挥中心通过生产监控平台定期对输、变、配设备巡视计划、缺陷闭环等开展过程督查（或抽查），支撑生产技术部生产计划管控，实现设备运维全过程管控。

二、案例实践效果

（一）综合效益

1. 提高设备巡视效率

巡视方式由人巡转变为无人机自主巡视后，巡视效率大幅提升。输电方面：人工巡视效率平均为 3.2 千米 / 天・组，无人机精细化巡视效率平均为 7.8 千米 / 天・组，通道巡视效率平均为 11.8 千米 / 天・组。过去全域 5000 千米输电线路的巡视业务需要 60 人完成，目前可由 25 人完成。配电方面：人工巡视效率平均为 4.8 千米 / 天・组，无人机精细化巡视效率平均为 9.2 千米 / 天・组，通道巡视效率平均为 20 千米 / 天・组。过去全域 1.2 万千米配网线路的巡视业务需要 300 人完成，目前可由 45 人完成。变电方面：人工巡视效率平均为 1 站 / 天・人，无人机远程巡视效率平均为 3 站 / 天・人。过去 112 座变电站的巡视业务需要 30 人完成，目前可由 5 人完成。

2. 提升缺陷发现能力

“全方位、无死角”的高精度、立体巡视，有效保证了巡视数据质量。输电方面：2022 年上半年，完成 3423 千米精细化分析，发现设备缺陷 8422 项，同比增加 287%，其中包括紧急重大缺陷 43 项；完成 5200 千米通道飞行，发现树障通道隐患 2506 项，同比减少 0.16%。配电方面：2022 年上半年，完成 11763.85 千米精细化分析，发现设备缺陷 14942 项，同比增加 15.8%，其中包括紧急重大缺陷 732 项；完成 10921 千米通道飞行，发现通道隐患 23686 项，同比增加 28.5%。变电方面：2022 年上半年，共执行飞行任务 15693 架次，发现设备缺陷 274 项，其中包括紧急重大缺陷 39 项。

3. “巡检分离”新模式实体化运作

生产指挥中心专班自 2021 年 6 月成立以来，开展“巡检分离”实体化运作，形成相关业务文件 14 份，发现严重设备问题 14 起，避免 220kV 及以上非计划停电事件 5 起、110kV 非计划停电事件 7 起、10kV 母线非计划停电事件 2 起。

2023 年 3 月 24 日，韶关局生产指挥中心正式发文成立，负责所辖一次设备状态监控、智能作业开展、生产监控及应急值班等，进一步推动构建科学合理、协同高效的生产指挥体系，提升电网运行智能化水平。

（二）第三方评价

省公司及系统内外单位多次到韶关局调研智能运维、生产运维模式新变革等做法，相关案例获得行业内外肯定，并获得广东电网“全国最好 2021 卓越项目”“全国最好 2021 优秀项目”等多个奖项。

韶关局参与的《变电站倾斜摄影建模意见》《变电站无人机巡检航线规划指导意见》《变电站无人机巡检作业指导意见》被省公司认可，并被列入《广东电网有限责任公司变电站无人机巡检管理业务指导书》，推广形成全省指导意见。在此基础上征求意见，以形成南方电网企标，现已送审。

在充分吸取韶关局变电智能运维本地应用推广经验的基础上，省公司明确了常规巡视和智能巡视模式下的设备运维标准，形成《广东电网公司变电设备运维策略实施细则（2022 版）》，为全省的变电运维新模式提供了明确指导和有力支撑。

（二）行业推广前景

1. 电力行业推广前景

韶关局在全国率先完成全域输、变、配户外设备无人机自主巡视全覆盖，实现“航线自动巡视、数据自动回传、缺陷自动识别”，基于“两个中心”生产组织新模式，有效保证设备巡检自动化、巡视到位可视化、隐患分析智能化、缺陷发布透明化，实现了巡视效率和质量双提升，为行业内外提供了智能运维样板，变电组织模式优化纳入南方电网公司地市级重点示范区。

韶关局目前在持续探索无人机、室内机器人等运维经验，已经实现了 500kV GIS 室内首飞、樱花巡维中心室内机器人全覆盖。下一步将持续完善以无人机自主巡视全覆盖为主、存量机器人和摄像头为辅的技术路线，开展变电站多类型智能终端联合巡检策略研究及应用，输出巡维中心全面巡视无人化的样本，进一步支撑公司智能巡检提质增效和生产组织模式优化。

2. 其他行业推广前景

韶关局卓有成效的智能运维经验也为其他行业提供了无人机应用模板，可广泛推广应用于森林巡查、河道巡查、大气监测等生态保护工作，并为农业植保、城市应急、交通监测等各个行业带来产业革新。

（杨帆　吴兰　蓝海文）

分层分区、多态自愈双链环网架实现高可靠供电

一、案例基本情况

（一）单位基本情况

广东电网有限责任公司珠海供电局积极贯彻国家“创新、协调、绿色、开放、共享”五大发展理念和能源发展“四个革命、一个合作”战略思想，以推动珠海构建“安全、可靠、绿色、高效”的世界一流智能电网为目标，逐步建成以智能电网为核心的开放、多元、共享的能源服务平台。

珠海供电局下设珠海横琴供电局服务横琴粤澳深度合作区，总面积 106 平方千米，客户合计 2.24 万户，合作区内采用主网 220kV 直降配网 20kV 供电，现有 20kV 配网线路 69 条，其中公线 57 条，公线总长 1350 千米，公用配变 373 台，总容量 407MW。2021 年、2022 年中低压客户年平均停电时间均低于 5 分钟 / 户，供电可靠率高于 99.999%，稳定在世界一流水平。横琴粤澳深度合作区的成立是党中央、国务院在新形势下促进澳门经济适度多元发展、支持澳门更好融入国家发展大局、丰富“一国两制”实践的重大决策部署，为粤澳一体化开发横琴注入重要动力，也对横琴供电可靠性工作提出了更高标准，新的可靠性要求为客户平均停电时间 0.0083 小时 / 户（30 秒），供电可靠率达 99.9999%。

（二）案例具体实践

1. 总体思路

建设横琴粤澳深度合作区，是习近平总书记、党中央从战略和全局高度出发做出的重大决策部署。《南方电网“十四五”电网发展规划》中，明确提出建设横琴智慧能源深度合作示范区，广东电网陆续印发《关于融入和服务粤澳深度合作区发展的工作方案》和《加快新型电力系统建设行动计划（2021 年版）》，提出构建横琴高可靠供电、高品质服务和全绿色动力的“两高一全”能源电力供应体系，推动合作区能源电力高质量发展。

在高可靠供电领域，打造以数字电网为承载的新型电力系统示范区。以建设供电可靠性全业务管理体系为抓手，重点围绕国际一流的可靠网架、本质可靠的运维体系和安全高效的调控体系三个方面的业务工作，深度融合生产监控指挥系统、生产运行支持系统、计量自动化系统、主网调度自动化系统等数字化技术应用，全力推动建成数字电网示范区，实现合作区中低压平均停电时间长期稳定小于 30 秒 / 户的目标。

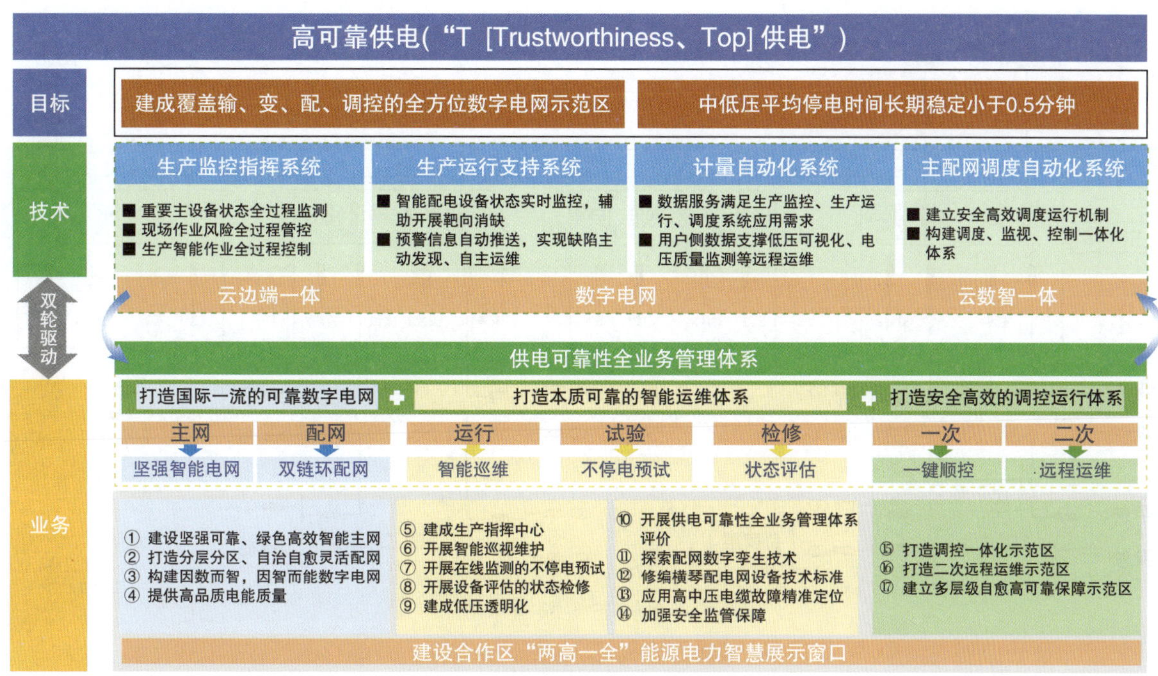

图 1　横琴高可靠供电施工蓝图

2. 主要做法

(1) 规划引领顶层设计，推动建设坚强可靠网架

①全国首次建立分层自愈的“双连环”网架模式。中低压配电网采用满足横琴粤澳深合区发展要求的主干层、次干层、负荷层三层协同的高可靠性配电网及多层级自愈系统，形成双链环主干配接线模式，主干配三层设计。总体特点是主干层无负荷接入，节点少，负荷全部接入次干层，次干层环网建设，负荷层双变压器配置，配置低压备自投，在适当位置环网建设。这种网架的优势是主干层故障少，关键节点清晰，建设和维护资源能够集中配置，解决配电网点多面广、资源投放分散的问题。通过合理切分负荷，次干层故障影响范围小，环网建设也便于故障转供电。负荷层采用可联络、可快速接入发电的高可靠性网架，解决可靠性网架“最后一公里”的问题。

横琴粤澳深度合作区网架建设实现分层分区，多态自愈。主干层线路分区供电、网架清晰，具备毫秒级自愈能力；次干层线路环网供电，故障后 105 秒内实现自愈复电；负荷层通过建设低压备自投、低压联络、低压快接实现多场景自愈，有效支撑横琴粤澳深度合作区发展建设。

主干层建设。主干层采用“双链环”网格化接线模式和闭环运行的规划思路，集成光纤差动保护、网络拓扑保护等功能，可实现主干层线路单一故障不停电、多重故障快速百毫秒级自愈。目前横琴合作区全区配网供电范围以 20kV 网格状主干网络覆盖，由同一变电站的同一 20kV 母线出两回馈线形成双回手拉手接线并闭环运行，四回 20kV 线路分别来自 2 个变电站，每条主干上布置若干开关站，中间设置开环点开环运行，开关站进出线设备“按断路器 + 保护测控”一体化自动化终端配置。主干层每个开关站配置 2 台智能分布式配网自动化装置，主干线路具备网络拓扑保护、光纤差动保护、对等式备自投和电压电流型功能，分段开关具备带方向过流、零序保护和分段备自投功能，目前已完成 13 组成熟双链环网架建设，每组双链环线路环与环之间互不交叉、分区供电，范

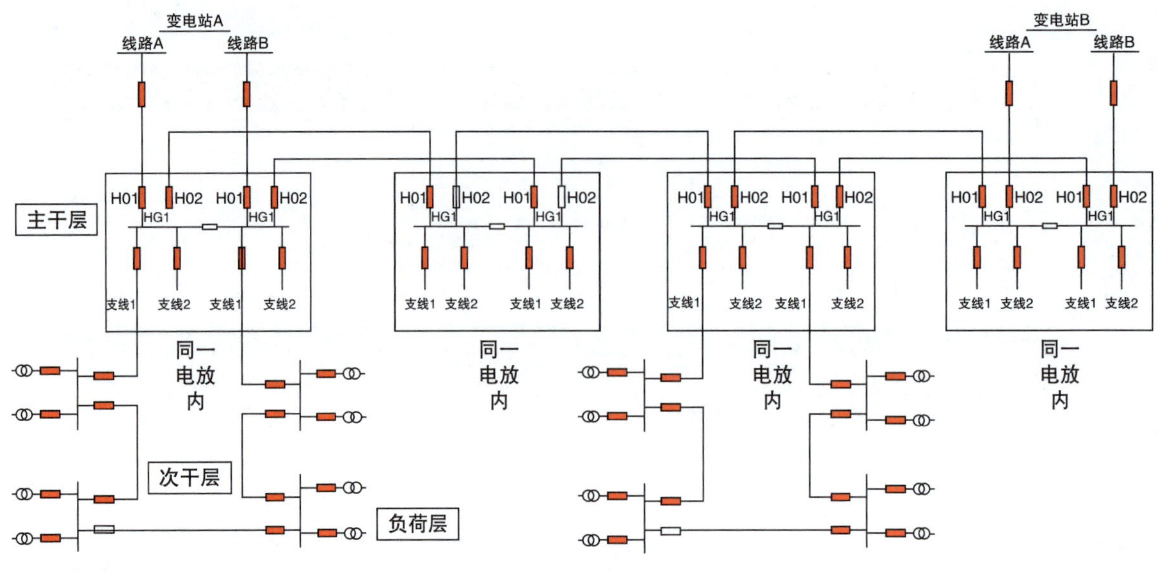

图 2　双链环三级主干配示意图

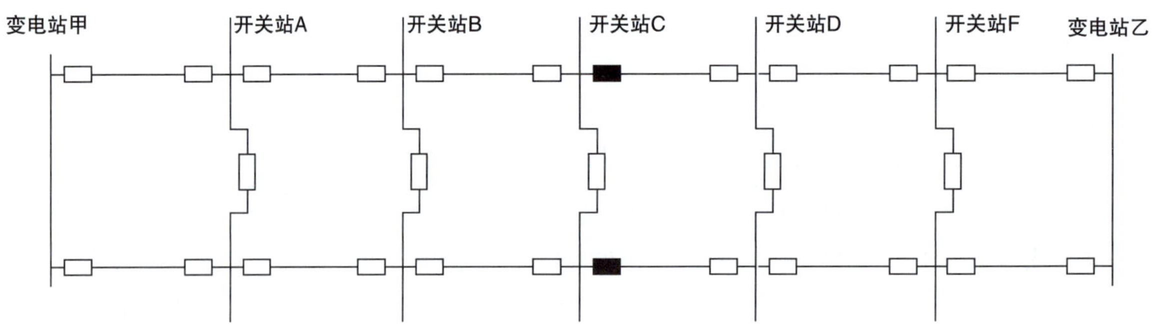

图 3　双链环主干层示意图

围覆盖全岛，实现主干层线路、设备故障后能在 100 毫秒内隔离故障、300 毫秒内自愈，保障客户无感式复电。2020 年 10 月 27 日，闭环运行的十字门双链环馈线组 100 毫秒内跳开故障电缆两侧开关，无用户受影响。

次干层建设。为实现次干层全链路设备可观、可测、可控，应用主站自愈、就地电压电流型自愈协同双自愈模式，实现合作区次干层网架自愈全覆盖，提升自愈效益，根据客观实际梳理出两个场景的具体做法：一是将合作区现存非自动化开关箱改造或更换为自动化设备，解决部分非自动化开关箱带负荷后发生故障必然用户出门、扩大停电范围的隐患；二是梳理用户共用间隔的情况，通过新增自动化开关箱转接负荷或将共用间隔用户分隔至邻近的自动化开关箱，解决并柜、串柜问题导致用户故障出门问题，降低单一用户故障影响。梳理得出横琴配电网次干层自动化改造 38 个项目，涉及更换或加装 DTU 的非自动化柜 97 个，进一步优化中压网架结构，完善网架本质可靠。目前已完成 116 回次干层线路的自愈建设，覆盖横琴合作区绝大多数负荷区域，次干层线路故障均能通过主站自愈、电压电流型就地自愈技术自动隔离故障，并在 2 分钟内恢复非故障段用户的供电；

单一用户故障由上级断路器隔离故障，不影响其他用户供电。

负荷层建设。横琴合作区村居单台配变平均客户数为 81 户，单台住宅小区配变平均客户数为 230 户，对比 30 秒目标全年可消耗低压时户数 141 时户，要求在单一配变故障时，要控制在半小时内快速复电。横琴推动室内站按照双变压器建设，配变母线分段开关配置 380V 备自投装置，单一变压器故障时负荷可通过备自投自愈复电，目前室内配电站均按双变压器带联络的技术要求进行建设，满足高可靠供电要求。对于村居户外箱式变压器，通过与邻近配变加装低压联络或在低压侧加装低压快速接入装置，通过外部电源自愈恢复客户供电，提升故障应急快速复电效率。同时，通过对相关村居箱变补充智能配电 V3.0 的监测设备，实现设备分支出线电流、温度、湿度、水浸、门禁等状态实时在线监测功能，通过科技手段实现远程运维，提升运维效能。

②建立中远期规划滚动修编机制，提升规划系统性。以构建服务横琴粤澳深度合作区电网为中心，扎实推进“十四五”电网规划，做好中期规划与远期规划过渡衔接，形成以“点、线、网三维规划”为核心的中期配电网规划，完善合作区西北部和中部区域供电“布点布线”，优化区域供电半径，支持科学城、粤澳中医药等区重点项目用电需求，有效提升合作区供电可靠性、经济性。

根据合作区区域用电规划和地块预测面积信息，进行区域负荷测算，形成中期规划成果图，测算出中期合作区区域布线布点数量，预计 2025 年投运 17 组“双链环”馈线组，布点 130 个开关站可满足合作区的负荷增长速度，实现提前布局“两高”标准规划，助力合作区构建“两高一全”能源电力供应体系。

优化网架规划，以合作区用户平均停电时间不高于 30 秒 / 户为目标导向，完成 38 项次干层自动化提升方案规划，新布 68 个自动化节点，实现合作区全线路故障快速隔离“秒级”自愈；完成 32 项智能电房改造项目的规划，共计 52 个开关站和 113 个配电房，推进智能电房 V3.0 和低压可视化新技术落地合作区。

通过营销传递和用户地块走访等方式收集用户用电需求信息，建立潜在用户用电需求计划表，合理安排年度业扩资金计划，实时跟踪项目进度，确保用户用电需求能及时满足。

③推行低压供电新模式，助力运维高质量提升。横琴业扩《新规》规范受电工程典型设计。由电网企业负责制定受电工程典型设计方案、技术标准目录以及有关设备、设施的技术要求，由政府统一向社会公示公开，要求设计、施工、监理单位执行，确保接入电网设备的规范性和安全性。

推行业扩《新规》低压供电配套。通过电网企业统一规划建设、简化规范物资品类和技术要求，以最大限度地优化社会资源的综合利用，减少重复投资和资源浪费，对横琴自贸区工商业用户采用低压供电模式，将电网企业的业扩投资界面进一步延伸至低压，减少客户用电一次投资成本和相关设备后期运维费用成本。同时可有效提升供配电设施的建设效率和运维质量，提高深合区的用电可靠性。

④将电网建设纳入政府规划，强化政企合作提质增效。主动向政府提出优化电力营商环境的行动计划。寻求政府在电力项目工程建设、业扩配套项目建设过程中提供在电缆通道、外线工程审批等方面的政策支持。

将配电网规划纳入城乡总体规划、土地利用总体规划和控制性详细规划。政府组织有关部门与珠海供电局共同编制横琴新区电网规划，并负责划拨客户用电地址规划红线外的公用变电站用地，无偿在公共用地区域提供户外开关箱用地，变电站及户外开关箱等供电设施由电网企业负责投资建设。

电力线路管廊预先投资建设。在客户用电地址规划红线外，电力线路管廊由政府或其委托企业按电网规划预先投资建设。

拟建立土地出让信息和招商信息定期沟通机制。电网企业规划部门向政府规划和自然资源局提前了解负荷增长动向，通过配网常规项目实现电网提前延伸到客户红线，保证客户用电质量提升。

（2）搭建高效运维管理体系，推动设备高质量运维

①搭建“网格化设备主人＋专业管理＋工分计酬”成套运维体系，提升设备运维质量。坚持结果导向、目标导向，自主修编适用于班组特点的网格化设备主人管理机制，充分发挥“人在事上练”的人才培养思路，把“事”放权给设备主人自主处理，实现设备主人对网格设备从入网验收、巡维到消缺的全生命周期跟踪，避免运维界面交叉、责任不清的问题，提升设备运维精度；班组内部构建运行管理、继保通信、消缺检修团队，配备“团队带头人”在各专业线上攻坚克难，已组织解决 20kV 单线故障同跳、横琴区域配电站房潮湿局放管控等复杂技术问题。班组同事配套制定工分计酬量化模型实现设备运维工作、专业管理工作与绩效薪酬完全挂钩，充分发挥绩效指挥棒作用，培养出一批会运维、懂技术、善组织的优秀运维班员，推动合作区配电网设备高质量运维。

②内外联动，构建立体式隐患排查治理体系。对外，联合珠海大横琴城市综合管廊运营管理有限公司，通过“光纤＋智能”算法实现电缆沟周边震动、声音、湿度智能监测功能，异常情况即时报警，运维人员可即时掌握危及电缆安全运行的风险隐患，前往现场进行管控；同时与合作区政府主管部门城市规划和建设局建立常态化沟通机制，建立合作区电力设施保护安全交底群，针对运维单位排查发现的拒不依法、野蛮行为提请城市有关部门处理。

对内，建立部门—班组—电网警务室三级巡查管控制度，对排查出的隐患点进行风险分级对外力破坏隐患点采取风险分级管控策略，根据现状、后果、可能性确定隐患的低、中、高三级风险，针对不同风险等级的隐患点采取不同策略的管控手段并投放相应资源进行治理，隐患精准防控。

（3）率先建成智能数字电网，打造本质可靠的智能调控一体化体系和智能运维体系

①率先建成国内全数字化智能配电网，打造配网数字运维新生态。为解决传统数字电网数字设备零散应用且覆盖不全、应用不广、一二次设备融合不足、无法准确有效提供设备信息，不足以辅助支撑运维、分析与决策的问题，结合南方电网数字化生产“十四五”行动计划积极响应粤港澳大湾区发展建设，稳步开展数字生产建设，发挥区域先行示范作用，率先应用综合数字技术打造一批设备智能化全覆盖区域。粤澳深合区 55 条配电线路、182 条分支线、371 个站点实现配网设备自动化全覆盖，全面推进建设智能电房 V3.0，通信通道建设全方位采用光纤通信，数据质量安全、稳定、可靠，实现配网站房、设备的电压、电流、温度、湿度、影响等状态全方位感知。建成“设备＋系统＋专业运维班组”的数字化生产运行模式，实现配网监控集约化、巡视智能化、管理透明化、维护专业化的数字运维生态。通过数字运维模式，由传统的线下运维转为线上智能主动运维，巡视周期由的平均 30 天人工巡视转为系统实时监视，通过数字赋能为生产提质增效，全面支撑粤澳深合区电网建设“两高一全”的目标。

②以数据驱动提升管理穿透力，打造生产运维智能化业务体系。传统智能化生产业务存在数字化技术跟业务融合不足，数据融合、挖掘、应用深度不够，大量存量数据价值没有发挥，对智能巡

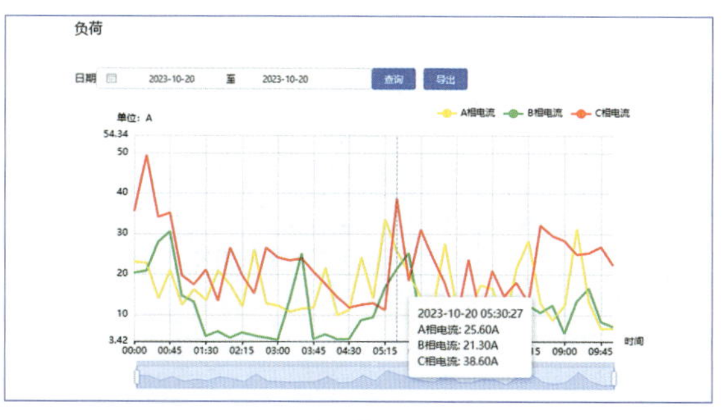

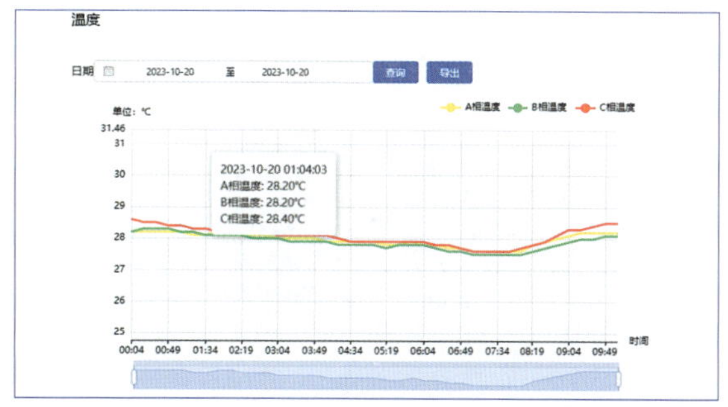

图 4　中低压站房监控，提升低压感知能力监测系统示意图

视、智能操作、智能分析等业务的支撑能力尚待加强，应用智能化水平有待提升的问题。项目组基于公司数字化转型“4321+”的整体路线，通过“云—管—边—端”的统一技术架构，在设备智能化全覆盖的基础上开展数据－模型混合驱动的新型电力系统智能分析算法研究，充分利用数字技术解放生产力。

生产管理。打造定值自动分析整定、调控一体化系统实现配网定值的自动整定及远程运维功能；实现基于南网智瞰的外破黑点、水浸差异化运维策略。

设备维护。实现智能配电房站房环境、配网自动化设备缺陷故障、通信设备缺陷故障自动巡视、智能告警功能；实现线路设备故障主动告警推送及自动定位及辅助分析决策功能；实现设备晨操、自动巡检对设备开展遥控定检的主动运维功能。

创新发展。策划了中压直降模式下暂态电能质量扰动感知与防治关键技术研究及应用，通过研究数据驱动的扰动源动态建模方法，研究中压直降模式配网暂态扰动治理技术并研制治理装置样机，解决 220kV/20kV 的中压直降模式电能质量扰动问题。

通过电网数字化、网络化、智能化建设，实现配电网“设备状态、运行环境、作业风险、用户用电”的感知，解决配电网的“停电在哪里、负荷在哪里、风险在哪里”等问题，提升精细化管理服务水平。

（4）强化党建引领，正反向激励“双轮驱动”释放团队潜能

在推动横琴粤澳深度合作区高可靠性示范区建设方面，横琴供电局将高质量的党建引领贯穿始终，越是任务艰巨、挑战严峻，越是要加强党的领导和党的建设，特别是在分层分区、多态自愈双链环网架的规划、建设、调试、运维中，充分发挥支部“问题解决中心”作用，落实政治保障与组织保障，促进目标达成。

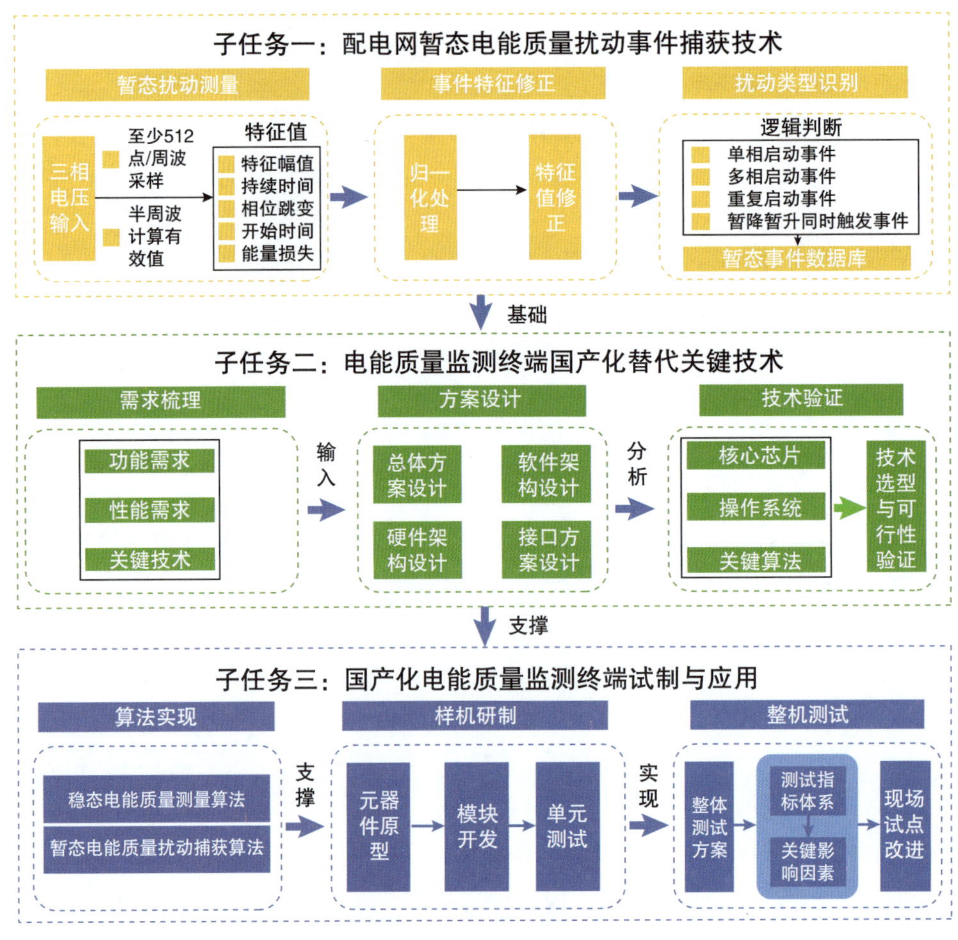

图 5　暂态电能质量扰动感知与防治关键技术研究方案

①落实党建引领，党支部工作与双链环网架建设全过程深度融合。业务出考题，党建给答案。横琴局统筹成立“双链环网架建设”党员突击队，选优配强各专业线党员骨干队伍，强化队伍支撑；在支部层面先行先试实践“问题解决中心”模式，通过“党员、支委、支部”发现问题、分析问题、解决问题，以支部的战斗堡垒作用和党员的先锋模范作用助推双链环网架建设运用的目标实现。比如生产计划部以党员带团员方式组建青年突击队，找出 PT 间隔故障原因，基于问题及原因分析，通过支委挂帅、党员领题、支委会研究落实解决举措，并同步建立问题责任清单、改进落实台账，促使 PT 间隔故障率同比下降 70%。

②系统实施正向激励与反向约束，确保双联环网架建设运维团队持续释放内生动力。正向激励主要包括精准奖励、业绩导向、人才嘉奖和职业保障。反向约束方面聚焦不作为、慢作为、乱作为等行为。通过“一揽子”的系统性激励和约束措施，让团队成员在推进双链环网架建设运维中增强获得感，释放内生动力。比如，在横琴局配电运维班工分计酬模式中设置双链环网架管理指标主人评价模块，体现干好干坏不一样；再比如，针对网架运作的改善类问题建议等，为更好地发挥“支部问题解决中心”机制作用，设置问题发现线索奖、问题解决金点子奖等，通过集思广益的金点子合理转化，实现双链环网架建设工作持续改进的主动性、有效性。通过系统实施，释放团队内生动力。

二、案例实践效果

（一）综合效益

珠海供电局深化党建铸魂行动，聚焦管理提升、大胆改革创新，以数字化转型为载体，建立技术和业务双轮驱动体系，构建“两高一全”能源电力供应体系，以一流的供电可靠性水平和高品质服务有力支撑粤港澳大湾区建设和澳门经济适度多元发展。具体成效：

珠海地区可靠性显著提高，有效支撑粤港澳大湾区、横琴粤澳深度合作区发展，珠海市 2022 年中压用户平均停电时间 0.27 小时 / 户。横琴粤澳深度合作区 2021 年中压用户平均停电时间为 2.26 分钟 / 户、客户平均停电时间（低压）0.45 分钟 / 户；合作区 2022 年中压用户平均停电时间为 3.14 分钟 / 户，低压客户平均停电时间为 1.99 分钟 / 户，均稳定在 5 分钟以内，达到世界一流水平。

研究高可靠性电网网架，配套新型数字化配电智能终端的运用，可实现配网故障毫秒级定位及隔离，百毫秒级恢复非故障区段供电，能大幅减少运维人员的查线时间，减少用户停电时间，大大提高供电可靠性和用户体验，提高南网供服的品牌认可度，树立了南方电网公司在智能配电网建设方面的品牌。

（二）第三方评价

全国首创 20kV 双链环主干配接线模式，经第三方评价取得国际领先水平。

自主研发适用于横琴配电网的智能分布式终端，获中电联一等奖、广东电网公司科学技术奖励一等奖。

（三）行业推广前景

在城市智能电网前期规划中充分兼顾了电网建设、土地资源紧张和美化城市景观三者的关系，优化社会资源配置，提高资本投入的精准度，为合作区发展提供高质量电能，支撑澳门更好融入国家发展大局。相对传统的 220/110/10kV 电压等级，横琴建设 3 座 220kV 变电站，7 座 110kV 变电站，采用 220/20kV 电压等级，仅需要建设 6 座 220kV 变电站，不再需要布点建设 110kV 变电站和 110kV 电缆线路管廊，节约土地面积达 25%～30%，电网建设投资也能节省 10%～20%，从而提高投入产出比，为现代经济社会发展提供高质量电能，助力生态社会与智能社会协调发展；为智能电网的整体研究、运用、实践开展了有益的探索，相关技术成果已在广东佛山供电局、浙江嘉善局、南瑞继保公司、珠海电力设计院等单位应用，在南方电网乃至全国具有广泛的推广应用前景。

高可靠供电示范区建设以大量分布式电源及微网接入中压配电网为背景，开展新一代配自系统的整体设计和关键技术问题研究，并以珠海横琴智能配电网为对象开展应用研究，研究出 20kV 双链环一次网架、继电保护、通信装置系统，在行业处于领先地位，对高负荷密度、高可靠性需求区域具备借鉴价值。

（何伟　付博　谢天权）

数字赋能的电网设备可靠性评估与管控体系及应用

一、案例基本情况

（一）单位基本情况

广东电网有限责任公司电力科学研究院（以下简称“广东电科院”）作为公司生产技术支持与科技创新实施主体，现有各类实验室 43 个，各级科技创新平台 7 个，其中有共建国家工程实验室 2 个，广东省企业重点实验室 2 个，广东省工程技术中心 1 个，南方电网重点实验室 2 个；拥有 3 项国家及行业资质（资格）；累积获得国家级奖项 13 项，省部级奖励 409 项，省公司级奖励 584 项；拥有有效专利 2632 件，其中发明专利 1475 件（约占比 56%），占公司有权发明专利的 34.4%，发明专利拥有数量实现全国领先。

本案例主要由广东电科院筹划与组织，在广东电网全范围内推广应用，佛山、江门、肇庆、梅州、汕尾供电局重点参与实践。

（二）案例实施背景

新时期，国家对安全生产提出更高要求，可靠的电力供应是社会稳定的基石，电网安全生产至关重要。电网设备种类多、分布广，设备状态直接影响电网安全稳定运行。及时发现设备缺陷、消缺是保障设备安全的前提。事实上，设备运维人员与配置设备规模不匹配，缺陷上报数量仍呈上升趋势等问题突出，给安全生产带来较大挑战。为此，开展数字赋能的电网设备可靠性评估与管控，提升设备管理水平，对保障电网运行安全意义重大。

构建“数字赋能的电网设备可靠性评估与管控体系”是深入落实“安全生产”的客观需求。近年来，因设备生产、设计缺陷等批次性质量问题导致的电力设备事故、事件时有发生，云浮卧龙站“6・21”二级事件、东莞道岭站“9・23”三级事件等对电网安全稳定运行造成极大的影响。

构建“数字赋能的电网设备可靠性评估与管控体系”是提升现代化管理水平的必由之路。传统的设备缺陷管理模式采取逐层上报机制，工作环节流程复杂、流转界面多。同时，缺陷处理工作繁重，造成设备缺陷分析不彻底，出现“治标不治本”的现象。众多批次性缺陷无法显露，给设备运行带来极大隐患。

构建“数字赋能的电网设备可靠性评估与管控体系”是实现“降本增效”的重要之举，有助于实现技改、修理费用精准投资，解决生产亟须问题。基于差异化运维出实招、出硬招，通过发挥资源协同效应，实现降本增效。

（三）案例具体实践

1. 总体思路

为解决批次性缺陷导致的电力事故、事件，广东电科院在“科学统筹、系统化思维、体系化运转”的工作思路下，构建了电网设备可靠性评估与管控体系。该体系包括“集约管理”“需求聚焦”“数据分析”“专家会诊”“风险预警”“靶向投资”六大机制。

该体系的主要创新点包括：首创以技术分析为内核的“芯”状辐射型缺陷管理模式，采取“远程问诊＋现场联动”方式，构建了缺陷全过程闭环管控体系，突破了原本缺陷链式层级管理，实现缺陷更快、更全、更准分析；基于“专家经验”与“大数据分析”，发明基于缺陷共性阈值计算的批次性缺陷报警触发算法，首次实现批次性缺陷定量、自动识别；首次建立设备风险预警机制，打造南网设备风险预警范式，实现批次性、家族性缺陷设备风险预警，保障设备风险可控、在控；创新提出“精准立项”“精准整改”“精准检修”系列化缺陷精准处理措施，打通生产运维与成本控制环节，实现缺陷精准、经济、高效闭环处理。

该系统应用以来，跟踪分析缺陷 3867 起，发布缺陷日报 823 期，发现并督促整改批次性缺陷 34 起，形成南网反措 4 项，消缺设备实现零故障，估算每年为公司节省约 14160 人时，累积节省开支 80812.77 万元，经济、社会效益显著。

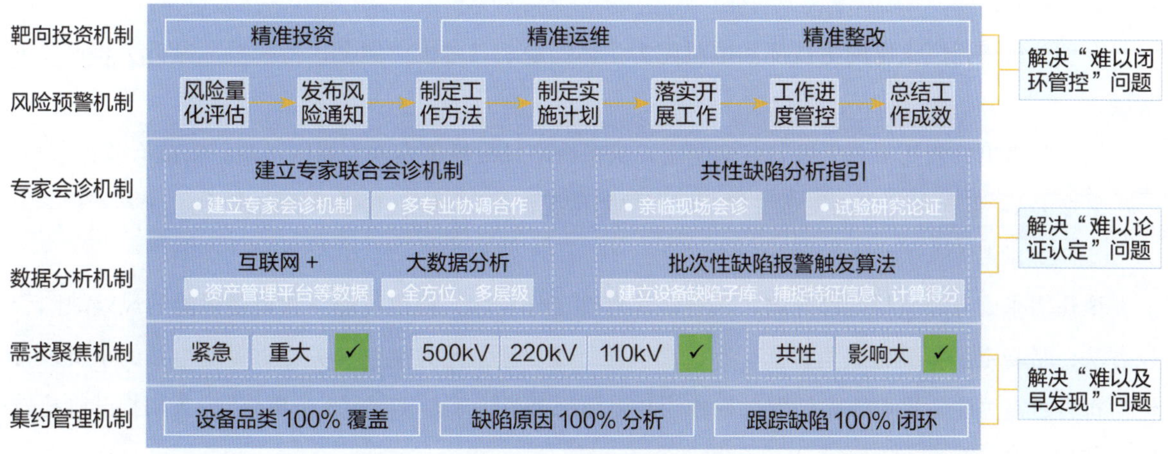

图 1　成果内涵示意图

2. 主要做法

（1）集约管理机制

强化集约管理，集中生产要素统一配置，成立缺陷跟踪分析管理专业工作组，采用“芯”状辐射型缺陷管理模式，由地市局电科院直接联动，电科院集中管控缺陷分析；取代原有的链式层级管理，构建二级缺陷管理体系。高效利用现代化信息平台开展工作，不给基层添加负担，更快速、客观、精准地暴露问题，并有针对性地提出处理手段。

图2 “芯”状辐射型缺陷管理模式

采取“日汇报、周跟踪、季统计、年总结”的闭环管控工作模式。每日对全网主设备新增缺陷进行技术分析，同时对消缺情况进行跟踪反馈，实现“发现—分析—处理—反馈”的全过程闭环管控。聚焦需求细分，坚持问题导向，每月度和季度对缺陷进行“回头看”，捕捉频率高、分布广泛的共性缺陷，识别隐藏的批次性缺陷。

“日汇报”工作流程包括缺陷导出、统计分析、专项分析、报告审核、报告发布共计5个步骤，各步骤紧密融合、有机统一。

其特点有：

专项分析依托广东电网生技部和电科院为主体的缺陷日常生产例会，衔接技术分析层和管理决策层；

缺陷日报出口依托于“三级”审核制度，确保缺陷日报描述客观、原因清晰、措施有效；

采取OAK系统定时定向发布每日“电网缺陷情况汇报”，信息共享，受众广泛。

（2）需求聚焦机制

聚焦需求细分，坚持问题导向。结合缺陷管理工作实际，提出可能导致设备风险的风险缺陷管控方法，量身定制精确化缺陷目标，筛选高电压等级、紧急重大缺陷、关键重要变电站的重要设备作为每日重点关注，提取缺陷处理过程作为缺陷原因分析标尺。实现“3个聚焦”，大幅提升管控效率。其特点有：

收集缺陷进行初步梳理统计并作为数据源，基于南方电网公司《缺陷管理办法》《缺陷定级标准》《设备运行维护策略》，核实缺陷上报流程合规性、缺陷定级合理性、设备运维维护情况；

统计分析主要围绕线圈类设备、开关类设备、绝缘子类设备分级展开，实现专业归档管理。

（3）数据分析机制

季度、年度梳理统计出设备缺陷案例库，全方位、多层级、多类型评价缺陷水平，及时、高效跟踪缺陷状态。组织人员学习大数据处理，补齐业务短板。依托“互联网＋专家经验＋大数据分析”，以数据处理流程为导向布局分析思路，率先提出缺陷共性阈值计算，科学提炼批次性缺陷报警触发算法，首次实现批次性缺陷定量、自动识别。

以下为缺陷共性阈值计算方法：

针对变压器、断路器、隔离开关、组合电器、互感器、电容器、电抗器等设备，建立设备缺陷子库。缺陷一级部件 α、缺陷二级部件 β、缺陷三级部件 γ、缺陷表象 x、缺陷原因 y、共性系数 z、设备厂家型号 e 等特征信息。将缺陷库中各缺陷的特征值进行逐一比对，如存在特征信息相同，则赋值为 1，反之则为 0。对于缺陷原因与缺陷表象均相同的缺陷，计算总量为 n。

缺陷共性得分 =$[0.2\alpha+0.3\beta+0.5\gamma+(0.4x+0.6y)\cdot z^{n}]$

当缺陷共性得分≥ 5 时，可认为该缺陷属于共性缺陷。

以下为批次性缺陷报警触发算法：

批次性得分 =$\max(e，0.25)\cdot[0.2\alpha+0.3\beta+0.5\gamma+(0.4x+0.6y)\cdot z^{n}]$

当批次性得分≥ 3 时，实现批次性缺陷定量、自动识别。

（4）专家会诊机制

突破专业、管理壁垒，首次建立多专业、多层级专家联合会诊机制，保障缺陷分析结果精准可靠。固化专家诊断思路与方法，制定共性缺陷分析指引，不断提升缺陷分析水平。

实现电气领域与材料、化学、环境等多专业深度融合，发挥专家的技术特长。深入现场一线，模拟故障工况以实现缺陷复现，明晰缺陷表象与结构设计、材料选择、制造工艺等深刻关系，揭示问题本质。

（5）风险预警机制

贯彻落实“安全第一，预防为主，综合治理”的方针，基于“四要素”分析及风险量化评估，通过设备风险预警通知书的形式对批次性缺陷进行全程跟踪及闭环管控。依托南网变压器、开关工作网平台，全网发布预警；预警机制写入南网缺陷管理业务指导书，打造设备风险预警范式。

（6）靶向投资机制

精准投资，实现“立项优化”。优化设备隐患专项整改项目立项模式。通过本体重大风险管控，筛查出需要特别关注的占比仅 1% 左右的设备群体，对这些设备施增加更全面的检修、维护。推进 92 项设备隐患整改，组织制定三年整改计划，立项 4987 项。加强项目与生产对接，实现“自上而下”精准立项。

精准运维，实现“基层减负”。采取差异化运维举措，避免过度运维、过度检修。以北开 ZF4 型 GIS 设备绝缘件局放隐患、ABB 液压机构锥形齿开裂等缺陷为例，评估风险较低后，对设备状态进行差异化巡维。

精准整改，实现“降本增效”，提高设备自主检修比例。采取多样化缺陷处理方法实现缺陷高效消除，推动佛山供电局等基地建成小车开关自动检修线，指导清远局等基地完善设施配置。落实“3 个精准”，显著提升投资有效性。

（7）数字赋能技术应用实践

在系统中完成电网设备可靠性评估与管控体系数字化赋能，开发完成设备缺陷管理应用模块、预防性试验、规范化检修应用模块、反措与隐患应用模块的需求收集、开发完善、征求意见与应用运行。

建立预防性试验、规范化检修标准化管控体系，发现预试项目填写不完整、缺少合格标准等共性问题200余项，有效预防因试验数据分析不到位导致的事故事件。

建立反措及隐患专项整改闭环管控体系。在反措与隐患专项闭环整改中，实现反措计划执行情况统计分析、到期提醒、超期告警等功能，为公司反措管理提质增效、为基层减负。

典型批次性缺陷案例

某厂家SF6快速接头断路器压力表漏气缺陷

某厂家110kVGIS断路器合后即分缺陷

某厂家SDA524型220kV GIS漏气缺陷

某厂家ZW8-40.5断路器内部绝缘受潮导致放电击穿

某厂家3AP2-FI型500kV断路器均压电容器渗漏油

某厂家VC-V12型开关柜绝缘拉杆断裂缺陷

某厂家110kV-220kV的电容式电压互感器局部过热

某厂家GST-550BH型500kV断路器机构漏油缺陷

图4　典型批次性缺陷库

二、案例实践效果

（一）综合效益

1. 社会效益

本成果解决了缺陷管理“难以闭环管控、难以论证认定、难以及早发现”三大难点。

能有效防范批次性缺陷、家族性缺陷导致的事故隐患，大力提升电网运行安全管控水平；

减少社会停电损失，提升供电可靠性，显著增强人民生活幸福感；

具有较强的复用性及推广可行性，可为国内外电力企业实施设备运维管理提供良好示范和借鉴。

2. 经济效益

（1）直接经济效益

自主检修：基于检修基地开展故障设备解体、缺陷原因分析、缺陷设备维修等工作。

自主校核：针对缺陷率较高的问题，开展现场校核及检查工作。

合计 1749 万元。

（2）间接经济效益

成果及时发现并整改缺陷，有效地提升了设备的健康水平及使用寿命。成果累积避免设备损失 17465.45 万元，减少停电损失 61598.32 万元。

合计 79063.77 万元。

综上，累积节支，产生经济效益 80812.77 万元。

3. 成果创新点

通过电网设备可靠性评估与管控体系的构建与实践，明确了短板与提升重点，促进了公司缺陷管理资源的合理配置，实现风险管控水平的有效提升。本成果的主要创新点包括：

首创以技术分析为内核的“芯”状辐射型缺陷管理模式，采取“远程问诊 + 现场联动”方式，构建了“发现—分析—处理—反馈”的缺陷全过程闭环管控体系，突破了原本缺陷链式层级管理，实现缺陷更快、更全、更准分析。

基于“专家经验”与“大数据分析”，创造性发明基于缺陷共性阈值计算的批次性缺陷报警触发算法，首次实现批次性缺陷定量、自动识别。

首次建立设备风险预警机制，打造南网设备风险预警范式，实现批次性、家族性缺陷设备风险预警，保障设备风险可控、在控。

创新提出“精准立项”“精准整改”“精准检修”系列化缺陷精准处理措施，打通生产运维与成本控制环节，实现缺陷精准、经济、高效闭环处理。

（二）第三方评价

本研究成果已先后获得 2021 年全国电力行业设备管理创新成果特等奖、第五届全国设备管理与技术创新成果二等奖、南网电网管理创新三等奖。本项目研究成果“基于一二次信息融合分析的断路器机构状态诊断关键技术研究与应用”经中国电工技术学会鉴定为国际领先。成果已固化为广东电网设备管理工具，成果中引申出设备安全风险技术监督告警机制已被南方电网公司采纳并全网推广，各直属单位可直接应用。同时，本成果已申请发明专利（专利号：202010972682），并正在申请上报软件著作权。

（三）行业推广前景

本成果已实现了变电设备隐患缺陷评价与风险评估，可积极推广试点应用，加速新一代数字技术与电网生产深度融合，推进发、输、变、配等典型业务场景数字化建设，持续提升电力设备运行可靠性。

本成果有助于各单位探索推进生产管理集约化，探索建立与生产业务、设备管理发展相适应的生产组织模式，推进35kV及以上输变电设备基建工程数据、预试数据、检修记录、巡维记录、在线监测数据等核心生产业务的全要素集约，实现资产全生命周期数据穿透式分析。

本成果有助于各单位持续推进资产管理精益化，推动建立资产管理风险、效能、成本分析评估体系，促进资产风险最小化、成本精益化、效能最大化。基于算法及大数据建立科学的风险评估与寿命预测机制，通过对入网监测、设备缺陷与故障、报废原因的统计分析，输出改进策略与整改措施，持续提升风险管理水平。

本成果有助于各单位推进运维与预试智能化。本成果研究了部分变电监测算法，各单位借鉴学习可研究开发实时监测数据专业算法，开展输电线路架空线路、电缆线路载流量、运行温度计算，实现动态增容预测分析，开展变电设备在线监测替代预试项目可行性评估，支撑“智能识别为主、人工复核为辅”的算法应用模式转变。

（邰彬　杨贤　宋坤宇）

打造央地融合的供电可靠性管理提升标杆示范区

一、案例基本情况

（一）单位基本情况

广西电网有限责任公司（以下简称“广西电网”）负责谋划打造央地融合的供电可靠性管理提升标杆示范区工作思路、技术路线、工作方法及工作计划，广西新电力投资集团有限责任公司（简称“新电力”）、广西电网有限责任公司电力科学研究院（简称“电科院”）、广西电网有限责任公司各地市供电局（以下简称“地市供电局”）负责具体实施央地融合的供电可靠性管理提升标杆示范区建设工作。

（二）案例实施背景

由于历史原因，广西原供电管理模式复杂，多网并存的供电体制严重制约了经济社会发展，无法满足人民日益增长的用电需求。为全面贯彻落实国家深化电力体制改革部署，推动地方电网和央企大电网融合发展，助力广西脱贫攻坚及乡村振兴工作，服务地方经济，南方电网广西新电力投资集团有限责任公司应运而生。

2019 年 9 月，新电力正式并入广西电网进行融合管理，新电力各类配网关键指标也纳入广西电网进行合并计算。原新电力区域电网存在配网运行管理水平低下、新技术应用严重不足、管理理念缺失、管理机制不完善、主配网架结构薄弱等突出问题，2019 年客户平均停电时间（中压）指标高达 71.16 小时，位居全国倒数第一，供电可靠性融合管理提升工作面临极大挑战。

（三）案例具体实践

1. 总体思路

为落实国家优化营商环境的要求，全面打赢脱贫攻坚战，实现乡村振兴战略，自 2019 年起，项目组认真贯彻执行自治区党委政府和南方电网决策部署，致力打造央地融合的供电可靠性管理提升标杆示范区，践行“人民电业为人民”的初心和使命，聚焦聚力限制供电可靠性提升的重点难点堵点问题，开展央地融合发展的供电可靠性管理提升工作路线、方法及举措探索，构建一套具有特色的广西“一张网”供电可靠性融合管理提升体系，有效破解“一区多网”供电管理体制造成的广西农村电网发展不平衡不充分的问题，多措并举提高“获得电力”服务水平，全力融入南方电网公司“基本建成具有全球竞争力的世界一流企业”的发展大潮，为全面实现小康社会提供坚强有力的电力保障，全力满足人民美好生活用能需求。

2. 主要做法

为落实广西壮族自治区人民政府与南方电网签订的“十四五”深化合作框架协议精神，贯彻执行南方电网“五个一”要求（一张网、一个标准、一个公司、一个机构、一个运转），项目组积极推动发改能源规〔2020〕1479号“提升供电能力和供电可靠性”各项任务目标落实落细，坚持以供电可靠性为总抓手、以问题为导向，成立了多专业供电可靠性融合管理提升技术团队，开展供电可靠性分析评估提升模型算法研究及工具开发，通过“顶层设计精准谋划、工作执行高质高效、基础保障全力支撑”的供电可靠性管控体系，达成目标、管理、技术的联动增益效应，加快完成供电可靠性融合管理提升工作，打造国内央地融合的供电可靠性管理提升标杆示范区，全面支撑地方经济社会高质量发展。

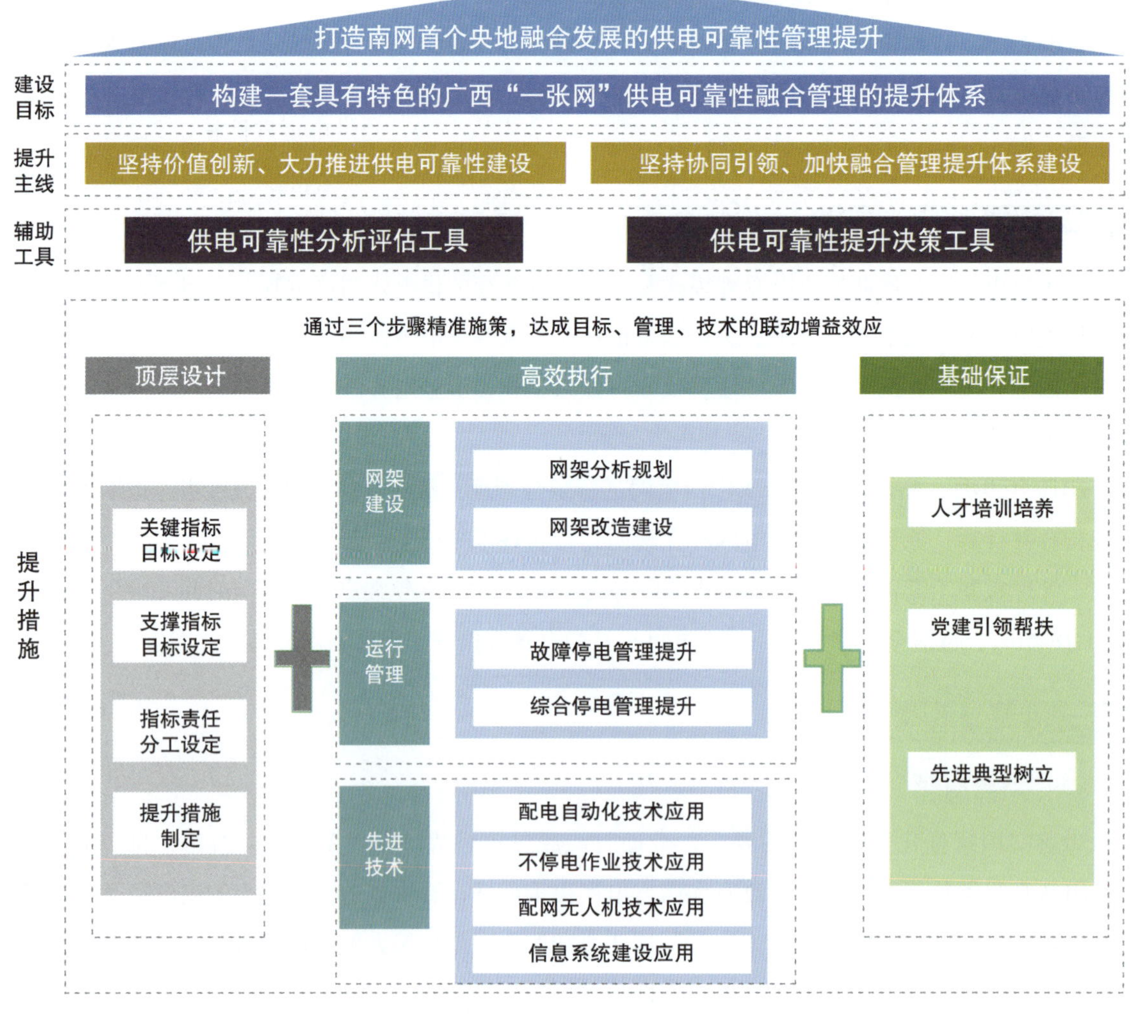

图1　案例实施工作路线图

（1）首次建立融合多源数据的供电可靠性决策支持平台，打造强有力的支撑工具，发挥“最强核心大脑”作用

为加快新电力区域供电可靠性融合管理工作进度，大幅度提升指标水平，项目组积极依托科技项目及信息化项目，开展供电可靠性评估决策提升模型研究及提升工具开发，建立考虑可靠性与经济性相协调的融合多源数据的供电可靠性决策支持平台，平台包含需求数据预处理方法、40项指标的供电可靠性指标评估体系和评估算法、考虑指标最优及成本效益最优决策分析模型，从“影响因素分析—指标评估分析—提升策略制定”完成关键核心指标预测评估优化工作，减少人工指标预测带来的不确定性，为新电力各层级供电可靠性管理人员提供一套适应多特征区域的配电网可靠性提升优化决策思路，提高指标全过程管理的合理性和准确性，也为央地融合的供电可靠性管理提升标杆示范区建设提供强有力的信息技术支撑。其中，项目组申请的发明专利《一种辐射型配电网可靠性与经济性的综合评估方法》（ZL201910496791.4）已获得专利授权，提出的差异化提升策略和经济性评估结果为新电力管理提升工作提供了技术保证。

（2）“三步走”开启融合管理提升新篇章，将构想从理论转化为实践，多措并举打造国内央地融合的标杆示范样本

①全力做好顶层设计，科学制定目标举措。项目组依托融合多源数据的供电可靠性决策支持平台，结合《广西电网公司“十四五”指标目标》工作要求，参照新电力区域配电网投资策略、预算规划及配网网架装备技术情况，完成新电力区域“十四五”期间的供电可靠性核心指标目标分解，明确各阶段各层级指标责任分解目标计划，围绕五大关键业务领域细化超20个过程管控指标目标，提升央地融合标杆示范区指标目标管理工作的科学性、精确性和合理性。同时，根据融合多源数据的供电可靠性决策支持平台，自动生成网架规划改造、管理理念建设、配网运行管理提升、基础管理机制健全、技术应用五大类差异化提升策略措施，有效指导供电可靠性提升工作。

②高效执行抓好落实，做实做细专项举措。持续投入改善网架，改天换地迎新貌。一是深入现场开展网架问题大排查。针对“12个县缺乏220kV主电源支撑，81座变电站存在多站串供风险、中压线路环网率仅28%”等突出问题，在2019年4月初首次组织超4000人的规划技术队伍深入新电力一线区域对网架结构进行“全景式、穿透式”系统摸查，优先聚焦直接关系供电可靠性提升的配变和线路重过载、低电压等问题，全面梳理问题清单，配套超400亿元资金，按照项目的保障顺序和轻重缓急进行合理排序，做到预算一经批准即可实施，有效提升央地融合标杆示范区网架规划的准确率和执行率。二是铆足干劲开展网架改造建设。创造性推动由政府主导组建的网改建设联合指挥部，组织投入4万多人的建设队伍实施“大兵团”攻坚战，仅用4个月就完成了超81.8亿元新增农网投资、新建改造配变超1.5万台，有力支撑公司“两率一户”关键指标提前一年达到国家要求。截至2022年年底，配自有效覆盖率大幅提升70%，新电力区域新建成投产项目超过3万个，重过载及低电压台区由合并初的16706个台区压减至2415个，户均配变容量提升超过50%，配自有效覆盖率由合并初的33.6%提升至67.8%，户均配变容量大幅提升超过75%，中压线路可转供电率由合并初的11.7%提升至36.4%。

强运维、抓管理，提速提质抓整改。一是健全综合停电管理体系。建立计划停电平衡管理工作机制，针对新电力区域线路设备分散的问题，遵循“一次停电、梳理一片”原则，创新应用“一线

一图一表”综合停电管理工作模式，全面梳理线路年度预安排停电计划，绘制线路综合停电“工作安排图、工作风险隐患图”，明确计划停电小组分工及分组工作内容，优化停电策略，有效减少重复停电及长时停电，综合停电管理的创新举措成功助力标杆示范区计划停电指标大幅度提升。截至2022年年底，新电力区域预安排重复停电用户数及预安排停电时间同比下降幅度均超过15%。二是集中开展高故障线路（故障停电次数≥5次）综合整治工作。在项目经费受限的情况下，采用“主动运维+综合整治”的方式，先后完成1033条高跳线路精益化巡视及风险隐患排查、完成超1千条线路综合整治及防雷改造工作，大幅降低标杆示范区域故障跳闸率。截至2022年年底，新电力区域中压线路故障率同比下降35%。三是大规模开展树障清平行动。针对新电力区域树障跳闸次数占比较高的现象，组织系统排查梳理树线距离不足、树木砍伐易压盖导线等风险隐患点，依据线路通道内树木种类，制定砍伐周期管控策略，遵循线路通道“树木清零，杂草清平”标准，以“营配结合、分片管控”方式，有效实施树木清障工作，2022年树障跳闸率较合并初下降幅度超过50%，成效显著。

技术赋能强支撑，智慧系统强保障。一是推进标杆示范区域配自应用。大规模推广配自建设应用，梳理配自覆盖现状并精确下达投资项目，配网自动化有效覆盖率从0%提升至70%，新电力配网终端接入5696台，在线率达95.39%，投运率达95.76%，平均缩短停电持续时间2.8小时。同时，在加大新电力区域配自布点及应用的基础上，充分考虑该区域小水电规模较大的情况，以减少故障停电范围为目标，开展基于分布式电源接入状态下的配自技术攻关研究及成果试点应用推广，累计成功隔离故障超100余次，动作准确率高达91.4%，故障定位隔离平均时间可达6.5min/次，有效提升标杆示范区故障隔离及自愈能力。二是加大配网无人机应用。全面推广无人机自动驾驶技术，推行“机巡为主、人巡为辅”的运维模式，配网无人机自主巡检业务实现质的飞跃，目前开展自主巡检累计已达9.29万千米，累计发现缺陷隐患数量58.98万处，是人工巡视发现缺陷量的5.6倍，有效提升了区域配网巡检工作效率。针对新电力区域线路供电半径长、线路运行环境复杂的特点，开展国内首次配电线路无线充电无人机自主巡检示范工程推广应用，有效解决无人机充电难、远距离通信、飞控逻辑判断优化的问题，有效提高了标杆示范区配网无人机巡检的工作效率。三是实施不停电作业技术。首次将不停电作业理念引入预安排停电中，灌输“能转则转、能带不停”的思想，充分挖掘不停电作业能力，采取“外协+主业”的模式，重点推进旁路作业、移动式变电站和中压发电保供等对供电可靠性贡献较大的综合作业，推动供电局区域与新电力县级供电企业的不停电作业人员及装备资源统筹优化、全面共享。截至2022年年底，新电力开展不停电作业同比增长2.5倍，不停电综合作业实现全覆盖，不停电综合作业占比同比提升9.6%，有力支撑了标杆示范区不停电作业指标提升。四是加快业务信息系统建设。推动电网管理平台同步在新电力县级供电企业单轨运行，各相关成熟模块做到“应用尽用”。同时，克服海量数据存储难题，南方电网统一机巡管理平台广西分节点在西部省区率先上线试运行，有力支撑了机巡作业的规范管理和数据穿透。圆满完成新电力集团40个县延伸接入计量系统，完成40个新电力县602.88万用户、16.22万终端全部融合接入，智能电表覆盖率达100%，计量自动化系统公司“一张网”目标提前2个月完成，营销计量档案一致率达99%，表码传送一致率达100%，已初步实现低压台区、重过载台区监测等生产业务功能，央地融合标杆示范区信息化水平得到了大幅度提升。

（3）全面夯实基层基础，锻造高质量人才队伍

①革故鼎新开新局，精准施策转理念

一是下大力气积极扭转管理理念。科学谋划管理套路，采用“属地化管理＋定向对口帮扶”管理模式，在发挥属地供电局就地后盾优势的同时，先后选拔179名骨干专家赴新电力各县级供电企业任职，遵循逐层渗透式“传帮带”指导原则，逐步帮助新电力40个县级供电企业理清供电可靠性管理思路，重新树立“以客户为中心”的管理理念，管理模式逐步与广西电网接轨，央地融合标杆示范区管理理念得到较大转变。二是不断增强客户服务意识。宣扬与灌输客户服务理念，提升各层级单位客户服务意识，推广应用片区经理机制，逐步主动与供电客户建立畅通有效的沟通机制。目前，已完成40个县域融合接入95598服务热线并统一纳入整体管控体系，12398投诉事件数较合并初减少40%，部分县域实现零投诉，首次参加南方电网客户满意度第三方测评得分79分，人民群众的用电获得感、幸福感明显提升，1800万人实现从“用上电”到“用好电”的根本性跨越，新电力连续两年在广西公共服务行业满意度测评中排名第一，央地融合标杆示范区客户服务意识得到进一步强化。三是加快建设现代供服体系。加快优化前中后台业务架构，打造“基础性＋增值性”用电用能新业态，大力推广“南网在线”智慧营业厅，实现用户报装、查询、缴费等34项基础业务全覆盖，连续两年实现售电量保持两位数增长，充分释放客户潜能。

②固本培元强基础，齐心协力抓管理

一是加大规模化培训力度。针对人员素质与技能水平偏低的问题，首次开展面向新电力区域的供电可靠性管理提升课程的设计与开发，先后举办近8期供电可靠性管理培训班，邀请各领域技术技能专家对新电力区域专业人员开展授课，培训授课内容涵盖理论、新技术应用等方面，以“理论＋实操”的方式开展考评，培训覆盖率、考核通过率均达100%，有效实现了“以培训促学习，以学习促提升、以提升强技能”的目标，助力央地融合标杆示范区人员技能水平提升。二是建立考核评价激励机制。先后编制及印发新电力区域客户平均停电时间考核评价细则、供电质量提升竞赛实施方案，首次建立完善可量化、可评价的考核评价和激励体系，并将供电可靠性指标作为各单位工作总额的重要衡量指标，明确“明责—履职—评价—考核—激励”的管理机制，努力营造良好的干事创业氛围，有效激发基层员工工作的主动性和积极性，为央地融合标杆示范区提供管理指挥棒。三是开展指标落后单位指标攻坚工作。多次组织电科院、规划中心等支撑机构的技术专家，成立党员先锋队赴新电力区域指标落后单位开展专项分析，从网架、管理等领域，逐一查摆限制供电可靠性提升的关键问题，深刻剖析原因及根源，制定整改措施和整改计划，积极帮助末位单位提升。截至目前，新电力区域已全面消除停电时间超50小时的县级供电企业。四是坚持党建引领凝聚帮扶合力。持续做实党建融合载体，固化推广“双星联创”“红色网格”“党建联盟”以及新电力“一县一标杆”特色实践，推动党建和“三基”建设相融互促，2022年实现了无党员班组提前“清零”。统筹成立供电可靠性三支党员突击队（数据核查、故障分析、计划停电趋零），与桂林、玉林、河池开展支部共建帮扶，先后主动与南网生技部、中电联建立合作攻坚关系，助推新电力可靠性管理夯基础、上台阶，树立央地融合示范区优秀典范。同时，通过结对帮扶、驻点跟班等方式，推进新电力星级班组建设与评价，努力实现二星及以上新电力生产班组占比达80%以上的目标。

二、案例实践效果

（一）综合效益

自 2019 年至今，项目组全面贯彻执行国家、自治区及南方电网公司优化营商环境重要工作部署，多措并举推动巩固脱贫攻坚与乡村振兴的有效衔接，先后解决了供电可靠性管理技术手段缺失、主配网网架结构薄弱、指标目标设定不科学、提升措施不全面等问题，以现代信息技术手段为基础，实现经营管理的稳健发展、人员队伍面貌的焕然一新、主配网网架的整体提升、管理机制的重大转变、配用电新技术的大规模推广、信息化手段的深化应用，广西电网主要指标得到大幅度跃升，央地融合成效发展成为广西电力营商环境的“新名片”，更好地服务了广西经济社会发展。项目成果先后获得科技进步奖、专利发明奖、管理创新奖等奖项殊荣，取得的成效也得到政府部门及行业内技术专家的广泛认可。

一是指标实现历史性突破。新电力区域 2022 年用户平均停电时间较 2019 年合并初同比下降 21.9%，广西电网 2022 年合并口径用户平均停电时间较合并初下降 20.1%，市中心、市区、城镇、农村口径指标均满足发改能源规〔2020〕1479 号文目标要求。合并口径、新电力口径中压线路故障率较合并初下降幅度均超过 60%，新电力口径电压合格率较合并初分别提升 1.68%。

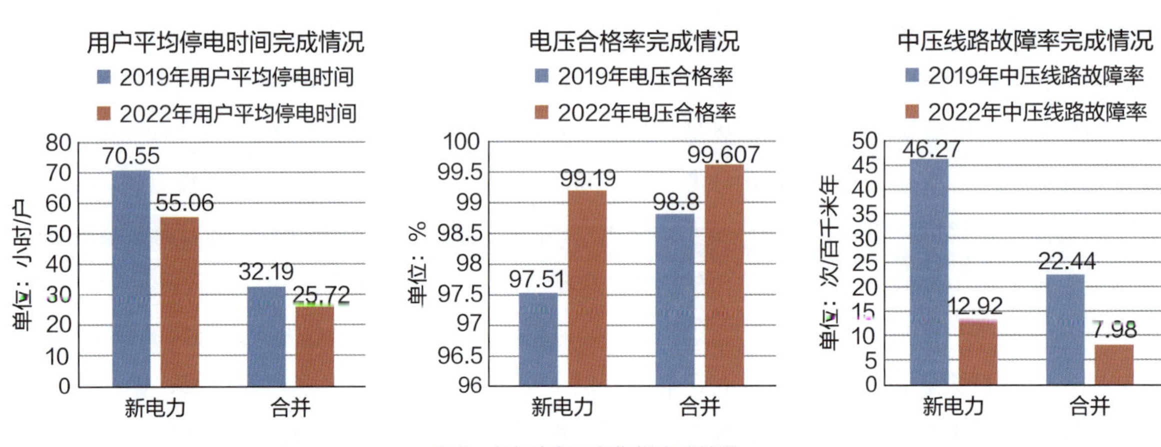

图 2 各年度各口径指标完成情况

二是信息化手段高效助力指标管理效率提升。依托融合多源数据的供电可靠性决策支持平台，实现新电力全域所辖 40 个县级供电企业供电可靠性关键指标目标的科学预测，精确制定了涵盖网架改造等五大领域的差异化提升策略（改造策略可精确至线路层面），有效支持了新电力区域内 2 万余项农网改造工程的建设实施，完成超 20 项核心关键指标预警及回溯分析，指导新电力区域全面消除超 50 小时的县级供电企业，完成 7910 个重过载台区及 6913 个低电压台区治理，完成 1033 条高故障线路及 101 条雷击高跳线路改造工作，实现广西 110kV、35kV 容载比整体分别保持在 2.0、

1.9 的较优水平，城镇及以上区域高压配网“N–1”通过率达 82.3%，10kV 可转供电率达 36.4%，农村户均配变容量达 2.25kVA，供电能力均得到有效提升。同时，建立了客户供服系统，实现客户需求的及时传递，强化了客户服务质量和效率管控，央地融合标杆示范区部分县域实现零投诉，广西电网连续 2 年在广西公共服务行业满意度测评中排名第一。

（二）第三方评价

一是管理成效突出、指标提升显著。融合工作成效得到党中央、国务院国资委、国家能源局南方监管局、自治区党委政府、南方电网的高度充分肯定，中电联实地调研央地融合标杆示范区时也给予高度赞扬，国内主流媒体也争相宣传报道了示范区成果。二是技术手段先进、管理模式创新。央地融合标杆示范区工作效率得到改善和大幅度提升，实践案例中所应用及推广的配电技术方法先后获得广西壮族自治区科技进步奖、专利发明奖、管理创新奖等多项荣誉，为供电可靠性提升提供了有力的技术支撑和基础保障。

1. 主要领导及部门高度认可方面

2021 年 4 月，习近平总书记在广西视察期间，来到原有“三天不停电不是全州县”之称的全州县才湾镇毛竹山村，关切询问村民“电压正不正常”“电价多少、贵不贵”等问题，得到村民对电网企业供电质量及供服工作认可的满意回答。2021 年第 6 期《国资报告》指出，广西央地融合再结硕果，新电力经营管理取得成效显著，“两率一户”供电指标全面达到国家要求，1500 万人实现“用上电”到“用好电”转变。2021 年 10 月 28 日，新电力党委被选派代表南方电网在中央企业“我为群众办实事”实践活动交流会上发言，央地融合管理标杆示范区工作取得的成效也得到了中央企业党史学习教育第三指导组的充分肯定。2022 年 1 月 14 日，国家能源局南方监管局组织广东、广西、海南三省区政府能源（电力）主管部门、电网企业、地方电力和增量配电网公司参加南方区域提升“获得电力”服务水平监管工作会，广西电网试点单位代表南方电网作为供电普遍服务城乡融合一体化高质量发展典型案例做交流发言，国家能源局南方监管局充分肯定公司融合管理提升工作成效。2022 年 4 月 12 日，国家能源局南方监管局召开南方三省（区）提升“获得电力”服务水平综合监管问题整改督促会暨藤县视频工作会议，广西电网作为试点单位汇报供电普遍服务城乡融合一体化高质量发展工作成果及经验。2022 年 4 月，中能传媒南方分公司在通报中充分肯定了广西电网公司作为试点融合单位在提升“获得电力”服务水平工作中所取得的卓越成效。

2. 主流媒体争相宣传报道方面

人民网、中国新闻网、腾讯网等主流媒体的报道肯定了广西电网在新电力融合管理上取得的傲人成就。其中，2020 年 9 月 8 日人民网在《南方电网广西新电力投资集团：一张网 焕新颜》中提到：“‘一张网’破解供电网架发展瓶颈。全区农村电网‘两率一户’指标如期达到国家标准，供电区域的 1800 多万人实现了从‘用上电’到‘用好电’的转变。”2022 年 9 月 5 日，中国新闻网在《广西电网公司打造央地融合示范区“融”出新活力》中提到：“新电力集团‘大融合、大发展’取得显著成效，主要指标连续多年保持大幅跃升。2022 年上半年，客户平均停电时间（中压）为 12.26 小时，比 2019 年同期 35.51 小时下降 65.57%。”2022 年 10 月 27 日，中新网广西网在《“央地融合”擦亮广西电力营商环境“新名片”》中提到：“南方电网广西新电力投资集团有限责任公司（以下简称‘广西新电力集团’）成立三年来，在其供电辖区坚持以客户为中心，全面贯彻落实发改能源规〔2020〕1479 号文，着力提升‘获得电力’水平。”

3. 技术引领及管理创新方面

技术引领方面：央地融合标杆示范区域所应用的农村电网智能化关键技术，获得广西壮族自治区政府科技进步奖二等奖，参与技术鉴定的“973 计划”首席科学家王成山院士指出：“项目成果有助于提高农村电网可靠运行水平和数字化运营能力，具有显著的社会、经济效益和推广应用价值。”央地融合标杆示范区域所应用的架空线路故障自愈方法及配电网故障诊断方法等专利方法先后获得第二十三届中国专利奖优秀奖、广西壮族自治区专利奖一等奖及三等奖，技术方法具有较强的先进性及较高的推广应用价值。

管理创新方面：央地融合标杆示范区所应用的设备精益化管理、配网故障快速复电管理、外部隐患管控等管理模式创新性及适用性较好，有力支撑广西电网公司的指标提升，管理方法获得 2022 年中国设备管理协会设备管理与技术创新成果一等奖。同时，在“广西主电网与地方央地融合发展模式的创新与实践”四类项目中获得 2022 年南方电网管理创新奖二等奖，融合管理模式及方法得到一致认可。三是基础管理提升方面。依托央地融合标杆示范区技能培训和人才培养工作机制，基层人才技能水平均有较大幅度提升，广西电网供电可靠性管理员代表队首次参加国家首届电力行业职业技能竞赛就获得了团体三等奖（全国第八）的优异成绩。

（三）行业推广前景

本项目成果具有广阔的推广前景。广西电网针对一区多网的复杂供电可靠性管理现状，聚焦“设计决策、工作执行、支撑保障”三大关键发力点，探索一套以数字信息化手段为助推器的解决方案，打造央地融合的供电可靠性管理提升标杆示范区，为国内其他央地电网融合工作提供了有益借鉴。具体推广前景如下：

一是管理模式借鉴方面。遵循“管理靠前、制度先行”的工作理念，从无到有建立“明确目标 + 提升决策 + 基础保证”的管理机制，迭代完善已有管理体系，帮助员工扭转管理理念，有效激发融合区域员工工作的主动性和积极性，提升工作效率和工作效能，取得管理成效显著，值得推广借鉴。

二是新技术推广应用方面。项目组充分考虑现行技术的经济性及可靠性，以国内外已有配网新技术为基础，开展前瞻科研技术的尝试与实践，充分验证融合新旧智能技术在提升落后乡村区域指标水平的可行性和必要性，建立一套考虑可靠性与经济性相融合的农村电网地区技术应用路线，为国内农村区域技术应用提供了解决思路。

（周杨珺　易辰颖　刘聪汉）

基于电网数字化转型的南宁市青秀高可靠性示范区建设

一、案例基本情况

（一）单位基本情况

南宁供电局是广西电网有限责任公司（以下简称“广西电网”）的直属企业，始建于1961年，供电面积为2.26万平方千米，供电人口约875万，供电客户约341万户，客户装机容量4655.82万kVA。

自2020年以来，南宁供电局持续贯彻执行国家发展改革委、国家能源局关于全面提升“获得电力”服务水平及优化营商环境意见要求，全面落实《电力可靠性管理办法（暂行）》要求，将供电可靠性提升思路从单一的运维提升，转变为规划建设、物资采购、调度运行、检修维护、客户服务全环节管控。

（二）案例实施背景

本案例起止日期为2020年至2025年，项目所在地为南宁市青秀区。

青秀区作为南宁市的核心城区，区域重要用户多，负荷密度高，对可靠性要求极高。因此，南宁供电局选取青秀区作为试点建设高可靠性示范区，以数字化转型为契机，通过完善规划建设、开展精细化运维、构建广义“N-1”转供电模式等方式，对标国内先进供电局，持续提升供电可靠性，起到供电可靠性管理提升引领示范作用，为南宁供电局全面实现高可靠性水平打造可复制、可推广的“南宁样板”。

（三）案例具体实践

1. 总体思路

供电可靠性是国际衡量电力企业综合水平的核心指标，也是优化营商环境提升“获得电力”指数的关键指标。网架完善是供电可靠性提升的基础。但广西作为西部省份，经济在全国较为落后，网架建设难以达到国内一流水平。

因此，如何在投资有限的情况下打造一个指标达到国内一流水平的示范区，是本项目需要重点解决的问题。南宁供电局立足南宁电网、经济、社会发展现状，以数字化转型为契机，将电网数字化转型和先进技术应用在规划建设、综合停电管理、运维检修、客户服务等供电可靠性管理的关键环节，逐步形成网架数据自动分析、计划检修无感停电、设备状态智能研判、故障快速定位和全面自愈的电网数字化管理模式。

通过数字赋能，将有限的投资用于效益最大的方面，以“机器代人”提升管理和运维效率，通过最经济的途径实现供电可靠性管理提升最大化的目的，打造青秀高可靠性示范区。

2. 主要做法

（1）规划建设环节

南宁供电局在“十四五”规划中，充分运用大数据分析工具指导规划投资。在供电可靠性评估理论基础上，开发了一套基于网架的供电可靠性指标预测模型，通过对大量历史数据进行分析和拟合，量化主网单线单变、配网环网化率、电缆化率等网架指标对可靠性指标的影响，将不同项目对网架指标的影响转换成对可靠性指标的影响，从而指导网架规划和投资决策。

基于“十三五”末期青秀区部分主网设备不满足“N-1”准则、设备老化问题突出、部分输电线路存在同杆共沟、配电线路网架接线模式需进一步优化、自动化覆盖率不足、公变未实现低压联络、无快速接入装置等网架现状，南宁供电局将指标评估模型应用于青秀高可靠性示范区的规划方案比选和优化工作中。青秀区共有512个项目纳入“十四五”配电网项目规划库，总投资4.46亿元。

（2）综合停电管理环节

在综合停电管理环节，南宁供电局积极落实《国家发展改革委 国家能源局关于全面提高“获得电力”服务水平持续优化用电营商环境的意见》（发改能源规〔2020〕1479号）（以下简称“1479号”文件）要求和电力可靠性管理办法（暂行）要求，统筹制定停电计划，积极推广不停电作业技术，加大资源保障力度，推动计划停电“趋零”行动落实落地。

2020年至2022年，南宁供电局在青秀区完成计划停电从“有户时”到“零户时”，再到“零感知”的综合停电管理提升“三级跳”，形成配网不停电作业的南宁样板。

①计划停电由“有时户”向“零时户”转变。南宁供电局针对青秀区目前可转供率不足90%、用户数超标、大支线问题仍然存在的网架现状，在青秀区提出“广义N-1”转供电新模式并全面应用。相比传统的N-1概念，“广义N-1”是通过“网架N-1”“中压用户N-1”“低压用户N-1”三个层级创造条件实现停电不停用户。同时，为支撑“广义N-1”的全面推广，南宁供电局配套发布《配网不停电作业指引》《配网不停电消缺提升方案》等指导文件，并试点开展低压发电转供业务外协，在青秀区现有网架的基础上实现了范围更广的N-1，使所有的计划停电向不停电转变。

②计划停电由“零时户”向“零感知”转变。在青秀区实现计划停电不停用户后，南宁供电局持续加强不停电作业精细化管理。在不停电作业方案编制阶段，充分考虑作业范围内学校、居家老人等特殊情况，有针对性地使用静音式发电车降低噪声。同时，为减少瞬停影响，对青秀区存量台区采用“预装设低压快接口＋汇流钳装置”、中压架空分支线加装10kV发电车快接口，增量台区采用新装开闭所设置发电车接入间隔、新装配变台区预制快速接入口或低压联络装置等方法，全面实现配变停电“秒级”切换。在确保青秀高可靠性示范区用户“不停电”的基础上，进一步做到用户停电“零感知”。

（3）设备运维环节

在设备运维环节，南宁供电局以构建“配网故障自愈、巡视无人化、检修专业化”为特征的配电网智慧运维体系为总体思路，在青秀区探索“机器代人、智能增效”的运维管理模式。

一是在青秀区全面开展智慧输、变、配建设，加快生产运维智慧化、数字化升级，扩大“机器代人”应用范围，加速业务智能转型，形成技术与业务“双轮驱动”新业态。形成“远方数据自动采集、监测数据智能化分析，设备状态智能研判”的智慧运维模式。

输电方面，完成南宁供电东博会保供电线路数字输电示范区建设，大幅提升应急保供能力；在青秀区完成关键重要线路视频终端、分布式故障监测终端、非电量集成器等智能终端的建设部署，实现外破关键点、涉电隐患点实时动态跟踪，基本实现前端自动采集、后端智能分析功能。输电线路状态感知的智能化水平大幅提升。

变电方面，在青秀区 220kV 碧竹站开展智能化改造试点工作，完成碧竹站视频监控系统、机器人巡检系统、在线监测系统建设，实现日常巡检、程序化操作辅助的智能化操作，将人工巡视作业由 2 个小时缩短至 7 分钟；在关键重要变电站完成油色谱和 GIS 局放在线监测装置安装，提升变电设备状态感知能力。

配电方面，推广无人机自主巡检，抽调人员组成无人机专班，持续开展无人机杆塔坐标采集、自主机巡建设和缺陷智能识别工作。从 2020 年至今，在青秀区累计完成全部 116 千米无人机自主巡视建设，通过无人机机巡发现隐患缺陷 54 处，有效提升运维效率，减少故障次数。开展自动化建设攻坚工作，成立自动化专班，持续跟踪“规划—建设—运维”等全流程，重点盯紧验收、调试、启运和消缺等关键环节。从 2020 年至今，青秀区共投入自动化设备 400 台，自愈线路 142 回，成功隔离故障共 132 次，有效减少平均停电时间 4.5 小时。推进透明低压电网建设，在区内率先应用微型智能电流传感器、智能微型断路器等设备，在青秀区完成 736 套微型智能电流传感器的安装调试，实现重要客户低压部分可观可测。

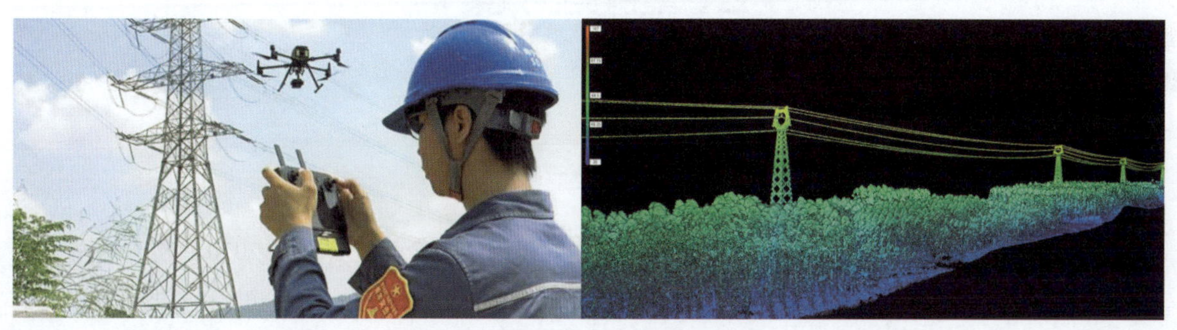

图 1　开展线路无人机巡视及线路建模

二是在青秀区开展 IMTO 配电设备状态管理，包括设备状态监测、状态预试和状态检修三个阶段。通过预防性试验、超声波成像、红外成像及变压器直阻测试等不停电方式，对区域内的架空线路、电缆线路和配变及附件开展状态监测。在监测数据的基础上对设备状态进行定性定量评估，并根据评估结果采取缩短巡视检测周期、转入检修状态等策略，从而达到提升设备运维效率，最大限度减少设备停电和检修的时间。

（4）客户服务环节

在供电可靠性不断提升的同时，南宁供电局进一步落实国家发展改革委、国家能源局关于全面提升“获得电力”服务水平及优化营商环境意见要求，持续提升青秀区运营服务能力。南宁供电局以提升供电可靠性为基础，服务地方经济发展，打造优良电力营商环境，提升用户满意度，在保障“可靠电”供应的同时让用户用上“暖心电”。

一是主动服务地方经济发展，推进项目落地，主动帮扶小微企业发展，加强地方企业供电可靠性保障力度，持续提升“获得电力”满意度。青秀供电分局积极简化项目服务流程，助力用户节约投资，缩减项目接电时间。先后组织走访了广西霖峰牛湾置业有限公司、广西壮族自治区博物馆、广西文化产业集团有限公司及广西数字经济生态产业有限公司项目等，面对面洽谈用电问题、点对点推进项目进度，全力服务重特大项目，为企业有序、安全、高效生产提供坚强的电力保障。同时持续推行 160kVA 及以下小微企业“零投资”，做到“应投尽投”，促进业扩延伸优惠政策精准发力，减轻小微企业经济负担。

二是推进现代服务体系建设，大力推进充电设施建设，推动区检察院、规划馆等大型充电项目落点，满足客户对新能源汽车充电需求，推动“油改电”等电能替代项目落地。按照“提高专业管理，强化末端融合”的原则推进供服深度融入政府现代化网格治理体系，在青秀区全面完成 6 个网格的入驻工作。持续做好老旧小区改造服务，提前谋划小区建设接入电源，已完成青秀区 82 户老旧小区方案制定，施工阶段主动对接改造方及施工单位，做好流程告知，并创新简化一户一表办理模式，缩短旧改小区立户时长。

二、案例实践效果

（一）综合效益

推动“1479 号”文件工作要求落实落地，可靠性指标实现全面提升。从 2020 年至今，南宁市青秀区系统平均停电时间由 0.76 小时减少至 0.2 小时，同比降幅达 73.7%；停电频率由 0.28 次 / 户减少至 0.09 次 / 户，同比下降 67.9%。市中心、市区、城镇平均停电时间年均下降 39.7%、11.5%、39.2%。

自 2021 年以来，南宁供电局通过联络转供、不停电作业及中、低压发电转供，在青秀区已经全面实现“计划停电零户时，用户停电零感知”。

通过数字化转型，大幅提升运维效率，持续减少停电时间和停电次数。南宁供电局通过配自和无人机自主巡航建设，同时充分应用创新成果，在青秀区部分设备巡视、缺陷识别、故障研判等工作上基本实现了“机器代人”。与 2020 年相比，巡视维护效率提升 50%，中压线路故障率由 2 次 / 百千米 / 年下降至 1.3 次 / 百千米 / 年，故障查找复电时间由 4.2 小时减少至 1.5 小时。

“获得电力”全面推行“三零”“三省”，南宁供电局聚焦业务数字化，在广西数字政务一体化平台开发“一网联办”功能，真正实现“数据多跑路，群众少跑腿”，推行受电工程竣工验收可视化服务模式，开展线上视频验收，缩短接电时间 40%，实现客户早并网，早接电，早投产。居民用户平均接电时间压缩至 0.5 个工作日，低压用户平均接电时间 1 个工作日，高压用户 3 个工作日，达到全国先进水平。

（二）第三方评价

南宁供电局全年共承担自治区两会、东盟博览会等 120 余次保供电工作，均圆满完成。在习近平总书记、国务院副总理韩正在广西调研期间，南宁供电局也顺利完成了各重要场所的电力供应保障工作，确保了电力供应不间断。收到自治区政协办公厅、自治区党委宣传部、自治区公安厅、南宁市人大常委会办公室等单位 20 余封感谢信。

科技创新研发方面，南宁供电局项目成果“高可靠低碳化城市配电网运行控制关键技术与工程应用”于 2021 年获广西科学技术进步奖三等奖、中国电子学会科学技术进步奖三等奖、中电联电力创新奖二等奖，于 2022 年获机械工业科技进步奖三等奖共计四项省部级科技进步奖。

获得荣誉方面，南宁供电局青秀分局获得南方电网 2020 年可靠性先进集体及南宁市“优化营商环境攻坚突破年”先进集体等荣誉称号。南宁供电局可靠性管理人员在首届供电可靠性管理员技能竞赛中获得个人奖和团体奖项。

（三）行业推广前景

南宁供电局提出“创新驱动，智慧赋能”的理念，以先进技术应用及数字化转型为依托建设青秀高可靠性示范区，实现规划项目精准投资及运维效率优化。同时通过精细化管理，持续提升用户用电体验及满意度。以少量的投资实现用户停电时间最少，用电感受最优，在倡导提质增效的当前具有较大的推广意义。

本案例适用于地市局供电企业城市区域可靠性管理及供服工作，具有借鉴价值及推广前景。

（谭世明　秦雨涵　侯启）

以可靠性为总抓手的变电带电作业管理实践

一、案例基本情况

（一）单位基本情况

云南电网公司（以下简称“云南电网”）是中国南方电网公司的子公司，在原国家电力公司南方公司的基础上改组成立，承担着保障云南省内电力供应、落实“西电东送”国家战略、深化澜湄区域电力合作的重要职责。云南电网本部设 20 个职能部门，下设 31 个地市级单位（含 18 个地市级供电单位）、116 个县区级单位（含 114 个县级供电企业），员工 6.1 万人。供电营业区覆盖云南省除保山 5 区县配网、西双版纳农垦电力所辖 18 个乡镇配网以外的所有地区。拥有 35kV 及以上变电站 1867 座、输电线路 8.97 万千米，供电客户数 1781 万户。

（二）案例具体实践

1. 总体思路

为确保电网安全稳定运行，提升供电的可靠性，云南电网积极探索，构建变电带电作业安全管理体系、技术标准体系、作业标准体系、培训体系，推进变电带电作业规范化建设，为变电设备检修、提升供电可靠性创新打造出一套安全可靠的新模式，为变电设备全生命周期管理提供了有力支撑，具备较高的借鉴价值。

2. 主要做法

（1）以需求为导向，明确变电带电作业发展方向

①系统分析，抓住矛盾焦点。通过对近三年云南电网系统内变电设备超期未检情况进行统计分析可以看出，根本原因是变电站内各电压等级母线停电难，导致部分母线连接设备超期未检或新设备接入难以安排计划，结合各电压等级变电站典型接线方式，确定矛盾焦点为 110kV 电压等级母线。

②有序突破，明确发展方向。结合设备定检类别及优先度，明确变电带电作业开展方向，分“两个阶段”明确突破重点。首先将 110kV 母线侧隔离开关带电检修（因母线停电困难，导致 110kV 及以上母线侧隔离开关超期未修占 69.2%，设备运行风险高，供电可靠性难以得到保障）作为变电带电检修突破口，以点带面覆盖至 220kV、35kV 母线侧隔离开关带电检修，解决因间隔检修母线停运而造成电网风险升高这一普遍问题。其次将变电带电作业研究重心向设备本体检修拓展，重点考虑带电检修隔离开关、避雷器，带电短接设备等项目，避免因设备本体停运造成影响供电可

靠性这一难点问题。

（2）精准探路先行，不断拓展变电带电作业工法

云南电网集中科研力量，调集技术能手，结合问题症结点，先易后难，反复论证和试验，试点引进先进装备，分“四步走”，有序研究开展不同电压等级、不同工法的变电站设备检修攻关，现已攻克形成绝缘人字梯、平梯、升降平台和操作杆等5类27个典型作业场景。通过不懈努力，变电站带电作业技术已开发、拓展至异物清除、发热消缺、配合基建新间隔接入、35kV变电站全站专供、龙门架绝缘子更换等。

①从110kV母线（软母）侧隔离开关维护检修着手，开展研究、验证。采取绝缘人字梯进入等电位，实现带电断接110kV母线（软母）侧隔离开关引流线作业。

②以点带面开始拓展，延伸解决220kV、35kV软母侧隔离开关维护检修问题。采取“绝缘斗臂车与绝缘梯”组合使用的等电位作业法，实现220kV母线（软母）侧隔离开关引流线带电断接作业；采取绝缘平梯进入等电位，首次实现220kV母线（软母）侧隔离开关引流线带电断接作业；采取绝缘人字梯进入等电位，实现35kV变电站带电断接引流线作业；采用绝缘操作杆作业法，开展变电站35kV进线带电断接引流线的作业，配合配网带电作业成功实现35kV变电站全站转供，实现全站一、二次设备预试定检工作“零停电”。

③开展新装备的引进与应用，提升作业效能。引入绝缘升降平台新装备，采取绝缘升降平台进入等电位，试点实现110kV母线（软母）侧隔离开关引流线带电断接作业，效率大幅提升。后以点带面拓展，实现220kV母线（软母）侧隔离开关引流线带电断接作业，首次实现220kV母线（悬式管母）侧隔离开关引流线带电断接作业。

应用案例1：220kV母线（悬式管母）引流线带电断接作业。

2022年9月21日，云南电网大理供电局220kV苏屯变220kVⅡ母电压互感器间隔母线侧2902隔离开关B相合闸不到位，报紧急缺陷。消缺若采用直接停220kV苏屯变220kVⅡ母停电方案，需将220kV苏屯变220kVⅡ母上的负荷全部转移到Ⅰ段母线上，Ⅱ段母线将全停。若运行中的220kV苏屯变220kVⅠ母发生跳闸，将导致怒江片区1座220kV变电站、8座110kV变电站失压，导致严重电网事故。经研判后，各专业联动，采用带电解脱管母两端三相连接线方案，解脱220kV苏屯变220kV苏崇Ⅱ回线Ⅱ母侧2342隔离开关与220kV Ⅱ母电压互感器2902隔离开关之间三相连接线，

图1 隔离开关现场检查图

图2 现场带电作业开展情况

安全、有序、高效配合停电检修人员完成 2902 隔离开关的维修，第一时间消除了设备缺陷，化解了电网风险，确保了供电的可靠性。

④向设备本体进军，进行深入拓展。开展工器具研制，实现 220kV 变电站断路器与 CT 连接管母发热缺陷的处理，实现变电站 35kV、110kV 隔离开关引流线线夹发热缺陷的处理，实现变电站 220kV 电抗器引流线线夹发热缺陷的处理，采用“带电作业措施 + 跨越防护网”的作业方式实现变电站内关键设备上方龙门架耐张绝缘子更换。

应用案例 2:“带电作业措施 + 绝缘跨越网措施”新模式。

2021 年 9 月，云南电网昆明供电局 220kV 海埂变电站 7 个间隔耐张绝缘子出现批量零值，存在放电击穿风险，将严重影响变电站的安全稳定运行，需要尽快对 7 个间隔耐张绝缘子进行更换。若采取 110kV Ⅱ母线停电进行间隔耐张绝缘子更换，将存在二级电网风险，且母线停电时间约为 9 天（按照本期工作 4 条 110kV 线路，每条线路 2 天工期考虑，同时考虑 1 天停送电时间）。经研判后，各专业联动，采取“带电作业措施 + 绝缘跨越网”作业模式仅用 4 天完成间隔耐张绝缘子串更换，全程母线不停电，有效确保了稳定供电。

图 3 “带电作业措施 + 绝缘跨越网”措施新模式

（3）健全管理体系，提升变电带电作业规范管理

云南电网分析变电、带电专业管理、资源、技术现状，紧紧围绕设备缺陷、预试定检计划、设备健康度，逐一完善管理制度。

①建立以云南电网为基础的变电带电作业省级集约化管理体系。统一管理带电作业项目、统一调配资源，统一技术监督及安全管控；明确变电带电作业的归口管理部门，省级带电作业中心（输电分公司）协同开展专业管理；明确由省级带电作业中心（输电分公司）负责面向各供电单位开展技术支持和服务，负责新技术研究；明确在一定时期内，变电带电作业由输电网带电作业人员承接开展。

②借鉴输电网带电作业培训机制，探索形成变电带电作业培训评价模式。推动中电联发布了《带电作业人员培训考核规范》，主导完成南方电网《变电站带电作业人员培训与考核规范》的编制，开展南方电网《变电带电作业培训基地建设规范》的立项制订，构建变电带电作业培训体系。

③开展《云南电网有限责任公司带电作业特色优势专业建设实施方案》《云南电网有限责任公司输变电带电作业管理业务指导书》的编制与制订。明确各单位变电带电作业资质取得要求及管理要求，明确变电检修与带电作业专业职责界面，从需求提出、现场勘察、方案制定、现场实施、项目闭环全链条协同，打破了专业壁垒，明晰专业管理和发展思路，促使专业协同形成合力，资源投入精准；持续固化总结，主导开展《中国南方电网有限责任公司输变电带电作业业务指导书》的制订，进一步健全管理体系，促进变电带电作业的规范管理。

④系统识别作业现场存在的风险和隐患。开展了《变电带电作业典型应用场景及案例》编制发布；明确典型变电站带电作业项目操作流程，修编制定了典型作业项目的作业指导书，完成变电带电作业现场准军事化管理准则及条令的印发，指导作业的安全开展。

⑤按照“常规工具属地化，大型装备集约化”的原则，统筹全省变电带电作业资源，定期收集装备、技术服务、人员调用等需求，统筹全省带电作业资源，实现变电带电专业一盘棋。

（4）着力培训，筑牢人身风险立体防控体系

有针对性地对 9 家已能实施输电带电作业单位的技能骨干开展变电带电作业现场“实战”教学培训（累计培训 150 余人次），并已专项开展多期变电带电作业取证班，有效支撑后续阶段推广工作。

落实“有多大能力干多少活”要求，结合各地市级供电单位需求和人员技能两个维度综合对比，筑牢人身风险立体防控体系，管好每一项作业、守牢每一个环节、控制每一个风险，严防“三超”，以红河、曲靖为试点，开展“三段式”（省级带电作业中心专业人员示范作业；省级带电作业中心专业人员与供电局作业人员协同作业；供电局作业人员独立作业，省级带电作业中心专业开展技术指导）技术培训，按“成熟一家、推广一家”的方式实施本地化变电带电作业。先后已在昆明、曲靖、红河等 15 家供电单位推广变电带电作业，已有 3 家供电单位具备独立开展的能力（另有 9 家单位已初步具备）。

二、案例实践效果

（一）综合效益

从短期效益来看，在现有资源条件下，推进、开展变电带电作业规范，有效确保了紧急、重大缺陷得以及时消除，保障了设备的可靠性，及时消除了电网风险，做实了设备全生命周期管理，保障了电网的安全稳定运行，提高了供电可靠性；有效保障了新建线路、新建间隔的按期接入，保障了新型电力系统的建设，为电力保供和清洁能源消纳创造了条件。

从长期效益来看，本项目的实施，是云南电网变电检修模式的创新实践。案例的实践证明带电作业是变电检修与运维中不可或缺的一部分，推进变电带电作业可以进一步缩减停电范围，降低电网风险，长期的探索将形成一套可行的、系统的变电站内带电作业模式，可进一步优化以风险分析

为基础的维修（RBM）、以可靠性为中心的检修（RCM）等检修模式，全面提升电力可靠性管理水平、提高生产效率、保障安全生产。

（二）第三方评价

在保证作业安全、电网安全的前提下，变电带电作业在云南电网得以有力推进，切实为云南电网变电检修打造出一套新模式，为云南电网提升设备可靠性、有效确保稳定供电提供了强有力的支撑，且已取得较好成效。2021 年 10 月，输电分公司受邀在 2021 年第八届中国带电作业技术会议上进行“110kV 刀闸断接引线（软母线）”展演，会议组委会给予“优秀展演项目”的表彰，对先进的工作理念和经验给予高度评价；2021 年 11 月，南方电网到云南电网现场调研变电带电作业推进情况；2022 年 8 月云南电网受邀在中电联带电作业专家工作委员会成立十周年讨论会上作了变电带电作业专题报告，得到与会专家、代表的一致好评；变电带电作业仅 2022 年已多次获得省公司的通报表扬及主流媒体的肯定。2022 年 5 月，创新采用带电作业措施更换 220kV 海埂变 110kV 断路器间隔上方龙门架间架空导线耐张绝缘子串作业，提升了设备可靠性，成功消除二级事件的电网风险，作业全过程得到云南昆明电视台的采访报道，获得云南电网 2022 年 5 月 16 日调度早会通报表扬，获得南方电网报刊登并在南方电网联播内同步播出，新华网也以“云南电网首创带电作业新技术消缺变电站隐患”为题给予了高度肯定；2022 年 9 月，首次在 220kV 苏屯变采用等电位作业法开展母线连接线断接作业，成功配合完成变电关键设备的紧急抢修，避免了一级电网风险，确保了国庆及党的二十大主供负荷站的安全稳定运行，实现南方电网首次 220kV 硬质管型母线等电位作业，相继得到云南电网及南方电网公司的通报表扬及肯定。

（三）行业推广前景

电力企业是我国国民经济和社会进展的公共事业及基础产业，是经济建设的基础，也是社会进步的保证。在市场经济条件下，对电力企业的要求日益提高，为适应市场经济，建设安全、可靠、绿色、高效、智能的现代化电网，构建适应新能源占比不断提高的新型电力系统，更好发挥现代化电网在现代能源体系的核心平台作用，以电网高质量发展保障国家“双碳”目标的实现。变电站作为电力的源头，需要加快带电作业规范化建设，有力支撑变电设备可靠运行。

该项目课题基于变电设备运检现状，通过电网内外部环境调研、输变电可靠性需求分析，精准定位检修策略与可靠性提升过程中存在的矛盾，从变电带电作业规范性推动角度在根本上解决和缓解可靠性提升过程中面临的痛点、难点问题。分析和解决问题的思路具备可复制性，可根据某一普遍性存在的现场问题，引用该思路从根源上解决或缓解专业面临的主要矛盾，推动变电检修模式的转变。课题研究成果总结为电力行业规范 1 本（《带电作业人员培训考核规范》）、南方电网公司技术标准 3 本（《变电站带电作业人员培训与考核规范》《变电带电作业技术导则》《变电带电作业培训基地建设规范》）、南方电网公司管理制度 1 本（输变电带电作业业务指导书），推进变电带电作业经验向制度的转化，具备较高的推广及应用价值。

（王山　杨凤　郑澍宇）

基于“5W2H”的快速复电体系建立

一、案例基本情况

（一）单位基本情况

嵩明供电局是云南电网有限责任公司昆明供电局下属的县级供电单位，在岗职工254人，主要负责国家级滇中新区东部核心区、省级职教新城、省级花卉示范园区和嵩明县三镇四街道1404.09平方千米范围内48.4万人口的供服业务。

嵩明县作为滇中新区东部核心区，是昆明市城市功能拓展区发展的重要战场、长水机场“半小时经济圈”、昆明市产城融合示范区、现代制造业基地、国内大循环产业链转移重要承载区，有着区位优势明显、交通便利、产业多元化和地方经济社会快速发展的特点。嵩明供电局共计管辖10kV线路113回、公用线路90回、客户专线23回；公用线路共计2119.84千米，平均馈线长度23.82千米，户外开关站215座，柱上断路器1810台。

（二）案例实施背景

供电可靠性反映了电力对国民经济电能需求的满足程度，已经成为衡量电网发展水平、城市营商环境的核心指标。目前部分地区配电网发展不平衡、不充分的矛盾仍突出，客户用电感受得不到实质提升。

嵩明供电局2021年共计发生故障231起，中压线路故障率为11.09次/百千米/年。停电持续时间为1601.102小时，每起故障平均停电持续时间为6.93小时。1—9月故障平均停电持续时间为6.98小时，核心指标倒退。

为深入贯彻落实公司打造“两张名片”和“五型”企业建设重要部署，确保昆明供电局532示范建设和两个“双七”行动有效落地，嵩明供电局凝心聚力，埋头干事创业，以高质量的发展和行动争当公司“两张名片”县级标兵。创新研究形成《基于“5W2H”的快速复电体系》，并在云南省进行推广应用。

（三）案例具体实践

1. 总体思路

抢修观念老旧、横向沟通效率低、物资流转耗时长、人员技术水平欠缺等问题依旧是配网抢修的“老大难”，昆明嵩明供电局因地制宜，结合现有故障抢修“痛点”，从流程、职责、管理、技能等方面深入分析存在问题，通过压实各级配网管理人员责任、聚焦配网痛点、难点问题及相关重点工作，以“两提一降”为中心目标，形成一套行之有效的快速复电体系，提高供电可靠性及客户服务水平。

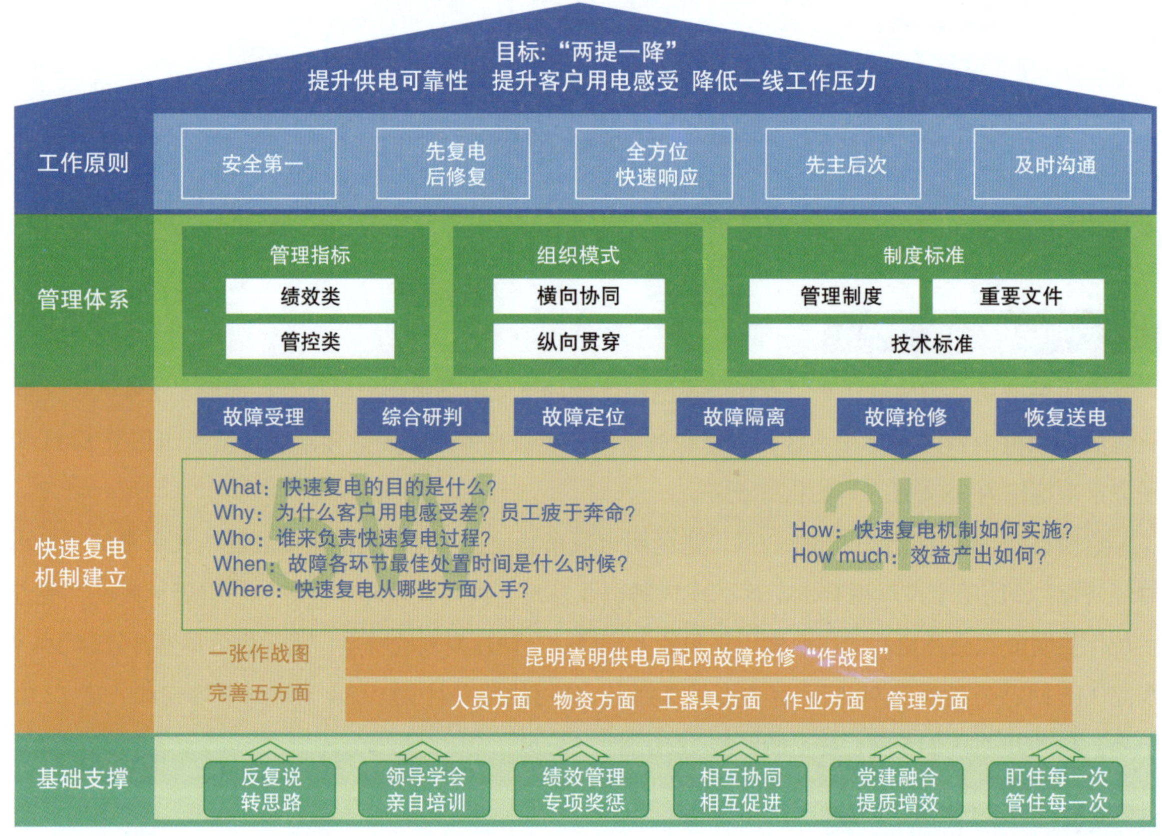

图1 “5W2H”快速复电流程图

紧紧围绕快速复电目的（What）、为什么这样做（Why）、谁来负责抢修（Who）、故障环节管控什么时候最适宜（When）、从哪些方面入手（Where）、机制如何实施（How）、效益产出如何（How much）“5W2H”理念建立抢修体系，对“老大难”问题进行深入剖析并加以“治疗”。

以可靠性为总抓手，结合党建载体，把党支部的战斗堡垒作用和党员先锋模范作用充分发挥在急难险重任务上。编制《昆明嵩明供电局配网故障抢修管控流程图》，建立故障处置机制，全过程、多维度做好中压线路故障管控。

2. 主要做法

（1）以目标为导向，压实各层级责任

①明确职责，内部协同，全面聚焦快速复电。一是计划生产部负责督促、检查、指导所辖供电所抢修管理工作，统筹协调配网抢修资源、对故障分析研判、协调抢修资源，对抢修及时性进行跟踪；二是营配指挥中心负责故障工单的接收、派单指挥，配合报送故障研判相关系统信息、对抢修过程进行跟踪、监督，及时掌握达到时间、停电设备、故障类型、故障原因、预计复电时间、处理

结果等信息，及时准确发布、传递；三是各供电所负责接受营配指挥中心的派单指挥，按要求组织开展故障抢修作业任务，并实时传递故障抢修信息。

②统一指挥，专业管理，建立唯一处置路径。发文公布故障处置唯一联系电话，明确汇报协调唯一渠道，认定计划生产部指挥唯一职责，建立 7×24 小时电话周轮班值班机制，解决内部协同效率低的问题。

③统一调度，快速响应，提升内外部应急效率。一是明确驻点抢修，要求嵩明恒升电力工程有限公司（承包商）落实“两所一驻点”模式，设立白邑—阿子营片、小街—小新街片、城区—杨林片 3 个驻点，每个驻点 12 人值守，在保电、应急等特殊状态下，外部资源由嵩明恒升电力工程有限公司总经理亲自落实、亲自调配，解决外部单位应急响应能效低的问题。二是不停电作业资源统一调配。发挥外协带电作业人员的经验优势，让新成立的不停电作业班人员到外协单位开展跟班学习，不定期开展带电作业技术交流，抢修及计划的带电作业以“内部充分，外部补充”的原则开展，多点位带电作业现场由计划生产部统一组织实施，解决不停电作业资源“匮乏”的问题。

④开班培训，潜心钻研，个人集体共同进步。领导班子牵头组织培训，开展全员“画像”，每周三晚自习精准辅导，学习自动化及自愈原理，营造出“比、学、赶、帮、超”的氛围，解决故障研判不准确、效率低的问题。

（2）树立新兴思想，打破陈旧观念

①建章立制，梳理环节，明确抢修思路流程。一是明确故障抢修流程。处理故障抢修全过程梳理，形成《昆明嵩明供电局配网故障抢修“作战图”》，固化各环节时间节点，解决故障各环节衔接、流程不畅问题；二是明确故障抢修复电思路。规范抢修流程，将原“硬查找，硬修复”向“先复电、后修复”模式转变，树立“以提升客户用电体验为价值”的抢修理念，部分客户先送电，解决用户停电时间长的用电体验。

②紧盯环节，实时监控，跟踪故障处置全过程。明确故障处置各环节时间管控，细化《昆明嵩明供电局配网故障抢修“作战图”》，将各时间节点报送信息形成模板，由营配中心实时监控，按照“2 小时”“4 小时”“6 小时”跟踪故障处置情况，在信息群内发送故障信息，解决故障抢修无人跟踪问题。

（3）五个维度创新，深层切入复电难题

心中有数，手上有招，多方面效能提升。总结提炼物资、工具、作业、人员、管理五个维度提升方法，通过做到物资调用相互协同顺畅、工器具领用“包治百病”、作业文件标准化、组织保障作用发挥、举措责任落实落地，彻底解决各抢修环节内耗大、效率低问题。

（4）精准施策，靶向治疗缓慢复电病灶

①协同顺畅，五环一表，物资调用不慌乱。一是梳理杨林马坊二级仓库储备情况，生产、基建在建（储备）物资建立共享机制，形成“五环（可研、施设、入库、出库、结算）一表（全局唯一物资表）”的项目物资管控机制，实施物资专人管理，动态更新；二是开展“实训基地储备库”模式，实现“有借有还，再借不难”；三是定期召开生产、基建问题协调推进会，解决应急情况下物资调用困难的问题。

②包治百病，拎包出库，杜绝工具准备不充分。以业务为线，作业为面，梳理形成 16 项典型

作业工器具清单，形成工器具包，建立“拎包出库”流程，解决工器具领用耗时长、漏拿错拿反复跑的问题。

③典型票库，落实三审，建立标准化文件库。建立“典型操作票库”，涵盖配自、环网柜、老式断路器、联络断路器五场景转换的1540份操作票，实现典型操作百分百覆盖，典型票调用机制，落实三审，兼顾高效，解决作业文件办理时间长、错误多的问题。

④优化报文，以卡为主，故障范围研判精确。推广“故障处置卡”运用。以问题处置为导向，编制90回公用线路故障处置卡，全员培训，点对点突破，务求全员掌握应用，支撑“人人看卡片，人人判故障”机制落地，解决人员技能水平参差不齐的问题。

⑤细问过程、关注结果，各级抓实责任管理。实施会议问题督办制，召开“双周”故障分析会，查找管理及技术方面原因，“一对一、点对点”纳入问题—跟踪问题—消除问题—闭环问题机制，解决责任与落实不到位问题。

二、案例实践效果

（一）综合效益

嵩明供电局基于“5W2H”的快速复电体系创建，经过3个月的推广学习、10个多月的应用实践，在故障抢修过程中形成一套行之有效的供电可靠性管理经验和做法。在提升供电可靠性的基础上，全力提升客户用电体验，实现“供电可靠性、客户满意度”双提升，真正实现“人民从用上电到用好电”的转变，践行“人民电业为人民”的宗旨。

争先创优，立竿见影，争当高质量发展排头兵。2022年1—9月，中压故障停电时户数比2021年下降71.3%，降幅居昆明局第一。

高位推动，服务到位，贯彻人民电业为人民。2022年1—9月，客户意见工单累计111起，比2021年的390起下降279起，降幅达71.5%，频繁停电投诉“归零”。

基层减负，一线减压，安全可靠推动电网发展。嵩明供电局从流程、职责、管理、技能等方面进行优化，有效降低一线员工工作压力，关注员工精神状态，秉承“安全生产是红线、是底线、是生命线”的原则，稳步发展。2022年未发生人身伤、亡事故事件，坚决守住安全生产的底线和红线。

争分夺秒，快速复电，打赢每一场攻坚战。2022年每月中压故障抢修平均复电时间与2021年同期比较均为下降，2021年1—10月平均复电时间为6.875小时，2022年1—10月平均复电时间为3.748小时，降幅达45.5%。

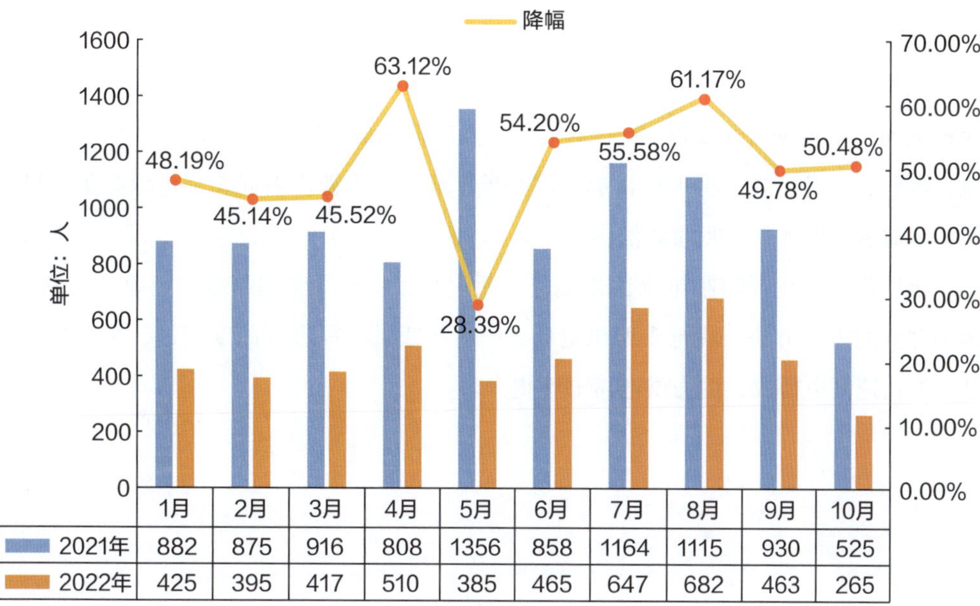

	1月	2月	3月	4月	5月	6月	7月	8月	9月	10月
2021年	882	875	916	808	1356	858	1164	1115	930	525
2022年	425	395	417	510	385	465	647	682	463	265

图 2　2021 年、2022 年抢修人力资源消耗对比

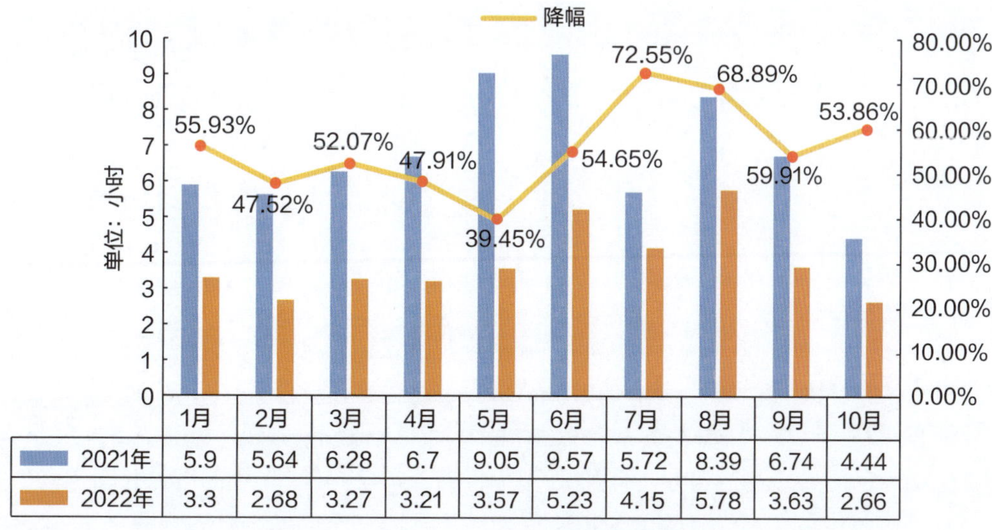

	1月	2月	3月	4月	5月	6月	7月	8月	9月	10月
2021年	5.9	5.64	6.28	6.7	9.05	9.57	5.72	8.39	6.74	4.44
2022年	3.3	2.68	3.27	3.21	3.57	5.23	4.15	5.78	3.63	2.66

图 3　2021 年、2022 年中压平均复电时间对比

（二）第三方评价

2022 年 7 月，昆明嵩明供电局承办“昆明供电局 2022 年提升供电可靠性管理领导小组现场推进会”，会上昆明嵩明供电局对基于“5W2H”的快速复电体系建立进行专题汇报，嵩明县、昆明供电局、云南电网公司领导听取汇报后给予高度评价及认可。

本项目成果申报昆明供电局管理创新，荣获“昆明供电局 2022 年度优秀管理创新成果”三等奖，嵩明供电局将持续聚焦改革发展方向与管理短板，始终把实际应用价值作为管理创新工作的出发点和落脚点。

（三）行业推广前景

本项目成果已在全昆明供电局推广使用，代表昆明供电局在全省进行了经验分享，并在 2022 年上半年纳入《云南电网公司 2022 年上半年配网生产管理优秀案例》。从 2022 年至今，陆续通过调研交流、经验分享等形式，将本项目成果逐步推广至临沧永德供电局、临沧沧源供电局、昭通巧家供电局、昭通水富供电局、昭通威信供电局等。

同时，昆明嵩明供电局与临沧永德供电局、昭通巧家供电局结对帮扶，将基于“5W2H”的快速复电体系建立的方式方法与临沧永德供电局、昭通巧家供电局进行深度探讨，协助两家供电局建立“自己”的快速复电模式，助力供电可靠性提升。

（胡浩卿　纪涵译　杨杰）

“最小化单元动态管控”综合不停电精益化管理案例

一、案例基本情况

（一）单位基本情况

玉溪供电局为云南电网有限责任公司（以下简称“云南电网”）下属地市供电单位，在岗职工3791人，主要负责澄江市、红塔区、江川区、峨山县、华宁县、通海县、新平县、元江县、易门县1.5万平方千米范围内227.8万人口的电力供应服务。玉溪市作为滇中腹地，是云南连接省外和南亚、东南亚的重要交通枢纽，是重要的产铜地区、高新科技企业孵化基地、著名的生态宜居城市，区位优势明显、交通便利、产业优良、生态宜居。玉溪电网与昆明、楚雄、普洱、红河电网相关联，管辖一市两区六县125座变电站（2座500kV变电站、14座220kV变电站、59座110kV变电站、50座35kV变电站），10kV线路859回，公用线路703回，客户专线166回；公用线路共计15330.8千米，平均馈线长度21.8千米，户外开关站933座，柱上断路器3646台。

（二）案例实施背景

玉溪供电局作为“当好公司高质量发展排头兵、打造云南电网名片”的建设单位，为贯彻落实《云南电网有限责任公司供电可靠性提升三年行动计划（2021—2023年）》要求，从电网建设中提质增效，结合自身设备、设施现状，通过管理创新，建立一套“多专业协同、多技术落地”的综合不停电工程建设样板，解决基建施工与提升供电可靠性的“三老”（老是出现、老在研究、老不解决）问题，探索建立南方电网公司西部高可靠性管理的新模式。

（三）案例具体实践

1. 总体思路

对于配网整线改造的项目，玉溪供电局以往均采用从变电站出线开始，改造一段，恢复一段的方法。这种模式不仅对沿线居民的生产、生活造成很大影响，也会对全局客户服务形成很大冲击，还会消耗大量的停电指标。根据前期策划计算，如果按照传统方式进行，10kV峨德线整线路改造工程实施后，消耗停电时户数4300时·户，折合全局平均停电时间为0.21小时/户，占去玉溪供电局年度预安排可用指标的22.74%，下半年的基建、生产的停电指标资源将会被严重挤压，同时还将面临巨大的客户投诉风险。

为平衡项目建设及停电指标之间的矛盾，进一步降低项目建设对沿线居民正常生产、生活用电的影响，玉溪供电局以本局“单日最大保电能力”为基准，以“天”为周期，以“线段”为最小单元，细致策划每日不停电施工方案，最终通过项目的实施，形成一套可复制、可推广的综合不停电管理模式，实现项目建设进度与优质客户服务的精准联动，为云南电网加快推进世界一流企业建设的目标而探索新思路和新方法。

2. 主要做法

以“转+带+保”为核心的综合不停电管理模式是系统性工程，必须要遵循“系统化”的顶层设计。项目组以打造一个可复制、可推广使用的不停电管理样板为目标，以《工程每日工作优化顺序表》为抓手，具体通过“形成1套组织保障，‘两个作用’充分发挥”“创新1个不停电作业方法，全面推进精益化不停电管理”“形成1套中低压搭配保电样板，实现线路停电客户‘零感知’”，以期做到综合不停电管理业务与时俱进、思路清晰、原则明确、方法有效，落实有序，切实提升配网不停电业务管理水平。

（1）形成1套组织保障，“两个作用”充分发挥

组织编制《玉溪新平供电局10kV峨德线主干线改造工程“转、带、保”专项方案》《35kV腰街变10kV峨德线主干线改造工程施工方案》，明确各部门、人员职责，确保各环节承接有序。

依托党员突击队，成立以党委书记、总经理为组长的领导小组，上级部门现场帮扶指导，本单位各专业通力协作，充分发挥自身专业优势，对方案节点进行全面把关，整合全局资源，对施工组织、保电措施、客户服务、后勤保障等进行细化，累计组织开展新平局内部审核4次，市局部门对接交流2次。

建立专项信息平台，及时准确传达信息，统一调配资源，协同处置突发情况，确保各项工作安全、有序、高效推进，充分发挥党支部战斗堡垒作用和党员先锋模范带头作用。

（2）创新1个不停电作业方法，全面推进精益化不停电管理

①充分优化施工图设计方案，尽可能选取新通道实施建设。开展非涉网作业新建线路，对具备非涉网作业条件提前全部完成杆塔组立及导线架设工作。该项目主要工程：新建10kV线路28.166千米，其中JL/G1A-240/30架空裸导线9.262千米、JKLGYJ-240/30架空绝缘导线（带钢芯）16.789千米、JKLGYJ 70/10架空绝缘导线（带钢芯）2.115千米。新立电杆305基，采用Yϕ190×12米（6+6）、Yϕ190×15米（9+6）、Yϕ190×18米（9+9）电杆。新立铁塔90基，采用YⅠ（Ⅱ）-13J、YⅠ（Ⅱ）-15J、35K-L1E3-J2-15铁塔，安装拉线284根，安装10kV真空柱上断路器6台，安装避雷器30组。

非涉网完成工程量：10kV线路约为18.866千米，组立电杆298基、新立铁塔83基，安装拉线284根，安装10kV真空柱上断路器5台，安装避雷器30组。

剩余停电工作：10kV线路约为9.3千米，组立电杆7基，铁塔7基，安装自动化开关1台；停电工作配合推进开关加装项目安装2台自动化开关，民兵基地台区、洛母台区、下腊东台区改造工程。

提前开展不涉网部分工程建设，前期完成总工程量的66.98%，为后续停电作业节约大量资源，减少对指标的冲击和沿线居民的影响。

②充分发挥现有网架资源优势。利用10kV峨德线与10kV磨皮线尾端联络的转供电条件，将施工方案细化为六个阶段共计16天作业计划，最大限度减小单日停电范围。

③充分运用带电作业技术，做到能带必带。结合现场实际情况，基建、生产部门多次组织专业人员就带电作业点位进行现场确认和优化，以“预留断环点开展带电搭接”及“停电作业、带电作业区段分离并同步实施”的创新思路，开展带电拆、搭引流线作业9次，最大限度扩大可转供电范围，将“转供电”与“带电作业”高度融合，带电作业、停电作业区段分离并同步实施，实现停电时间、范围最小化。以#220至#230段线路改造为例，用改造至#204杆预留的断环点和工作段后端最近断路器为停电设备，充分运用中、低压发电设备对工作范围内的10台变压器实施精准保电，其中中压保电6台，低压保电4台，实现非工作段持续保电；在此杆段无作业后，同步恢复正常上级电源供电，改造作业进至后续最小化单元。通过各最小化单元均每天根据策划转换运行方式，实现最大化地保供电，显著提高可靠性。

④提前编制《10kV峨德线主干线改造工程每日工作优化顺序表》，实现作业单元的精细化管控，有效提高实施效率，确保项目的安全、质量、进度可控，避免作业延期带来的损失和作业风险，减轻延时复电造成的客户服务压力。

（3）形成1套中低压搭配保电样板，实现线路停电客户“零感知”

根据工作区段接线形式、负荷分布、现场环境等综合考量，制定了中低压保供电方案，采取“分散台区低压发电车保电，大支线中压发电车供电”的模式，对油料补给、防盗值守、人员安排、后勤保障等事项系统谋划，按工程实施进度有序、精准保电，全面保障客户生产、生活用电。

二、案例实践效果

（一）综合效益

从2022年5月起，玉溪供电局在全局范围内全面推广使用“最小化单元动态管控”综合不停电精益化管理模式，通过不断完善机制、优化专项方案等手段，大幅改善以往计划停电大范围、长时间、多延期等问题，项目组代表玉溪供电局在云南电网“建功新时代，喜迎二十大”2022年打造“两张名片”推进会暨“五型”企业建设领导小组（扩大）会上做经验分享，获得政府部门、业内专家的一致好评。

通过“最小化单元动态管控”综合不停电精益化管理模式，10kV峨德线全线改造消耗停电时户数仅368时·户，较传统停电模式减少3932时·户，降幅达91.44%。2022年，玉溪供电局全面推广综合不停电精益管理模式，澄江、华宁、江川供电局均针对大型基建长时间改造工程开展“最小化单元动态管控”综合不停电作业，不停电次数同比增加117次，同比减少31474时·户，节约停电时间1.46小时/户，客户平均停电时间由2021年的7.28小时/户降至4.10小时/户，降幅达43.68%，该模式运用成效显著。

项目的实施为沿线居民的供电质量提供有力保障，进一步提升了线路经济效益。根据测算，项目实施后每年可减少 8000 停电时・户，支持沿线厂房、企业扩大规模生产，每年电费收入可增加 84 万元；同时每年节约抢修、材料费、工时费、差旅费等支出 3.5 万元。

构建以客户服务为中心的“同心圆”，实现 20 天连续施工作业客户“零投诉、零意见、零抱怨”，区域供电能力显著提升，为地方社会经济发展提供坚强的电力保障。

（二）第三方评价

一是项目成果被收纳入《云南电网公司 2022 年上半年配网生产管理优秀案例》并在云南省推广、宣传，对全省乃至全国配电网建设改造具有极高的借鉴推广价值。

二是项目成果被玉电融媒、云网头条、南网 50Hz 等媒体广泛宣传报道，树立了良好的企业形象，彰显央企的社会责任担当。

（三）行业推广前景

“10kV 峨德线改造”案例的管理经验和实施方法目前已经在全局 9 家县区供电局推广并使用。至此，玉溪供电局已具备多台、多天中压发电车并联同期并网的保发电技术，为企业高质量发展注入强劲动力。此创新工作模式已形成 1 套中低压搭配保电样板、2 套发电设备操作手册和 3 套（计划、不停电、可靠性）业务管理指导书，向云南省各供电企业推广。

2022 年，玉溪供电局综合供电可靠率达 99.9458%，同比提高 0.1487%。全口径综合客户平均停电时间 4.75 小时 / 户、中压线路故障率 4.14 次 / 百千米 / 年，均排名云南省第一；配网带电作业次数 16262 次，其中不停电作业化率（96.30%）、旁路作业化率（57.90%）排名全省第一。全国营商管理评价“获得电力”板块评分在 2020 年、2021 年连续保持全省第一。

（郑博文　张家刚　邓云书）

以可靠性提升为总抓手的南网西部首家市级全域配网自愈建设实践

一、案例基本情况

（一）单位基本情况

玉溪供电局为云南电网有限责任公司（以下简称“云南电网”）下属地市供电单位。

（二）案例实施背景

玉溪地处滇中地区，山地面积占90.6%，地震活动频繁，外动力地质灾害频发，山体滑坡和泥石流频发，配网线路运行环境恶劣，故障抢修难度大。玉溪供电局2020年故障平均复电时间9.96小时，其中故障定位耗时5.13小时，占比52%。

传统故障处置模式在故障发生后需人员到现场采取分段试送确认故障区域，通过人工操作隔离故障，恢复非故障区域，抢修复电。此模式下故障定位耗时长，故障隔离操作多，往返交通风险高，导致线路停电时间长，客户投诉压力大，特别是在夜间故障或极端天气下，停电时长、客户投诉尤为突出。

通过配网自愈技术，能够自动完成故障定位、隔离和非故障区域自动复电，减少抢修人员转供电操作，降低抢修人员风险暴露，缩短用户故障停电时间，成为今后支撑可靠性提升的重要技术手段。同时，玉溪配网自动化主站智能告警功能完善，能够第一时间将故障短信发送至各县区局配网运维人员。

玉溪供电局作为云南电网配自建设试点，自2012年以来按“三分两自一环”开展建设，以基础提升、实用优先为原则开展配自建设，截至2020年年底，可转供率达83.41%，配自有效覆盖率达81.00%，配自建设初见成效，常年坚持的配自投资为自愈建设打下了坚实的基础。但与东部地区相比，仍存在网架基础薄弱、配自实用化程度低等问题，如线路联络不足、配自终端布点不合理等，这些弱势成为自愈建设的难题。

为深入贯彻落实公司打造“两张名片”和“五型”企业建设重要部署，打造国内一流的可靠性管理标杆，玉溪供电局实干担当、敢为人先，耗时一年零五个月建成南网西部首家市级全自愈配网，攻克了配网网架优化、配网不停电作业、配网自愈管理难题，建设经验在南网多个供电局推广应用。

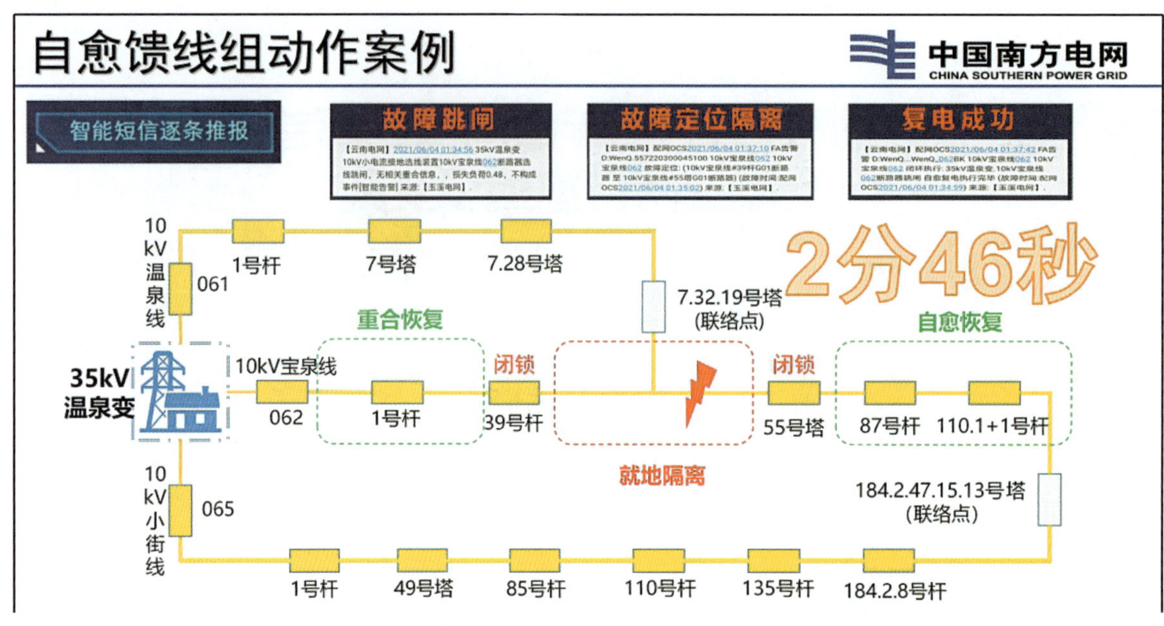

图1　自愈馈线组动作案例

（三）案例具体实践

1. 总体思路

以供电可靠性提升为总抓手，深化配自实用化运用。在省公司提出以现代供服体系建设为统领，以高供电可靠性、高客户满意度为抓手的重大决策部署下，玉溪供电局深入贯彻落实以人民为中心的发展理念，扎实开展“我为群众办实事”实践活动，坚持“试点先行、全面推广”“先易后难、快速见效”的原则，全力推进配网自愈建设。

2. 主要做法

（1）“运规合一”摸家底，调研分析定路线

①调度规划双拳出击，优化配网网架。组建党员突击队，调度规划深度合作，组织各县区按照“一环一册”模式摸清家底，梳理自动化开关布点不合理、自动化装备水平不足等网架、终端问题7814个，制定“一线一策”、纳入“一县一可研”、穿透“运规合一”，按先易后难的原则逐步解决，为配网故障自愈建设打下坚实的基础。

②开展技术路线论证，确定发展方向。依据《南方电网10kV配电网故障隔离与自愈功能技术条件》中四种故障隔离与自愈技术路线要求，结合玉溪山地多、网架弱、装备差的特点，通过网架结构、保护适应、通信方式等方面的分析论证，因地制宜确定“主站集中型”与“就地集中型”两种自愈技术路线（城区等通信条件良好、单相接地故障较少的地区采用主站集中型自愈，其他区域采用就地集中型自愈）。

表 1　配网自愈技术路线选取表

自愈模式	主站集中型	级差保护协同型	就地集中型	智能分布式协同型
网架结构	架空、电缆	架空、电缆	架空、电缆	电缆
保护适应	需配置小电阻接地系统解决单相接地故障	需满足速断保护动作时间至少 0.3s	需配置 2 次重合闸	速动型需实现保护级差配合
通信方式	光纤、EPON、4G 无线	4G 无线、光纤	4G 无线、光纤	光纤、EPON、5G
技术路线	在城区等通信条件良好、单相接地故障较少的地区开展建设	玉溪地区速断保护动作时间低于 0.3s，无法配置级差，不考虑此路线	适用于所有配网线路，在除主站集中型以外的其他区域建设	光纤造价高运维困难，仅在华宁开展基于 5G 的试点建设

（2）试点先行，“178 经验 +3 图 2 库 1 计划”统筹推进全自愈建设

①选取试点研究自愈建设方法。选取峨山开展整县自愈建设试点，选取华宁开展智能分布式自愈建设试点。在公司相关部门的关心指导下，统筹资源，集中力量，于 2021 年 8 月率先完成玉溪峨山供电局全县 46 条线路自愈建设，建成南网西部第一家县级全自愈配电网，并固化总结形成一套可复制、可推广的“178”经验，奠定全面建设市级全域自愈配电网的基础。2021 年 9 月完成玉溪华宁供电局 5G 智能分布式自愈建设，建成国内首个县级 5G 智能分布式自愈，为高可靠性示范区的自愈探索出一条路子。

②运用“178”经验，全面推广全自愈建设。充分发挥峨山“领头雁”作用，调动各县区局自愈建设积极性，应用“178”经验，以“3 图 2 库 1 计划”（问题分布图、目标接线 GIS 图、配电网联络图，问题库、规划项目库，自愈建设进度计划）机制为载体，梳理解决规划问题 2256 个，终端问题 7814 个，绘制 569 份目标接线 GIS 图和 9 县区自愈配电网联络图，形成 1 份配网自愈建设进度计划，在配网自愈建设方面形成“你追我赶”的良好局面。

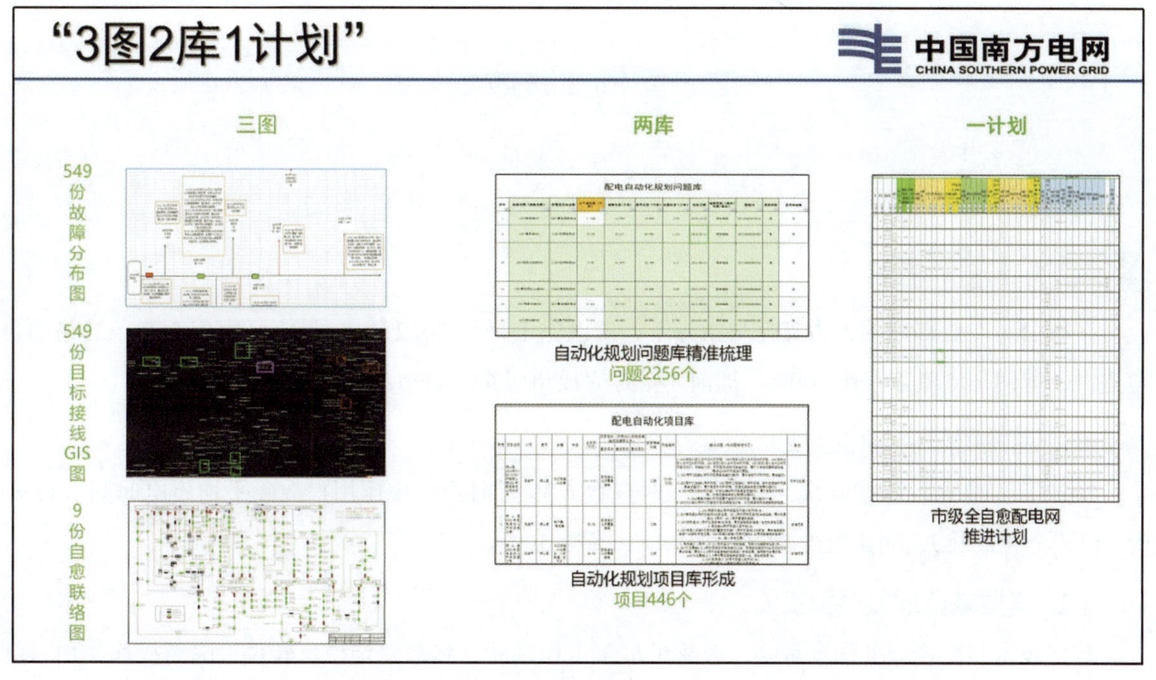

图 2　“3 图 2 库 1 计划”

（3）“一项一策”督导自愈建设，“转、带、保”缓解停电难

①机制保障，全面服务自愈建设。编制《玉溪供电局全自愈建设方案》，成立由局领导任组长的领导小组，下设规划、建设、设备运维、系统调试、物资保障5个专项工作组，建立周跟踪、月督促机制，强化项目进度管控，局分管基建副总对项目进度开展“一项一策”督导，通过优化建设时序，优先开展可靠性提升、自愈建设以及三年攻坚行动计划项目建设。

②“转、带、保”综合不停电开展自愈建设。为了解决自愈建设与停电困难的矛盾，玉溪局综合应用“转、带、保”技术措施，保证了自愈建设进度。2022年共计开展带电作业9657次，中低压发电车保电475次，完成409台配自开关的安装、78台配自环网柜的安装、645台配自终端的更换，加速配网自愈建设，同时缓解了停电难的问题。

（4）“党建引领”攻坚克难，“专班机制”保建设进度

①党建“三个一”抓实自愈建设。以“三个一”（每个支部至少解决一个安全生产、创新发展的重大难题；每个支部至少帮扶基层单位解决一个实际困难；每个党员至少承担一次急难险重的艰巨任务）行动为抓手，将配网自愈建设纳入相应基层党支部“三个一”行动计划，充分发挥战斗堡垒作用；以党员责任区、两登高双提升为载体，细化制定党员责任区重点工作任务及目标，充分发挥党员先锋模范作用，统一思想，攻坚克难，压实安全责任和工作质量。

②专班机制保障建设进度。以专班机制保障进度，纵向跟进自愈项目月度计划，横向协调调度、变电、带电资源配合，综合平衡停电检修计划，按日跟踪自动化开关安装完成情况，每周应用“红绿灯”监控看板管控建设进度，发现问题及时分析并制定解决措施，高质量推进全域自愈配电网建设。

二、案例实践效果

（一）综合效益

在省公司专业部门的大力支持与指导下，玉溪供电局于2022年5月31日完成569条线路的自愈建设，配网自愈覆盖率达100%，提前7个月完成市级全域自愈配电网建设。

1. 有效贡献供电可靠性

2022年，自愈动作290次，节约中压时户数6.39万时户，中压用户故障平均停电时间2.12小时/户（全省最低），同比减少3.08小时/户，降幅59%。

2. 基层减负增效落到实处

数字技术与生产业务深度融合，改善了员工工作现状，将故障定位、转供、隔离操作交由系统自动完成，节约线路故障排1611人次、800车次，增供电量310万kWh。现场运维人员“少查线、

少操作”成为常态，为基层工作减负增效，同时降低员工交通风险、操作风险，有效激发员工内生动力，真正提升企业的本质安全水平。

3. 显著发挥示范效应

进一步强化专班运作机制，实现配网关键指标穿透式管理；理顺集约化与属地化职责界面与业务流程，压实各部门、单位责任；以问题为导向，依托周例会、月度规划统筹会、运行分析会，深化运规合一，持续夯实网架基础，不断提升自愈效能，示范带动云南电网配网自愈建设。

（二）第三方评价

项目成果“主配协同，打造县域全自愈配电网”获得云南电网公司管理创新一等奖。通过先行先试，探索一套可复制、可推广的县域全自愈配电网建设方法，推广使用后于2022年5月31日实现玉溪市全域自愈配电网建设目标。

项目成果“一种基于5G通信的智能分布式FA线路通信容错控制方法研究”获得云南电网公司职工技术创新一等奖、玉溪市第六届职工技术创新成果三等奖。通过先行先试，研究一种解决无线通信容错的控制方法，为智能分布式自愈脱离“光纤依赖”做进一步探索。

项目成果“配网自动化故障自愈先行先试，助力优化电力营商环境”获得云南电网公司嘉奖。通过先行先试，建成配网全自愈，提升供电可靠性，齐心协力，构建以客户为中心的“同心圆”。

（三）行业推广前景

玉溪供电局充分领会以供电可靠性提升为“总抓手”的战略部署，检视自身不足，合理统筹短期改善与长期发展的目标，将工作的落脚点放在人民满意上，充分落实“我为人民办实事”，践行“人民电业为人民”的企业宗旨。以自愈建设为切入点，跨专业、跨部门，高效协同，攻坚克难，通过网架优化不仅实现了配网线路故障自愈，同时提升了化解主网风险的能力，当某变电站发生失压事件时，能够在5分钟内将配网联络线路全部转供，降低电网风险。市级全域自愈配电网的建成，改善了客户用电生态，为客户提供“少停电、快复电”的优质电，将非故障段复电时间将由“小时级”缩短为“分钟级”，真正实现客户停电“零感知”。项目成果具有广泛的推广前景，自2021年至今，陆续通过技术交流、结对帮扶等形式，将本项目成果逐步推广（含借鉴）至昆明、曲靖、迪庆、南宁等供电局。

（张弓帅　马明　陈君）

桥接法旁路作业研究应用

一、案例基本情况

（一）单位基本情况

云南电网有限责任公司德宏供电局是云南电网有限责任公司下属的地市级供电单位，为云南省德宏傣族景颇族州（以下简称“德宏州”）4 个县市提供电力供应及服务工作，承担着我国西南边陲电力系统的电力生产运行、属地及境外供服、科技研发、基建、专业技术人才队伍建设等重任。

德宏供电局在长期的生产和科研中，组建了高素质的技术队伍和专家团队，曾多次荣获国家级、省部级、南方电网公司、云南电网公司等不同等级的科技奖励。德宏供电局具备省内先进的带电作业技术技能经验，曾组织完成多项复杂、大型配网带电作业，为本项目的顺利实施提供有力的技术技能支撑。项目组成员共计 18 人，均多年从事配网运行工作，熟悉配电网运行环境，对于配网常规作业方式、带电作业方式、设备监测相关技术原理和方法均进行过较为深入的研究。

（二）案例实施背景

近年来，为优化电力营商环境、建设本质安全型企业，各地供电企业在保障安全的前提下，持续加强停电计划管理、逐步消除重复停电。一次停电、多队伍同时施工的“大兵团作战”停电作业方式逐渐成为配网检修的主流。以德宏供电局曾经开展过的一场“大兵团”停电作业为例：2020 年 6 月，10kV 户拉线一次停电包含了生产技改、隐患治理、业扩搭头、基建改造等 12 个项目，作业地点多达 18 处、工作票整整 8 页、投入人数共计 80 人、应拉断路器和隔离开关 28 组、应挂标示牌 28 处、装设接地线 61 组、投入车辆 22 辆；停电影响台变数 72 台、低压用户 5200 多户。由以上数据可见，该项作业的管控难度大、安全风险非常高。主要面临三个方面的问题：一是投入人力资源多、统筹协调难：作业人员众多、作业地点分散，难免出现指挥不力、秩序混乱等问题。二是“潜在安全风险多、管控难度大”：前期勘察极易出现风险辨识不到位；频繁登杆装设接地线，触电、高坠、物体打击风险增加，尤其是部分接地线装设包含逻辑操作顺序，管控难度升级；验收难度增大，交通风险增多等。三是“停电范围影响广、客户意见多”：不能保障用户持续用电，客户满意度降低，客户投诉风险增加。

基于上述问题，项目组学习和研究了大量国内外带电作业优秀案例，发现“桥接法”带电作业方式能够很好地支持配网大规模停电作业，这种方法能够将本应逐一开展的工程项目分割开来、一一解决，避免一次停电、多队伍同时作业的情况出现。“桥接法”在日本已经有大量应用案例，技术和方案的可行性已被证实，该技术核心包括两点，一是架空导线机械应力转移，二是导线的断开与绝缘恢复。“本土化”的“桥接法”专用工具处于市场空白区域，具备较好的研究推广前景。积极引入和拓展“桥接法”作业方式，化解“大兵团”停电作业安全风险，推动传统停电作业模式向“带电作业 + 停电作业”的综合不停电作业模式转型，具有明显的必要性和迫切性。

（三）案例具体实践

1. 总体思路

本项目开展基于短杆的“桥接法”新型作业方式，实现在档距内相对自由的引入断开点，应用旁路系统的同时创造停电区间的作业条件，可极大地提升供电可靠性，应用范围广、安全系数高，对配网综合不停电作业方式的发展和突破具有重要意义。项目结合云南省特殊的地理环境特点及配网网架结构特点，引入和拓展“桥接法”作业方式，在国外现有专用工器具的基础上进行改进优化，对该作业方式的国内应用和推广具有重要意义。

2. 主要做法

（1）项目开展、投入及解决方案

桥接法作业方式主要原理如图 1 所示，在配网架空导线直线档内进行三相导线空中开断和空中恢复，可使线路任意两点之间形成小范围停电区域（形成绝缘隔离），同时利用旁路作业将待检修负荷转移的特点保障供电线路稳定运行。该作业方式类似于传统的“直线杆改耐张杆（并解除耐张引流线）”，但作业难度远低于“直线杆改耐张杆”。

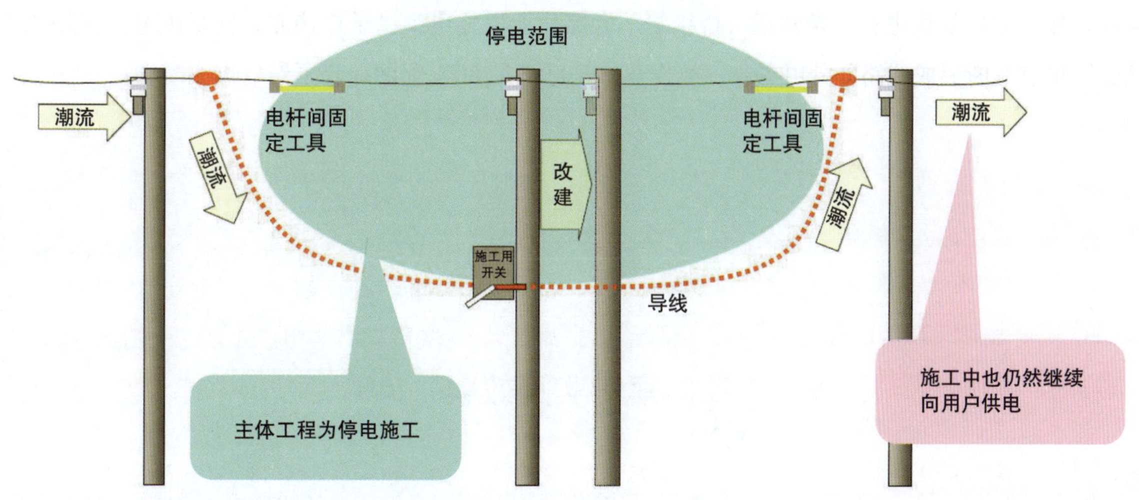

图 1　在直线档开断进行小范围旁路作业

（2）项目主要研究内容

①桥接法进行 10kV 架空导线旁路作业技术研究。任务包含研究桥接法进行 10kV 架空导线旁路作业的技术原理；论证桥接法进行 10kV 架空导线旁路作业技术的可行性；提出桥接法进行 10kV 架

空导线旁路的作业要求。项目团队通过理论推演预判“桥接法”作业工序及安全管控注意事项，组织修编《基于短杆的“桥接法”不停电作业技术导则（草案）》，并在实践过程中逐步完善。

②新型工器具多物理场耦合计算与仿真分析。任务包含建立新型工器具物理模型；开展电场、磁场、温度场和应力场的多物理耦合场仿真分析，论证新型工器具对电缆接头的影响，优化新型工器具结构。项目团队借助 ANSYS Workbench 分析软件验证带电作业工器具在复杂环境下的安全性能，为新型工器具试制提供理论支撑依据。

③新型工器具和现有国外产品设计改进及性能测试。任务包含新型工器具开发及工艺控制研究、新型工器具性能测试、新型工器具老化性能、电学性能、机械性能测试研究。项目团队对国外已经成熟使用的类似工器具进行研究，分析其基本的工作原理和结构，对存在问题进行系统性分析，形成国产化新型工器具设计改进方案。确定技术方案并完成材料选型、开模加工，委托法定第三方检验机构对成品按国家关于带电作业工器具的相关标准进行严格测试，确保试制工器具的老化性能、电学性能、机械性能满足国家相关标准要求。

④桥接法新型工器具（接续金具）对线路运行的影响及解决措施研究。任务包含研究桥接法新型工器具（接续金具）对线路运行的可靠性论证，通过理论论证、试验论证、实践论证等方式，确保接续金具满足长期运行的安全性、可靠性。现阶段已完成理论论证、试验论证环节，实践论证将于应用后 1 年、3 年、5 年开展三次评估，同步提供评估报告，为新型工器具（接续金具）的推广应用提供实践经验。

⑤设计绝缘工具法旁路作业模型应用。任务包含研究桥接法进行 10kV 架空导线旁路作业时不同内容的作业方法研究；研究桥接法进行 10kV 架空导线旁路作业技术现场安装作业和质量控制措施；提出桥接法进行 10kV 架空导线旁路作业技术研究应用规范。项目团队针对配网带电作业应用范畴提出三类典型场景，一是常规“桥接法”旁路作业（同一线路档距内产生两个开断点）以接续金具连接方式恢复供电；二是常规“桥接法”旁路作业以输电绝缘子连接方式恢复供电；三是“桥接法”单点开断形成线路部分停电，三类作业方法已满足 80% 配网综合不停电作业需求。

二、案例实践效果

（一）综合效益

2020 年以来，项目组推进“桥接法进行 10kV 架空导线旁路作业的研究与应用”课题实施，完成了技术方案策划、关键技术研究、新工具试制、完善标准、实践应用等一系列“里程碑”突破，提出了配电网传统停电作业模式向综合不停电作业模式转型的科学方案，有效解决“大兵团”停电作业方式带来的种种问题。项目成果代表单位在云南电网有限责任公司2022年第三季度配网运行分析会上做经验分享，获得专业部门、各地市供电局的广泛好评。具体成效：

一是有效化解电网升级改造项目的停电影响。就“桥接法”首次作业案例而言，一次作业减少3376个中压时户数，避免了55个台区、2300户低压用户连续3天的停电，相当于一次作业降低德宏供电局中压客户平均停电时间0.36小时，减少供电量损失12.3万kWh，有效避免停电造成的经济损失和社会影响，为保障客户用电需求、优化电力营商环境提供了重要支撑。

二是开创了综合不停电作业发展的新途径。区别于常规“点对点”的单一带电检修，本项目提供了“带电作业+停电作业”的另一备选方案，可满足大型旁路转供、自由开断转供、发电车接入保供、替代停电开关等工作，应用场景十分广泛，实现不停电或极小范围停电。

三是大幅提升配网作业安全管控能力，实现为基层减负。就“桥接法”首次作业案例而言，供电所运维人员操作次数由原计划10次降为0次、现场管控人员由原计划10人降为1人、安全措施由原计划70组降为2组，有效化解反复操作、反复登杆带来的误操作、触电、高坠风险，将传统的“大兵团”停电作业“庖丁解牛”式分割拆来，逐项开展、逐一击破，安全管控难度明显降低。

云南省首次“桥接法”试点应用完成后，将进入成果验证和推广应用阶段。“桥接法”新作业方式的推广应用，将为电网企业带来极高的经济效益和社会效益，持续提升“获得电力”服务水平。

（二）第三方评价

项目成果在云南电网生产调度早会上获云南电网公司分管生产副总经理的高度肯定，云南省德宏州传媒集团对首次“桥接法”试点应用进行了专题播报，“南网50Hz”微博号、云南电网有限责任公司“云电联播”栏目都对此项技术进行了专题宣传，得到电力行业内专家的一致好评，同时也得到案例所在地那目村村干部及广大老百姓的高度赞扬。

（三）行业推广前景

“桥接法”带电作业新技术对促进配网不停电作业发展、拓展不停电作业应用场景具有重要意义。该技术不仅在云南省适用，对国内10kV架空线路均适用，该方法在应用旁路系统的同时创造停电区间的作业条件，可极大地提升供电可靠性，应用范围广、安全系数高，对配网综合不停电作业方式的发展和突破具有重要意义。该技术可在配网不停电作业行业内大力推广，为配电网供电可靠性提升带来的巨大优势和支撑。

（张自勤　杨潇麒　沈凌祺）

配网停电信息实时监测系统开发与应用

一、案例基本情况

（一）单位基本情况

贵州电网有限责任公司（以下简称“贵州电网”）为中国南方电网有限责任公司（以下简称“南方电网”）的全资子公司，注册资本110.43亿元，负责贵州电网的统一规划、建设、管理和调度，经营中央在黔国有电网资产，承担着贵州省内电力供应和“西电东送”双重任务。贵州电网现有职能部门19个、直属机构6个、地市供电局10个，现有员工4.25万人，供电户数1690余万户。先后获“全国五一劳动奖状”、全国文明单位、全国工人先锋号、全国模范劳动关系和谐企业、中央企业先进基层党组织等荣誉。

（二）案例实施背景

长期以来，贵州电网受网架薄弱、配自开关有效覆盖率较低、停电信息监测欠缺等因素影响，配网线路故障停电后，最先感知的往往是用户。管理人员的停电信息来源于班组上报、主网在线计费系统（OCS）、配网OCS、计量自动化系统和客户投诉等渠道，由于系统之间数据和功能不协同，

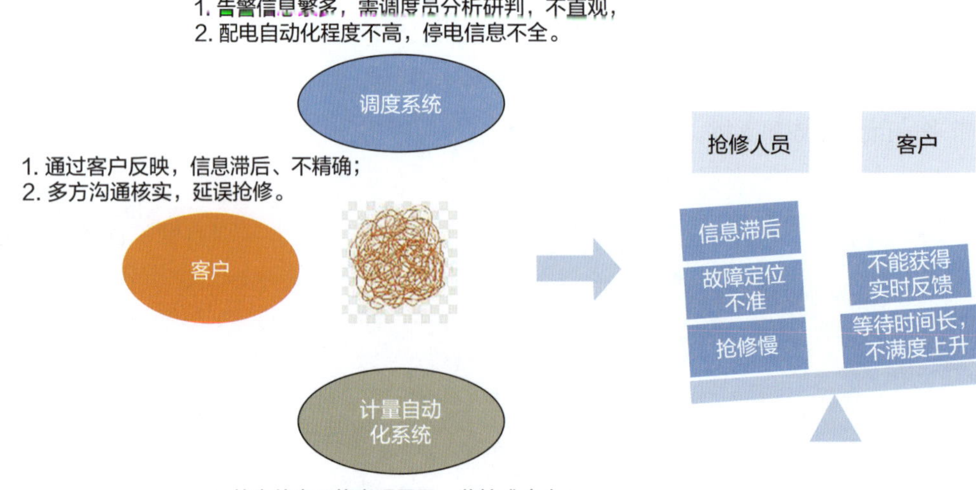

图1　停电信息传递堵点

无法有效融合管理数据、实时状态数据，停电信息没有整合，导致传递慢、耗时长、误报等问题。原始系统无法快速、直观地展示各地区局、分县局、配电所、供电所实时的故障停电、计划停电情况，包括停电次数、影响配变数、影响低压客户数、是否影响重要客户、重点关注客户（侧重于投诉较为敏感的客户等）、停电时间过长（如超过 24 小时）等情况。

随着国家对营商环境重视程度的不断加强，国家能源局对供电可靠性的监管力度也在不断加大，南方电网对供电可靠性管理也提出了更高的要求。贵州电网高度关注供电可靠性的提升，2020 年对可靠性管理提出了高要求：用三年左右的时间，挤干管理水分，采取花钱少、见效快的措施提升可靠性水平，在五省区争比竞位。针对停电频繁、抢修慢的现象，要坚持问题目标结果导向，为全面提升可靠性透明化管理，强化实时监控。

（三）案例具体实践

1. 总体思路

2020—2022 年，贵州电网公司以数字化转型为契机，以第一时间掌握全面的用户停电信息为目标，建成了配网停电信息监测平台（WEB 端 + 移动 App 端）。通过该平台，全省范围内的停电信息（台区→线路及区段→变电站）可一目了然，帮助各级管理人员、抢修人员、客户服务经理实时、同步、精准掌握区域停电状况，及时关注大范围、长时间、重要和敏感用户、重复停电等问题，提升决策指挥、现场抢修和主动服务的效率。同时，实现了客户平均停电时间指标按日直采直算，可靠性进入实时预警、实时比对、实时管控的透明化管理阶段。

2. 主要做法

（1）开发停电信息实时监测系统

开发思路是，基于计量自动化系统实时采集数据（终端掉电告警、上电告警、终端离线、终端采集电流电压），利用南网智瞰系统网架拓扑结构（站、线、变）、电网管理平台基础数据（停电申请计划）、客户服务平台基础数据（台区、用户、客户投诉），整合海量数据，对停电台区、线路及区段、变电站进行综合研判，将研判结果根据不同应用需要进行展示和推送。

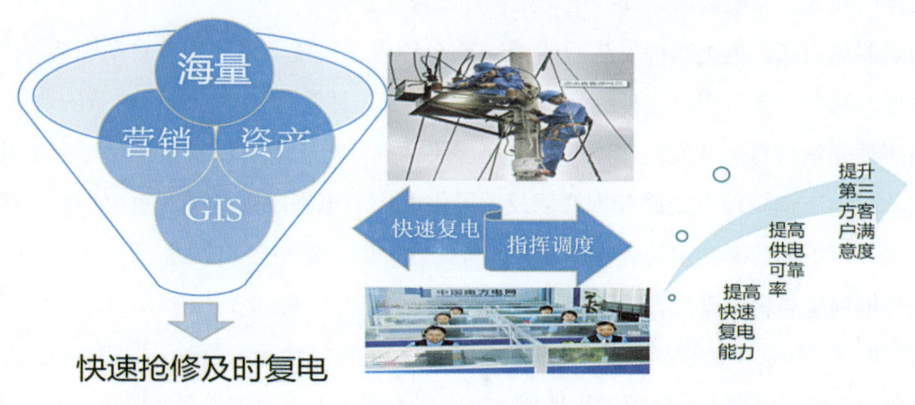

图 2　开发思路

具体做法，一是基于计量自动化系统实时采集数据，应用 TTU 掉电告警、集中器掉电告警判断，初步识别出停电配变，然后用 TTU 离线、集中器离线和 TTU 采集电流电压信息判断，进一步验证和补充完善停电配变范围。二是基于网架拓扑数据，对站、线、变，从变电站端开始进行梳理，形成有序的统一模型，然后应用停电配变反推线路、线段停电，再结合调度 SCADA 站内开关状态、电流、电压数据佐证线路、线段实际停电结果。三是关联电网管理平台停电申请计划，对实际停电线路结果进行计划停电和非计划停电判断，区分停电类型。四是关联客户服务平台台区、低压用户、客户投诉数据和实际停电配变结果识别低压用户停电和低压敏感用户。

图 3　停电线路详情

该系统实现了以下功能：配网停电实时统计，当前线段、配变、低压用户停电数据，用热力图分三个维度进行展示，可以通过地图层层钻取省、地、县停电分布；停电类型分类统计功能实现计划和非计划停电统计，直观反应停电情况，可进行层层钻取明细；统计当日各单位停电曲线分布图，形成横向比对，直观展示各单位的停电情况；统计年度停电曲线分布图，形成年度纵向比较，直观展示各年的停电情况；统计当前长时间、大范围、重要和敏感用户、重复停电情况，直观反应停电影响关键指标情况，可以层层钻取明细。

（2）开发停电监测 App

开发停电监测手机 App，方便省、地、县、所各级管理人员随时随地掌握实时停电信息，掌握停电用户、停电配变、停电区段，提高组织抢修和故障定位效率。

①停电监测热力图。停电事件发生后的 1～20 分钟内，系统完成识别并自动刷新界面，热力图包括线路线段、配变、低压用户三种维度，直观地引导省、地管理者关注停电严重的地区。

②停电事件完整信息。开发基于线、变、户层层钻取停电信息，精准定位停电配变及用户。还可用用户名称反向查询到停电线路和配变以及所属供电局。识别展现敏感、重要用户，提醒客户经理及时向相关客户了解情况，主动进行解释，通报抢修进度，避免客户投诉。

③严重停电问题告警。开发大范围、长时间、重复停电实时指标统计展示，大范围故障停电、长时间停电时，提醒本级和上级领导及相关管理人员关注相关抢修情况，及时采取措施恢复供电。重复停电时，提醒计划停电安排人员谨慎安排计划停电、提醒运维人员要加强线路巡视、提醒客户服务人员做好客户安抚工作。

（3）开发客户平均停电时间直采直算功能

基于停电监测结果，开发客户平均停电时间统计展现功能，不需人工录入，指标直采直算，以列表、图表方式展现，各地市局、分县局实时掌握日、月、季和累计客户平均停电时间指标完成情况和排名，实现指标管控透明。

根据系统监测的停电线路和用户信息以及可靠性指标，按周监控、比对各供电局停电事件在供电可靠性系统的录入情况，督促各供电局及时录入，完善可靠性数据质量的管控机制。

（4）开发客户故障出门自动识别功能

基于对停电配变的准确监测，通过配变停复电时序、配变电压负荷变化以及拓扑结构数据，对客户故障出门研判识别，为生产和市场部门搭建了客户故障出门信息及时联动的桥梁。大大促进了客户故障出门管控，尤其是客户故障重复出门问题的及时发现、及时整改，降低了运维人员排查难度，也为停电责任原因划分提供了有力支撑。

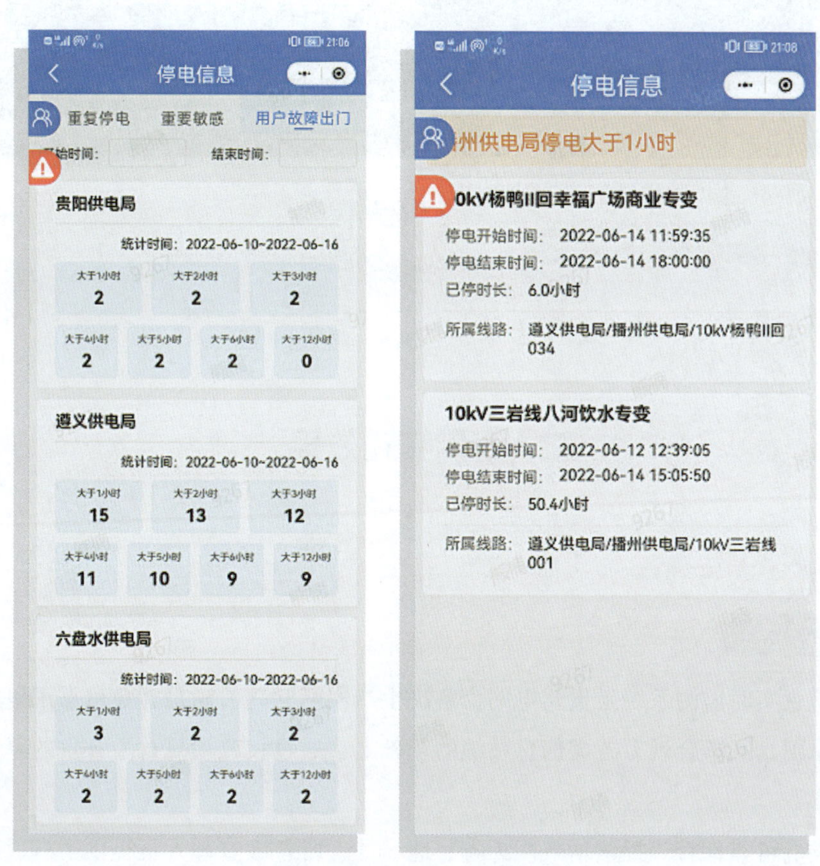

图4　用户故障出门识别移动端

（5）开发煤矿专线停电监测功能

贵州是全国主要煤矿供应省份之一，也是矿难发生较多的省份之一，虽然煤矿已采用配置双电源、备自投等措施提高了可靠性，但停电并不是技术和装备上可以完全杜绝的问题。安全重于泰山，煤矿一旦发生停电，将产生极大的安全风险。煤矿停电后的及时告警和及时处置，是避免安全事故的关键环节。因此贵州电网在停电信息实时监测系统的基础上，为煤矿专线开发了停电监测告警模块，第一时间将停电情况同步传递至管理人员、调度人员、运维人员和煤矿企业联络人员，为煤矿企业启动应急方案、为调度人员调度操作、为运维人员抢修复电，赢得了宝贵时间。

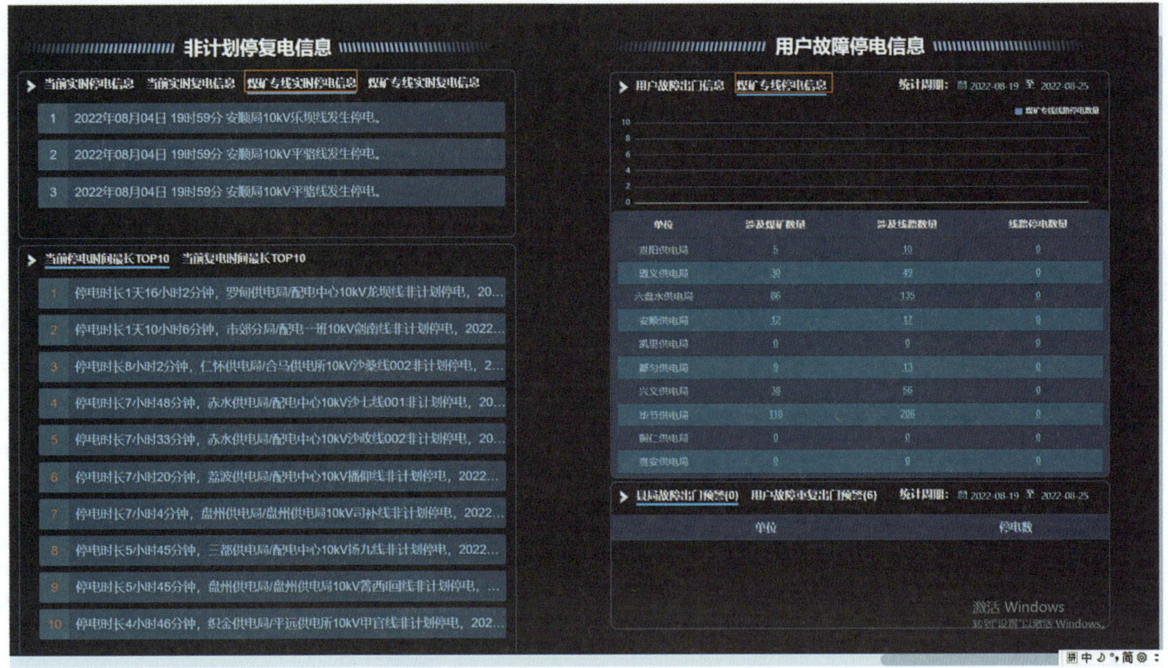

图5 煤矿专线停电信息监测

二、案例实践效果

（一）综合效益

配网停电信息实时监测系统是贵州电网为解决生产实际问题、满足客户可靠用电需求，按照不搞大拆大建的原则，在整合现有各类信息系统的基础上，通过技改项目自主开发的系统，实现了小投资撬动大变革。

一是促进供电可靠性管理提质增效。为省、地、县、所各级管理人员提供了有效的决策支持平台，为设备运维、抢修人员以及客户服务人员提供了精准的技术支持工具，促进信息快速传递、指挥快速下达、人员快速到位、资源快速准备，抢修复电效率大幅提升。2021 年，贵州电网公司平均抢修复电时间为 4.49 小时，相较 2020 年的 6.58 小时下降 31.8%。通过对客户故障出门的精准识别和联动管控，客户重复故障出门问题得到了有效遏制，客户故障出门占比由原来的接近 20% 降至 10% 以内。

二是提高停电类供电质量问题协同解决效率。以该系统为纽带，贵州电网建立了停电类供电质量联动管控机制，提高客户停电类问题诉求解决效率，为提高客户满意度、优化营商环境提供了有力支撑。特别是针对煤矿供电开发监控告警功能，促进煤矿用电安全高效响应。

三是为可靠性管理营造创先争优良好氛围。利用平台简洁有效地展示真实停电和指标状况，促进全员关注，营造创先争优氛围，各级管理人员亲自“盯指标”“盯停电”“传压力”，指标对比从单一的同期值比较、地市级单位内部比较转变为对标先进、对标一流。2021 年，贵州电网客户平均停电时间为 13.61 小时 / 户，同比下降 2.02 小时 / 户，各地市供电局同比均稳步下降，其中凯里局降幅最大，下降了 4.4 小时 / 户。

四是促进可靠性管理唯真唯实。因为过程和结果指标的透明化，短板无处躲藏，各单位从原来因顾及绩效和面子而在数据录入上打折扣的情况，向“唯真唯实”转变，各级管理人员更加重视和解决自身可靠性短板问题。

（二）行业推广前景

国内各省级电网企业的调度、资产、计量、营销系统架构和数据结构相似，本案例具备在其他省级电网企业推广应用的基础条件，尤其是针对配自系统、调度自动化系统数据还不够完善、主配网停电信息不完整的地区，有应用本案例快速提升配网停电管理效率的现实需求。

（曾伟　李欢　苗宇）

优化配电自动化建设，提升农村配网供电可靠性

一、案例基本情况

（一）单位基本情况

近年来，兴义供电局克难攻坚、苦干实干，供电质量及供电能力取得新突破，供电可靠性水平持续大幅提升，但客户平均停电时间绝对值依然较高，供服保障能力与满足人民美好生活的用电需要仍有差距。配自建设在进一步提升供电可靠性中具有重要意义，持续优化配自建设、提升农村配网供电可靠性成为企业的重要研究课题。在公司的大力支持下，兴义供电局大力推进配自建设，进一步完善兴义配电网管理及技术支撑体系，推动配自有效覆盖和运维管理水平提升，打造安全、高效、可靠、绿色的智能配电网，提升农村配网供电可靠性。

（二）案例实施背景

配自系统未投运前，配网线路故障依靠运维人员进行故障巡线等传统方式来排查，而贵州省黔西南位于典型的山区中，绝大部分农村配网线路爬山穿林，故障排查和隔离的时间较长，严重影响供电可靠性。

为满足人民美好生活的用电需要，兴义供电局坚持"人民电业为人民"的企业宗旨，全力保障电力安全可靠供应，切实将配自实用化工作落地，持续优化配自技术，不断提升农村配网供电可靠性。截至 2022 年年底，配自有效覆盖率达 92.64%，依托配网主站实现馈线故障自愈覆盖率达 49.24%，在贵州省处于领先水平。

（三）案例具体实践

1. 总体思路

为实现配网故障准确定位、自动隔离和非故障区域快速恢复供电，结合兴义配网实际，因地制宜，制定了本地配自技术模式，明确目标和方向，有效指导配自建设工作。

城区（城镇地区）通信情况相对较好，多为电缆线路，设备以开关箱为主，主干线采用"集中控制型"FA 线路，投过保护告警；支线投级差保护跳闸。通过主站自愈实现配网故障定位、故障隔离、非故障区快速恢复供电。

县局（城镇、农村地区）通信情况相对较差，多为架空线路，设备以柱上开关为主，主干线上采用“电压电流型”或“电压时间型”FA 线路。通过主站与就地 FA 线路协同模式实现配网故障定位、故障隔离、非故障区快速恢复供电。

兴义供电局以供电可靠性为总抓手，立足兴义地区农村配网特点，按照南方电网配自建设标准，深化开展配自建设，探索研究配自管理创新和技术创新，健全兴义配电网管理及技术支撑体系，推动配自有效覆盖和运维管理水平持续提升，完善配网实时监控和配网运行管理技术支撑系统，常态化开展实用化运行分析评价，推动配自、实用化水平不断提升，推动兴义供电局供电质量及供电能力取得新突破。

2. 主要做法

（1）全力推进项目规划建设

深入开展专业化延伸管理，打破专业壁垒，统筹发挥技术专家和专业人才优势，实现“两个推进 + 一个坚持”，从主站建设、配电终端及问题导向三个方向全力推进配自建设。

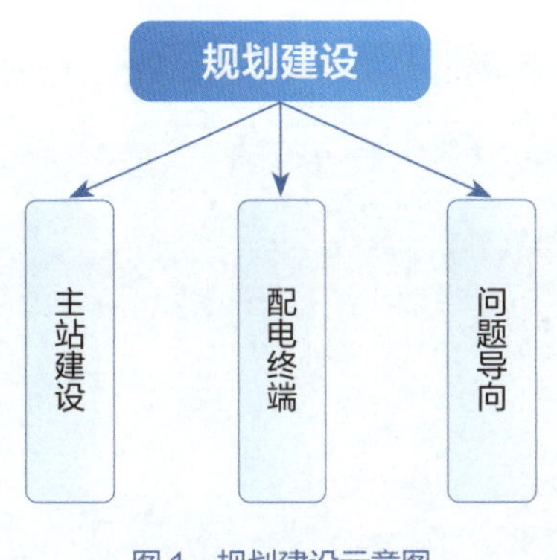

图 1　规划建设示意图

①通过推进主站建设，建设配网主站 OCS（调度运行控制系统），建立、完善配网主站技术支撑平台，从无到有、从基础功能建设到实用化提升，对推动配自应用工作提供强力的支撑。

②积极推进配电终端建设。结合频繁停电线路，梳理优化配电网网架，提出规划需求，以需求为基础形成规划成果，根据规划落实项目，建立项目进度管控机制，提升有效覆盖水平。截至 2022 年年底，兴义供电局配自覆盖率达 92.64%，排名全省前列，为配自实用化提升打下了坚实基础。

③坚持问题导向。以可靠性痛点为抓手，2020 年，以在全省可靠性排名靠后的望谟供电局和册亨供电局作为试点开展配电终端建设，推动其他县区局积极开展该项工作。截至 2022 年年底，望谟和册亨局配自覆盖率位居兴义电网前列，有效助力两县局配网故障精准定位和快速复电。

（2）规范配自运维管理

为规范配自运维管理，在省公司制度的基础上，兴义供电局本地化发布《兴义供电局配电自动化图模异动管控工作指南》《兴义供电局配网馈线投入主站自愈功能工作指引》等相关制度标准，制定了调试、验收、巡视、一线一策等配自作业表单，形成完整的配自管理标准制度体系，规范推进配自的各项工作。

规范设备投运流程，严格遵循“仓库预调试—现场安装—投产前‘红图调试’—验收投运”的原则执行设备投运，严格管控配电终端与一次设备同步建设、同步验收、同步投运。

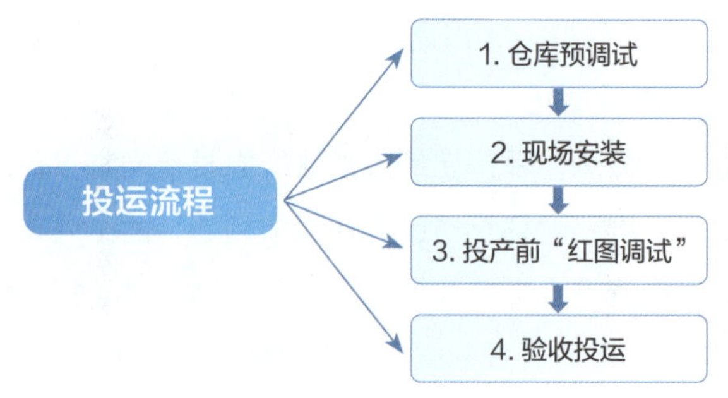

图 2 投运流程图

（3）全力推进自愈功能建设

结合兴义配电网实际，因地制宜，积极开展“主站与就地协同自愈功能”应用研究，成功探索出符合本地化的配电网自愈建设模式，实现配网故障准确定位、自动隔离和非故障区域快速恢复供电。自愈建设“兴义模式”具有运行安全、主站可控、管理方便等特点，非常适合农村地区电网特点。

图 3 自愈功能应用实例

（4）积极探索应用创新

兴义供电局在配自工作推进中，结合工作实际，积极探索系统应用技术，实现“三个创新”，推动配自应用效率提升。

①创新搭建“红图预调试”管控流程。建立“红图调试”模块，有效解决调试模型对运行模式的影响，有效提升现场工作效率，解决配电终端预调试与投产前验收的图模协同性问题。

②创新实现定值单在线调阅功能应用，提高定值单使用效率及规范管理。将已执行配电终端定值单导入配自主站系统，通过配自开关动作关联菜单快速调出对应定值单，实现终端定值单在线调阅及集中统一管理，提高定值单使用工作效率及管理的规范性。

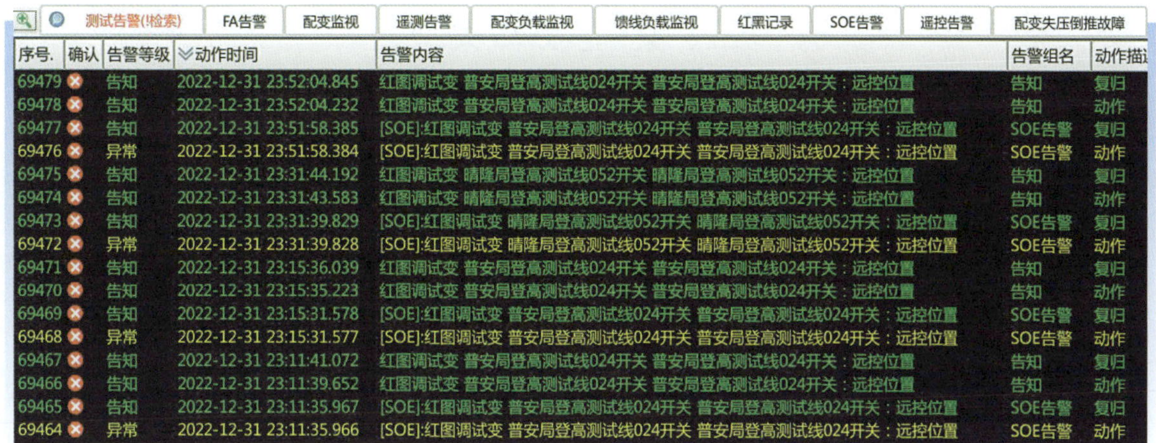

图 4　红图预调试

③创新配网单线图可视功能，提高配网图模操作效率。创新使用自动化开关与非自动化开关图模区别显示，有效解决已投运自动化开关和非自动化开关的分辨问题，提高监控效率。实现单线图联络线路图模跳转，提高图模操作效率，保证单线图图模间联络的正确性。

3. 重点难点

（1）建设过程对可靠性的影响

配自项目建设庞大繁杂，线路改造、新增开关或推磨利旧开关均须停电实施。停电计划协调难度大，集中实施对可靠性指标影响较大。

解决措施：项目实施计划与停电计划综合统筹考虑，按期开展，确保项目进度。大力推广利用带电作业等方式减小配自项目建设实施过程对供电可靠性的影响。

（2）提高配电终端调试质量

配电终端厂家众多，质量参差不齐，终端并网前的仓库调试主要依靠人工开展，存在工作量大、标准不统一、把关不严等问题，导致不少新设备带“病”投入运行，信号误发、保护误动等情况时有发生。不但给电网运行带来安全隐患，也为后期运维带来不便。

解决措施：按照统一的检测标准开展配电终端功能自动检测，在配电终端仓库调试时，自动完成配电终端仓库调试的各项功能测试，检测各测试项目指标是否合格，生成诊断报告，并将诊断报告上送到配网自动化主站系统，作为仓库调试是否合格的关键判据，从而大幅减少调试人员工作量，提高并网终端质量。

（3）配电终端运维压力

配自处于快速推进阶段，设备点多面广，建设和运维工作量大。黔西南多山区，受通信质量影响，配电终端在线率较低，对配网线路故障定位、故障隔离及复电均造成影响。受地形和交通不便限制，配自人员开展巡视维护、消缺工作压力较大。

解决措施：针对配电终端特性和不同的通信场景，采取创新技术，在望谟供电局试点安装扩频式信号放大器，应用效果良好，解决终端安装地点通信信号差问题，有效提升终端在线率水平，减小现场运维压力。

二、案例实践效果

（一）综合效益

1. 提升配网精益化管理水平

截至2022年年底，10kV公用线路配自覆盖率达92.64%，实现中心城区配电设备的全面覆盖及全景展示。配自实用化工作得到有效落地，实用化水平不断提高，取得了良好成效。管理创新，实现“四个提升”。一是提升了调度对配自实用化的应用水平。通过管控图实现一致性和常态化遥控操作，配调实现对配网现场的有效管控，提高了现场故障处置效率，通过调度的持续应用，反哺自动化持续改进功能，调度应用水平得到持续提升。二是提升了配自人员的运维水平。通过制度标准、作业表单规范化，故障缺陷的可视化管理和闭环管控，定期开展培训，有效推动了配自人员运维水平的提升。三是提升了配自实用化指标。通过规范信息上送和安装调试，强化缺陷管理，每月开展实用化考核等，配电终端在线率、遥控成功率等实用化指标得到有效提升。四是提升了配网自愈动作成功率。通过制定自愈功能工作指引，开展自愈功能动作“一案例一分析”，有效提升了自愈动作成功率。2022年，自愈有效动作成功率达90%，非故障区段复电平均用时60秒左右，减少自愈线路平均故障停电持续时间2.53小时，减少中压停电时户数25984时户。

配自的应用，实现了配电网数据的实时采集与分析，有效平衡线路负荷，减少线损，降低设备重过载及低电压运行工况，提高设备利用率，对配网精益化管理提供数据支撑，提升配网精益化管理水平。

2. 助力供电可靠性提升

依托配自系统，实现了配网故障快速定位和隔离，提高了现场抢修复电效率，降低了客户平均停电时间，助力可靠性水平提升。2022年，调度员人工遥控配自开关开展遥控停、送电工作3742次，大幅提高了操作效率，累计减少现场人员操作0.7484万人次。

以往配网发生故障停电时，抢修人员需要以人工巡线的方式查找故障，巡线多在山区，风雨天气作业安全风险较高，且现场操作设备隔离故障和恢复非故障区段供电，复电过程耗时少则几十分钟，多则数小时，易造成负荷损失以及引起客户投诉等问题。配自自愈功能的投运，极大提升配网故障的抢修复电效率。

自愈动作成功示例：2022年9月27日14：02：12，册亨传电局110kV册亨变电站10kV册落线过流Ⅰ段动作，开关事故分闸，主站与电压时间协同动作成功。14：02：55，主站自愈故障定位在册落线031开关和册落线14号杆1313开关之间，册落线14号杆1313开关闭锁合闸就地隔离；14：03：07自愈合上10kV宜落一册落3110开关（主站自愈转供操作，恢复非故障区域供电）。线路全线配变数76台，通过自愈功能实现自动恢复供电配变数66台。从故障发生到自愈自动恢复非故障区域供电历时55秒，均由自愈程序自动操作，全过程无须人工干预，定位准确、隔离迅速、复电及时。

自愈功能投运以来，通过自动定位、隔离配网故障，主站自动恢复非故障区段供电，复电时间

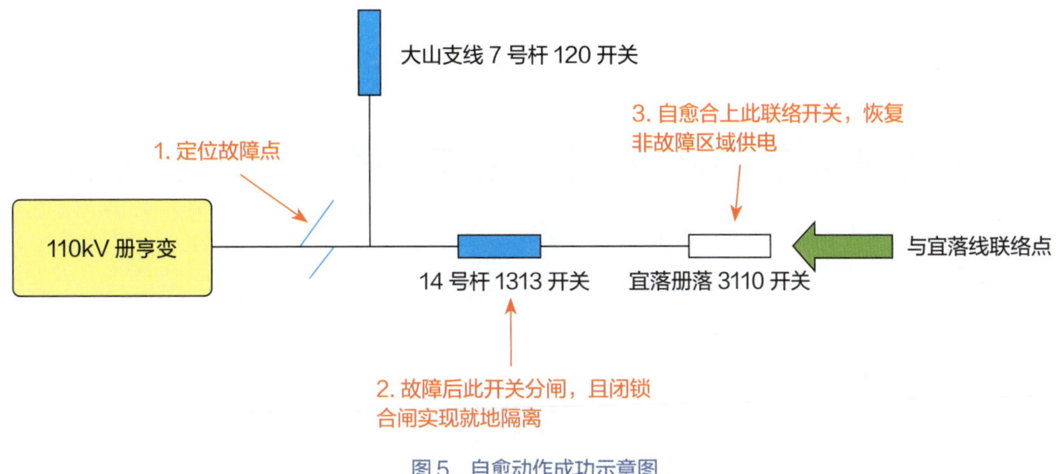

图 5　自愈动作成功示意图

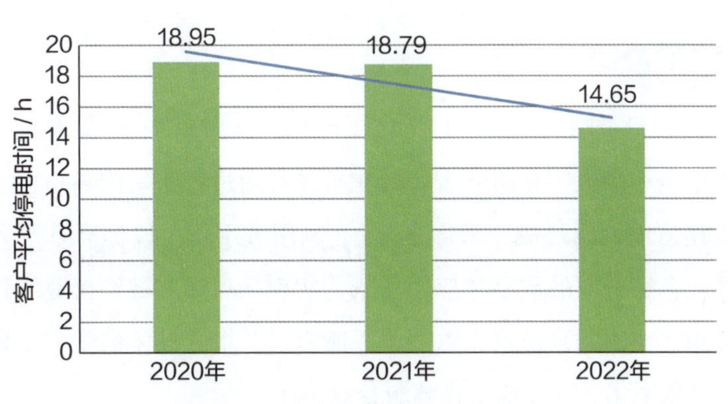

图 6　兴义供电局客户平均停电时间

由原来的“小时级”缩短至“分钟级”，不仅操作效率平均提升 98%，降低了现场作业风险，同时还降低了抢修人员因赶往故障现场而存在的交通安全风险。

随着配自建设投运，兴义供电局供电可靠性也随之逐步提升。2022 年，兴义供电局客户平均停电时间 14.65 小时 / 户，较 2020 年下降 4.30 小时 / 户。

（二）第三方评价

在 2021 年南网实用化验收评价中，兴义供电局顺利通过实用化现场评价验收，成为贵州首个通过南网实用化验收的供电局，实现贵州电网配自实用化“零”突破，树立了配自高质量发展标杆，有效支撑了配网管理水平和供电可靠性提升，获贵州电网公司发文表扬。

（三）行业推广前景

本案例具备在其他地区电网企业推广应用的基础条件，尤其是对山区电网具有重要的借鉴意义和实际应用价值。推广配自建设，完善配电网的可观、可测、可控功能，实现故障的就地识别、故障隔离和非故障区域快速恢复供电，有效提高配网抢修复电效率，提升供电可靠性，助力提升优质服务水平。

（练寅　景诗毅　王荣）

打造数字配电示范区，助力提升供电可靠性

一、案例基本情况

（一）单位基本情况

贵州电网有限责任公司贵阳乌当供电局（以下简称“乌当局”）作为贵州电网公司（以下简称“贵州电网”）县级供电企业的数字化引领者，几年来持续通过打造贵阳乌当数字配电示范区，助力提升供电可靠性并在南方电网内形成“贵阳名片”。利用数字化手段提高基层人员工作效率，打破传统的管理界面，建成务实有效的数字化应用场景，实现乌当局关键经营业绩指标提升；形成可复制、可推广的典型应用，使团队具备自我数字服务能力以及培养具备数字化意识和能力的队伍的目标；最终实现贵阳电网数字化、业务数字化和服务数字化。

（二）案例实施背景

自“十三五”开始，乌当局明确将供电可靠性管理作为“一把手”工程，依托绩效体系建设强化责任落实，坚持规划引领，聚焦智能电网与数字平台建设，按照“系统规划，有序实施”原则精准施策。“十三五”期间，乌当局被成功纳入贵州电网“智能配电试点县”，2016 年完成基于供电可靠性提升的“十三五”配电网规划，着力补齐网架短板，从网架、设备逐步提升电网智能水平。

“十四五”期间，乌当局被纳入贵州电网“智能台区示范区”，同时被纳入南方电网“数字配电示范区”。以配自馈线组为基础，深入开展“网格化”规划，持续完善智能配电网网架，推进中低压“透明电网”建设。

为拓展智能配电网网架应用场景，启动数字应用平台“数字乌当 2.0”建设，通过打造数据驱动的应用场景，以设备异常监测、停电综合分析、应急抢修协同、指标看板、“掌上乌当”等多个场景，初步实现向上承接战略运营管控平台关键指标，横向汇集电网管理平台、客户服务平台等业务平台数据，向下对接“工作台 + 工具包”，深入融合南网物联网平台、南网智瞰等平台组件的功能，实现业务与运维模式的优化完善。按照“试点先行、稳步推进”原则整区推进智能配电改造升级，打造南网领先的县级数字电网建设示范，力争形成数字电网承载新型电力系统的贵州方案。

（三）案例具体实践

目前，乌当局已基本实现全域中压配电网的可观、可测、可控，84 条 10kV 线路一体建成以馈线组为单位的智能配电网架，配自有效覆盖率达 100%，自愈覆盖率达 100%，核心区域配自功能全覆盖；依托南方电网数字电网建设“4321”工程技术框架，“数字乌当 2.0”平台上线运营，完成 10 个应用场景开发，整合智能配电网与多业务平台数据，实现“数字配电网 + 数字平台”全面实用化。

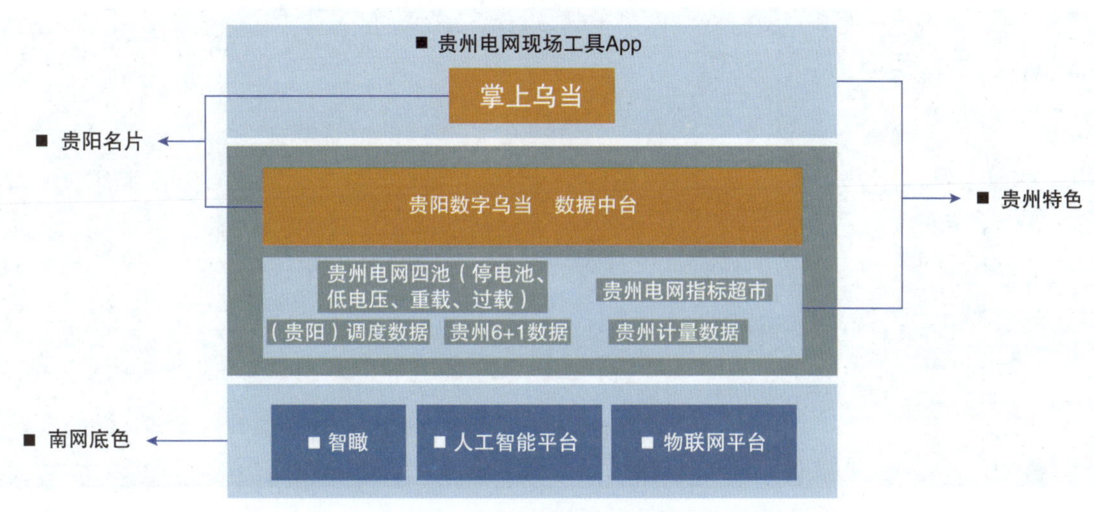

图 1　贵州电网现场工具 App

1. 建设“数字乌当 2.0”以数据驱动可靠性管理提升

基于“数字乌当 2.0”平台，汇集调度电网管理平台与运行管理系统（OMS）、生产系统、计量系统、客户服务平台等多业务平台数据，通过数据综合分析识别停电、重过载、低电压、三相负荷不平衡等设备异常信息，缺陷管理、计划管理、抢修进度等业务异常信息，自动发起异常处置工单，实现事前对隐患与风险的主动发现、事中全流程监控与信息督查、事后统计优化分析监督，辅助规划管理、停电管理、运维策略等管理决策，以异常数据统计分析找准异常原因，完善规划项目库、差异化运维策略与精准缺陷整治计划，实施资产全生命周期管理提升设备健康度，以数据驱动可靠性管理提升。

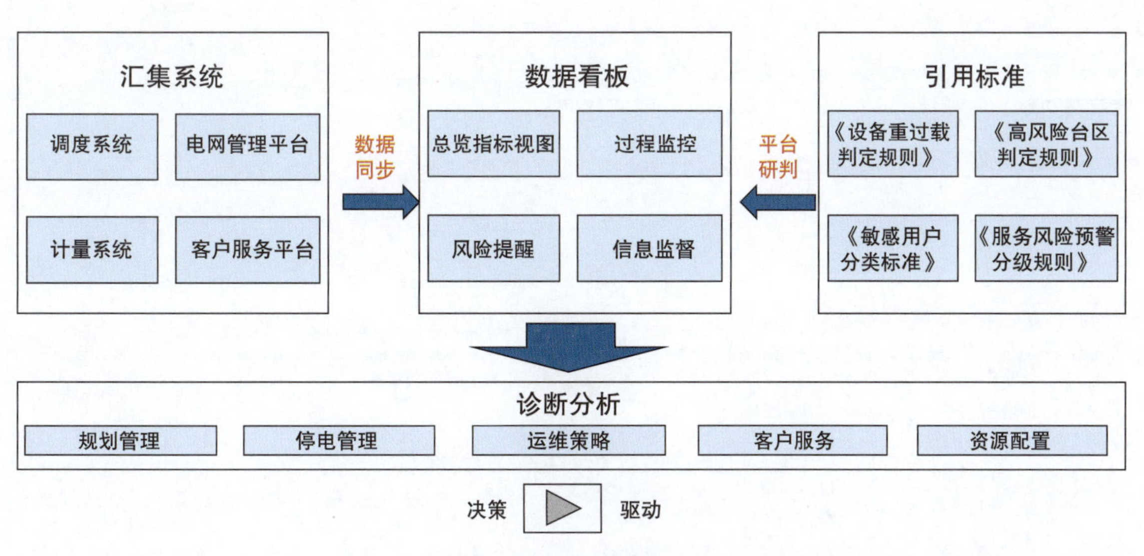

图 2　供电可靠性管理提升

应用场景一：通过“数字乌当2.0”供电运营监控模块，开展生产业务工单、设备异常、应急抢修、设备异常处理等信息的全景全流程监控。

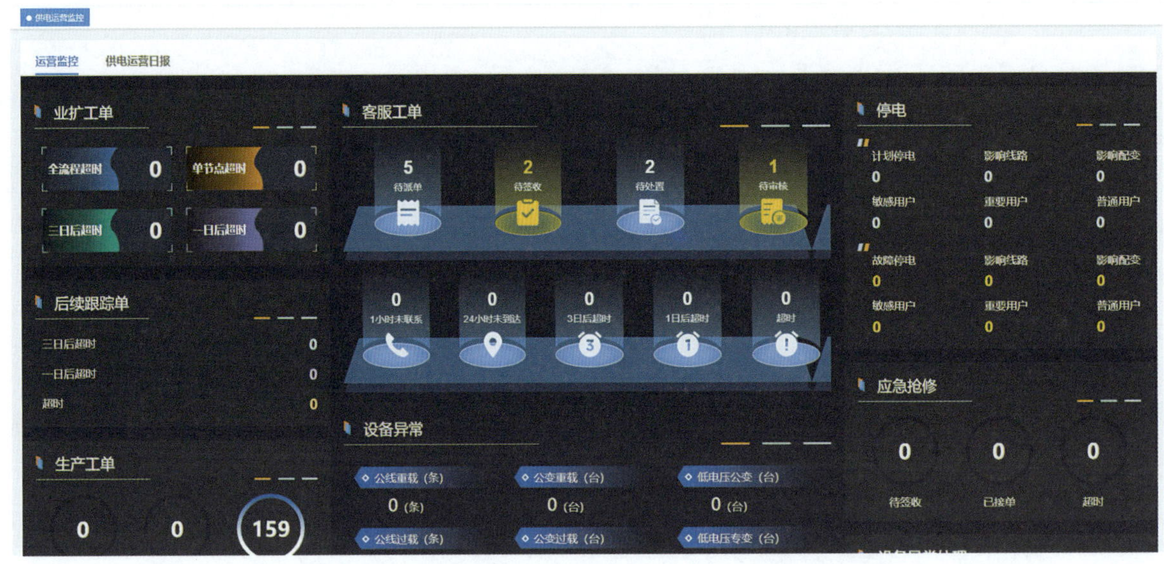

图3 应用场景一：数字乌当2.0供电运营监控模块

应用场景二：通过“数字乌当2.0”设备异常监控历史数据，重点对重过载、低电压、三相负荷不平衡等设备异常情况开展事后统计分析，以辅助规划管理、停电管理、运维策略等管理决策。

应用场景三：通过“数字乌当2.0”应急抢修跟踪，重点对中低压抢修进度异常进行跟踪，及时调配资源提升应急抢修效率。

图4 应用场景三：数字乌当2.0应急抢修跟踪

2. 建设智能配电网，以数据赋能可靠性管控效能

基于配自、智能开关箱、智能台区、智能配电房、防外力破坏智能预警等智能设备，完成 672 千米配电架空线路无人机自主巡航，汇集全域物联网数据，形成设备异常监控场景，依托生产指挥中心对设备电气量、运行环境、故障信息等数据进行实时监控预警、实时分析指挥，提升隐性缺陷发现能力，精准判断线路、设备风险点；以数据赋能优化停电、配置抢修资源、传递停电信息，强化配网停电过程管控，提高快速复电能力，减少客户停电时间；以数据应用有效为基层减负，通过实施配网开关远程遥控降低操作风险，通过实施无人机自主巡航、智能设备监控提高巡视效率与质量，通过配自有效隔离故障、辅助故障巡视、缩短故障范围与停电时长。以数据“跑腿”辅助人力运维，提升可靠性管理效能。

应用场景一：应用配自系统、智能台区、无人机自主巡维等智能设备，监控设备运行工况、电气量等，实时分析实时指挥。

应用场景二：应用“数字乌当 2.0”停电情况总览模块，实时反馈区域停电情况，优化停电管理、配置抢修资源、传递停电信息，强化配网停电过程管控，提高快速复电能力，减少客户停电时间。

应用场景三：应用配自有效隔离故障，开展配网远程遥控操作。

二、案例实践效果

乌当局建设“智能配电网 + 数字乌当 2.0”平台，优化供电可靠性管理、提高管理效能，有效提升了供电可靠性各项指标，实现了供电可靠性指标年均 30% 的提升。2022 年，全局全口径供电可靠性达 99.96%，同比“十三五”末的 99.93% 提升了 0.03 个百分点，用户平均停电时间（中压）由“十三五”末的 3.627 小时 / 户下降至 2022 年的 3.42 小时 / 户。

（一）综合效益

实施频繁停电、重过载、低电压线路和台区管控，统计分析异常情况，将其纳入配电网规划、综合整治项目库，有序开展闭环管控，提升设备健康度。2022 年，5 次以上高故障线路共有 2 条，历史高故障线路故障次数降幅达 59%。结合“数字乌当”已完成重过载配变梳理，全年共完成重过载变压器整治 8 台、低电压配变整治 8 台、三相不平衡配变 587 台，辅助制定运维策略和控制措施 1047 条。所有异常线路、设备全部纳入规划项目、生产项目、缺陷处理、生产运维闭环管控。

应用停电信息、缺陷数据等数据分析，结合综合停电“六步法”开展预安排计划事前分析管控，全面开展不停电作业，有效降低重复停电与预安排停电时户数。2022 年，在年度预安排计划条数基本持平的情况下，实现重复停电率为 0%，预安排停电用户数同比下降 34%，预安排停电时户数同比下降 44% 的成效。

（二）第三方评价

“数字乌当 2.0”可作为贵阳供电局对接外部数字政府的平台，实现了更广泛的数据价值、更全面的政企合作共赢。省公司在《关于贯彻落实网公司领导在黔调研检查指导时有关工作要求的通知》中明确省、市要加大对“数字乌当”政策和资源的支持力度。

（三）行业推广前景

开展无人机自主巡航，智能台区、智能开关箱、防外力破坏预警等设备实时监控预警辅助精益化排查工作，及时识别设备隐性缺陷，精准分析风险，预控设备故障，2022 年通过无人机自主巡维，实施精益化排查发现缺陷 486 条，提前处置重过载、低电压台区 16 台，全年未发生因重过载、三相负荷不平衡、设备缺陷造成的设备烧损，低电压台区均按时限处置。

通过精准配电设备数据及时识别停电、自动化开关自动隔离故障并实现自愈，有效缩短故障停电时限与范围，实现快速抢修复电，减少停电时长。2022 年，全局供电可靠性达 99.960%，同比 99.948% 提升了 0.012 个百分点。2022 年用户平均停电时间（中压）为 3.42 小时 / 户，同比下降 24.18%；故障平均停电用户数 20.38 户 / 次，同比降幅达 5.165%；故障平均停电时间为 4.02 小时，同比降幅达 14.83%；中压故障平均复电时间为 243.6 分钟，同比降幅达 29.6%。

实施配网合环转供电，结合远程遥控停复电操作，切实为基层减负并降低配网操作风险，降低用户对瞬时停电的感知。截至目前，合环转供电率达 98%，完成远程遥控操作 548 次。

（朱宁　朱彤　李世双）

"两步法、两综合"提升配网供电可靠性

一、案例基本情况

（一）单位基本情况

贵州电网有限责任公司凯里黎平供电局（以下简称"黎平局"）成立于1997年，系贵州电网有限责任公司的分公司，担负全县3个街道23个乡镇、403个行政村的电力供应任务，是黔电入粤、黔电入湘、西电东送的重要通道，供电范围内人口近66万，供电客户20万户。

2012—2022年，黎平局多次组织职工参与国家级、省公司职工创新大赛，并取得中国电力联合会职工创新大赛二等奖和三等奖，并实现发明专利零突破，三年共计有7项发明专利，通过授权有3项，有4项审核中。2021年贵州省职工优秀技术创新成果三等奖。

（二）案例实施背景

贵州省黎平县是林业大县。早在清乾隆四年（1739年），黎平开始人工造林，乾隆四十二年（1777年），黎平境内"两岸杉木映印，一江巨筏长流"，木材畅销江淮两广。

2021年，全县有林地面积508.8万亩，全县森林覆盖率72.75%，森林活立木总蓄积3365万立方米。有国家保护的珍稀树种24种，1220种野生中草药材；野兽种类为52属675种。以产杉木为主，故有"杉木之乡"之称，属贵州省十大林区县之一，主要树种有：杉木、马尾松、油茶、山核桃、油桐、麻栎、楠竹。

东风林场、搞坝林场、花坡林场育种林场是集树种基因收集、林木良种繁育、林业科研和用材林营林为一体的林场。承担了国家林业部门下达的"杉木种子园建立和经营管理技术研究""杉木地理种源试验""鹅掌楸生态习性调查与引种培育试验""山茶属植物资源调查与收集保存研究"以及"珍稀树种的引种保存与树木园建立的研究"等课题。

10kV高城线、10kV高黄线电力走廊涉及东风林场、搞坝林场、花坡林场全国育种林场共计区段246个，解决配电线路与林场树木的树线矛盾是减少线路故障跳闸、降低客户平均停电时间、提升供电可靠性的重点工作。

1. 三年以来树木引发故障原因分析

表 1　高黄线近年故障原因分析

年度	线路名称	故障次数	短路故障次数							接地故障次数							其他
			其他			树障			合计	其他			树障			合计	
			客户资产	电网资产	小计	客户资产	电网资产	小计		客户资产	电网资产	小计	客户资产	电网资产	小计		
2019	10kV 高黄线	28	3	1	4	6	4	10	14	1	1	2	5	3	8	10	4
2020	10kV 高黄线	23	2	1	3	6	2	8	11	2	0	2	4	2	6	8	4
2021	10kV 高黄线	21	1	1	2	6	3	9	11	1	0	1	4	2	6	7	3
2022	10kV 高黄线	0	0	0	0	0	0	0	0	0	0	0	0	0	0	0	0

表 2　高城线近年故障原因分析

年度	线路名称	故障次数	短路故障次数							接地故障次数							其他
			其他			树障			合计	其他			树障			合计	
			客户资产	电网资产	小计	客户资产	电网资产	小计		客户资产	电网资产	小计	客户资产	电网资产	小计		
2019	10kV 高城线	25	2	0	2	8	2	10	12	2	1	3	6	2	8	11	2
2020	10kV 高城线	21	2	1	3	8	2	10	13	1	1	2	2	2	4	6	2
2021	10kV 高城线	16	1	2	3	7	2	9	12	1	1	2	1	0	1	3	1
2022	10kV 高城线	0	0	0	0	0	0	0	0	0	0	0	0	0	0	0	0

2019—2021 年以来，故障停电直接损失 1700 余万元（含电费、物资、家电烧损赔偿、设备损失等）。其中树障带来的影响主要分为四部分：一是线路跳闸；二是接地故障导致线电压升高，设备寿命缩减和客户家电烧损；三是对树障引起的跳闸分析不准确；四是社会人员触电可能性较大。

开展线路通道隐患整治，通过“两步法、两综合”提高供电可靠性，依托综合停电作业 + 带电作业，将线路综合治理与政府综合联动治理，详情如下。

2.“两步法、两综合”简介

（1）两步法

第一步：“机巡 + 人巡”双重作业法。

第二步：“专变治理 + 供用电合同约定治理”双重治理法。

（2）两综合

一综合：“综合停电作业 + 带电作业”线路综合治理。

二综合：“通道整治 + 落实省政府防火令”与政府综合联动治理。

（三）案例具体实践

1. 总体思路

为全面提升“获得电力”服务水平，持续优化用电营商环境，更好地满足人民追求美好生活的电力需要，秉承“人民电业为人民”的企业宗旨，强化“领先”意识，发扬“苦干实干、后发赶超”精神，以提升供电可靠性为总抓手，通过“两步法、两综合”的工作思路，力争用三年时间系统全面提升配网运维水平、综合停电管理水平、客户管理水平、电网支撑能力，为公司高质量发展、成为国内一流供电企业奠定坚实的基础。

2. 主要做法

10kV 高城线、10kV 高黄线电力走廊涉及东风林场、搞坝林场、花坡林场，共计区段 246 个，沿线树木基本是杉木、马尾松、白松等经济林木和全国育种林场。2022 年 3 月开展对 10kV 高黄线、10kV 高城线高跳专项治理工作，采用综合治理手段，截至 2022 年年底，两条线路未发生跳闸。

（1）“机巡 + 人巡”双重作业，提高效率

采用立体巡线巡视法，主要是机巡 + 人巡，通过机巡发现杆上设备的隐患和缺陷，采用传统人巡解决地面上杆塔隐患和缺陷，共计发现和处理隐患、缺陷共计 102 处。

（2）“专变治理 + 供用电合同约定治理”双重治理法

与用户共同引领共建，共建推动共享，聚焦用户价值，把握用户思维，洞察用户需求，与用户共创价值。对专变重点治理通道和避雷器，2022 年 3 月，共计对 203 台专变下发整改通知书，并现场指导客户进行设备隐患和缺陷治理工作，共计现场服务 319 次，协调客户通道砍青 109 次，客户主动对避雷器更换有 193 户，现场督促更换有 10 户。修订供用电合同，把客户用电业务和对自身设备巡视检修周期纳入供用电合同条款，弥补了用电方对设备运维周期权责和相应约束，填补供用电合同中这个方面的空白，重点解决客户未按照《中华人民共和国电力法》《供电营业规则》《贵州省优化营商环境条例》做好设备定期运维和聘请专兼职电工问题，与 203 个专变重签供用电合同。

（3）“综合停电作业 + 带电作业”线路综合治理

重点解决树障，10kV 绝缘线与树木水平距离必须达到 3 米以上，10kV 裸导线与树水平距离必须达 4.5 米以上，搭建解决通道平台，必须通过与当地政府联动治理树障，采用一次性砍伐到位，每季度采用“机巡 + 人巡”立体巡线模式，通过机巡发现树木再次生长区段，人巡再次砍伐再次生长区段树木，解决树木再次生长过高、过大问题。第二季度和第三季度对两条线路共计砍伐 64 处再次生长树木和 38 处藤蔓，并发现电杆倾斜 7 处。

（4）“通道整治 + 落实省政府防火令”与政府综合联动治理

发布《黎平县电力通道治理的通告》《黎平县电力通道严禁占用电力通道的通告》和《黎平县电力通道种植低矮油茶的通告》。高屯供电所与当地政府联动，到村委、村寨与群众沟通，电力通道下种植低矮植物，通过 4—9 月共计协商解决穿越山林 213 个区段种植低矮植物油茶。从根本解决通道树障、藤蔓问题。与黎平县林业局和乡镇林业站联动，把线路通道区域报备到林业规划区，严禁把线路通道划为公益林区和生态红色范围，2022 年共计报备 26 次，共计区段 246 个，涉及 51.26 千米线路。

二、案例实践效果

（一）综合效益

2022 年 3 月开展对 10kV 高黄线、10kV 高城线高跳专项治理工作，采用综合治理手段，截至 2022 年 12 月 31 日，两条线路未发生跳闸。同比 2019 年减少 53 次线路故障，减少停电时间 22.61 小时 / 户。

解决线树隐患 278 处，线屋矛盾 53 处。二次砍伐 164 处再次生长树木和藤蔓 78 处，解决电杆倾斜 7 处。与当地政府联动，到村委、村寨与群众沟通，电力通道下种植低矮植物，通过 4—9 月共计协商解决穿越山林 213 个区段种植低矮植物油茶，群众油茶增收 563 万元左右。与县林业部门和乡镇林业站联动，把线路通道区域报备到林业规划区，严禁把线路通道划为公益林区和生态红色范围，2022 年共计报备 26 次，共计区段 246 个，涉及 51.26 千米线路。客户故障出门下降 15 次，现场服务 319 次，协调客户通道砍青 109 次，客户主动对避雷器更换有 193 户，现场督促更换有 10 户。修订供用电合同，弥补了用电方对设备运维周期权责和相应约束，填补供用电合同中这个方面的空白，与 203 个专变重签到供用电合同。

（二）第三方评价

全力服务地方经济发展和满足黎平县重点项目供电需求，努力优化电力营商环境，为全县“提档升级、争创一流”提供了安全可靠电力保障。特别是提升了黎平县经济开发区供电可靠性。

深入贯彻落实从保障能源可靠供应、助力企业复工复产、服务经济社会发展的角度出发，提升电网运行水平，提高供电可靠性水平。2022 年为黎平县“两茶一药”提供强有力电力保障，供电可靠性得到黎平县政府部门肯定，为黎平加快绿色崛起、争当贵州省桥头堡排头兵。得到贵州电网公司、凯里供电局肯定，现在贵州省全面推广。

（三）行业推广前景

截至 2022 年 12 月 31 日，同比 2019 年减少 53 次线路故障，减少停电时户数 22.61 小时 / 户，增加企业收入，降低客户投诉率，为客户创造价值提供有力保障。首创电力通道下种植低矮植物，增加当地群众收入，巩固脱贫攻坚助力乡村振兴。首创把电力通道调整出国家公益林区和生态红色范围，解决生态红线与电力发展矛盾关系。首创填补了供用电合同用电方对设备运维周期权责和相应约束。全面提升“获得电力”服务水平和客户满意度，持续优化用电营商环境，更好地满足人民追求美好生活的电力需要。

（黄忠华　马晓红　董英华）

“本质预防、数据化管控”供电可靠性体系建设

一、案例基本情况

（一）单位基本情况

贵州电网六盘水供电局始建于 1966 年 11 月，担负着六盘水电网的运维管理和六盘水市行政区域（盘州市、六枝特区、水城区、钟山区）内的电力供应任务。目前有供电客户 134 万户，在职员工 2336 人，供电面积 0.99 万平方千米，供电人口 360.38 万人。管辖 500kV 变电站 1 座，220kV 变电站 13 座，110kV 变电站 47 座，35kV 变电站 57 座。110kV 输电线路总长 1495.51 千米；35kV 线路总长 1511.48 千米；管辖 10kV 线路 974 条，公用线路 713 条，专用线路 261 条，线路长度为 15670 千米，其中电缆长度为 2839.51 千米。配变共 26838 台。

（二）案例实施背景

基于大数据、物联网的电网建设正在逐步替代传统人工运作方式，人民电业服务人民，与客户需求协同价值创造，利用创新技术、引进技术加强电网网架结构改革和管理方式转变势在必行，运用数字化分析手段和人工运作方式提前预判、规划预防，在运维、基建、客户服务等方面寻求本质安全，是提升供电可靠性的可行途径。

“本质预防、数据化管控”供电可靠性体系建设主要依托现场线路及设备基础信息、运行信息数据，依靠系统软件进行分析，多重比对、汇总分析数据，形成数据预警。主要使用的技术有 VB 编程、Python 数据、数据分析小工具等，从人工运作逐渐转化为“人工运作 + 数据管控”运作模式，并建立相应的组织机构，对数据进行汇总分析，输出到风险控制、基建项目投资、技改项目规划、电网投资额度核算等模块。基于电网运行安全、设备本质安全、人身本质安全，结合大数据发展和电网数字化转型，建立一套“本质预防、数据化管控”的供电可靠性体系。

建立基础数据库，完善数据基础信息，优化组织结构，不断提高治理效能；搭建数据化平台，从客户需求侧出发到机构职能运转，数据分析机制可以更加全面、准确地确定规划发展方向，引进新技术、新设备可以有效促进企业网架结构转型，实现配网故障自动隔离和就地自愈，从而依托组织结构、数据分析中心、电能质量监测等区域化模块开展频繁停电整治、完善抢修复电机制、精准完善配电网结构，从线路及设备的表象基础信息、客户需求服务信息中提炼网架结构中的异常信息和待改善信息，经过专业化队伍、专业管理部门现场效能运作和标准制度再检验，确保供电可靠性本质分析到位，各层级策略及计划、措施预防到位，按照轻重缓急开展现场治理，根据广义的区域化开展批量性技改整治，为下一步的规划发展奠定基础。

（三）案例具体实践

1. 总体思路

“十三五”期间，提出“加快向数字电网运营商、能源产业价值链整合商、能源生态系统服务商转型，建成具有全球竞争力的世界一流企业”的发展战略，围绕“本质安全、提质增效、促进产业链价值提升”的总体目标，加快推进电网设备数字化、生产业务数字化，从根源上控制风险，减少危机，破解设备不断增长与生产人员不足之间的矛盾，引领产业链上下游优化升级，力争成为核心产业链链长。“十四五”期末，本质安全水平显著提高，支撑本质安全型企业基本建成。

（1）确定寻找本质安全发展的基本原则和技术路线

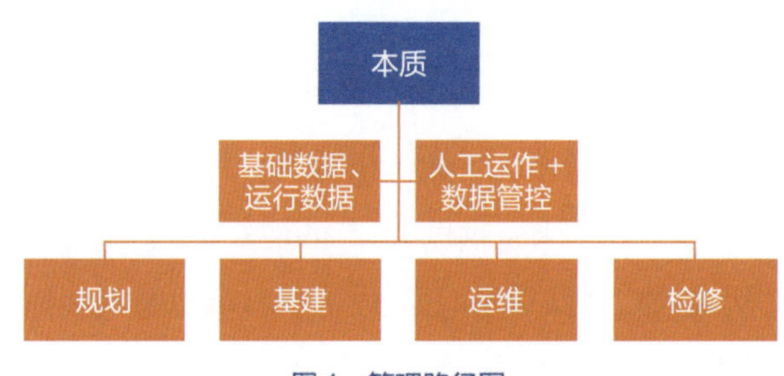

图1　管理路径图

（2）将线路和设备数据化，在线路、设备的基础数据和运行数据上寻找规划、基建、运维、检修的本质

图2　本质预防图

（3）基于电网运行安全、设备本质安全、人身本质安全，结合大数据发展和电网数字化转型，建立供电可靠性体系

图3　数据传输图

依托线路及设备基础数据库和运行状态库，在物资计划和品类方面、线路及设备缺陷区域、线路及设备隐患区域、电网规划方面、电网运维方面进行系统化管理。确保入库物资品类质量优秀、入网设备基础和运行数据合格、设备缺陷和隐患数据明晰、运维精益化；在项目上寻求设备本质安全，在运维上寻求线路运行可靠，在缺陷隐患整改上寻求问题本质化。

2. 主要做法

（1）建立基础数据库，完善数据基础信息

①分层分级分类，建立数据库。建立供电局、部门、班组的输电、变电、配电数据库，经过专项运维，确保输电、变电、配电数据库与现场实际一致。新增量按照图纸、台账数据审核发布的方式开展异动管理。

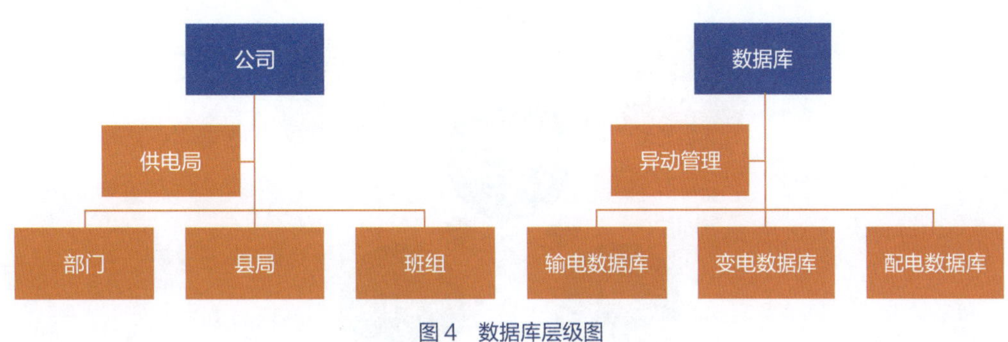

图 4　数据库层级图

②采集数据，系统监测电网。线路及设备以网架结构为基础，由架空线路、电缆线路、变压器、开关等构成网络，在线路及设备上加装数据采集装置，将电网基础数据汇总到计算机上，如电压、电流、负荷、功率等正常信息与接地信号、停电区域、负荷不平衡等异常信息，依托“人工运维系统 + 人工运维电网”形成“双重运维”。

③数据区域化，设备等级化。在承载正常信息和异常信息的系统上，打破系统壁垒，搭建数据链接桥梁，将异常信息进行分类分区分等级管理。

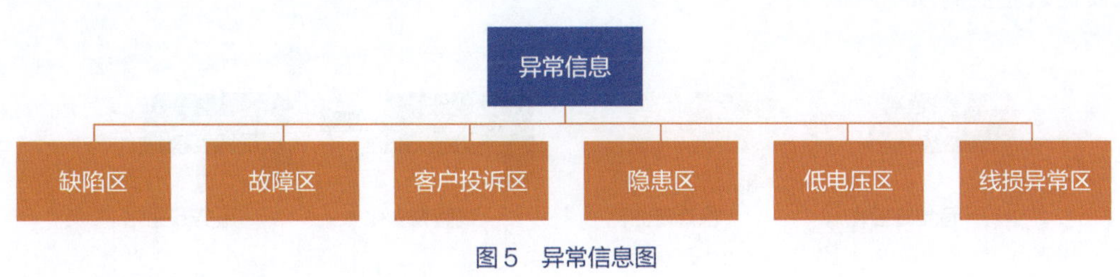

图 5　异常信息图

异常信息分为输电、变电、配电公用、配电专用四类，分为缺陷区、故障区、客户投诉区、隐患区、低电压区、线损异常区六个问题区，分为 10kV 一次设备、10kV 二次控制、0.4kV 低压线路、220V 用户四个等级。

（2）组织结构优化，提高治理效能

①建立生产数据分析中心，多维度输出。依托区域化数据，开展主、配网所辖范围设备状态、

生产指标、标准执行等的异常和风险信息实时监测，监测配网停电、配变及线路负荷、台区低电压、配网缺陷和巡视、配网隐患、自然灾害（覆冰、山火、内涝等）、配网自动化、配电生产计划、配电生产项目流程、生产类指标、生产类投诉、电能质量等业务数据，根据监测情况，及时发布预警和工单，并将监测结果进行评价核实。针对管辖范围内的重大、典型和共性问题，开展跨专业联合分析及评价，分析问题，提出资产全生命周期措施策略，将相关数据分类传输到规划部门、生产部门、运维班组、调度部门、安全监管部门。同时开展作业风险数据分析，根据不同层级作业风险评估分析结果，开展作业风险评估与分析，确保基层人员工作在能力之内、在范围之内、在负荷之内。

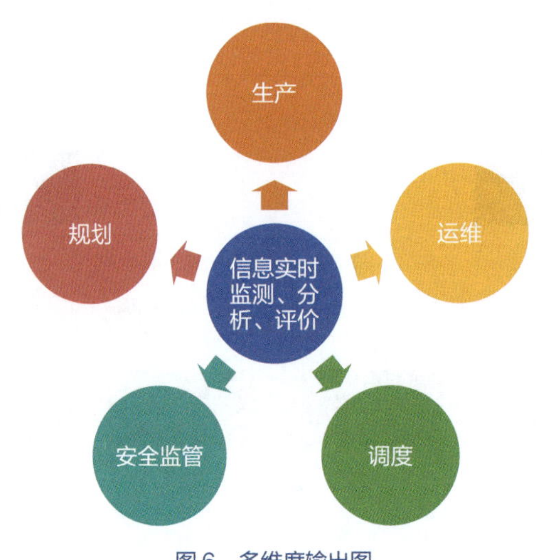

图6　多维度输出图

②专业化运作，有的放矢。基层班组作为“兵头将尾”，开展的是现场基层运维、检修、抢修工作。严格把守验收关卡，开展预试定检工作，使设备零缺陷进入电网。逐步推行智能化运维方式，开展无人机飞行运维、机器人巡视、远程操控智能化技术引进和创新，形成运维专业化、检修专业化、试验专业化、服务专业化的人才队伍。依托信息系统和工作表单，形成专业化协同分析的工作模式，不断推进计划、执行、评价、反馈的良性循环模式，在工作中逐渐消除短板、提高标准，从而促进企业高质量发展。

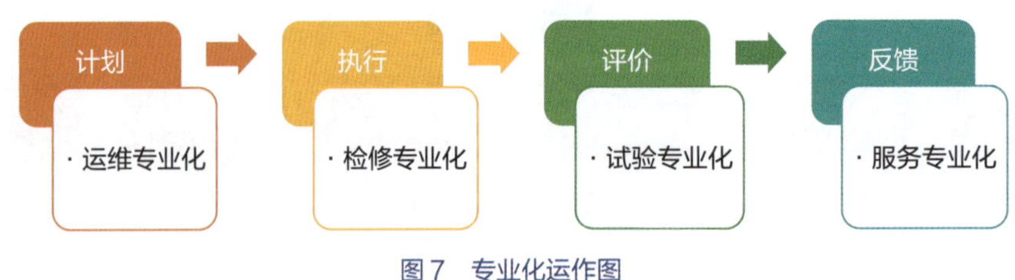

图7　专业化运作图

（3）项目开展、投入及解决方案

搭建数据化平台，完善数据分析机制。以供电可靠性为导向，专业化队伍协同作战，数据分析高效运转，评价结果有效输出。以区域化数据为基础，依照国家、行业、企业运行规程标准，查找异常数据、异常区域，形成问题区，根据轻重缓急输出到专业管理部门和专业化班组。

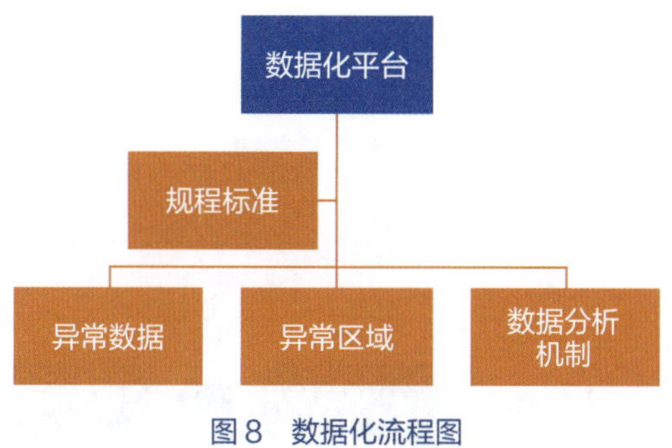

图 8　数据化流程图

①将个别异常数据输出到专业化班组。按照制定策略、编制计划、高效执行、有效评价、及时反馈的良性循环模式进行专业化处理。

②完善季度、年度性的异常区数据分析机制。在季度、年度的数据分析中，将线路和设备分为缺陷区、故障区、客户投诉区、隐患区、低电压区、线损异常区，主要输出到物资品类优化、技改项目批量性整改、基建项目统一更新、网架结构再规划中。

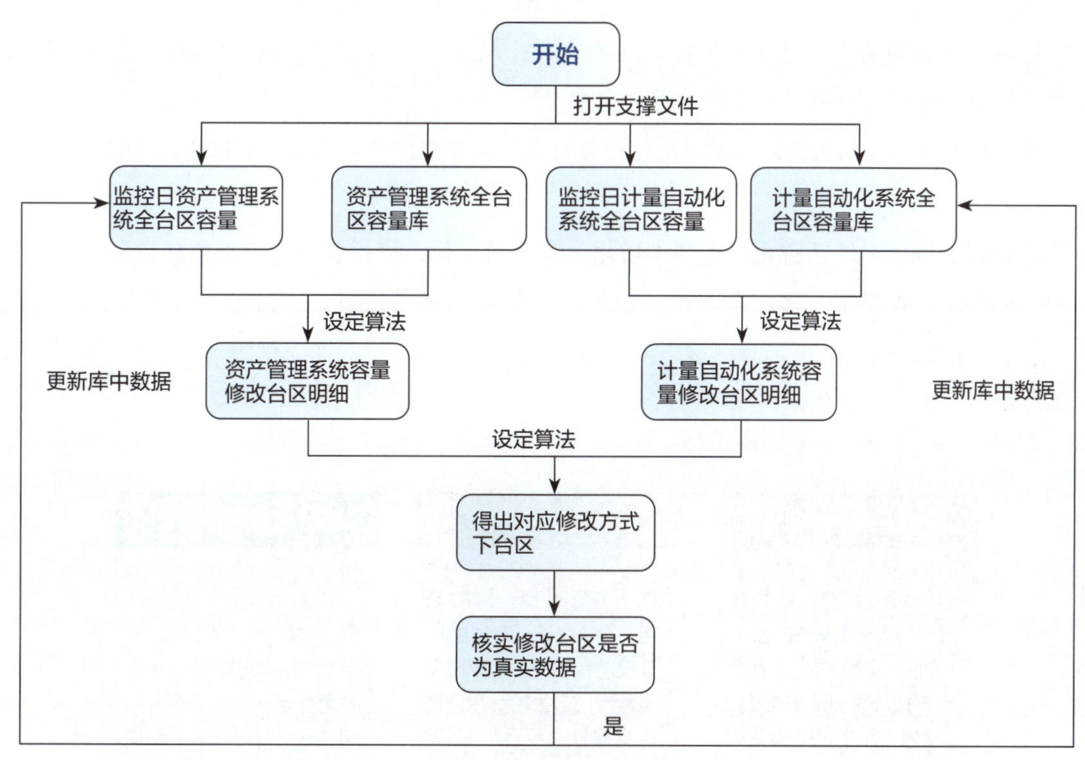

图 9　异常数据分析流程图

③将缺陷区、故障区、客户投诉区、隐患区、低电压区、线损异常区输入专业管理部门，由专业人员进行数据分析评价，并制定策略、方案，最终固化到标准制度中。

④物资供应精准到位。针对缺陷区、故障区、客户投诉区、隐患区、低电压区、线损异常区进行线路型号、厂家属性、电压电流、基本构造等分析，计划开展物资采购时，不断提高物资计划准确率。同时通过技术规范书、供应商评价的方式，规范物资采购流程，优化物资品类，并输入电网前期评估、电网规划中，最终与用户需求结合，形成规模化效应。

（4）本质分析，源头治理

专业化队伍运维数据支撑规划，基建质量提升和配电班组统一管理；架空线路和电缆试验并行，验收源头把控，在施工工艺提升、物资品类优化、系统数据抓取（电压、自动化信息、负荷、缺陷、故障设备、设备年限）等方面形成一套从源头整治、靠数据预防的本质性供电可靠性提升体系。

本质源头
· 验收
本质规划
· 前期评估
本质运维
· 缺陷隐患
本质服务
· 价值协同
本质项目
· 消除、整改

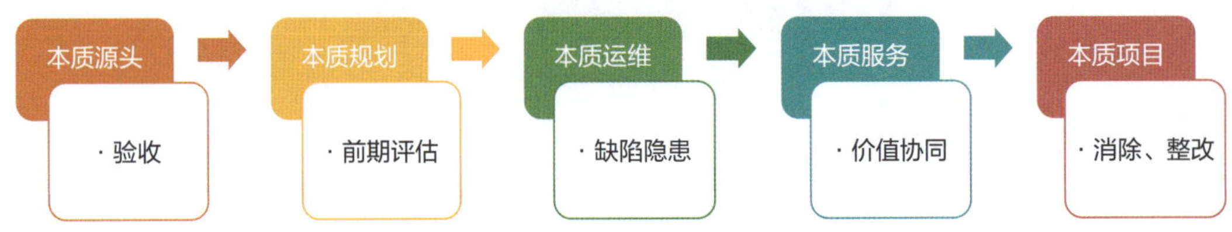

图 10　本质预防专业分析图

①运维把控故障源头。施工工艺、物资缺陷、设备年限、电网异常，严格把控验收关卡，预防性试验、震荡波试验检验，将故障源头消灭在萌芽状态。

②基于供电可靠性开展电网规划。在线路及设备基础数据上寻求本质安全，在基础建设上寻求安全、稳定、可靠的高质量建设，在运维上寻求缺陷暴露、预防隐患的高质量运维，在客户服务上寻求客户需求与电网运行相互协同的高质量运维。

③实施精准技改。有效消除网架老旧线路及设备，消除老旧设备附件，通过技改项目实现批量性缺陷、隐患整改。

故障分析到位、运维精益化、规划本质化、客户需求化，依托客户需求来源和数据分析的“前台”，将缺陷区、故障区、客户投诉区、隐患区、低电压区、线损异常区消灭在检修试验的“中台”。及时将治理数据、效果和改进措施反馈到专业管理部门进行标准固化的“后台”，实现源头治理、本质预防，不断提高供电可靠性。

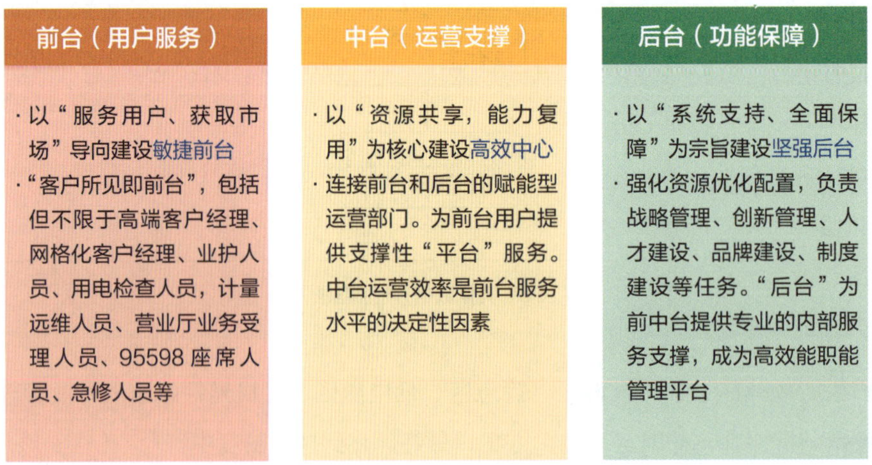

前台（用户服务）
· 以“服务用户、获取市场”导向建设敏捷前台
· “客户所见即前台”，包括但不限于高端客户经理、网格化客户经理、业护人员、用电检查人员，计量远维人员、营业厅业务受理人员、95598 座席人员、急修人员等
中台（运营支撑）
· 以“资源共享，能力复用”为核心建设高效中心
· 连接前台和后台的赋能型运营部门。为前台用户提供支撑性“平台”服务。中台运营效率是前台服务水平的决定性因素
后台（功能保障）
· 以“系统支持、全面保障”为宗旨建设坚强后台
· 强化资源优化配置，负责战略管理、创新管理、人才建设、品牌建设、制度建设等任务。“后台”为前中台提供专业的内部服务支撑，成为高效能职能管理平台

图 11　“前中后”台关联图

二、案例实践效果

（一）综合效益

与客户需求协同价值创造，运用数字化分析手段和人工运作的方式，提前预判、规划预防，在运维、基建、客户服务等方面寻求本质安全。完成售电量106.78亿kVh，同比增长3.68%；电费回收率达99.999%；客户投诉管控有效率达98.36%。实时推进配网异常数据预警体系运转，2022年完成带电作业3428次，减少客户平均停电时间7.21小时，多供电量1786万kVh，增加电费收入1100万元。2022年发生故障3731次，较2021年减少582次，按照平均抢修花费费用（施工费、设备及材料费）3000元/次计算，同比节约费用174.6万元。

抓牢抓深规划建设，对设备、客户、网架进行大数据分析，瞄准网架难点、痛点精准治理，本年6项高压项目取得核准及可研评审，完成高压前期项目总投资16.65亿元，中低压配网前期项目储备4.71亿元，按期投运110kV发耳变、35kV青林变等主网工程以及362个配网工程，全面提升电网供电保障能力。实施配网提升专项行动，梳理配网薄弱环节，精准安排投资，完成配网投资1.8亿元。

（二）第三方评价

传统人工运作与“人工运作+数字管控”运作相比，可以有效实现运维智能化、检修少人化、故障自愈化，数据分析更加精准、全面，剖析供电可靠性本质更加彻底，“前中后”台的搭建畅通了客户需求服务与电力服务人民的通道，电网规划、运维、检修、服务更加精准。在运维上，可以实现远程视频监控、操控、三遥等；在检修上，表单数据更加简单化、电子化，流程更加规范化、专业化，消除工作中不必要的等待时间；在物资上，优化物资品类，提高物资需求计划率，更加完善全生命周期管理，逐步消除物资库存浪费；在管理上，实现数据视图一键浏览、数据分析汇总一键统计，文件报告一键生成，策略计划到执行反馈更便捷。

数据分析中心支撑缺陷区、故障区等区域化评价，同时可以远程监控作业的流程规范性，可以及时制止违章违规事件。实时监测主、配网所辖范围内的设备状态、生产指标、标准执行等的异常和风险信息，监测配网停电、配变及线路负荷、台区低电压、配网缺陷和巡视、配网隐患、配网自然灾害（覆冰、山火、内涝等）、配网自动化实用化、配电生产计划、配电生产项目流程、生产类指标、生产类投诉、电能质量等业务数据，可以有效支撑各个专业部门管理线路、设备、客户，并提出有效及时的整改措施并固化于标准制度，确保电网、人身可靠安全。

（三）行业推广前景

Flask框架简化了系统基础设施的开发、部署，使用Flask开发Web应用，极大地简化了服务搭建过程，减少依赖冲突的时间消耗，简化了烦琐的配置。采用前后端分离技术，前端主要采用Vue框架实现，后端技术栈主要采用Flask作为基础框架，实现前后端分离。利用Echarts实现缺陷区、故障区、客户投诉区、隐患区、低电压区、线损异常区等多种数据统计、数据分析场景。实现了数据可视化，以图表等方式呈现结构化或非结构化数据，将数据直观呈现给用户。为了提高系统性能，引入“缓存机制”，将部分频繁使用的数据存入缓存中，用空间换取时间，以达到快速响应的目的。系统通过多数据源智能分析，实现设备全生命周期管理，确保规划前期、技改项目、运维抢修精准实施，解决数据分散、数据分析量较大、项目评估和实施的准确性不足等问题。以 docker 容器为单位，通过对应用组件的封装、分发、部署、运行等生命周期的管理，使应用及其运行环境能够做到“一次封装，到处运行”，可重复推广使用。

（王永军　田雨　方明利）

一引领三抓实，以供电可靠性为总抓手打赢配网运维“1–4–1”攻坚战

一、案例基本情况

（一）单位基本情况

遵义供电局隶属中国南方电网有限责任公司贵州电网公司，担负着贵州省北部15个县（区）市的供电任务，供电面积达3万多平方千米，区域内人口约730万。

（二）案例实施背景

持续提升供电可靠性，不断减少客户平均停电时间，是优化用电营商环境的关键指标，也是“解放用户”的重要内容之一，更是电网企业服务理念和服务目标的最终落脚点。近年来，遵义网区频繁停电、长时停电问题依然突出，供电可靠性管理长期存在数据管理分散、过程管控缺位、数字化程度低等“老大难”问题，同时配电专业“以抢代维”矛盾突出，专业化规范化管理推进缓慢。本项目核心攻关问题是“如何系统建立客户平均停电时间指标责任体系，并结合本地实际，探索并固化配网专业化运维策略”，实现可靠性管理“翻身”一仗多赢，为公司高质量发展、成为国内一流供电企业奠定坚实的基础。

（三）案例具体实践

1. 总体思路

可靠性管理提升既是“一把手”工程也是系统工程，坚持“一盘棋”的思想是关键，同时要讲究“十个指头弹钢琴”，处理好局部和全局、当前和长远、一般和重点的关系，这对于快速减少客户平均停电时间至关重要。项目组坚持以供电可靠性为总抓手，围绕“网架、设备、技术、管理”等多维度构建全专业指标管控体系，聚焦主要矛盾，探索并固化配网“1–4–1”运维策略，积极推动数字化转型及生产组织模式优化战略落地，依托“配电智能作业中心、生产指挥中心”实体化支撑，构建“全业务透明、全过程协同、全链条穿透、全流程闭环”的高效管控体系。同时强化党建引领，以书记项目为载体，聚焦“机制、目标、考评、文化”四个方面推动党建与业务深度融合，进一步强化生产班组执行力文化建设。

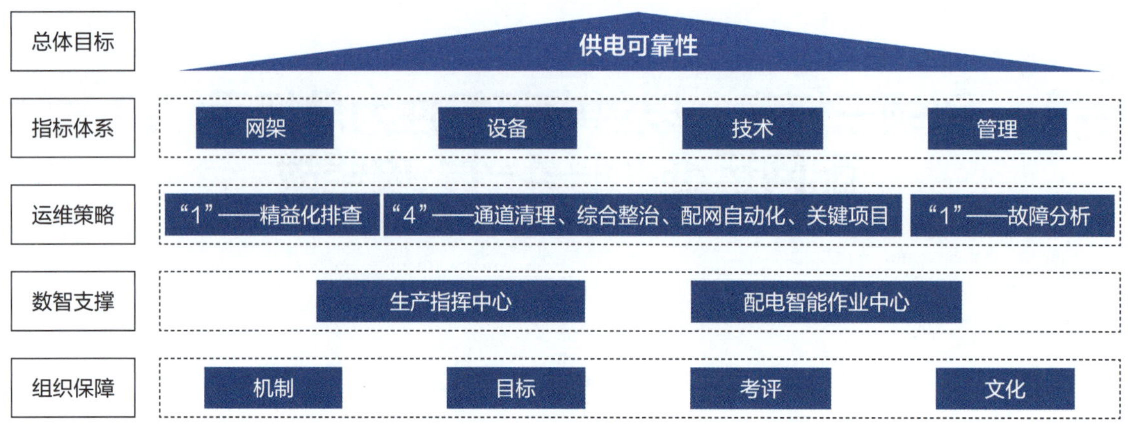

图 1 “1-4-1”总体简介

2. 主要做法

（1）构建“1+8”管理提升思维导图，健全多专业联动管控指标体系

①建立客户平均停电时间全要素绩效评价模型。明确客户平均停电时间指标分解框架，从业务环节—业务事项—具体问题，将指标影响因素层层分解，逐级查找影响指标表象的根本原因。其中一级影响因素包括规划设计、物资采购、工程建设、设备运维；二级影响因素从《南方电网公司一体化业务管理框架》《设备管理规范化达标标准》中选取所有与指标绩效相关的业务事项；三级影响因素查摆影响指标绩效的具体业务问题，对应责任部门。

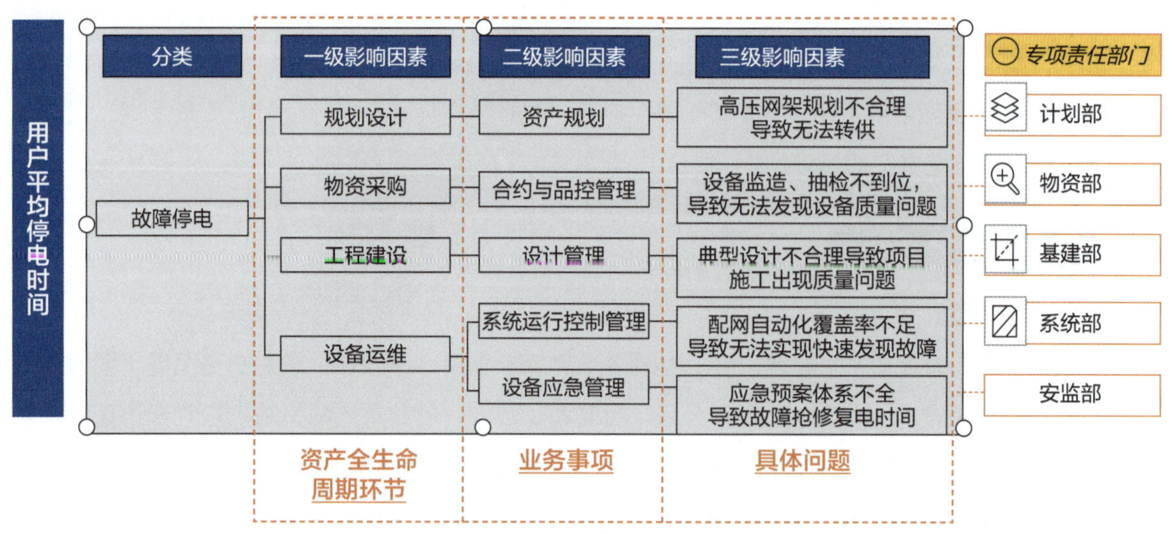

图 2 客户平均停电时间全要素绩效评价模型

运用全要素绩效评价模型开展遵义网区 2021 年客户平均停电时间影响因素分析，明确主要的二级影响因素分别为设备运维（41.86%）、规划建设（19.96%）、技术管理（14.74%）、用户管理（9.13%）、综合停电（5.22%）、物资采购（4.20%），并分类查找三级影响因素，针对性梳理提升措施并明确责任部门。

②建立“1+8”多专业联动管控指标责任体系。依托客户平均停电时间全要素绩效评价结果，将客户平均停电时间这个大指标进行拆解，找到与之关联的核心过程考核点，如中压线路故障率、关键项目投运率、配网自动化覆盖率等，从“网架、设备、管理、技术”等多维度系统突破提升，从而追求极致。2022 年遵义供电局建立 8 个业务部门考核与激励双向评价机制，找到了符合遵义电网供电可靠性提升的“1+8”模式，厘清提升路径的思维导图，系统解决了管理体系的完善和责任体系的构建，破解专业“壁垒”，让“一荣俱荣”成为习惯，谁都不愿当指标管控链条里“掉链子”的一环，“生产、营销、基建”结成指标管控共同体，倒逼式改革构筑“为客户创造价值”的内部高效运转体系。

（2）聚焦主要矛盾，固化配网运维策略。“1-4-1”攻坚靶向破解配网运维短板

“主大计者，必执简以御繁。”短期来看，集中资源围剿配网故障，可迅速打破遵义电网可靠性管理瓶颈，2022 年遵义供电局印发《“三抓”促配网管理“1-4-1”工作落地方案》，围绕“资源保障、绩效激励、重点突破、执行到位”四个方面，进一步统一 14 家分县局配网管理思想与方法，抓实分县局党委（支部）主要负责人配置资源、抓实分县局分管生产副总思路清晰、抓实分县局班站所长执行力提升，快速提升配网专业化运维管理水平。“1”以精益化排查为主线，全面摸清配网线路运行现状。2021 年 11 月组建配网运行专班，实现全网区配电运行“3 个”集约管理（巡视计划集中派发、巡视图片集中识别、缺陷隐患集中录入），全量排查 1610 回配网线路，输出“一图一表四清单”，即“线路故障整治图 + 缺陷及隐患表 + 生产运维消缺清单 + 检修技改项目清单 + 电网规划项目清单 + 客户整改清单”。强力推进“4 场攻坚战”，快速降低中压线路故障率。一是通道清理攻坚战。重点时期为“2—4 月”“10—12 月”，主要目的是提升配网线路“防风”“防汛”“防冰”等防灾减灾能力，原则上按照《贵州电网有限责任公司中低压配电架空线路通道清理业务指导书》执行，并按照紧急缺陷 24 小时、重大缺陷 7 天、一般（其他）缺陷 12 个月的时限要求进行处理。同时建立“线路通道问题库”，充分考虑植被生长周期及清理情况，及时进行动态更新。针对客户自行修理树木而造成的线路故障问题，联动市场营销部门，依托“村电共建”“社电联建”等平台，大力开展宣传工作，同步协调通道清理赔付问题。二是紧急缺陷 + 综合整治攻坚战。按照“紧急缺陷抢修停电处理、重大缺陷临时检修处理、一般缺陷综合停电处理”原则系统推进，同时大力推进不停电作业，充分应用“35kV 移动变”“10kV 发电车”“10kV 旁路作业”“临时增加联络”等手段，实现客户停电感知最小化。建立综合停电管理机制，充分考虑大修技改项目、基建项目、业扩项目、市政项目、客户资产整改等内容，实现“一停多用”管控模式。三是配自攻坚战。生产与基建项目双管齐下，并将单线单变联络点自动化改造作为 2022 年建设的重点任务，同步有序补充多配变、超长、未覆盖线路的薄弱环节，全力推进配网自愈馈线组建设，配自有效覆盖率同比提升 35.1%，自愈正确动作率达 95.6%。四是配网关键项目攻坚战。确立“管生产必须管项目、管项目必须管全流程”的业务管控模式，由生产技术部门牵头，提速投运“单线单变完善、超长线路改造、联络工程、高故障整治、线路重过载（卡脖子）”五类关键项目 934 项，中压线路联络率同比提升 22.7%，超 70 千米配电线路同比下降 44.2%。“1”抓实运行分析，刚性执行配网线路一跳闸一分析，巡无故障占比降幅达 85%。

（3）积极探索生产组织模式优化“最佳实践”

①成立配电智能作业中心，实现配网运行业务由“属地化”向“集约化”转变。鉴于配电网架薄弱、线路老旧、人力资源紧缺等现状，为确保“1-4-1”中最重要的一环——精益化巡视的高效推进，遵义供电局试点先行，在 2021 年 11 月成立配电智能作业中心，以“运、维、检”分离为目标，实现巡视计划集中派发、巡视图片集中识别、缺陷隐患集中录入，推动配网运行业务由“属地化”向“集约化”转变。通过模式优化，配电线路巡视效率显著提升，累计识图 16.2 张，同比传统模式提升 2.5 倍；累计输出缺陷 52633 处，同比传统模式提升 2.7 倍。

②探路实体化中台构建，坚持数字化、透明化管控路径。过去，指标手工录入和扣除客观因素是供电可靠性管理的传统方式，但纵然出口指标再好看，也无法回避电网基础电能产品质量不高、停电类客户抱怨居高不下的现实痛点。设备老旧、恶劣天气等畏难情绪与不断满足人民群众追求美好生活的电力需要的企业宗旨背道而驰。遵义供电局抢抓数字化转型机遇，积极落实生产组织模式优化、现代供服体系建设战略部署，以解决人民群众“急难愁盼”问题为出发点，先行先试，成立地市级生产指挥中心，搭建实体化运作中台，聚焦“基础”电能质量—供电可靠性，坚持不扣除管控思路，实现停电信息“实时、全量”态势感知，停电指标“全口径直采直算”，打破问题信息“孤岛”，构建“全业务透明、全过程协同、全链条穿透、全流程闭环”的高效管控体系。自中台运行以来，共计提级管控主网设备缺陷 23 项、跟踪整治配网高故障线路 127 回、传递用户设备缺陷 6616 项、揭示并闭环整改停电管理类问题 141 项。数字不能只躺在服务器里，通过数据揭示“管理问题”并运用于经营决策，让数字化对电网主营业务的支撑落实到实处。实体化中台的构建，实现了可靠性管理从“指标统计”到“指标抓手”的根本转变，全面树牢停电时户数“颗粒归仓”的责任意识，成为遵义电网向数据要价值高质量发展中重要的增长点，也是用看得见的变化回应人民群众的关切和期盼的最佳实践。

（4）强化党建引领

以“书记项目”为载体，聚焦“机制、目标、考评、文化”四个方面深度融合，打通执行力“最后一公里”。

如今，“党建做实了就是生产力，做强了就是竞争力，做细了就是凝聚力”，已成为越来越多电力企业党支部的共识。党的领导融入企业治理各环节，需要抓基层强基础，推动党建与改革发展生产经营深度融合。都说“上下同欲者胜”，为确保配网“1-4-1”运维策略在“最后一公里”见效落地，遵义供电局各级党组织以“书记项目”为载体，通过“机制、目标、考评、文化”四方面共同发力，将停电指标细化分解到县域、到供电所、到线路、到设备主人，将压力切实传递至基层“最后一公里”，同时建立 122 个供电所可靠性“赛马”机制，按月揭榜“客户平均停电时间、中压线路故障率”网区排位，并纳入标杆党支部与星级班站所评选的重要考量因素之一，让一线员工专注于提高供电可靠性这一关键任务，提高战斗力，进一步强化生产班组狼性执行力文化建设，铸魂聚力“后发赶超”的文化滋养。

二、案例实践效果

（一）综合效益

自2021年8月起，项目组开展该项管理实践以来，通过指标体系构建、运维策略固化、组织模式优化及资源保障机制建立等手段，一体构建可靠性管理指标体系，全面提升网架支撑能力、设备运维能力、技术装备水平及综合管理水平，聚焦主要矛盾，固化配网专业运维策略，借力数字化转型，积极探索实体化“中台”运转最佳实践，可靠性管理水平实现了本质提升。

一是找到了符合遵义电网供电可靠性提升的“1+8”模式，系统解决了管理体系的完善和责任体系的构建，破解专业“壁垒”，客户平均停电时间同比降幅48.57%，进入全省第一梯队。

二是精准制定“1-4-1”运维策略，配电专业化管理水平明显提升。2022年完成1297回中压线路精益化排查，累计输出缺陷52633项；完成55573个区段通道清理，开展综合整治877次；自动化开关累计投运1320台，有效覆盖率同比提升25.55%，中压线路故障率同比降幅44.02%，“以抢代维”的局面得以扭转。

三是推动党建与业务深度融合取得实效，配网运维“1-4-1”行动统一了各级干部员工的思想与方法，锤炼了基层班组设备运维业务技能，凝聚了全局上下“攻坚克难、干事创业”的浓郁氛围，成为遵义电网走出停电管理效能“慢车道”的破题之举。

（二）行业推广前景

遵义供电局配网运维“1-4-1”攻坚战于2021年8月开始，从最开始的攻坚战，逐步吸取攻坚中的经验，至今已成为常态化配网运维工作。对于全国大多数三、四线城市而言，配网运维一直是老大难的问题，且多数为共性问题。本案例通过遵义供电局在配网运维过程中发现的问题，归纳总结后形成一套配网运维由上至下的管理办法及执行方法，对于多数三、四线城市尤其是西部地区，可参照修编后直接使用，可有效提升配网运维水平。

（安小波　马静　关晨晨）

计划趋零停电支撑三亚供电可靠性超常规提升

一、案例基本情况

（一）单位基本情况

三亚市位于海南省南部，现辖天涯区、吉阳区、崖州区、海棠区4个行政区，全市总面积为1921平方千米。2021年，三亚市最大供电负荷937.96MW，供电量52.2亿kWh，供电用户28.76万户，供电用户密度149.7户/平方千米。

截至2021年年底，三亚供电局共管辖220kV变电站4座、110kV变电站21座、35kV变电站1座、10kV公用线路286回、公用配变2680台、专用配变7252台。10kV环网率达95%，可转供电率达87%，站间联络率达60%，配自有效覆盖率达58.11%，10kV线路平均分段数2.5段，线段平均用户数14.01户，10kV绝缘化率达76.55%。

三亚供电局近年来以“助力优化营商环境，服务海南自贸港建设”为目标，重点围绕提升供电可靠性开展相关工作，提出了“党政引领、主动作为、重点突出、计划趋零、运维补短”总体思路，实现了客户平均停电时间从2019年的8.50小时/户降至2021年的1.89小时/户，降幅达77.76%，工作实践成效明显。

本案例主要由海南电网有限责任公司三亚供电局生产设备管理部统筹策划，各部门、各单位参与实施。

（二）案例具体实践

1. 总体思路

全面贯彻落实南方电网发展战略纲要，从建立主配网生产工作计划库、开展停电计划全过程管理、实行非零时户审批制度、推行分层分级综合停电制度、建立大停电专题协调会制度、加强工程项目管理、最大限度采用不停电作业7个方面着力，以持续优化电力营商环境为目标，建立完善具有三亚特色的供电可靠性管理体系，实现供电可靠性高质量提升。

2. 主要做法

（1）深化计划库融合载体作用

三亚供电局建立主、配网生产工作计划库，基建、大修技改、综自（综合自动化保护系统）改造、预试定检、业扩工程、消缺、反措、检查性操作、迁改工程全部实时纳入配网生产工作计划库中，形成停电池。年计划合并、月计划搭单、周计划“搭车”时，合理统筹协调配网生产工作计划库中同一线路、同一设备的工作，最大化利用停电窗口实现“一停多用”，从而达到减少重复停电的目的。

（2）开展停电计划全过程管理

①优化停电计划编制申报流程。在计划停电前，各项目实施单位组织人员开展施工现场勘查，确认停电范围、停电必要性和工期合理性，并将施工设计、施工方案、前期协调、物资准备等前期工作逐一落实，向项目主管部门报送停电需求预计划，经项目主管部门同意后，报至所属运行单位汇总。运行单位接收到项目主管部门报送的停电需求预计划后，遵循相互协同原则，按照停电“六问”要求对配网生产工作计划库里涉及本部门的基建施工、大修技改、市政迁改、年度例检、业扩搭火和计划性消缺等停电工作进行优化整合，编制形成停电计划草案上报至调度运行部门。

②优化停电计划平衡流程。调度运行部门在汇总各运行单位的停电计划草案后，首先提交至设备管理部门对停电指标进行初审，再由调度运行部门牵头组织复审并召开停电计划平衡会，主要就电网方式、检修工时、综合检修、供电可靠性5个方面进行分层综合平衡，统筹安排停电，确保计划工作开展期间电网安全运行，减少重复停电和停电时间。

③优化停电计划排程流程。调度运行部门将平衡后的停电计划报分管领导审批，审批通过后统一发布。由运行单位按要求提前向调度报送检修申请单，调度运行部门综合协调4个方面（协调电网中关联设备及系统和用户停电时间的配合，尽量减少重复停电；合理安排设备故障处理、检修等工作量，避免出现工作量过大、过小而引起的设备故障无法处理、检修和人力资源浪费的情况；在满足约束条件的情况下，尽量减少对申报项目的调整；合理安排设备故障处理、检修的时间，以期达到所影响的负荷最小，从而减少因设备停电造成的停电损失）后，根据实际情况排程，合理安排周、日计划。

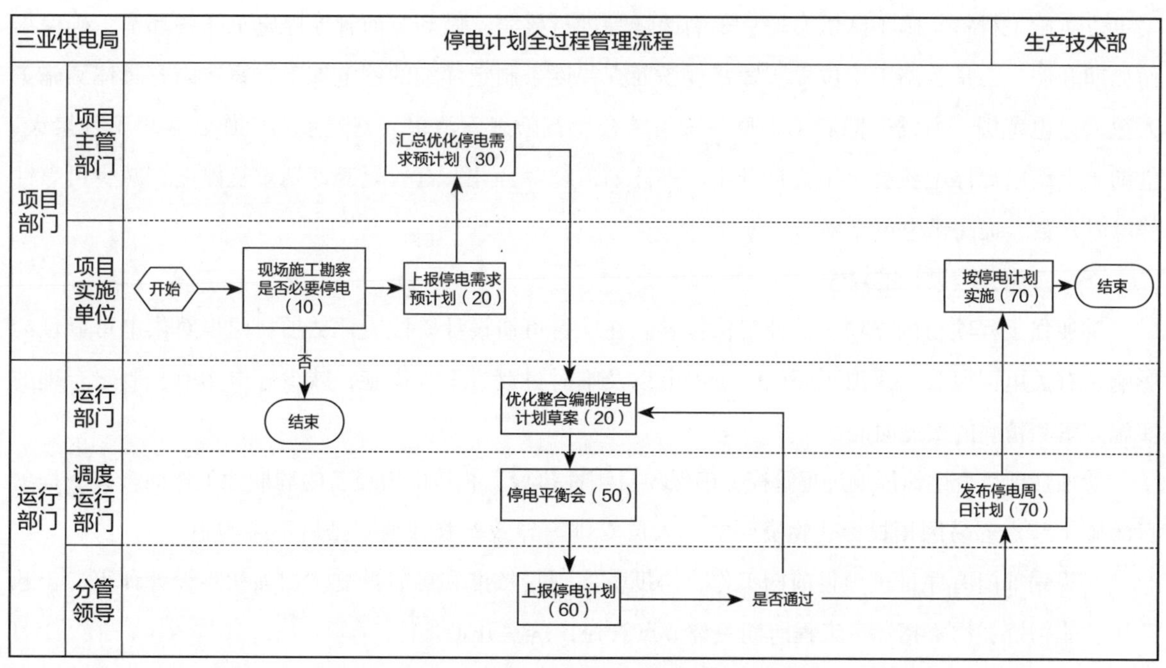

图1 停电计划全过程管理流程

④优化停电计划执行流程。工程施工单位采取有力措施确保停电工作按计划进行，强化计划执行刚性。各项目实施单位在停电计划执行前，密切关注物资、施工准备，提前做好现场勘查、方案工作落实情况，明确施工步骤，确保施工有序开展。可能影响停电计划实施时，及时上报项目管理部门，项目管理部门及时采取措施，避免工作无法开展或复电时间推迟的情况发生。停电期间，设备管理部门及运行单位对停电计划进行动态跟踪，加强现场管理，如遇突发情况影响施工进度需提前协调做好应对措施和风险管控。综合停电期间的大型复杂施工及操作设置现场总协调人，开展现场协调和监督，确保停电施工、设备启动、检修维护、倒闸操作等工作的有序进行。另外建立工作结束预报制度，提前做好验收准备工作。

⑤优化停电指标考核流程。根据目标管理，将停电计划管理指标纳入相应绩效考核。调度运行部门按照“日统计、周分析、月考核”的方式，开展停电计划执行率、临时计划率、按时报送率、重复停电率、延时停送电等指标执行情况的评估和考核工作，督促各专业管理指标的完成和提升。依据管理指标执行情况进行考核，遏制运行单位安排计划的“随意性”。

（3）实行非零时户审批制度

非零时户停电申请，其停电方案必须通过分步停电、带电作业、发电车、临时转供等措施优化停电时户数后，上报分管领导审批通过方可安排。

（4）推行分层分级综合停电制度

分层分级对综合停电进行优化，通过运行单位、设备管理部门、调度运行部门三个层级合并、协同优化停电事件。

加强临时停电审核把关，按照停电影响范围、停电时长及重复停电次数建立临时停电分级审批机制，确保停电安排必要、合理，从严把控临时停电审批。

（5）建立大停电专题协调会制度

对于大停电项目，提前组织召开专题协调会，有效综合合并停电时间，减少停电次数。一是相关单位对施工材料、施工队伍力量、车辆保障等进行核实，做到全面管控停电工作各环节，确保工作如期开展。二是各施工单位提前做好现场勘查并逐条制定详细的停电施工方案，内容具体到施工人数、停电范围、所需时间和工程量。三是结合设备隐患库清单、基建重点工作、客户工程接火、借助于上级电源停电机会，结合自身年、月计划，统筹合并，有效规避计划重复停电，减少可靠性停电时户数，提高供电可靠率。

（6）加强工程项目的管理

①加强工程项目的立项、设计工作指导。在项目可研设计阶段应评估项目建设对供电可靠性的影响及有关电网风险，采取不停电、少停电以及临时过渡方案等措施，减少停电影响，制定合理的实施方案和精确的实施时间。

②加强项目全生命周期过程管控，确保项目刚性执行。相较电力设备的周期性工作而言，工程项目的施工节点容易因招投标、物资到货、人员安排等导致检修计划安排后不能实施。

③规划部门有序推进项目前期工作，协助落实项目核准和可研批复。加强初步设计评审、土地征用、非物资、物资招标等工程前期关键节点管控，落实开工条件。

④项目主管部门加强过程管控，有序推进工程建设。综合考虑项目前期工作、外部环境、政策落

实、建设资源、停电因素，细化月度、季度投产比例，提高项目建设效率效益，实现均衡投产。

⑤项目负责人应及时协调工程存在的问题，落实解决方案，明确进度节点计划要求，编制项目推进周报，反馈、通报工程建设情况。

⑥基建分管领导定期组织建设推进协调会议、深入工程建设一线调研，及时掌握工程建设最新动态，协调、指导工程建设。

⑦局层面加大对停电计划的审核力度，对于已列入年计划的项目未按预期实施的，本年度不再安排新项目，倒逼项目负责人积极落实原计划项目进度。

（7）最大限度采用不停电作业

建立影响用户停电管控机制，提级管控预安排停电计划，强化综合停电管理，遵循“先算后停，一停多用”原则，避免重复停电。优化施工方案，坚持“能转必转，能带必带，能发必发”，最大限度采用转供电、带电作业、发电车临时供电等措施按照“趋零时户数”停电要求，影响中压时户数的均需分管领导审批，中压时户数超过 150 或低压时户数超过 3000 的重大停电，由局主要负责人组织审批并随停电申请单附内部评审会记录。2021 年计划停电影响中压用户停电时间为 0.03 小时 / 户，实现计划“趋零”停电。

3. 具体实施案例

三亚供电局 35kV 育才站为单线供电变电站，35kV 保隆育线是 35kV 育才站单一电源，再由变电站延伸出 3 条 10kV 线路承担了区域面积 314.9 平方千米内 2 万余人的日常生产生活用电。由于主网架薄弱，35kV 保隆育线故障或紧急消缺停电、计划检修停电时，10kV 负荷无法全部转供。受主网电源点限制，中压网架建设滞后，10kV 立才线在调整运行方式后仍为重载线路，10kV 雅亮线仍为超长线路，可转供率低，网架结构支撑供电可靠性指标力度不足。配自开关覆盖率低，未达到 10kV 线路有效覆盖的要求。为提高育才片区供电可靠性，提升综合停电管理水平，三亚供电局开展攻坚克难行动。

（1）超期建设，缓解供电紧张问题

为缓解因主网供电限制下的供电紧张、停电转供电问题，提前通过建设大支线联络项目，先后建成 10kV 天过立才联络线、10kV 保北立才联络线、10kV 红泉立才联络线、10kV 立才雅亮联络线，并新增低压发电车快速接入点 8 处、中压发电车接入点 5 处，以确保主网设备检修期间 10kV 负荷全部转供。

（2）系统部署，制定 13 个方案确保安全

为确保大规模、大范围且是跨专业协同检修工作万无一失，三亚供电局根据设备精益化运维的工作要求，认真做好前期准备工作。精心编制输变电综合停电检修方案 2 个，“一线一册”发电方案 3 个，停送电操作流程 1 个，应急处置方案 7 个，组织各专业会审通过 13 个方案。提前开展发电车辆接入、调试工作，并按照预案进行模拟预演，三亚供电局调度中心、输电、变电、配电、供电所及海南电网检修公司三亚检修部等多家单位全面参与。通过预演检验，提前发现方案中存在问题并完善方案。但现场作业点多面广，安全风险较大，工作任务十分繁重。为了安全、高效、优质地完成所有工作项目，三亚供电局前期做了大量准备工作，从人员组织到作业面安全管控、物资供应等均设置专人负责，结合作业现场实际制定停电操作及施工分组安排，一个作业点配一个安全员，确保安全技术措施落实到位，作业风险管控到位。

（3）多点协同，一天完成消缺 176 项

如果采取以前常规停电作业方式，不但停电时间长且影响范围广，企业和居民意见很大。此次协同检修首次采用“转电 + 发电”的形式开展不停电作业，共设置中压发电点 4 处、低压发电点 5 处，在 35kV 保隆育线及 35kV 育才站停电期间，安排人员对发电点进行值守，并开展实时负荷、油位监测。与此同时，还组织巡检人员对育才片区 3 条 10kV 配电线路开展动态巡视，以确保工作有序实施。经过 12 个小时艰苦奋战，全部工作保量保质顺利终结，育才片区全面恢复主网送电。本次育才片区综合停电检修工作大会战共出动 158 人、66 车次，消除问题 176 项。据统计，本次育才全区大范围综合停电检修高可靠性供电工作有效减少中压停电时户数 5306 时 · 户，低压时户数 16.8 万时 · 户，并最终实现施工“零停电”，客户“零感知”、用电“零诉求”。

二、案例实践效果

（一）综合效益

三亚供电局打造全面不停电作业，计划停电客户趋零感知，最大限度采用转供电、带电作业、发电车临时供电等措施，完善“一线一策”，新增发电车快速接入点 30 处（中压 5 处、低压 25 处）。2020 年至 2021 年，投入 1825 万元完成带电作业 2565 次、临时发电 272 台次；2020 年至 2021 年通过带电作业减少停电时间 35.87 小时 / 户、时户数 248041.1 时 · 户，通过发电作业减少停电时间 6.71 小时 / 户、时户数 46399.7 时 · 户，基本实现“趋零”计划停电时间。

实施上述措施后，计划停电从 3.40 小时 / 户减少至 0.03 小时 / 户，具体提升举措对应成效见表 1。

表 1　2020 年至 2021 年计划停电提升举措表

模块	提升子类	主要措施	2020 年至 2021 年成效
主网计划停电方面	线路转供效能	有转供电条件的能转必转，结合负荷低峰时段提升转供效能。2020 年至 2021 年 370 项主网工作均采用转供措施，不影响用户	减少 0.05 小时 / 户（345.8 时 · 户）
	操作过程管控	对全站停电或影响时户数较大的综合停电工作，安排专人对全站停电或影响时户数（低压）>100000 的综合停电现场协调操作，变电所安排继保、检修班现场协助操作	减少 0.31 小时 / 户（2143.7 时 · 户）
主网计划停电方面	不停电作业	研究施工方式优化，采取临时跳线、接线、带电作业等方式，配合站内预试定检工作，减少作业停电影响。2020 年至 2021 年共完成优化 67 项，减少停电时间 0.06 小时	减少 0.46 小时 / 户（3180.9 时 · 户）
	工程安排调整	全面评估停电作业的紧迫性、必要性，综合设备运行情况进行优先级别排序，结合配网配合情况，按优先度逐步开展停电	减少 0.05 小时 / 户（345.8 时 · 户）

续表

模块	提升子类	主要措施	2020 年至 2021 年成效
配网计划停电方面	不停电作业	优化作业方法，针对每次作业制定不停电作业方案，优化作业方式，务必制定“能转必转，能带必带，能发必发”的停电管控机制	减少 0.78 小时 / 户（5393.7 时 · 户）
		深度挖掘带电作业潜力，增加 3 组带电作业班组，丰富带电作业类型，进一步扩大带电作业在计划停电、消缺工作中的应用，2020 年至 2021 年计划工作采用带电作业 2565 次	减少 1.32 小时 / 户（9127.8 时 · 户）
		提升发电车使用效能，进一步扩大临时发电保供电措施在计划停电中的使用。2020 年至 2021 年共发电 272 次，使用发电机 346 台，发电台班共计 371 个	减少 0.43 小时 / 户（2973.45 时 · 户）

主要指标完成情况见表 2。

表 2　三亚供电局停电时间主要指标完成情况

序号	指标名称（单位）	2019 年	2020 年	2021 年
1	客户平均停电时间（小时 / 户）	8.50	2.73	1.89
2	计划停电时间（小时 / 户）	3.40	0.77	0.03
3	故障停电时间（小时 / 户）	5.10	1.96	1.86
4	不停电作业率（%）	52.21	89.78	100
5	带电作业投入（亿元）	0.05	0.09	0.15
6	带电作业次数（次）	837	1337	1756

2020 年至 2021 年，三亚地区客户平均停电时间从 2019 年的 8.50 小时 / 户下降至 1.89 小时 / 户，减少 6.61 时 / 户，降幅 77.76%。计划停电时间从 3.40 小时 / 户下降至 0.03 小时 / 户。

（二）第三方评价

2022 年 8 月，国家能源局发布 2021 年度全国电力可靠性数据，全国 334 个地级行政区中共有 20 个城市的供电企业全口径年平均停电时间小于 2 小时 / 户，海南省三亚市以 1.89 小时 / 户进入全国地级城市排名前二十。

（三）行业推广前景

本案例重点围绕提升供电可靠性开展计划停电工作，实现了客户平均停电时间从 2019 年的 8.50 小时 / 户降至 2021 年 1.89 小时 / 户，降幅达 77.76%，工作实际成效明显。

（马鹏程　许紫若　顾育滨）

世界一流城市配电网高品质供电引领区建设与管理实践

一、案例基本情况

（一）单位基本情况

深圳供电局成立于1979年，于2012年成为南方电网直接管理的全资子公司，具备省级电网公司和城市供电局双重定位。供电范围包含深圳市以及深汕特别合作区共2465平方千米，现有110kV及以上变电站343座（其中用户专用变电站39座），输电线路5635千米；10kV线路8762回，平均长度4.2千米，配变9.2万台，中压用户8.5万户，终端客户数383万户，负荷密度达1.07万kW/平方千米。电缆化率、线路可转供电率、自愈覆盖率、光纤通信率等均达到全国领先水平。

深圳供电局的供服呈现“三最三领先”的特点，即用电营商环境全国最优、客户停电时间全国最佳、供电密度全国最大；价值创造全国领先、绿色发展全国领先、改革创新全国领先，供服连续12年位居深圳市40项政府公共服务满意度第一，“获得电力”指标自2019年国家营商环境评价启动以来始终保持全国第一，客户平均停电时间已连续三年进入“半小时圈”。

（二）案例实施背景

经过多年的发展，我国供电可靠性水平取得了长足发展，但距离国际先进城市的“分钟级”水平仍有较大差距。随着能源转型、新型电力系统建设等持续深入，如何在兼顾精准投资的同时实现可靠性指标从“小时级”到“分钟级”的飞跃，并满足高精尖产业对电能质量的需求，已成为核心城市持续提升客户用电品质面临的难题。

本项目立足于深圳社会先行示范区实际，致力于为我国城市电网高可靠性、高品质供服，探索总结出一套成熟、完整、可复制、推广性强的世界顶尖配电网建设策略标准，并形成与之匹配的高品质供电管理体系，以较小经济代价实现城市供电质量服务质的飞跃，为树立一批国际供服标杆城市奠定基础。

（三）案例具体实践

1. 总体思路

2017年，深圳供电局谋划并开展福田中心区高可靠性示范区建设，为高品质供电引领区建设奠定技术基础。2020年，深圳供电局结合新形势，探索开展高品质供电引领区建设。2021年，深圳高品质供电引领区建设纳入了广东省“十四五”能源规划，写入南方电网与深圳市政府战略合作协议。2022年9月，高品质供电引领区全面建成，并通过南方电网专家组验收，得到各评审专家一致肯定。

（1）国内率先建成福田中心区高可靠性示范区

福田中心区高可靠性示范区是我国首次在城市高度建成区开展“N供一备+光纤纵差+智能分布式自愈”工程改造实践，2019年至2021年，客户平均停电时间分别为0.19分钟、0.24分钟、0.16分钟，保持世界顶尖水平，比肩纽约曼哈顿。示范区建设成果获网公司科技进步一等奖、深圳市科技进步一等奖等。福田经验充分验证了在城市配电网高度建成区，通过高性价比改造方式，实现高可靠性升级的可行性，有关成果可复制性强、可推广性强。

（2）国内率先建成7个高品质供电引领区

深圳供电局在总结福田高可靠性示范区建设经验基础上，以“更可靠、更经济、更实用”为目标探索建成了7个高品质供电引领区。

南山“环深圳湾”引领区完成变电站备自投装置改造升级14座、输电线路防风评估及改造9回、区域所有变电站及敏感客户均实现电能质量监测全覆盖；配网实现了自愈线路、低压快速复电接入装置、智能配电房、电能质量监测、不停电检修作业、新一代智能量测体系6个全覆盖，圆满完成了高供电可靠性、高电能质量、高质量客户服务共39项具体建设任务。

罗湖红岭新兴金融产业带引领区创新采用了“N供一备+主站集中式自愈+双配变+快速接入装置”技术路线实现高可靠性建设改造；同时，重点研究落地电能质量综合治理方案，有效解决了京基100大厦等重要用户电压暂降问题，并在南网范围内首次应用静态转换开关（STS开关）保供电等。

宝安中心区引领区依托高品质供电平台优势，成功打造了区域对接前海、面向香港的高品质供电典范，有力支撑打造了“世界一流、中国特色、深圳示范”前海新型电力系统示范区；同时，成功投运全球首个10kV智能电缆测控系统、精心打造系列南网级不停电作业示范区、独立高效完成10kV预装式变电站标准化设计等60项示范区建设目标任务。

龙岗大运新城引领区建设立足于为居民用户小区提供高品质供服，进一步提升了智能分布式自愈设备国产化水平，拓展了不停电作业装备技术应用；同时，全国首创“策略驱动”综合巡视，数字化赋能创新实现营销、配电、工程多专业全业务融合，大幅提升管理员工与现场人员效能，提前完成了所有51项建设任务，各项关键指标均优于建设目标。

光明科学城引领区结合10kV与20kV电压共存实况，为我国20kV配网应用提供了深圳模板；深度参与政府高端智造产业规划布局，建立特色“政府+企业+客户”三方联动电能质量治理机制，总结形成一套对电能质量敏感客户差异化运维、现场诊断测试典型做法，实现区域电能质量问题显著改善，圆满完成28项引领区建设任务及考核目标。

2. 主要做法

深圳供电局采用“边建设、边探索、边实践、边完善、边推广”策略，从高可靠性配电网建设和高品质供电管理两个维度着力，推动高质量完成引领区建设。

（1）打造世界一流城市高可靠性配电网

①打造系列高可靠性改造方法，成果实现体系化固化。

制定并验证高可靠性电网建设改造基本要求与原则。

基本要求：10kV及以上输变电系统停电时，不影响对用户供电；变电站单一10kV母线停电时，所有负荷完全转供；10kV馈线所有分支线路停电时，故障自动隔离；公变低压侧停电时，通过低压联络转供或快速接入装置等恢复供电。

基本原则：一是提升网架可靠供电能力。消除主网运行风险，配网网架实现标准接线，构建结构合理、安全可靠、经济高效的电网网架。二是提升装备技术水平。坚持“模块化、标准化、智能化、高可靠性”设备选型原则，确保达到少维护甚至免维护；推进智能配用电建设，广泛应用配自自愈技术，建成可观、可测、可控的智能配电网。三是提升设备智能运维水平。扎实推进风险管控与差异化运维，狠抓快速复电管理，全面配置低压快速接入及负荷转供装置，全面应用不停电作业技术；提升电缆运行环境，确保不发生影响用户供电电缆沟着火事件。四是实现客户快速响应。充分应用大数据技术、“互联网+技术”等，深度挖掘客户供电质量个性化需求，推进客户能效分析及用能预测等，提升电能质量诊断及技术服务能力，主动为客户提供更优质便捷服务。

制定城市高可靠性电网建设改造典型技术路线。

完成了主站集中式、智能分布式两种高可靠性技术路线，均可满足2.5分钟高可靠供电要求。其中纵差保护智能分布式自愈速度理论达秒级，网络拓扑保护智能分布式自愈、主站集中式全自动化自愈在1分钟内，人工控制主站集中式自愈在3～5分钟内。主站集中式自愈模式成本效益更好，可复制推广性更强，其中纵差保护、网络拓扑保护智能分布式自愈模式，较主站集中式单点投资分别增加约62.3%、29.1%。

②研制一批高可靠性供电装备，推动产品规模化应用。

制定高可靠性供电关键装备标准。一是提升一次设备技术要求，如断路器方面涵盖提高气室密封性、内部燃弧、套管强度等12个方面技术标准；二是制定二次设备功能需求，包括自愈控制保护功能（光纤纵差、母线、失灵、后备保护）、测控功能（遥信、遥测、遥控）、自愈功能（自投、自投前过载预判）等；三是明确一二次融合标准，如充分考虑配网设计、安装、运维水平方面的典型问题，创新采用一二次设备连接标准化航空插头设备等。

制定全生命周期管理设备品控策略。一是建立特色资产全生命周期管理体系，并通过ISO55001资产管理标准认证，成果纳入南方电网资产体系。二是构建特色资产入网全过程质量管控体系。完善资产入网全过程质量管控机制，扩大LCC招标范围全部配网关键设备；强化采购运维联动，推动质量问题有效反馈至品控采购环节。三是开展关键设备可靠性研究试点，覆盖设备全寿命各环节，实现指标导向推动设备可靠运行。

开展智慧运维抢修装备实用化应用。一是完成智能监测装备试点应用，推动设备可靠供电能力提升。投运全球首个10kV智能电缆测控系统，可实现负荷精准、动态调配控制。二是完成智能抢修装备研制应用，有力提升智慧运维技术水平。研制集保、测、控、调、计量全功能一体化智能配电终端，支撑智慧运维管理系统全面上线及配电设备状态动态评价。三是形成全维度智能量测应用，实现低压配网“看得见、抓得住、干得好”。试点数字孪生台区建设，实现“变—支—户”关

图1　深圳特色智慧运维管理系统

系自动识别等，推动透明数字化低压配网主动抢修。

③形成高可靠性技术支撑体系，确保指标可持续提升。

形成一套特色不停电作业应用技术体系。一是固化系列可推广不停电作业典型方法。集中解决30项典型技术瓶颈与安全隐患，形成12种典型电缆旁路作业方法。二是建立系列不停电作业零停电示范样板。理顺故障临时供电管控机制，发挥不停电作业在故障快速复电中的关键作用；建成13个不停电作业检修示范区，同步实现项目不停电作业率保持100%“零停电”。三是建立不停电作业指标评价标准，涵盖电缆及低压不停电作业技术导则、不停电作业工作导则以及低压快速接入装置、10kV应急发电车、旁路式负荷转移车等装备技术条件书。四是积极开展保供电关键技术研发，自主设计便携式STS开关转换装置、创新发电机低发高供技术等，实现保供电真正意义上“无感停电”。

形成一批特色配自自愈应用成果。一是建立配自评价机制，重点提升自愈正确应用率等核心指标；通过典型案例分析，系统盘点设备典型缺陷，提升装置运行水平。二是研发超大城市电网主配一体化OCS，独创全过程动态N-1风险管控等理念，实现主配一体停电影响自动统计、主配协同最优供电恢复策略自动生成等，支撑主配网省级调度操作“一控到底”。三是推进自动化装置零缺陷验收，包括合理延长自动化设备框招周期，提升关键设备采购规模效益；建立技术人员进厂联调、RTDS程序仿真等机制，源头确保装备可靠。

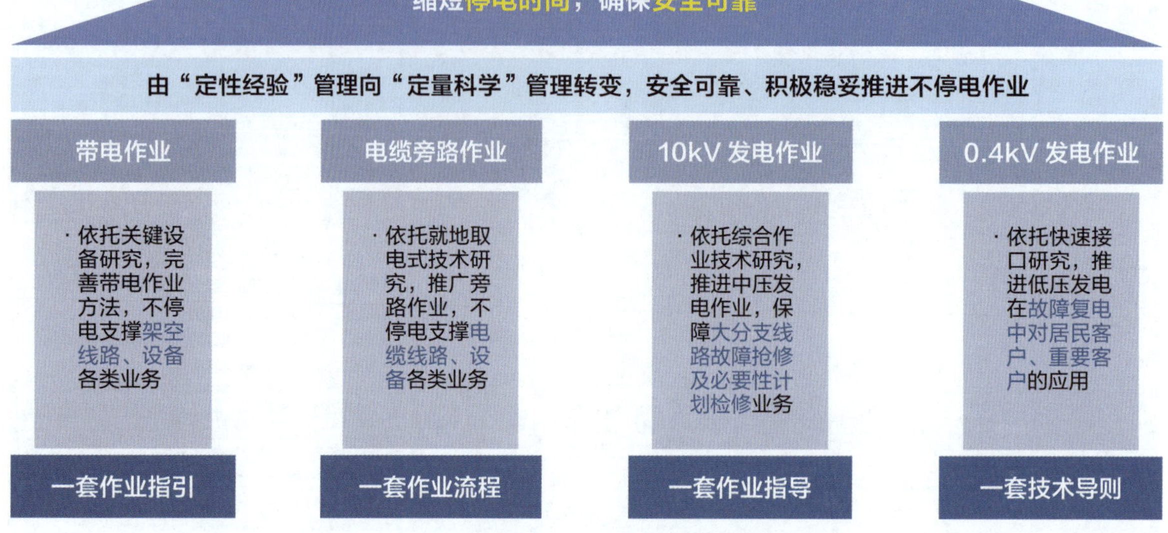

图 2　深圳特色不停电作业技术关键体系

（2）构建世界一流高品质供电管理体系

深圳供电局坚持以“规划零停电、计划零感知、故障影响趋零”为目标，打造高可靠性供电管理体系，以满足“高端用电诉求”为目标；同时构建高电能质量保障体系和高端客户服务体系，构成深圳特色高品质供电管理体系。

①打造高可靠供电管理体系，达到世界一流水平。构筑以“零停电”为目标的世界一流配网规划标准体系，实现支撑打造世界顶尖智能配电网。一是以“零停电”为目标，坚持“对标先进找差距、全球视野定标杆”，从规划原则、评价标准、辅助工具等全维度制定一套世界顶尖配电网规划建设标准体系。二是重构以“3 个 1”为核心的世界一流特征配电网规划体系，实现电网规划、建设运维、可靠性管理等深度融合。三是研发配网网格化规划辅助决策系统，推动规划业务由“人工型、手工型”向“数字化、智能化”变革。

构建以客户“零感知”为目标的综合停电管理机制，客户预安排停电接近零停电。一是形成“停电是资源，停电有规划”管控策略。制定并完善重大事件分级管控操作指引及典型案例集等；优化综合停电策略，制定母线三年停电计划，可靠性重点项目严格纳入配网基准风险管控。二是创建“六问一审”严控计划停电方法，持续推进“零感知”进程；完善停电定额管控、预约停电等，严格履行临时停电审批与熔断机制。三是提炼形成“能转必转、能环必零”的合环转供电技术。突破 500kV 电磁合环转电技术瓶颈，推进合环转电线路清单式管理办法，固化配网线路正常运行方式；坚持合环线路“能控必控”，主配一体化应用 OCS“一键合环”。

构建以“影响趋零”为目标的故障管控机制，数字赋能确保故障影响持续降低。一是主网打造“安全—智能—互联”输变电智慧运维体系，创新输电“无人机 + 视频”巡检模式，全区域机巡覆盖率达 100%、基于 AI 前端识别通道巡视全覆盖。二是实现故障抢修管理“三主动”，拓展升级停电实时监控、网格化运维、终端信息发布等应用，开拓故障快速复电管理新模式，实现中压平均故障复电时间降至 1 小时内。三是推广低压运维服务直调体系，推进营销与低压一体化管理，根本解决运维抢修效率低、客户投诉集中等难题。

②构建高电能质量保障体系，匹配高端智造需求。高标准建成高电能质量示范平台。一是制造国内最大容量 10kV 动态电能质量调节器，构建电网侧、客户侧电能质量治理“双示范”工程；二是召开全国首个电能质量专题新闻发布会，推动电能质量问题共同防治；三是建成城市电网电能质量在线监测系统，实现全部变电站及敏感用电客户电能质量监测 100% 全覆盖。

高水平开展客户需求差异化运维。一是持续开展外飘物隐患整治，加大线路外飘隐患特巡频次力度；利用视频监控设备开展巡视，提升外飘物隐患发现及时性。二是加强防外力破坏防范力度及外部隐患巡视频次。三是强化设备抗击自然灾害能力评估改造，开展线路防风、防雷评估，对重点变电站重要设备逐一落实特维特巡。

高要求打造全国电能治理综合预防治理标杆。一是打造变电站电能质量治理示范，研制容量 10kV 动态电能质量调节器，避免精密制造业因电压异常变动致产品质量问题。二是打造工业园区电能质量治理示范，设置“IC 企业专用变压器”，减少其他用户对高敏感用户的干扰。三是打造低压电能质量治理示范，通过调压器、SVG、APF 等装置开展综合治理，形成电能质量问题技术服务示范样板。

高质量构建全国电能质量技术专项服务典范。一是强化业扩环节电能质量问题预控力度，在供电方案环节结合客户特性，提出防治建议，完善预控机制。二是组建“高端客户经理”及“电能质量客户工程师”团队，对电能质量敏感大客户“一对一”服务。三是深入开展客户电能质量体检服务，打造不同范围国际对标、大型供电质量峰会、小型技术沙龙等平台，推出客户年度电能质量体检服务。

③建成高质量客户服务样本，客户满意度创新高。打造高端客户经理服务团队，带动供服转型升级。一是以“服务用户、获取市场”为导向打造敏捷前台。全网率先上线全新“南网在线”智慧营业厅，加强前端服务融合，打造前台服务新团队，加快实体营业厅升级。二是以“资源共享、能力复用”为核心，建设高效中台，全网率先营。三是以“系统支持、全面保障”为宗旨建设坚强后台。试点打造以客服中心为中台的共享服务中心，推进中台专业化运营。建立现代供服体验系统，建设产品管理委员会及运作机制，重点打造“深电 e+”增值服务子品牌。

打造“基础服务 + 增值服务”新业态，优化业务服务模式。一是建立基础与增值服务产品体系，明确 3 大类共计产品 71 项产品，形成 13 个产品渠道及对应 19 条产品线；二是建立典型场景多元化服务套餐，满足客户多元化需求；三是推动服务从流程管控向产品运营转变，创新建立产品经理责任制；四是聚焦用户需求，创新开发“充电易”“换电易”“光伏易”“绿电历”新产品，上线“绿电码”新服务等。

打造智能交流互动平台，实现客户服务透明化。一是发挥企业平台优势，聚拢合作伙伴，通过“南网在线”智慧营业厅实现线上线下资源联动，深化电力大数据应用，构建智慧能源生态圈，向能源消费者、能源运营商、能源产品与服务商等领域用户提供综合解决方案。二是强化数字赋能，推动智能化、数字化转型升级，完成现代供服体系数字化蓝图规划，建立首个基于数字化转型的精准客户画像，依托“南网在线”平台算力和数字赋能，加速完善渠道、体验、评价合并，实现产品数字、服务在线化、管理可视化。

二、案例实践效果

（一）综合效益

1. 打造我国高品质供电标杆，助力行业可靠性水平提升

自 2018 年以来，深圳高可靠性示范区、高品质供电引领区的有关工作及其成效，引起了全国同行高度关注。深圳高品质供电创新成果已得到各级团队及专家认可，其管理做法被业内同行广泛借鉴，技术创新成果多次被广泛宣传，并在全国供电可靠性管理培训会议上介绍经验；深圳高品质供电正发展成我国可靠性管理创新“试验田”，迈上行业技术创新展示的“主舞台”，登上国家示范案例分享“大讲堂”，不断发挥标杆示范作用，助力我国供电可靠性实现持续提升。

2. 打造我国“获得电力”标杆，大幅提升深圳电力获得感

通过高可靠性示范区、高品质供电引领区建设，深圳局探索开展基于“全断路器 + 光纤纵差 + 分布式自愈”“主站集中式”自愈技术等创新改造，在配网设备质量管控、安装调试上实现六个“首次”；完成配网自愈、低压快速复电接入装置、智能配电房、电能质量监测、不停电检修作业、新一代智能量测体系六个“全覆盖”；成为“六高”智能电网典型代表，为我国城市区域开展世界顶尖配电网建设改造提供了深圳样板。

福田中心区高可靠性示范区已连续 3 年客户平均停电时间低于 2.5 分钟 / 户；南山后海商务总部高品质供电引领区供电可靠率超过 99.9999%，达到世界顶尖水平，相关创新成果及管理体系等支撑深圳供电质量水平实现跨越式提升：2021 年，深圳客户平均停电时间提升至 0.48 小时 / 户，较 2018 年同比下降 69%，正式进入指标“分钟级”；综合电压合格率成功优于 99.999%，达到世界领先水平。同时，深圳连续 2 年“获得电力”评价排名全国第一，供服连续 12 年排名公共服务满意度第一，深圳人民群众的电力获得感显著增强。

（二）第三方评价

通过高品质供电引领区建设，深圳局取得了一系列高水平科技创新成果，形成了一批高质量技术标准管理规范。

一是根据案例成果主导编制国家标准 1 项、行业标准 4 项，企业标准制度 12 项、管理方案 14 份，技术报告 18 套；并获得行业级科技进步奖 7 项，获得省部级奖励 4 项，获得南方电网奖励 12 项等。其中科技成果“城市复杂配电网高供电可靠性关键技术研究与应用”获得深圳市科技进步一等奖、南方电网公司科技进步一等奖，成果经权威专家鉴定，达到国际领先水平，对国内乃至世界配电网建设改造具有极高的借鉴推广价值。

二是各级领导专家在不同场合均高度肯定了案例中示范区建设的成果成效，相关成果被权威主流媒体广泛报道。同时，高品质供电引领区建设也被纳入广东省“十四五”能源规划，南方电网与深圳市政府达成战略合作框架协议，认可深圳高可靠性示范区建设，并明确要求深圳局在“20+8”高端制造园区进行全面推广应用。

（三）行业推广前景

案例项目总结形成一套成熟、完整的城市高可靠性智能配电网建设策略标准，以及一套高品质供电管理体系，并固化形成了系列创新经验成果、示范工程等，具有在全国城市电网范围全面复制推广的应用价值，并已在行业范围得到借鉴与应用。

一是高品质供电建设改造方法、支撑技术和创新装备等对应的核心成果，均已产品化、标准化，具备良好的复制推广条件；自愈技术路线选择要与投资能力、城市功能定位以及区域产业布局相匹配，确保综合效益最优。

二是高品质供电体系方面，网格化规划方法、智慧运维等措施适合负荷密度高、城市核心区域推广应用；高电能质量保障技术适合在高精尖产业聚集区推广应用；综合停电管控体系、合环转电管机制等措施具有普适性，可以全国范围推广应用。

（郭镥　史帅彬　黄加祺）

以可靠性提升为核心的世界一流配网网格化规划体系建设及实践

一、案例基本情况

（一）单位基本情况

本项目牵头单位为深圳供电局有限公司（以下简称“深圳供电局”），其他成员单位为中国电力科学研究院有限公司、南方电网数字平台科技（广东）有限公司、上海博英信息科技有限公司。

（二）案例具体实践

1. 总体思路

以可靠性提升为核心的世界一流配电网规划体系是一项复杂的系统性工程，要遵循“系统化”的理念强化顶层设计。项目组围绕建设世界一流配电网的目标，以网格化工具为抓手，具体通过打造“1 套完整的顶层设计，健全规划工具方法”“1 套数字化转型工具，打造规划数智运营决策新生态”“1 套组织保障机制，强化跨专业统筹协同”，以期做到规划业务与时俱进、思路清晰、原则明确、方法有效、落实有序，切实提升配网规划业务水平。

2. 主要做法

（1）打造 1 套完整的顶层设计，健全规划工具方法

①国内率先构建并实践基于资产全生命周期的配电网网格化规划业务体系。为强化规划引领，实现配电网复杂接线“标准化”、配网发展“有序化”、重复建设“趋零化”，提高各专业统筹联动水平（如主配网规划、规划与运维、规划与建设、城市与配网规划协同），支持配网需求精准、问题精准、项目精准、投资精准，避免同一区域重复立项、重复改造、重复停电。项目组以“一张蓝图绘得清、配网问题找得准、规划方案落得实、过程管理看得见”为目标，构建基于资产全生命周期的配电网网格化规划业务体系，具体包括“网格分层原则”“网格划分原则”“网格发展标准”“网格星级评价标准”“网格立项原则”“网格规划与运维协同原则”“网格主人制度”“配网网格化规划‘数智大脑’”，实现网格化对配网资产全生命周期关键业务贯穿式协同。项目组编制书籍《城市配电网网格化规划技术与应用》，支撑深圳供电局成为全国首家顺利通过 ISO55001 资产管理标准认证的供电企业。

具体做法如下。一是首创网格划分综合评价体系。从协调水平、性价水平、技术水平三方面，首创网格划分综合评价体系，实现网格划分由定性转为定量、划分全要素考虑，确保网格划分合

理，解决过去网格划分受个人经验影响大、容易忽视某些影响因子等问题。二是制定网格星级评价标准，从上级电源供应、网架结构、负荷供应、装备技术、智能化、供电安全等方面对配网网格化进行全维度“体检”。通过既抓专项短板指标又抓区域化指标协同，解决过去过分重视单一维度指标提升、没有充分处理好配网现状与精准指导规划建设阶段性目标的关系问题。三是明确网格立项原则，实现按网格归集网架类、运行类、营销类问题并形成“一揽子”项目群。四是建立网格规划与运维协同原则，实现网格划分、设备从属、运维对象的统一。构建配网运规协同交互的“统一可靠性语言”，确保规划运维在微观业务上的协同。五是制定网格主人制度。通过按照“低星网格重点抓规划落地，高星网格重点抓运维”“人人耕好责任田”，保证网格关键指标“有人负责、有人跟踪、有人预警”，保证体系落地不打折扣，刚性执行。

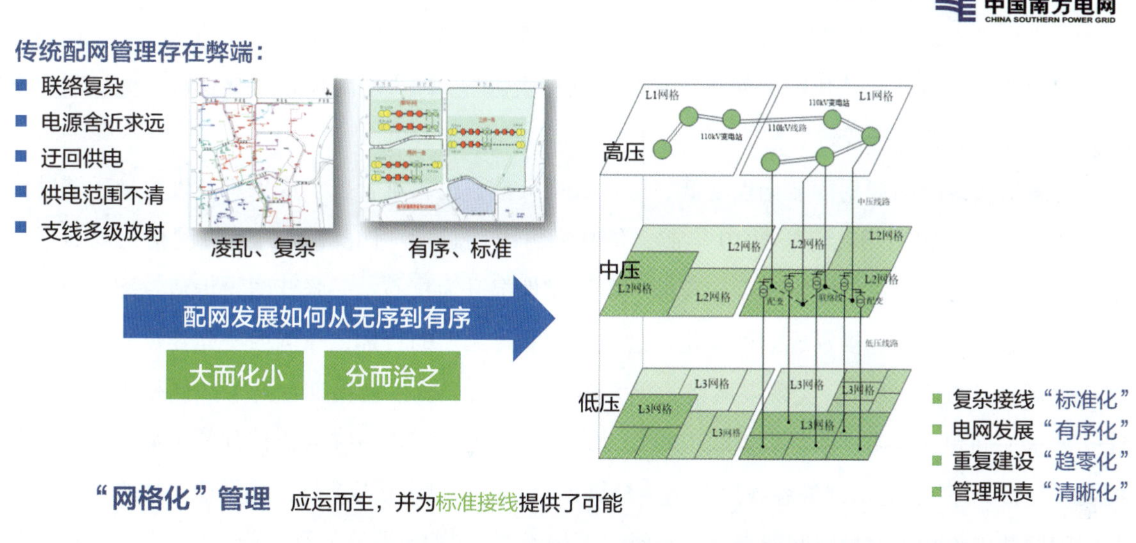

图 1　基于资产全生命周期的配电网网格化规划业务体系

②构建基于可靠性目标的世界一流特征配电网指标体系及分阶段目标。按照深圳供电局《关于融入和服务深圳中国特色社会主义先行示范区建设的行动计划（2019—2025）》发展目标要求，深圳 2025 年客户平均停电时间应小于 10 分钟，2035 年应小于 5 分钟。过去的规划建设标准、装备配置标准、技术路线是否满足高可靠性配电网的发展需求以往一般通过经验判断，缺少系统、量化、严谨的测算。项目组为了“说清楚”这些问题，在差异化分析国内外先进城市电网的基本情况、配网结构、典型接线的基础上，参考国际通行的供电可靠性理论计算方法，搭建了基于故障遍历法的供电可靠性评估模型，收集影响供电可靠性的主要指标参数的历史数据，测算不同供电分区（A+ 类、A 类、B 类）、不同典型可靠性目标值在典型接线方式下的关键参数配置套餐。关键参数配置套餐包括典型一次网架接线形式、线路分段负荷控制水平、电缆化率、自动化技术路线及推荐自动化三遥节点配置比例、装备配置水平，在成本总体可控的前提下明确深圳配网各类供电分区的建设标准，描绘深圳“世界一流特征配电网”。2020 年，项目组的《深圳高可靠供电策略推广及实施路线专题研究》成果通过国家能源局电力可靠性管理中心、电科院、天津大学、上海交通大学、南方电网规划部及生技部、中国电规总院、上海电力公司行业资深专家评审并获得高度肯定。

③建立完善的配网精准投资管控体系，确保在投资一定的情况下取得最大可靠性提升收益。为落实国资委及南方电网公司降本节资、提质增效等要求，破解过去“一刀切”“雨露均沾”的粗放式投资分配模式，项目组以“投资见效”为目标，构建配网投资项目库投资效益量化比选模型，将配网投资储备库中项目供电可靠性提升、供电能力提升、降损等成效进行统一量化，转化为增供电量效益、可靠性效益、降损效益、计算效益成本比指标，以投资的可靠性边际收益判断投资效益，实现年度投资项目库投资效益量化比选，确保在配网年度投资有限的情况下，取得最大的配网可靠性提升收益，解决过去配网投资效益缺乏量化分析的窘境。2021年，项目组完成年度配网自愈线路、可靠性特征线路、涉电公共安全隐患等重点任务问题清单梳理，3249个各类问题已立项，可解决2941个，问题立项率为90.5%，确保投资用在“刀刃”上。有效满足2021年深圳电网170万kW负荷增长需求，有力支撑计划停电实际转供电率达95%、自动化有效覆盖率达76%、客户平均停电时间为22.8分钟/户等指标目标实现。

（2）打造1套数字化转型工具，打造规划数智运营决策新生态

国内率先建设并实用化配网网格化规划“数智大脑”，打造配网规划“全景看、全息判、全维算、全程控”的数字运营新生态。

为解决传统配网规划数字化程度低、海量数据分散、过程难管控、成果难显性、缺乏辅助决策等“老大难”问题，项目组从2019年起，依托南方电网首批“四类项目”，将网格化规划理论体系与可视化地理信息进行紧密融合，遵循“以可靠性提升为核心、一张蓝图绘得清、配网问题找得准、规划方案落得实、投资成效可量化，过程管理看得见”的目标，在国内率先建设并实用化配网网格化规划“数智大脑”，实现以网格为单元落实配网资产全生命周期台账（如网格边界、目标接线、需求、问题、资源、项目等）线上精细动态管理、配网网格多维度监控预警（如重满载问题监控及“一键入库”、高压网格容载比、网格星级评价、网格供电裕度等）、配网规划域的“一张图”、配网问题智能诊断（含配网网架类、运行类、营销类3大类15小类）及诊断过程追溯、“自下而上”负荷精准预测、统一配网问题库、国内率先实现业扩接入方案智能生成（将中压业扩方案编制平均时长由“6小时”压缩至“6分钟”，获得2022年8月央视一套《焦点访谈》栏目等多家媒体报道，获各界一致好评，在业内起到标杆示范作用）、主配网规划协同、项目打包整合、项目全过程追踪、资源统筹管理、规划方案科学决策、规划指标动态管控，打造配网规划“全景看、全息判、全维算、全程控”的数字化运营新生态，从系统设计上夯实配网规划基础管理水平和效率，提升规划方案科学决策水平，推动配网规划由“人工型、线下型”向“数字化、智能化”变革。

国内率先实现“区局级—高压网格级—中压网格级—馈线组级—馈线级”多层级配网理论可靠性在线评估及薄弱环节智能识别，进一步释放配网可靠性提升潜能，支持配网精准投资及关键设备差异运维。

深圳供电可靠性水平距离深圳先行示范区“2025年小于10分钟，2030小于5分钟”可靠性目标实现仍有一定差距。在可靠性管控指标日趋严苛的背景下，如何实现关键设备差异化运维、如何将影响时户数较多的高损事件由“事后分析”向“主动预防”转变、如何从规划源头“花最少的钱并取得最大可靠性提升”是亟须攻克的难题。项目组创造性完成“区局级—高压网格级—中压网格级—馈线组级—馈线级”多层级配网理论可靠性在线评估及薄弱环节智能识别功能建设等。一是开

展配电网元件参数分布及差异化故障率分析。基于多源异构系统中积累的海量数据，对不同供电分区、不同线路进行设备典型参数分布统计分析，形成差异化的配网网架参数。同时，对历年停电事件进行分析，完成基于设备属性的供电可靠性参数提取方法研究，解决供电可靠性难以精准评估的关键难题。二是完成配网精益化分层可靠性计算分析研究。采用差异化的配电网典型设备参数及停电故障参数，研究基于中压馈线、馈线组、中压网格分层精益化的理论可靠性计算分析方法。三是完成基于灵敏度的配电网薄弱环节分析。基于配电网网架结构、负荷、装备、运维及投资等配电网典型特征参数，分析不同配网参数与供电可靠性提升之间的灵敏度变化，确定配电网薄弱环节并列出理论可靠性计算的短板元件，从而推动影响户数较多的高损事件由“事后救火”向“主动预防”转变，从而进一步释放可靠性提升潜能，支持精准投资及关键设备差异运维。

（3）打造1套组织保障机制，强化跨专业统筹协同

①构建敏捷的可靠性特征事件运规协同机制，确保可靠性特征事件“冒头就打”。在可靠性指标管控日趋严苛的背景下，如何抓住影响停电时户数较多的可靠性特征事件“少数头部”，可靠性特征事件是亟须攻克的难题。

项目组为解决上述问题，结合历年配网停电事件及影响时户数水平制定以下做法。一是结合历年配网停电事件及影响时户数水平，按照“二八定律”抓“关键少数”，制定可靠性特征事件触发标准。二是发布了可靠性特征事件运规协同处理机制（试运行）工作指引，明确了可靠性特征事件判定标准及处理机制流程。三是组建涵盖配网部、客服中心、规划中心、各区局的运规协同工作组，建立配网项目可研工单抽查通报机制，定期评估可靠性特征事件机制和系统运转情况，从系统触发情况、可研项目情况、工单质量等维度开展机制运转情况分析。通过“因病施治”，充分暴露并重点解决配网馈线组不可转供电、不合理大分支（节点）、FA线路覆盖不足等问题。通过可靠性事件运规协同工单。可靠性特征事件自运作到现在，系统派发工单165单，其中需要规划解决的有89单，正在可研编制中的有25单，完成批复有13单，已下达投资计划、正在实施的有43单，不具备立项条件的有5单。

②建立高峰负荷期间配网重满载问题变频管控机制，避免配网连续重满载问题的发生。深圳电网负荷连创新高，如何确保迎峰度夏期“两个不发生”（不发生因公变重过载导致频繁停电和客户用电受限、不发生因频繁停电导致12398投诉）面临巨大挑战。项目组制定以下做法。一是建立重过载配变风险管控机制。根据当日气温、负载率大小、重过载次数、所属驻点客户诉求数量及频繁停电情况，建立配网重过载风险管控机制，明确设备高、中高、中、中低、低五个风险等级分别对应红、橙、黄、蓝、绿5个颜色。二是通过智能台区监控系统实现风险等级可视化展示，以便于集中规划、建设及运维各方力量，重点解决红色、橙色预警公变。2021年上半年，2台红色和136台橙色预警台区全部改造完成，其他预警台区也已制定项目改造计划和差异化运维措施，低压客户诉求工单同比下降18%，未出现配变烧损及台区频繁停电问题。三是持续抓好配网设备重满载问题变频管控机制落地，重点从精准负荷预测，重满载问题发布、立项、跟踪、闭环等环节入手，始终以“当年发现重满载突出问题在次年4月底前完成改造”为目标，早立项、督建设、补运维。2020年4月前、2021年4月前分别投产了584项、374项解决配网重满载项目，为以往重满载的城中村、老旧小区和工业园区送上了源源不断的“清凉电”。

二、案例实践效果

（一）综合效益

从2019年起，项目组开展“以可靠性提升为核心的世界一流配网网格化规划体系建设及实践”，通过完善标准、建立机制、创新工具、数字化转型等手段，历史性地改善了诸如配网规划引领性不强、规划目标不清晰、对配网问题及风险（如可靠性薄弱环节、重过载问题）后知后觉、投资精准性不足、缺乏辅助决策系统、规划业务低效低质等“老大难”问题。项目组代表南方电网在国家能源局可靠性高端论坛上做经验分享，获得政府监管部门、业内专家的广泛好评。

有效发挥运规合一优势，解决配网生产实际问题。研发多层级配网理论可靠性在线评估及薄弱环节智能识别，进一步释放配网可靠性提升潜能，支持配网精准投资及关键设备差异运维。2021年重满载中压线路和配变的立项率分别为81%、82.3%。在负荷五创新高的背景下，配网重满载设备同比减少60%，实现了负荷高峰期间无错峰限电、无配变过载等历史性突破。

（二）第三方评价

项目成果“城市复杂配电网高供电可靠性关键技术研究与应用”获得深圳市科技进步一等奖、南方电网科技进步一等奖。相关成果经罗安院士和国家可靠性管理中心等学术或行业权威专家鉴定，一致认为达到国际领先水平，对国内乃至世界配电网建设改造具有极高的借鉴推广价值。

项目成果被央视一套《焦点访谈》、央视四套、央视十三套、南网新闻联播等权威主流媒体广泛报道。南方电网报、南方日报、南方能源观察、电力市场观察、电能革新、深供新闻等媒体也进行了宣传报道。

高质量、高标准完成南方电网首个规划类“四类项目”配网网格化规划辅助决策系统项目建设，编制书籍《城市配电网网格化规划技术与应用》，支撑深圳供电局成为全国首家顺利通过ISO55001资产管理标准认证的供电企业，获南方电网专家组一致认可。项目代表网公司在国家能源局可靠性高端论坛上做经验分享，获中电联2021年电力通信新技术大会及数字化国际高端论坛优秀案例，在2021年第一届“中国大数据产业博览会”上亮相。

（三）行业推广前景

本项目成果已在深圳市推广使用，并代表南方电网在国家能源局可靠性高端论坛上做经验分享，获得政府监管部门、业内专家的广泛好评。2020年至今，陆续通过调研交流、受邀讲座、技术合作等形式，将本项目成果逐步推广（含借鉴）至中国电力科学研究院、国网上海电力公司、国网福建电力公司、广东电网公司、海南电网公司、云南电网公司等。

同时，通过与云南迪庆供电局结对帮扶，云南迪庆供电局邀请深圳局选派具有丰富可靠性管理经验干部挂职，协助开展配电网改造升级工作。

（邓浩　尚龙龙　慈海）

构建客户停电零感知综合停电管理体系

一、案例基本情况

（一）单位基本情况

深圳供电局成立于2012年，作为南方电网公司直接管理全资子公司运作，承担着深圳全市供电任务。

（二）案例具体实践

1. 总体思路

客户停电时间是衡量电网企业综合停电管理水平最重要的评价指标，“十三五”初期计划停电每年造成深圳电网客户平均停电时间超1小时/户，影响占比近60%，存在较大提升空间。为构建客户停电零感知综合停电管理体系，深圳供电局围绕创“双一流”及优化电力营商环境的目标，在原综合停电管理体系的基础上，通过深入了解内外部客户需求，从降低客户平均停电时间、减少客户停电感知次数、减少新增客户停电申请等待三方面着手优化，逐步减少客户停电感知，实现了更好满足人们追求美好生活电力需求的目标。

2. 主要做法

（1）降低客户计划平均停电时间

①创新计划停电月度“熔断机制”。深圳局依据各直属供电局年度计划客户停电时间指标设立月度停电“熔断机制”，滚动监控，确保指标可控。具体做法如下：

对当月超出计划停电客户平均停电时间指标的单位进行停电“熔断”，不再批复影响客户的停电；

除紧急消缺外，原则上不批复非计划停电；

当月指标盈余可累计至下一个周期。

②对“熔断”单位进行安全生产约谈，落实安全生产责任制。落实计划停电分级管控机制，传递“停电是资源”的理念。以减少计划停电总时户数为优化目标，完善配网综合停电分级管控机制，制定分级标准、管理流程及审批表格；传递“停电是资源”的理念，结合现场经验及管辖区域网架实际情况，形成具有特色的停电管控“套路”。具体做法如下：

推行停电“六问一审”做法，优化每项停电实施方案。

形成停电业务可靠性指标审批表，每单停电“影响时户数签名留痕”，落实岗位责任制。

细化主网影响配网停电评估，严控10kV母线非计划停运。10kV母线停运可靠性影响很大，可通过细化主网影响配网停电评估，严控10kV母线非计划停运。景田变电站位于深圳中心区，客户供电可靠性要求极高，但10kV开关柜已达运行年限，亟须换柜提升设备运行工况，遇到问题后深圳局大胆启用移动式应急负荷转移车等新技术，解决站外线路重载停电难问题。

（2）减少客户停电感知次数

①充分挖掘转供电潜力，确保"逢停必转""能环必零"转电要求落实。因线路联络点不合理、重载等原因，造成实际转供电率低于环网率是计划停电方案优化急需提升的方向，需在申请前结合用户生产规律、天气负荷变化等因素，充分挖掘转供电潜力，确保"逢停必转""能环必零"转电要求落实，将计划停电造成的负面影响降至最低。

具体做法是杜绝因重过载原因造成无法转电，结合季节、节假日、客户用电规律等因素，选择负荷低谷期进行线路转电及检修，或者采用旁路作业的方式保障供电。

②稳步推进合环转供电，减少客户停电感知次数。合环转供电作为不停电转移负荷的方法，比传统的转供电有着极大的优势，表现为：一是提升客户用电体验，减少转电停电的影响；二是反向发现10kV线路目前运维存在的不足，如联络线是否相位相同及负载率是否偏高；三是可与配自三遥点晨操相结合，提高配自操作频率和可用率。具体做法如下：

常态化开展"区局先算，调度复算"合环潮流计算管理模式，提前发现合环电流超标的操作，提高合环成功率；

互联网线路定相仪对核相难度、准确度等起到了非常大的促进作用，将人为误核相操作可能性将至零；

职工创新"外挂式环网柜遥控电动操作机"，可以通过电动操作机构代替人力在环网柜前操作，消除人身安全风险。

（3）减少新增客户停电申请等待时间

客户停电等待时间与客户提交的申请时间节点相关，如客户填报截止日之后提交停电申请，将使得等待时间过长。深圳局从客户需求出发，提出"预约制"停电管理机制，减少客户停电等待时间。

3. 项目应用实例

（1）"能环必零"措施典型案例

①计划停电。

情况一：受影响用户范围线路已环网的计划停电。

计划停电申请环节由计划停电专工按照"能环必零"的要求，对受影响用户全部安排转供电；

计划停电专工测算转供电后线路负荷限值、大用户有序压减负荷的意见；

客户经理根据测算的结果逐个与用户沟通，在保障基本用电的前提下，让目标用户开展有序用电，取得用户的支持和理解；

班组执行计划停电实施，受影响用户全部有电，客户平均停电时间为"零"。

情况二：受影响用户范围线路虽无环网但可以通过旁路临时环网计划停电。

计划停电申请环节由计划停电专工按照"能环必零"的要求，对受影响用户无法转供，但具备临时旁路联络转供电条件；

计划停电专工测算临时旁路电缆电流值，200A 以下正常开展（现有设备容量所限），200A 以上时要求对旁路后的用户开展有序用电压减负荷，提出具体用户有序用电意见；

客户经理根据用户有序用电意见逐个与用户沟通，让目标用户开展有序用电，但不会停电，取得用户的支持和理解；

班组执行计划停电实施，受影响用户全部有电，客户平均停电时间为“零”。

情况三：受影响用户范围线路无环网、无法临时旁路但可以使用中压发电车的计划停电。

计划停电申请环节由计划停电专工按照“能环必零”的要求，对受影响用户无法转供、无法临时旁路联络的，可以使用中压发电车的计划停电进行梳理。

计划停电专工测算接入中压发电车后用户用电容量，小于 1800kW 正常开展，大于 1800kW 时要求对发电后的用户开展有序用电压减负荷，提出具体用户有序用电意见。

客户经理根据用户有序用电意见逐个与用户沟通，让目标用户开展有序用电，但不会停电。取得用户的支持和理解。

班组执行计划停电实施，受影响用户全部有电，客户平均停电事件为“零”。

②故障停电。抢修人员首先查找并隔离故障区域，恢复非故障区域供电。优先选用联络线路转电复电，其次查找临时旁路联络转电复电，最后查找便捷的接口接入中压发电车。

抢修班组测算后，如转电后联络线负荷过载、旁路电流大于 200A、负荷容量超 1800kW，需由抢修值长组织人员现场逐一沟通用户压减负荷，取得用户理解和支持后，开展转供电。

最大限度减少故障复电时间，减少客户平均停电时间。

（2）配网重大停电事件分级管控措施典型案例

表 1　深圳局重大停电事件分级管控表

审批层级	中压时户数	终端时户数	备注
层级 1：公司总经理、分管副总经理	150	5000	层级 2 审核—系统、资产及市场职能部门主任—分管副总经理审核—总经理审核，将纸质版扫描件或电子化单导出文件作为停电申请单附件上传
层级 2：申请单位一把手：区局局长（输变电主任）	100	3500	停电申请单附件要求：制定停电优化措施（尽可能考虑旁路作业、转负荷、带电作业、中压发电车等），开展停电研讨会，并将研讨会照片、研讨情况及停电优化方案经区局局长签名作为停电申请单附件上传 审批流程要求：需经过相关审批人员、相关专业中层—区局局长（输变电主任）审核
层级 3：申请单位相关专业中层：区局配资部主任（输变电主管）	60（自定义）	2000（自定义）	停电申请单附件要求：达到此层级，需经区局配资部主任组织相关专业班组审核，将相关审核情况留底，扫描件或电子化单导出文件作为停电申请单附件上传

①停电信息收集。每月 5 日前，配电班组根据计划停电需求，开展现场勘察，确定停电线路及开关，每月 10 日前，配网资产部停电管理，再核对年度检修计划、在建配业及改迁工程，判断是否可以实施综合停电或存在客户重复停电，形成下月停电计划并提交系统部。

②停电影响用户数计算。每月 10 日前，可靠性管理专责根据下月停电计划，在系统上进行模拟停电，根据停电影响范围、计划停电时间，准确计算出该单停电影响的中压时户数、终端时户数。

③重大停电分级管控。每月 10 日，各区局召开综合停电协调会，重点核实停电影响中压时户数超 60 户或终端时户数超 2000 户的计划停电，并初步制定减少停电时户数的措施，形成月度重大停电管控清单。

不停电作业人员根据月度重大停电管控清单，逐单现场核实不停电作业技术措施实施现场是否满足条件，并制定准确实施方案，纳入下月作业计划。

每月 20 日，系统部将组织各检修单位召开公司综合停电协调会，对停电影响中压时户数超 100 户或终端时户数超 3500 户的计划停电进行会审。

对于停电影响中压时户数超 150 户或终端时户数超 5000 户的计划停电，由区局向公司系统部、资产管理部、市场及客户服务部负责申请审批，并由区局局长准备资料先后向公司分管副总经理、总经理汇报提请审批，获批后附相关材料上传申请停电。

（3）T+7 预约机制及 T+7 预约申请“三步骤”

预约制停电管理流程共分 6 个管理节点：定额分配、预约申请、预约批复、停电执行、预约评价、改进完善。

①定额分配。系统部每月 10 日发布下月度定额及预约申请表。定额原则一是根据目前配网调度值班人员的配置（1+1+3：1 位值长、1 位用电调度、3 位调度员）以及大部分检修工作操作时长，制定单位时间（30 分钟）安排不多于 3 项检修工作的红线，制定分时段定额分配表。

<table>
<tr><td></td><td colspan="8">变电站设备检修申请，月计划机制，上报截止日 5 天内批复</td><td></td><td colspan="7">客户项目检修申请，T+7 预约机制，当天预约当天批复</td></tr>
<tr><td></td><td colspan="8">公司项目检修申请，月计划机制，上报截止日 5 天内批复</td><td></td><td colspan="7">备用开关并网申请，T+7 预约机制，当天预约当天批复</td></tr>
<tr><td>站内设备（2）</td><td>客户预约（1）</td><td>客户预约（1）</td><td>公司计划（1）</td><td>站内设备（3）</td><td>公司计划（3）</td><td>公司计划（3）</td><td>公司计划（3）</td><td>客户预约（2）</td><td>公司计划（1）</td><td>客户预约（1）</td><td>并网预约（5）</td><td>容户预约（1）</td><td>公司计划（1）</td><td>客户预约（2）</td><td colspan="2">非定额时段（每个时段不超过 3 单）</td></tr>
<tr><td colspan="2">7：00</td><td colspan="2">7：30</td><td>9：00</td><td>9：30</td><td>10：00</td><td>10：30</td><td colspan="2">11：00</td><td>11：30</td><td>12：00~14：00</td><td colspan="2">14：30</td><td>15：00</td><td>18：30</td><td>19：30</td></tr>
</table>

图 1　分时段定额分配表

定额原则二是考虑目前人员配置及工作执行效率，设定月定额总量为 600 项，日定额 20 项（统计 2020 年全年定额上限为 6460 项，满足近三年配网最高执行量 5162 项的要求）；

定额原则三是以 2020 年日均定额 20 项配网停电（不含站内设备及并网申请）为例；按照用户业扩工程及市政工程实施数比例评估，故预约停电共占定额 8 项，其余月计划停电定额 12 项。

②预约申请。系统部每月 10 日发布月度定额后，各区局即可预约。系统部将在预约共享盘更新预约申请表，预约申请表的预约信息由系统部填写，各区局通过只读方式获取预约信息（是否成功）。各区局每月 11 日起即可开始预约，采用建立预约微信群组，按规定文本（× 日 ××：××，停电单号 ××）发言的方式进行，先到先得，约满为止。预约微信群组中每个区局只可申请一个账号，且禁止不按规定文本发言，其他形式发言预约无效。只有填报了申请单并报至系统部节点后，方可在预约微信群组中发言预约申请。每日 12：00 之后，系统部将更新 T+7 日的预约成功信息，并将停电申请单号填入预约申请表中，直属各供电局可通过预约申请表查询相关信息。T+7 日内预约

定额未使用的由系统部统一安排。

③预约批复。预约制停电的批复原则是每日 12：00 之后，系统部将更新 T+7 日的预约成功信息，将停电申请单号填入预约申请表中，并予以批复。其余停电申请单将视为预约失败予以回退。

④停电执行。与现有月计划管理的停电执行流程一致，停电当天向调度台申请停复电。

⑤预约评价。为规范各区局的预约申请，提高预约成功率及执行率，需对预约停电申请行为进行评价约束。系统部每月 5 日发布评价结果。预约制停电预约成功后，其停电申请按照相关要求及规范上报，如因停电申请单不合格导致停电取消的，将记违约一次。成功预约及停电申请批复后，如因非系统原因导致停电取消及改期的，记违约一次。违约二次，将暂停该申请单位预约资格一周，每月清零。如当月零违约，则只可抵消下月违约一次，但不累计。预约评价信息将由系统部更新至共享盘预约申请表中，各区局可随时查询。

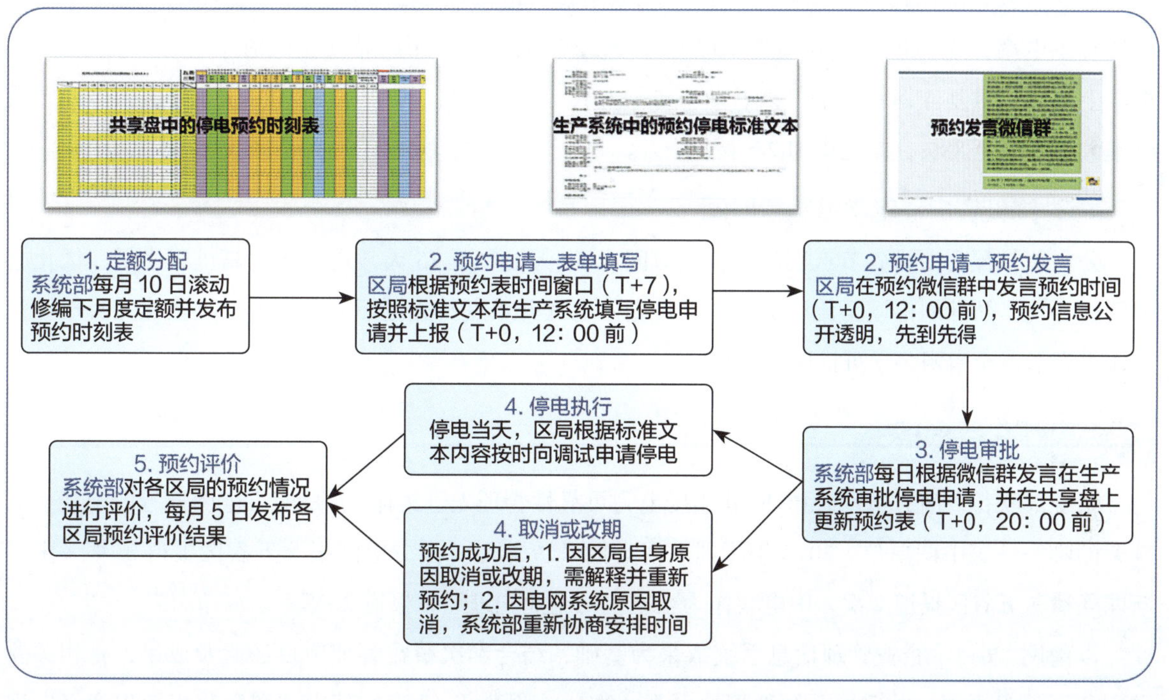

图 2　T+7 预约机制

⑥改进完善。系统部将通过评价结果，和直属各供电局不断完善上述预约停电管理的相关原则，并修编管理制度及业务指导书，再固化至信息系统，实现系统预约停电管理。

二、案例实践效果

深圳供电局立足让客户从“用上电”到“用好电”庄严承诺，围绕 2022 年实现客户平均停电时间小于 20 分钟目标，计划停电更是按零管控，从严加大综合停电管理，大力推行“逢停必转”“能环必零”，扩大不停电作业范围，交出了一份“亮丽”答卷。

（一）综合效益

1. 客户平均停电时间大大缩短

2021 年，深圳供电局配网投资建设增大，计划停电工作量持续增加，全年累计执行停电 9539 项，同比增长 4.21%，连续 7 年来工作量总体呈增长态势，与此同时计划停电对客户供电可靠性影响下降，全年客户计划停电时间低压 0.197 分钟 / 户、中压 0.155 分钟 / 户，全国排名第一。2022 年上半年客户计划停电时间接近为零，极大降低了计划工作对用户供电可靠性影响。

2. 大幅减少客户停电感知次数

2021 年，深圳供电局重复计划停电用户数为 12 户，同比减少 97.19%，重复停电率为 0.02%；未发生 3 次及以上的用户重复停电。全年配电网转供电共计 14276 次，其中合环转供电 4947 次，合环转供电率为 34.65%，同比增加 10.74%。2022 年上半年，深圳局重复计划停电用户数为 0，从根本上消除了重复计划停电用户，上半年转供电共计 6167 次，其中合环转供电 5450 次，合环转供电率大幅提高至 88%，同比增加 28 个百分点。

3. 降低客户停电申请等待时间

公司业扩配套项目各节点实施流程，时间由 52 天缩短至 25 天，进一步提高供服水平、优化电力营商环境。从计划停电全流程梳理关键计划停电提升难点及关键环节，从停电方案优化及现场作业入手，形成全南网多项可推广“套路”。

（二）第三方评价

系统部获得“南方电网公司 2019 年度电力可靠性管理先进集体”，是南方电网五省区中获得此殊荣的唯一一家中调单位。2018 年深圳卫视直播采访 2 次,《南方电网报》五省区报道 3 次,《南网新闻联播》五省区报道 2 次，中电联作为全国电网企业先进经验报道 2 次。

以南网“6+1”企业管理信息系统成果为基础，结合本次精益管理项目经验及成果，将相关要求固化至信息系统，共完成系统新模块开发 4 次，流程改善 12 次。其中“图形化点图生产停电申请单”获得深圳供电局技改贡献二等奖。

（三）行业推广前景

深圳供电局从 2018 年开始提出构建客户停电零感知的综合停电管理体系开始，客户平均停电时间由 2017 年的 1 小时多，到现在的实现计划停电“零”影响，总结出了包括“逢停必转”“能环必零”转电策略、计划停电月度“熔断机制”、细化主网影响配网停电评估，严控 10kV 母线非计划停运、落实计划停电分级管控机制等可复制、可借鉴的一系列讨论，在全国范围内可大面积铺开实施。

（张超　郑晓辉　吴新）

高负荷密度城市高可靠数字配电管理示范

一、案例基本情况

（一）单位基本情况

深圳供电局成立于2012年，作为南方电网公司直接管理全资子公司运作，承担着深圳全市供电任务。

（二）案例实施背景

深圳电网作为全国城市供电负荷密度最大的超大型城市电网（深圳每平方千米年用电量达到4100万kWh，是上海的1.6倍、北京的5.9倍、广州的3.2倍），平均每度电支撑28元的GDP，单位GDP能耗约为全国平均水平的1/3，达到国内领先。深圳供电局牢牢把握新时代新征程国资央企新使命新定位，始终牢记“国之大者”，认真履行职责使命，积极探索以数字化绿色化“两化协同”促进新型电力系统和新型能源体系“两型建设”的南网实践，为中国式现代化建设贡献电力力量。

配电网故障停电多、传统人工抢修复电慢与特区经济发展及人民日常生活对高品质供电需求之间的矛盾亟待解决。按照电网企业三项制度改革工作推进要求，通过技术创新进一步提高基层的劳动生产率势在必行。“双碳”国家战略目标提出后，迫切需要加快配电网智能化改造以支撑构建新型电力系统。在上述背景下，深圳供电局在电网改造（网改）升级、技术创新应用与管理转型提升三个方面先行先试，以推进配电网自动化（以下简称“配自”）及光纤全覆盖建设为基础，以融入数字化转型提升风险防控能力为保障，以创新创效为目标，全力推广配电网集中式自愈技术（以下简称“自愈”）应用，显著提升配电网故障处置效率和供电可靠性，满足深圳特区高品质供电需求，助力减员增效，推动企业实现高质量发展。

（三）案例具体实践

1. 总体思路

结合智能化、数字化技术的应用，实现配电网故障系统自动处置和精准快速复电，为构建新型电力系统奠定电网“透明化”基础，提高供电可靠性支撑深圳特区高品质供电需求，同时提高电网企业劳动生产率。一是夯实自愈应用设备基础，以自愈应用为目标大力推进配自及光纤全覆盖改造建设，实现配电网可观、可测、可控。二是强化自愈应用技术保障，创新研发调度自动化系统自愈功能，为电网故障自动快速复电赋能。三是筑牢自愈应用安全防线，结合数字化转型建立完善的自愈现代化管理体系，支撑自愈风险全面有效防控。

2. 主要做法

（1）优化技术路线，夯实自愈应用基础

①优规划提效益，抓建设扩规模。为支撑自愈规模化应用，深圳供电局从 2018 年起全面推进配自三年专项建设工作。全网率先提出配自“有效覆盖率”指标，实现了配自规划建设以自愈应用为导向的重要变革，解决了原“重建设指标、轻应用成效”的规划根本问题。建立配自终端及配套光纤与配电网一次的同步建设管控机制，在项目立项、工程实施各环节齐抓共管，确保配自终端及配套光纤“应建尽建”，加快扩大有效覆盖线路规模，构建高规格高可靠的通信网络基础。

②重创新、强技术，高标准、严要求，强化自愈应用技术。提高配自主站系统终端接入容量和运算性能，加强自愈应用技术基础条件。创新性地提出可适应电网网架及运行方式变化的“自愈线路组”自愈管理模式，兼顾安全性与灵活性。研究开发 12 项自愈安全闭锁功能，筑牢自愈安全运行防线。首创自愈逻辑隔离牌功能，突破非标准网架条件下的自愈应用瓶颈。提出线路配自三遥节点覆盖率不低于 50% 且以光纤通信为主的高规格自愈投运标准，保障自愈可靠动作和精准快速复电。

③建制度强管理，促转型防风险，护航自愈应用安全。建立并持续完善自愈运行管理体系，制定修编《配网集中式自愈运行管理细则》等 7 项管理制度及作业标准，实现自愈运行规范化、精益化管理。融入国家数字化转型战略，践行“业务数据化，数据业务化”理念，促进推动自愈运行状态和管理业务流程全面在线监测，并利用大数据分析全面有效防范化解各环节风险，保障自愈安全运行。

（2）智慧巡检，减员增效

依托配自三遥信息监控系统，根据配自终端上送的告警信号实现终端远程巡检，实现减员增效；结合历史缺陷数据，通过一二次设备缺陷统计，制定配电设备差异化巡视策略，提升线路现场巡视效率。通过对一二次设备缺陷与配自告警信号间关联度分析，实现缺陷预警、智能巡视，具体做法如下：

①深度开展系统巡检。通过“系统巡检为主、现场巡检为辅”的智能运维模式，减少无效现场巡视，减员增效。通过 OCS 等业务系统开展站端巡检，对终端离线、频繁投退、蓄电池欠压、把手置于就地位置、绑点丢失、光纤环离线、装置异常、开关位置异常等配自终端重要异常信号进行查询统计并消缺闭环，提升配自异常信号处理及时性、有效性。替代现场同类巡视项目，减轻现场巡视负担，高效地发现缺陷。同时进一步完善配自主站功能，打通配网 GIS、台账、自动化等各个系统的数据联系，开发高级应用功能，如蓄电池容量智能判断、CT 断线判断、遥测值对比判断、缺陷工单自动推送等，打通 OMS 缺陷模块关联，实现缺陷数据同源，结合生产组织模式优化，支撑客户服务中心开展重要异常信号监屏、派工与闭环。

②基于历史缺陷数据制定差异化巡视策略。根据线路故障时快速复电、自愈动作情况，配自终端告警信号与厂家品牌、投运时间等特征的关联度，制定线路巡视优先级顺序。优先巡视快速复电、自愈失败过的线路，优先巡视维护次数少但投运时间久、同品牌缺陷率高的终端。

③主动预警缺陷。挖掘一二次设备缺陷与告警信号特征量关系，点对点深入巡视检查。配电一

次设备存在的缺陷发展初期高阻接地、瞬时闪络等情况下故障电流较小、持续时间较短引发的配自终端只告警不跳闸问题。通过配自终端过流、零序告警信号预测、定位一次设备缺陷，开展一次设备点对点深入巡视检查，实现对设备放电等线路隐患区域的预警和定位，提升巡视的针对性和有效性。

④后备电源高效管理。蓄电池活化充放电历史时间比对，确立蓄电池活化时间比对判据，判定蓄电池是否正常，开展蓄电池点对点深入巡视检查。

（3）远程操作，机器代人

深化配自遥控操作应用，推动配网操作控制模式转变，由人工现场操作转变为远程遥控操作，应控必控，具体做法如下：

①完善配自主站及现场终端功能，加强技术支撑。完善配网程序化控制主站功能，持续提升程序化功能安全性、稳定性及操作效率，优化配网程序化安全策略。

②推进计划检修、转电送电程序化远程操作，实现配网运行操作向程序化控制模式全面转变，切实释放班组操作人力资源。开展现场无人晨操、程序化晨操，优先选择近三年重复故障和用户数多的线路，其次选择改造柜、运行超过 5 年的线路，最后选择近三年未开展过晨操的线路，杜绝同一线路多次晨操，三年一轮完成配电线路的晨操检验。

③推进定值整定规范化与运维远程化，建设配网保护整定计算系统，通过标准化提高效率、降低整定风险，推广应用配自终端远方修改定值等远程运维技术。

④开展配自终端智能仓库自动调试，通过信息系统固化仓调工作流程，实现调试过程自动记录以及端站交互质量自动分析，减轻现场调试工作量。

（4）故障自愈，精准隔离

①配自实用化应用规模快速提高。推动配自专项建设工程与其他类型工程统筹立项、同步建设，配电网一二次建设改造实现整体谋划、同步协同，促进配自实用化应用规模跃上新台阶。近三年来，深圳共计建设配自终端 2.9 万个。2022 年年底，深圳公用线路主干节点三遥覆盖率达到 61%，位居全国第一，光纤通信技术先进性和网络接入能力国内领先。高节点密度以及高可靠通信助力深圳供电局实现了高质量自愈型配电网建设。

②快速复电应用成效显著，故障停电时间大幅缩短。线路上自动化节点覆盖密度越高，故障停电的范围就越小，配自成效越高。2022 年自愈成功动作 934 次，成功动作恢复用户比例平均为 70%，通过自愈快速复电累计减少客户平均停电时间（低压）0.27 小时（约占当年可靠性目标值的 82%），非故障段用户停电时间由两小时降低至约 1 分钟，相较于传统人工复电平均用时减少 98%。

③试点配电网合环运行自愈建设。为避免高可靠性高端用户因短暂的停电造成较大的损失，选取部分线路进行改造试点，形成合环供电，实现用户无非计划性停电需求。合环配电网保护与控制系统主要由线路光纤纵联差动保护装置（变电站侧）、分布式配电保护自愈装置（包含线路光纤纵差保护、线路网络拓扑保护、母线保护、自愈等功能）及相关通信设备构成。

④“N 供一备”馈线组开展分布式自愈建设。对成熟片区的“N 供一备”馈线组，采用“光纤纵差保护 + 自愈控制”的网络结构，具备主干线电缆故障，断路器环进（出）投光纤纵差保护，联络点投自愈控制，非故障区域不停电；断路器出线单元投后备保护，分支电缆及变压器故障不影响

其他设备；断路器投母差保护，单台开关故障不影响其他设备。

⑤光纤通信全覆盖，提升供电高可靠性。深圳电网作为全国城市供电负荷密度最大的超大型城市电网，平均每条线路长度 3 千米，配自终端平均 6 台，空间距离小，通信可靠性要求高。目前，深圳配自终端按照光纤通道全覆盖标准建设，配自终端光纤通信覆盖率达 73%，确保了三遥信息通信可靠性。

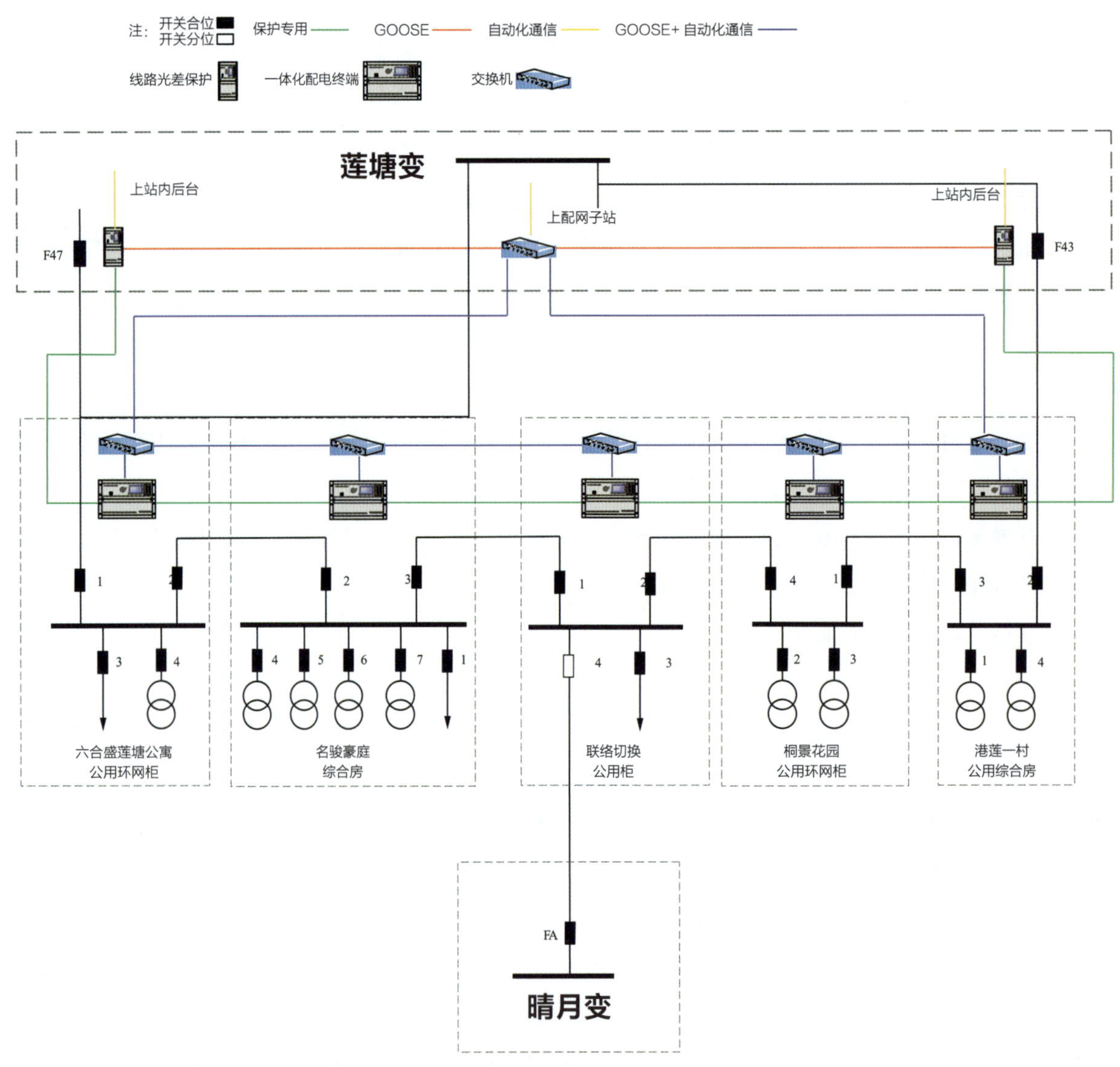

图 1　合环供电主接线配网保护与控制系统示意图

二、案例实践效果

（一）综合效益

深圳供电局通过大力推进配网智能程序化和负荷群控功能建设，在配网快速复电、计划检修、转供电、重合闸投退等全业务场景开展“全操全控”，配网操作效率提升 90%。“基于数字化转型的配网调度集约管理实践”入选南方电网管理提升“标杆项目”，促进业务和管理变革，显著提高生产效率、效益和安全水平，在行业中树立了集约化管理标杆。

建成全国首个高质量自愈型智能配电网，电网运行更科学、智能。2022 年，自愈成功动作 934 次，成功动作恢复用户比例平均为 70%，通过自愈快速复电累计减少客户平均停电时间（低压）0.27 小时（约占当年可靠性目标值的 82%），非故障段用户停电时间由两小时降低至约 1 分钟，相较于传统人工复电平均用时减少 98%，助力深圳用户平均停电时间连续 2 年进入“半小时圈”。

推进配网程序化操作全面应用，大幅提升应用必控率。深圳配自遥控操作量提升 4 倍，应控必控率从 2021 年的 30% 提升至 2022 年的 99%，从因受限于调度人力资源的全网落后跃升至全网领先水平。2022 年 5 月 16 日，为配合 220kV 梧桐站全站临时检修，盐田局对 220kV 梧桐站站外负荷开展远程遥控合环转供，在无运维人员到场的情况下，20 分钟内完成了全站负荷的站外转供，标志着“全操全控”实用化迈入新台阶。

配自在减少夜间高风险抢修作业次数等方面表现突出，切实助力企业生产本质安全提升。以往配网线路发生故障，配电运维人员需要逐一对开关柜摇绝缘、查故障，平均一个多小时才能复电。实现配自则有效纾解了这一困境，现在线路基本实现自愈复电，调度可以分析告知故障定位信息，班组运维人员组织抢修更加从容。

（二）第三方评价

深圳供电局持续提升配电网自动化水平，提升主干节点三遥覆盖密度，在 2022 年年底实现了全市非故障区段的用户均可“自愈复电”。打造了国内领先的高稳定、低延时光纤专网。得益于光纤建设，深圳电网自动化设备网络接入能力及通信可靠性当前已达到国内领先水平，支撑终端平均在线率达 99.5%。2022 年，公司高质量自愈技术在全国提升“获得电力”服务水平工作推进会上，获国家能源局局长、党组书记章建华的充分肯定。2023 年年初，呈递至国家能源局的“深圳高质量自愈型配电网”经验（高标准建设 + 高稳定通信 + 高效率应用的思路）获得了多级领导的认可。

（三）行业推广前景

依托“数据 + 算力 + 算法”，全面提升配网故障自愈、智能调度、主动运维能力是未来数字配网的发展方向。统筹开展基于馈线组的、以故障自愈为方向的 FA 线路建设，推进完善网架结构，实现自动化布点充足合理，线路用户分段均衡，故障快速定位、自动隔离和网络重构自愈。在以上方面，深圳走出了一条可复制、可推广之路，主要经验有：

1. 因地制宜是自愈路线前提

以自愈应用为目标的配自建设改造须充分结合本地电网客观条件与发展目标“因城施策、因地施策”，分区分类合理制定差异化规划目标和技术路线，在确保自愈应用可有效支撑供电可靠性目标的同时提升投资效益。

2. 标准网架是自愈应用的先决条件

网架问题是阻碍持续扩大自愈应用范围、进一步提高自愈应用成效的主要瓶颈。故应在配电网一次规划中提前谋划，统筹考虑自愈应用技术要求，紧密结合自愈推广应用目标常态化开展网架完善工作。

3. 数字转型是自愈发展的坚实保障

自愈功能运行情况复杂多变，完全依赖人工防范运行风险难度极大。应抢抓数字化转型战略契机，充分利用大数据、AI 等新技术，规范自愈业务流程和作业标准，全面有效防范化解自愈全链条业务风险，护航电网产业转型升级。同时自愈应用加快促进了电力物联网建设，应进一步挖掘配电网数据价值，提高海绵式配电网自我感知能力以及和需求侧、用户侧的双向交互、协同控制能力，支撑构建新型电力系统的战略目标，提高自愈技术的战略定位。

（徐启源　李洪卫　厉冰）

高电缆化率特大城市配电网无感停电作业技术研究与实践

一、案例基本情况

（一）单位基本情况

深圳供电局成立于2012年，作为南方电网公司直接管理全资子公司运作，承担着深圳全市供电任务。

（二）案例实施背景

国务院、发改委多次发文要求“优化营商环境”、提升“获得电力”服务水平。为实现这一目标，深圳供电局首次提出“无感停电”这一供电可靠性的最高体现形式。城市电网是城市电力供应最关键的一环，相比欧美等发达国家，我国不停电作业技术起步相对较晚，无论是作业技术、装备等硬件，还是作业方法、标准等软件都有较大差距。

（三）案例具体实践

1. 总体思路

自2009年起，深圳供电局开始试点开展电网不停电作业，“十三五”期间已大力推广不停电作业，但是受作业技术、装备、方法等方面的制约，仍会造成用户短时停电。深圳供电局围绕“用户无感停电”这一核心问题，结合深圳配网电缆规模大、电缆化率高（3.7万千米、93%）的特点，通过大力推广不停电作业技术，历经12年，产学研用联合攻关，从超大城市电网无感停电技术体系构建、设备研发、标准制定、示范区建设等5个维度构建了一套“无感停电作业”体系，基本解决了“短时停电”的短板，支撑深圳供电可靠性达到国际领先水平，保障了深圳地区国家重大活动的顺利开展。

2. 主要做法

针对现状需求，制定研究路线，围绕4大场景开展具体实践。

（1）基于停电场景构建配网无感停电作业技术体系

①开发一套基于中压节点型环网柜的技术体系。对于节点柜，其结构在于双回路控制共箱设计。针对技术要求，在一个气箱内需要放置2台开关（本项目以负荷开关为设计基础）。为了保证节点柜内部绝缘，气箱体积相应增加。通过计算，本项目在有限的气箱空间放置了两台负荷开关，

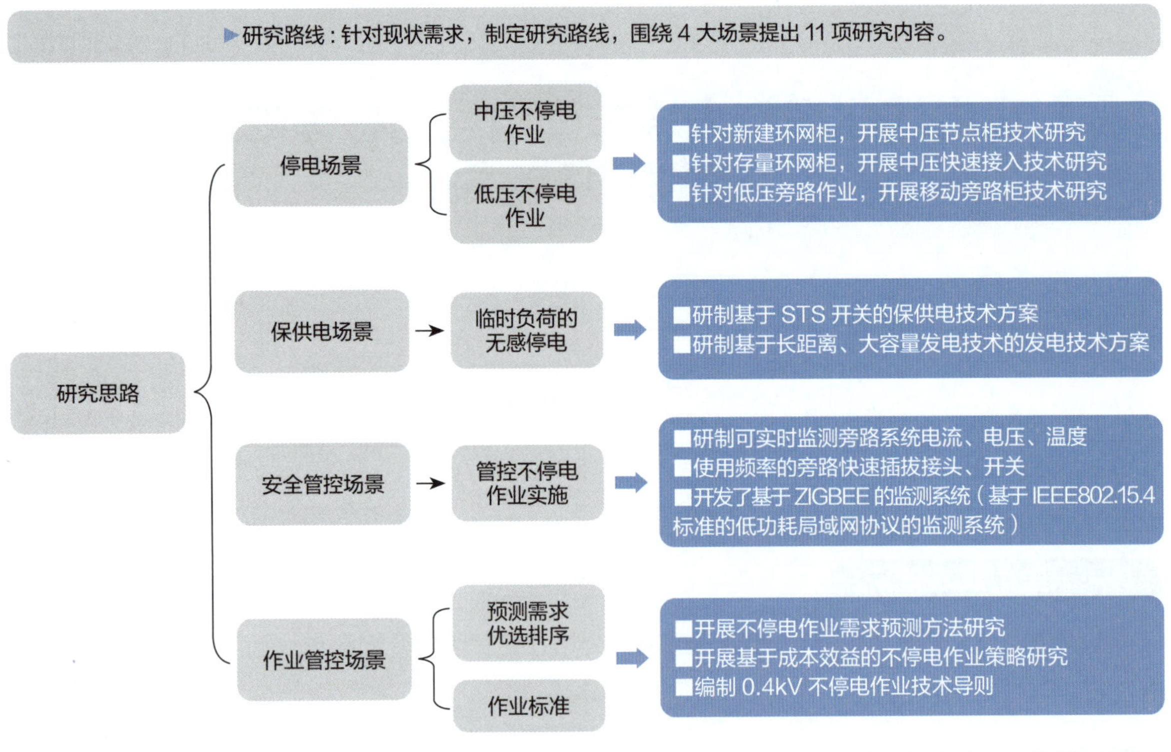

图 1　案例实践思路图

分别布置在大小相同的圆里面，并且两圆相切，保证了最大限度地利用空间。

②开发一套基于应急快速连接的技术体系。快速接入环网柜装置设计，设有与操作机构互锁的面板，满足“五防”要求；互锁面板上设置有电缆穿入孔，同时卡位装置与操作机构互锁，当互锁面板打开时，断路器和隔离开关不能合闸，当断路器和隔离开关合上后，互锁面板不能打开。快速接入环网柜装置设计，一体化环网柜需要实现的基本监测信号量包括箱门状态、交流电源状态、气压状态、开关闭锁状态、开关就地操作状态、分合闸状态、接地刀状态、相电流故障状态、电缆温度、柜体环境温湿度等。SF6 快速接头，新型环网柜设计额定电流为 400A，快捷插座设计为 400A，当需要与 200A 快速连接终端连接时，可以使用 400A 转 200A 快速连接插座。

③开发一套基于移动式低压旁路柜的技术体系。作业实施技术方案采取用 1 台移动式低压进线柜、2 台移动式低压馈线柜、1 台电容柜代替多个用户单元低压柜向用户提供临时电源。采用移动式低压柜、柔性电缆、电缆快速转接箱等分开设置的旁路设备代替体积庞大的整体低压柜，移动方便的柔性电缆、快速转接装置可“就地供电”，研发新型移动式旁路低压柜。

（2）基于保供电场景构建临时负荷的无感停电技术体系

①开发一套临时负荷低发高供技术体系。为满足现场安保要求，研究低压发电低供、低压发电高供两个方案优缺点。低压发电方案电缆 600 米理论上压降要求小于等于 5%（19V）才能满足电压要求。经过多次测试，证明低压发电负荷越大，压降越大，以场馆 2000kVA 变压器用电 50%～70% 计算，电缆路径 600 米，需要截面 240 电缆 4 组至 5 组（压降 16.52～18.5V）才能保证后端压降在允许范围内。低发高供方案升高电压，导致电流相应倍数的减小，仅需两段 3*300 中压 10kV 电缆即可。

现场验证：由五台低压发电车（1000kW，4供1备），每台车出240平方米低压电缆50米（4组）接入6300kVA升压变压器，由升压变压器出2条10kV，ZRC-YJV22-3*300电缆600米，分别接入2台1600kVA干式降压变压器，每台降压变压器出240平方米低压电缆25米（4组）分别接入专有移动发电车接驳柜机房低压母排，完成保供电接入工作。电缆段数的使用由90段降为2段，减少了98%的线路敷设、维护工作量，大大节省了人力、物力，且在传送途中减少了电能的损耗，提高了电能质量。

②开发基于STS开关的保供电技术方案。在现有技术的基础上，自主研发了两进两出单旁路STS开关，通过设置两个开关，在两个开关的一端均与第一端电连接，两个开关的另一端则分别与第二端、第三端电连接，在第一端、第二端以及第三端上均设有快速插拔头，以实现便携式STS开关的快速连接。由于没有多余部件，不存在功能冗余的问题，因此可靠性高，大大缩小了体积、减轻了设备重量，便于移动式保供电作业使用。

现场验证：2020年9月，为保障深圳经济特区成立40周年庆祝晚会活动场地电力供应，在深圳大剧院安装2台STS开关设备，验证切换速度是否在8米/秒以内，若不满足要求，及时更换设备，确保晚会对供电高可靠性要求。经验证，当STS开关后端带负载时，从一路市电切换到二路市电瞬间电压波形有明显抖动，电压被拉变形，切换时间在5～8米/秒；当STS开关后端不带负载时，从一路市电切换到二路市电瞬间电压波形没有明显抖动，切换时间在2～4米/秒。

（3）基于安全管控场景构建无感停电智能监控技术体系

随着深圳地区经济的发展，配网不停电作业得到了快速发展与普及，以旁路为重要支撑的不停电项目得到了广泛应用。但同时也反映出了一些现实问题及不足，为了解决存在的问题，开展了无感停电智能监控技术和装备研究。

①研制一套配电网无感停电作业智能化开关。智能监测型旁路快速插拔接头：中间接头套管、卡头、上下外壳以及监测组件部分。监测组件包含显示屏、互感线圈、温度传感器、计次按钮、电路板以及电源。互感线圈穿在中间接头套管上放置于外壳预留槽内，计次按钮和温度传感器安装固定在外壳上内侧预留孔内，电路板及电源安装于接头上外壳内侧，各部件之间通过排线连接。监控数据通过天线传输至PC端或手持终端。智能监控型旁路负荷开关：可智能监控的新型旁路负荷开关上预留（电压、电流、计次）数据传输接口，通过modbus RS232协议将监测数据传输至信号传输模块，再经由网络传输至PC端及手持终端。

②研制一套配电网无感停电作业智能化转接箱。转接箱本体、固定器、电缆转换头、温度传感器、互感器线圈、计次按钮、数据处理器和电池。电缆转换头通过固定器安装在导轨上，温度传感器、互感器线圈和计次按钮均设置于电缆转换头上，电路板及其他电子元器件通过安装于箱体侧壁上可以解决传统户外电缆转接箱功能单一、对电缆接头运行状态监测困难的问题。

③研制一套配电网无感停电作业智能监控系统。采用32位专用处理芯片，主频最高有36MHz，提供内部自带实时时钟，用于存储时刻信息。采样模块的无线通信系统计划目前先使用技术较为成熟、性价比较高的2G通信模块实现远程数据的上传，同时此模块的设计为未来使用4G网络模块预留接口。实现了旁路带电作业快速接头和旁路电缆监控的智能化监测，解决了旁路作业需要大量人工来回测温、测流以及中间接头设备经常烧毁等难题，节省了大量的人力物力，提升了旁路带电作

业的安全性、积极性和可靠性。

（4）基于作业管控场景构建配电网不停电作业方法

①构建一套不停电作业综合策略。基于不停电作业方式成本效益分析，计算成本效益比，并按照效益和成本关系划分策略矩阵。计划停电事件不停电作业综合策略。第一步：判断作业环境和技术手段是否支撑不停电作业技术开展，若结果为是，则应开展不停电作业；若结果为否，则应按计划停电检修 / 施工。第二步：基于供电可靠性的作业方案优选，比较该不停电作业手段对供电可靠性的贡献度是否最好，若结果为是，则应选择该不停电作业技术手段开展不停电作业；若结果为否，重复判断所有适合当前作业环境的不停电作业手段对供电可靠性的贡献度，直到找到贡献度最好的不停电作业手段。第三步：基于经济效益成本比的作业计划排序，一是判断不停电作业影响用户重要等级高低，若结果为高，则优先开展该不停电作业；若结果为低，则滞后开展该不停电作业。二是判断不停电作业经济效益成本比大小，若结果为大，则同类用户等级中优先开展该不停电作业；若结果为小，则同类用户等级中滞后开展该不停电作业。第四步：重复第一、二、三步，制定周、月、年度计划停电，按顺序执行计划。

②故障停电事件不停电作业综合策略。第一步：判断作业环境和技术手段是否支撑不停电作业技术开展，若结果为是，则执行下一步；若结果为否，则应按要求停电抢修。第二步：判断故障修复时间是否大于不停电作业接入与退出时间，若结果为是，则应开展不停电作业；若结果为否，则应按要求停电抢修。第三步：基于供电可靠性的作业方案优选，比较该不停电作业手段对供电可靠性的贡献度是否最好，若结果为是，则应选择该不停电作业技术手段开展不停电作业；若结果为否，重复判断所有适合当前作业环境的不停电作业手段对供电可靠性的贡献度，直到找到贡献度最好的不停电作业手段。第四步：不停电作业执行。

③开展不停电作业标准化管控。不停电作业项目种类多，作业施工电气设备、杆上设备类型多样、布置差异大，为明确作业项目及操作方法的作业原则，规范配网不停电作业工作，加强配网不停电作业安全风险管理，项目开展过程期间，编制了南方电网《0.4kV 不停电作业技术导则》。为了以提高供电可靠性、满足用电发展需要为目标，促进配电网带电作业发展健康有序、经济合理和技术进步，编制了《不停电作业工作导则》。针对当前本地区配电网带电作业存在的主要问题，采用差异化策略统筹考虑本地区配电网带电作业发展。

二、案例实践效果

（一）综合效益

深圳应用不停电作业技术体系、无感停电作业装备、智能监控技术等研究成果，开展了无感停电作业规模化应用，完成深圳配网检修不停电作业全覆盖示范区建设；采用 ATS+UPS 或 STS 开关等方式保证活动用电负荷不闪断，实现应急情况下无感停电，助力圆满完成了春晚保供电、40 周年保供电等大型重点保供电任务。

2021 深圳电网全口径客户平均停电时间为 0.68 小时，同比下降 74%，达到世界一流水平，有力验证了成果有效性、可行性。应用项目成果，深圳已率先实现目标，为深圳供电局以及广东珠海、江苏等其他兄弟单位提供了系统提升供电可靠性的可推广、可应用的最佳范本，同时项目研究成果无感停电作业的应用，是关于“高电缆化率超大城市无感停电作业规模化应用”目标的落实。

（二）第三方评价

深圳供电局围绕“用户无感停电”这一核心问题，结合深圳配网电缆化率高（93%）的特点，通过大力推广不停电作业技术，历经 12 年，产学研用联合攻关，从超大城市电网无感停电技术体系构建、设备研发、标准制定、示范区建设等 5 个维度构建“无感停电作业”体系，基本解决了毫秒级瞬时断电现象，支撑深圳供电可靠性达到国际领先水平，保障了深圳地区国家重大活动的顺利开展。项目成果达到国际领先水平。

按照重要场所保供电技术“三个掌控”（掌控用电负荷、掌控供电回路、掌控控制开关）要求，将有关要求落实到临时、重要保电场所的保供电过程中，重点将高可靠性要求负荷（灯光、音响、转播车等）与高风险负荷（插座等）尽量分类供电，避免混在同一回路供电。目前已在深圳市内全面推广，应用场景涵盖了重要会议、考试、商业会演、文艺会演、体育竞赛、论坛展会、重要商业活动、重要工业应急用电等，并得到市场的高度肯定和一致好评。

（三）行业推广前景

现阶段项目成果在南网内得到了很好的应用，建设了“无感停电”作业示范区，相关技术也支撑了重大活动的保供电活动的开展，在应用中取得了较好的经济效益，提高了供电可靠性。有很好的推广应用前景。在后续的研究推广过程中，从技术和管理两方面，提出了以下的措施和要求：

配电网无感停电作业关键技术体系要因地制宜，适应本地配电网特点，要进一步实现三个“融入”。

粤港澳大湾区是我国开放程度最高、经济活力最强的区域之一，重要用户密布，供电可靠性要求较高，城市配电网共同点多，具备推广应用的条件和意义。深圳配电网无感停电作业技术在国际交流中已得到认可，应加强技术和装备的国际推广。

（何亮　陈晨　鲍鹏飞）

以可靠性为抓手开展客户可靠供电结对攻坚，助力迪庆藏区脱贫攻坚以及乡村振兴

一、案例基本情况

（一）单位基本情况

迪庆供电局位于迪庆藏族自治州香格里拉县，成立于2005年，是中国南方电网云南电网公司下属的国有企业，为迪庆三个县一个经济开发区进行供应电力。

（二）案例实施背景

2018年6月，在国家能源局可靠性中心的支持和指导下，南方电网公司生产技术部统筹安排深圳供电局和云南电网有限责任公司迪庆供电局开展客户可靠供电结对攻坚，协助迪庆供电局提升可靠性及电压合格率水平，支持“三区三州”迪庆藏族自治州（简称“迪庆”）脱贫攻坚。

（三）案例具体实践

1. 总体思路

迪庆藏族自治州是国家“三区三州”深度贫困地区，也是南方电网供电辖区唯一涉藏区域。为做好迪庆电力保障，助力迪庆脱贫攻坚，自2018年签订客户可靠供电结对攻坚协议以来，深圳供电局高度重视结对攻坚工作，将其视为落实以习近平同志为核心的党中央关于打赢脱贫攻坚战的重大决策部署、践行“人民电业为人民”庄严承诺、解决电网发展不平衡不充分问题的重要载体和具体实践。为圆满完成结对攻坚工作目标及任务，深圳供电局会同云南电网公司，与迪庆供电局紧紧抓住“可靠性牛鼻子”，多维度深入开展结对攻坚，从人员、管理、技术装备等方面助力提升供电质量水平，为打赢三区三州脱贫攻坚提供坚强电力保障。

2. 主要做法

（1）统筹规划，系统部署推进结对攻坚工作

一是签订协议当天，深圳局分管领导即带领供电可靠性、电网规划、综合停电等方面业务骨干，到迪庆开展了现场调研、交流摸底，并确定了结对攻坚主体框架、互动交流及保障机制。二是深圳局会同云南电网公司、迪庆供电局制定了《客户可靠供电结对攻坚工作方案》，厘清了思路、明确了举措。结对攻坚工作方案从基础管理、规划建设、生产运维、技术进步、客户服务5大领域制定了12项重点措施、67项具体任务。三是建立简报例会机制，按月编制结对攻坚工作简报，通报工作开展情况。

表 1　深圳供电局与迪庆供电局客户可靠供电结对攻坚工作计划

序号	工作内容	工作举措	主要成果	开始时间	完成时间
1	一、制定提升工作方案	开展可靠性及电压合格率指标专项分析，挖掘指标背后反映的网架、管理、技术等方面存在的问题，编制指标分析报告	可靠性指标分析报告 电压指标分析报告	2018 年 7 月 6 日	2018 年 7 月 10 日
2		结合指标分析，编制可靠性及电压合格率管理提升行动方案，从基础管理、规划建设、生产运维、技术应用、营销服务等方面提出针对性措施，并开展措施成效、成本分析，提出分区、分阶段措施策略	供电可靠性提升行动方案 电压指标提升行动方案	2018 年 7 月 6 日	2018 年 7 月 30 日
3		组织相关专业人员，参与审查迪庆局贫困县供电可靠性及电压合格率指标提升方案	供电可靠性与电压指标提升方案评审及完善意见，最终版的供电可靠性与电压指标提升方案	2018 年 7 月 10 日	2018 年 8 月 10 日
4		制定供电可靠性及电压合格率专项规划，从网架、管理、技术等方面明确近、中、远期目标，并提出技术要求、项目需求、重点措施等内容，用以指导电网规划及项目申报	供电可靠性工作规划 电压提升工作规划	2018 年 10 月 1 日	2018 年 12 月 30 日
5	二、提升基础管理水平	建立工作网，在计划、基建、市场、系统、输变电部门设置专职或兼职可靠性岗位，加强各部门的联动	可靠性管理组织机构	2018 年 7 月 11 日	2018 年 7 月 30 日
6		建立工作机制（计划、简报、例会、检查督导、协调），吸取深圳可靠性、电压管理经验，结合迪庆实际，形成适用于迪庆供电局的可靠性、电压管理机制	可靠性管理机制 电压管理机制	2018 年 7 月 21 日	2018 年 8 月 31 日
7		协助开展可靠性、电压培训，提升迪庆供电局管理水平	培训记录	2018 年 8 月 1 日	2018 年 9 月 30 日
8		完善评价体系及考核方式，从严动真开展可靠性考核	可靠性管理机制（评价体系及考核机制）	2018 年 7 月 21 日	2018 年 8 月 31 日
9		建立持续改进机制，从完成指标中找问题、促提升	可靠性管理机制（包括持续改进机制）	2018 年 7 月 21 日	2018 年 8 月 31 日
10		完善资产系统可靠性模块单轨运行，提升基础数据质量，提升数据采集准确率	资产系统可靠性模块应用数据统计	2018 年 8 月 1 日	2018 年 12 月 30 日
11	三、加强综合停电管理	将 2018 年下半年指标重新分解，并将计划停电指标分解到月、部门	计划停电指标分解表	2018 年 7 月 1 日	2018 年 7 月 30 日
12		梳理 2018 年下半年停电需求	下半年停电计划	2018 年 7 月 1 日	2018 年 7 月 30 日
13		严格按月度计划开展计划停电指标管控，原则上未纳入停电需求的停电一律不予安排，对超出计划的单位实施“熔断”机制	月度指标管控情况分析报告	2018 年 8 月 1 日	2018 年 12 月 30 日
14		成立综合停电管控小组	综合停电管控小组及作业记录	2018 年 7 月 11 日	2018 年 7 月 20 日
15		每年 11 月收集下一年度停电箭求，包括主配网基建、技改、检修、改迁、业扩等业务，制定年度停电计划，按照“六步法”开展综合停电管理。	年度停电计划	每年 10 月初	每年 11 月底
16		连立重大停电事件管控机制，严管临时停电，由局长“一支笔”审批	量大停电事件管控机制	2018 年 7 月 21 日	2018 年 8 月 31 日
17		每月对城市用户停电超过 300 小时 × 户，农村用户停电超过 600 小时 × 户的计划停电申请，有综合停电管控小组逐单审查停电方案	审查会议记录	2018 年 7 月 20 日	2018 年 12 月 30 日
18		挖掘转供电潜力，结合季节、节假日、线路历史负荷等因素，逐条梳理主配网线路转供电窗口，对涉及该线路的停电，原则上安排在停电窗口期执行。	主配网线路转供电情况统计	2018 年 9 月 1 日	2018 年 9 月 30 日

（2）积极开展人员及技术互动交流

①推动迪庆供电局先后组织了33人次赴深调研交流及跟班学习，成员涵盖局领导、部门负责人、班站长、班员等层级，交流业务涉及客户可靠供电、作风建设、团队建设、指标绩效、精益化及督查督办等，将深圳经验带回去。

②按照干部互派挂职机制，深圳供电局选派具有丰富可靠性管理经验的业务骨干到迪庆供电局开展为期两年的挂职，协助迪庆供电局开展可靠性及电压管理，把深圳经验送过去。

③深圳供电局先后组织成立了各类技术专家团队共计33人次赴迪庆现场开展联合工作，如联合对重复跳闸的10kV白水台线开展了现场联合诊断交流，并在配网运维、重复故障线路治理、带电作业及配网自动化建设等方面进行了深入交流。

④协助开展可靠性及电压管理相关技术技能培训80余人次，重点对可靠性和电压相关行业规程、省公司工作制度、方案进行讲解，并分享深圳可靠性和电压管理经验、典型案例等，助力提升业务管理能力。

⑤2020年以来，多次通过线上等方式开展配网自动化建设经验交流，并远程开展了自动化项目可研审查。

（3）齐心协力推动管理水平提升

①协助制定可靠性和电压合格率提升行动计划。一是结对。双方在结对之初联合制定了可靠性及电压合格率指标提升行动计划，并完成现场宣贯。可靠性管理方面，按照三四级梯度层层深挖、剖析，共梳理出68项问题，制定了138项提升工作计划；在电压管理方面，分别对A、B、C、D类存在的问题进行分析，从基础管理、电网规划建设、运行管理、客户服务、技术创新五个方面制定电压合格率指标提升工作计划124项，第一阶段已全部完成124项结对计划。2019—2020年，结对双方均根据上年度指标分析发现问题及现状情况，对可靠性及电压提升行动计划进行了滚动修编。二是按年度协助开展可靠性分析，针对停电主要集中在35kV及以上输变电设备方面等情况，在云南省公司的统筹指导下，协助修订输变电可靠性专项提升工作计划，对关键变电站、输电线路按照一站一册、一线一册原则开展专项治理。

②协助提升可靠性及电压管理基础水平。一是协助制定了《迪庆供电局无功电压管理业务指导书》《迪庆供电局可靠性管理业务指导书》，进一步规范了可靠性及电压管理，明确部门职责。二是借鉴深圳管理经验，组织制定了《客户平均停电时间管理到位标准》，对各级管理人员提出了年、月、周需关注的具体工作事项，并列出指标管控、工作任务推进、计划停电管控、故障管控等工作的具体业务关注点。三是制定《客户平均停电时间工作质量评价标准》，将年度重点项目完成情况、用户故障出门、重复故障、长时间停电管控等纳入工作质量评价中予以考核，加强过程管控。四是协助制定可靠性数据管理工作指引，并联合云南省公司生技部组织对各县局可靠性管理人员进行培训，规范数据管理，从源头提升数据质量。五是优化指标考核方式，将计划停电指标分至系统运行部进行专业管理，同时在绩效考核中增加单个台变累计停电超过100小时（含计划和故障）和台变重复故障超过5次等关键过程指标考核，促使基层加强过程管控。六是协助组织开展现场检查督导等管理工作，在具体工作中对迪庆可靠性管理专责进行常态培训，尤其在可靠性管理套路、方式方法，可靠性系统使用等方面。七是根据迪庆设备大型项目无法及时落地的现状，探索出了适合迪庆

配网近期发展方向、稳扎稳打开展配自建设、结合人员运维情况、以主线投逻辑支线投保护等的简单有效方式，提升设备智能水平及故障自动定位水平，突破了自动化线路及开关覆盖率为“零”的现状。

表 2　2019 年客户平均停电时间工作质量评价标准

<table>
<tr><th>类别</th><th>评价项目</th><th>评价内容</th><th>关键指标</th><th>2019年目标</th><th>评分标准</th><th>责任单位</th><th>分数</th><th>归口审核部门</th></tr>
<tr><td rowspan="7">基础管理</td><td rowspan="3">数据质量管控情况</td><td rowspan="3">基础数据及运行事件完整性、准确性、规范性</td><td rowspan="3">—</td><td rowspan="3">各单位唯实开展数据管理工作</td><td>1. 省公司、能监局等检查通报基础数据及运行事件问题，经核实确有责任原因的，扣 1 分 / 项</td><td rowspan="3">各供电分局</td><td rowspan="3">15</td><td rowspan="7">生产技术部</td></tr>
<tr><td>2. 局各级可靠性督导等检查通报基础数据及运行事件问题，经核实确有责任原因的，扣 0.5 分 / 项</td></tr>
<tr><td>3. 局可靠性远程抽检，经核实确有责任原因的，或经可靠性工作简报通报的，扣 0.2 分 / 项</td></tr>
<tr><td rowspan="4">可靠性工作机制运作情况</td><td>2019 年可靠性工作方案编制情况</td><td rowspan="3">工作事项完成率</td><td rowspan="3">100%</td><td>未按要求编制 2019 年可靠性工作方案的，扣 3 分；编制后未发文或未对应承接局可靠性管理重点工作任务的，扣 1 分</td><td rowspan="4">各供电分局、输变电单位</td><td rowspan="4">10</td></tr>
<tr><td>可靠性指标分解情况</td><td>未将指标分解并纳入相关部门和班组绩效评分的，扣 1 分</td></tr>
<tr><td>半年及年度分析报告、月度工作简报编制情况</td><td>未按要求分析并编制可靠性半年分析报告、年度分析报告的，扣 1 分 / 项；未按月开展分析并编制月度工作简报或未通报指标完成情况的，扣 0.2 分 / 月</td></tr>
<tr><td>可靠性现场督导问题整改情况</td><td>—</td><td>督导发现问题及时完成整改</td><td>局可靠性督导发现并经督导简报通报的问题，未及时整改且无充分理由的，扣 1 分 / 项</td></tr>
<tr><td rowspan="2">规划建设</td><td rowspan="2">网架转供能力</td><td>配网年度项目计划完成情况</td><td rowspan="2">项目完成率</td><td rowspan="2">100%</td><td>年度配网网架优化项目计划每少完成一项扣 2 分，扣完为止</td><td>各供电分局</td><td>10</td><td rowspan="2">计划建设部</td></tr>
<tr><td>主网年度项目计划完成情况</td><td>年度主网网架优化项目计划每少完成一项扣 20 分，扣完为止</td><td>规划建设中心</td><td>100</td></tr>
<tr><td rowspan="6">计划停电</td><td rowspan="4">用户重复计划停情况</td><td rowspan="4">用户重复计划停电次数（仅统计局属工程和计划检修停电，不含转供电）</td><td rowspan="4">用户重复计划停电次数</td><td rowspan="4">1. 计划停电累计超过 3 次用户数同比下降
2. 局用户重复停电率≤ 7%</td><td>1. 发生“能转未转”的，扣 0.5 分 / 项</td><td rowspan="4">各供电分局</td><td rowspan="4">20</td><td rowspan="4">系统运行部</td></tr>
<tr><td>2. 用户重复停电率高于年度目标值每 0.5 个百分点扣 1 分；低于目标值每 0.5 个百分点加 1 分</td></tr>
<tr><td>3. 发生用户计划停电累计超过 3 次的（同一线路用户按 1 户计算），扣 0.5 分 / 户</td></tr>
<tr><td>4. 无用户重复停电≥ 3 次，加 1 分</td></tr>
<tr><td rowspan="2">不停电作业推进情况</td><td rowspan="2">是否存在“能带未带”情况</td><td rowspan="2">带电作业次数</td><td rowspan="2">90%</td><td>1. 发生“能带未带”事件的，扣 0.5 分 / 项</td><td rowspan="2">带电作业中心</td><td rowspan="2">100</td><td rowspan="2">生产技术部</td></tr>
<tr><td>2. 带电作业次数超年度目标的，每 5% 加 0.5 分</td></tr>
</table>

③助力提升综合停电管理水平。一是毫无保留地分享深圳综合停电管理经验，协助优化重大停电事件分级管控机制，并推动建立重大停电事件后评价机制。停电影响达到城市 150 时户、农村 300 时户的停电，必须由局分管领导审批；实际停电影响达到重大事件标准但未开展审批的单位，执行“说清楚”。截至 2020 年，迪庆局分管领导审核重大停电事件 145 起，其中退回修改 27 起。二是结合省公司综合停电管理及考核要求，确定迪庆计划停电安排的基本原则，即一条线路一个季度预安排停电不超过 1 次，一年不超过 4 次，2020 年预安排停电 2 次以上线路数同比减少 33.47%。三是协助优化综合停电申请审批流程，推动增加带电作业审查环节，无带电作业现场勘察单的停电申请不建议批复。截至 2020 年，迪庆局带电作业同比大幅增加，减少停电 5.79 小时 / 户。四是参与年度及月度停电计划审查，并对停电计划收集模板及要求等提出了优化建议，并协助完成 2019、2020 年度停电计划编制。五是参与重大停电事件方案审核优化，从管理上、技术上为降低停电影响出谋划策。

④助力提升运维及故障抢修管理水平。一是分享配网运维管理经验，协助优化重复故障线路的管控策略，如组织专项工作组开展重复故障线路巡视、强化“一线一策”管控策略等。二是结合现场诊断交流情况等，提出开展智能断路器专项排查整改建议，确保断路器投入正常，定值无误，缩小停电范围。截至 2020 年，迪庆供电局全面完成 10kV 线路重合闸投退情况排查，并投入重合闸 10kV 线路 148 回，占 89.2%，同时完成智能开关定值优化。三是协助建立了重复故障管控约谈机制，对重复故障管控不到位或成效不足的分局专项约谈及时说清楚。涉及分局针对故障跳闸开展积分制，分局计划生产部牵头，以供电所为单元，体现在约谈、组织绩效上。两年以来开展重复故障约谈 39 人次，纳入绩效考核 18 人次。四是积极开展配网重复故障线路专项治理，联合制定《迪庆供电局党员攻坚中压配网故障停电时户数排名前十线路专项治理方案》，对故障停电影响排名前十的线路按照一线一策要求专项制定整改措施，并实行局领导为主要责任人，各分局业务骨干党员挂名督办。2020 年进一步优化策略，编制印发单周巡视双周治理计划，结合停电登杆检查等专项方案，重复停电线路数同比降低 47%。

⑤助力提升网架水平，提升转供电能力。一是结对双方以供电可靠性和电压质量指标为引领，以问题为导向，结合网架现状提出了迪庆供电局网架规划、优化策略及建议，包括解决主网网架单线单变的 19 条及解决配网故障频繁、电压过低、智能化不足等 130 条优化建议；149 条建议的全面实施完成将全面解决迪庆一线多 T、单线单变、近区小水电直供、配网线路供电半径过大无联络及自动化覆盖密度较低，同时可以确保实现供电可靠性年度停电 17.52 小时 / 户及电压质量 98.65% 的目标。目前已实施 27 条，完善了香格里拉、开发区、德钦片区第二电源，减轻了原有网架运行压力，提升了主网网架转供率。二是联合开展迪庆电网饱和网架规划审查、三区三州以及维西示范县项目可研审查。三是助力开展迪庆供电局配网“十四五”规划，提出优化建议 77 条。四是助力推进维西智能电网建设，从网架完善、运行方式调整、配自全过程建设及运维人员技能提升等方面有针对性地多措并施，两率一户指标达国家、南方电网公司要求。

（4）开展装备及技术支持

一是支援建设电化学储能系统，提升迪庆供电局保供电装备水平。二是支援台区识别仪用于解决迪庆供电局实际工作中因现场变户关系不清晰影响抄表的问题。三是支援架空线路局放测试仪，提升班组发现隐形缺陷的能力，在重复故障线路治理中发挥重要作用。截至 2020 年，支援迪庆供电局装备及工器具价值约三百万元。

（5）升级可靠性结对攻坚为全面帮扶，助力迪庆乡村振兴

为落实党中央、国务院关于巩固脱贫攻坚成果与乡村振兴有效衔接部署，南方电网公司党组自 2021 年 7 月开始谋划“十四五”对迪庆供电局的全面结对帮扶，并将深圳与迪庆的客户可靠供电结对攻坚工作升级为全面帮扶，旨在把代表南方电网最先进水平的成熟经验带到迪庆、服务迪庆。在南方电网支持指导下，深圳供电局与云南电网、迪庆供电局开展了多次专项研究，历时两个月制定了五年帮扶规划，签订了三方协议，并将涉及的 19 个专业分成 6 个业务组分别开展帮扶工作，确保帮扶工作到供电所、到班组。力争到 2025 年使迪庆供电局综合管理水平在全国涉藏州市供电企业中处于领先，在云南省内地市供电局中达到平均水平，打造乡村振兴的“南网样本”，更好服务迪庆高质量发展和民族团结。

2022 年以来，深圳供电局以可靠性为抓手，承接帮扶规划以及帮扶协议要求，以助力迪庆供电局年度经营业绩考核 A 级为深圳局各部门年度考核要求，督促各专业毫不保留输出经验。目前完成 3～5 天的现场联合工作 80 多人次、30 天的短期驻点交流 2 人次、半年挂职指导 1 人次、长期挂职协助工作 1 人；召开线上视频交流会 33 场次、线上培训会 22 场次；联合推动建设香格里拉 1 小时示范区、5 星班组以及“一县一可研”编制，创新工作室结对联建等工作落地，同时探索通过支持一批装备的方式，协助迪庆供电局打造输变电智能数字化建设试点工程。截至 2022 年 9 月，迪庆供电局可靠性、电压合格率等指标均实现大幅提升，完成迪庆帮扶产品消费共 732 万元。

二、案例实践效果

（一）综合效益

通过两年多的攻坚克难，深圳可靠性管理经验成功落地迪庆雪域高原。2020 年，迪庆供电局客户平均停电时间较 2017 年同比下降 50% 以上；电压合格率较 2017 年提升 2 个百分点；户均配变容量等各项指标均优于国家相关要求及南方电网结对攻坚目标计划，全面满足脱贫攻坚用电需求，筑牢了电力引擎。迪庆全社会用电量达到 15.47 亿 kWh，年均增速 11.57%；客户满意度同比提升 9 分，提升幅度排名云南省地市供电局第一。

（二）第三方评价

深圳供电局与迪庆供电局客户可靠性供电结对攻坚工作得到了国家能源可靠性中心的高度肯定。2020 年，国家能源局可靠性中心组织召开了全国可靠性帮扶培训会议，安排深圳供电局专题分享经验，也得到了中国新闻网等媒体广泛宣传。深圳与迪庆的结对攻坚工作得到南方电网党组认

可，2021 年将深圳与迪庆的客户可靠性供电结对攻坚工作升级为全面帮扶，并作为南方电网公司助力迪庆乡村振兴的关键举措，纳入南方电网公司与迪庆政府的战略合作协议推进落实。

（三）行业推广前景

乡村振兴、电力先行。电力可靠性作为电网企业生产运行的核心管理手段，将是电网企业服务乡村振兴的核心抓手。同时，电力企业作为支持全国乡村振兴的主力军，有义务，也有能力助力乡村振兴主战场属地电网企业提升供服水平。以可靠性为抓手开展电力企业结对攻坚，有助于先进管理理念、管理思路以及先进装备工器具在当地推广应用。深圳供电局与迪庆供电局的结对攻坚为全国开展可靠性帮扶提供了样板和经验，具有较大的推广和应用价值。

（刘永礼　林申力　蒋礼清）

以可靠性为中心的直流设备全生命周期运维管理实践

一、案例基本情况

（一）单位基本情况

超高压输电公司（以下简称“超高压公司”）是中国南方电网有限责任公司的分公司，于2003年2月16日正式挂牌运作，负责管理、运营、维护和建设南方电网跨省区骨干网架和重要联络线，承担国家“西电东送”战略南部通道的实施。截至2021年，已建成“八交十直”共18条西电东送大通道，以及两回500kV海南联网输电线路，其中包括±800kV乌东德电站送电广东广西特高压多端直流示范工程、±800kV云南送电广东特高压直流示范工程、±500kV云贵互联通道工程、±500kV溪洛渡送电广东同塔双回直流输电工程等一批标志性项目。运维500kV及以上线路长度为23711千米，其中800kV线路6195千米、海底电缆7×30.5千米，通道设计送电能力5660万kW。

（二）案例具体实践

1. 总体思路

本项目以超高压公司各换流站资产全生命周期管理为基础，重点开展设备可靠性提升管理研究。通过前移工程生产准备、创新直流年度检修机制、强化设备隐患排查及检修效能提升、突出设备主人管控等措施，全力提升直流可靠性。在直流规模逐年增长的情况下，回均闭锁次数、回均临停次数指标趋势整体向好，2011年至今直流综合能量可用率连续11年保持在96.4%以上的高水平，近五年直流综合能量可用率平均值96.53%，高于国内平均值2.27个百分点，高于国外平均值2.53个百分点，有力保障了西南清洁水电的消纳及粤港澳大湾区的电力供应。

2. 具体做法

（1）全过程实施设备前端环节技术监督，实现工程建设阶段资产全生命周期管理的高效协同，提升设备入网质量

①创新提出基于“靶心法”的全过程、全方位、全生态的三位一体“大生产准备”管控体系。在生产准备阶段，全面深入辨识直流运行风险，将直流闭锁因素分析与工程设计、建设同步实施，全过程实施设备前端环节技术监督，全面、科学、系统地贯彻实施资产全生命周期管理理念，从源头上防范设备重大基准风险，提升设备入口质量。

“全过程”，即将生产准备前移至工程设计、招标阶段，推进设计、制造、基建和生产一体化协

同高效，后延至投运后首年，开展为期一年安全攻坚，充分应对投运初期设备运维经验不足、设备稳定性有待检验等风险，实现全过程管控设备质量。“全方位”，即从电网、设备、作业全专业开展系统风险、设备风险、作业风险全专业辨识和管控直流运行风险，实现全方位的运行风险防范。“全生态”，即推动政府、企业、厂家、设计协同管控协同创新，实现“全生态”的安全管控，最终实现直流工程高质量按期投产和安全运行风险可控在控的总目标，为提升质量能力可用率提供有力保障。在生产准备阶段践行资产全生命周期管理理念，以安全生产风险管理体系为核心思想，落实前端环节技术监督机制，并最终服务于提升直流可靠性。

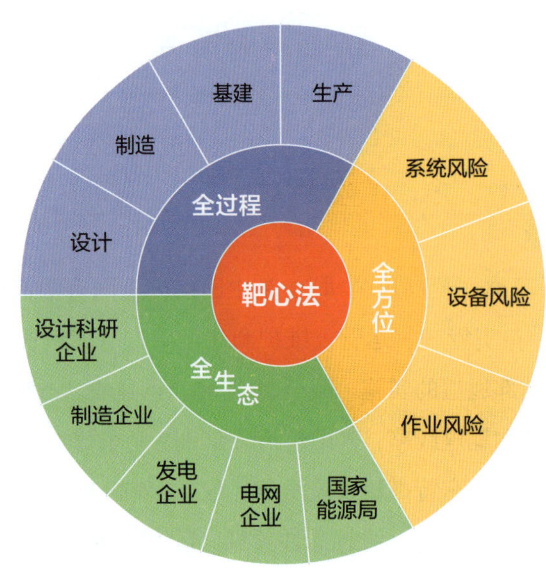

图 1 “靶心法”生产准备模式拓扑图

②创新构建“4321”设备主人制的资产全生命周期管理模式，实现以可靠性为中心的资产全生命周期运维（RCM）管理实践。从影响设备可靠性的人员、设备、管理、环境 4 类关键因素入手，按照设备管理前端、中端、末端 3 个阶段分类施策，涵盖设备的规划、设计、制造、物资采购、建设、调

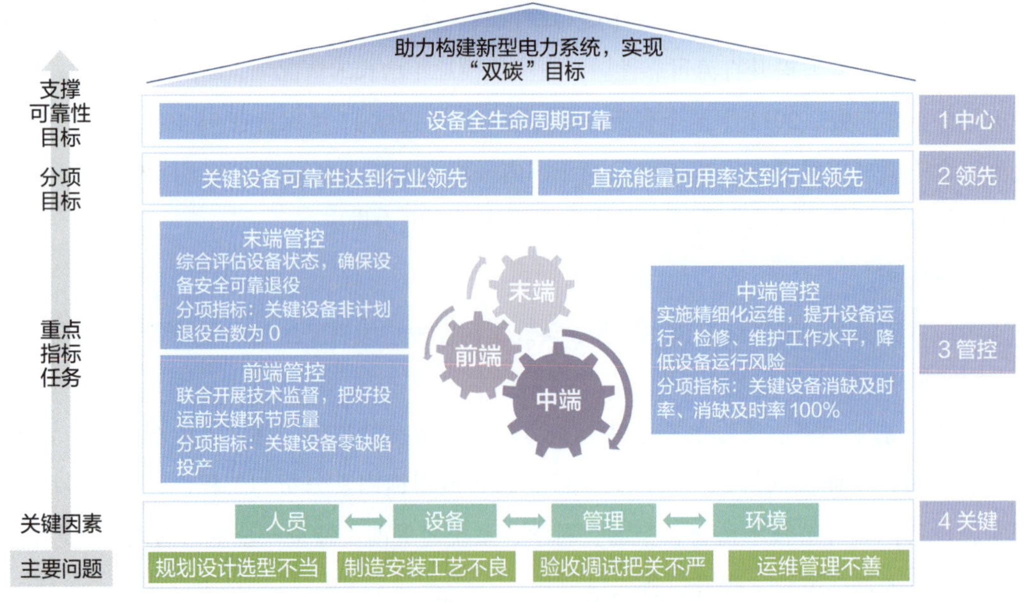

图 2 “4321”设备主人制资产全生命周期管理模式

试、验收、运维、改造、更新直至报废的全过程，以全面系统、精准高效的管理举措推动直流输变电设施可靠性和直流系统能量可用率指标达到行业领先，进一步夯实本质安全型企业建设基础。

应用案例：昆柳龙直流工程阶段问题管控流程。

落实昆柳龙直流工程建设阶段问题提出及跟踪落实工作机制，细化工程规划设计、招标采购、现场跟踪、系统运维四大阶段中可研设计、设备采购、出厂监造、安装验收、调试及试运行全过程节点 41 个，将设备技术监督关口前移到工程可研、设计及生产制造等环节，精准定位前端技术监督建议的跟踪起始及结束节点。

工程建设前期，收集特高压直流工程相关的 81 份设备专项纪要，整理设计类技术标准 109 份，梳理了网内 639 份设备事故事件报告，对照 2045 项反措，筛选提炼出了涵盖技术规范、反措、专项纪要、运维经验等四大类共 1362 条前端技术监督建议，形成了《昆柳龙设备质量前端技术监督建议数据库》。

工程累计投入 1800 余人次深度开展技术监督，提出线路高跨、直流电源按阀组独立配置等改进措施 300 余项，避免新工程出现“老问题”；前端环节推动解决柔直功率模块过压保护改进等问题 900 余项，有效降低了后期运行风险。优化启动验收流程，将质量把控延伸至施工安装全过程，累计投入万余人次开展随工验收，把好设备验收质量。

（2）全方位实施换流站设备运行风险辨识与管控，实现直流运行风险系统性纵深式“围剿”防控，保障工程安全稳定运行

换流站设备品类繁多，工艺复杂，首（台）套设备不断涌现，做好换流站核心装备运行风险辨识与管控，是保障直流工程安全稳定运行的关键。超高压公司认真履行西电东送大通道运维主体责任，坚持隐患排查与风险管控双重机制，系统开展闭锁因素梳理与隐患排查整治，深入抓好运行风险防控，工作成效显著。

①扎实开展换流站设备隐患排查。总结借鉴前期隐患排查工作经验，不断完善排查手段，提升排查成效。全面梳理直流历次闭锁、临停、异常功率波动等重大事件并排查同类隐患，反向排查引起直流闭锁、装置冗余切换、功率异常波动等故障清单，同时考虑软硬件故障多重因素叠加工况，通过仿真等技术手段开展正向验证，结合历史事件回顾、反向排查与正向验证，对换流站各装置所涉及的软件信号、硬件回路进行深入分析，全面辨识和系统排查，深挖潜藏隐患并制定针对性防控措施，为直流工程安全平稳运行提供技术保障。

②统筹做好设备隐患整治。根据直流建设运维经验，换流站中新设备的裕度、组部件质量等问题往往要经过一定时间大负荷送电后，才会逐渐暴露。公司建立联合攻关隐患机制，换流站设备异常发生后，整合运维单位、设备厂家、科研机构等开展攻关分析，强化前中后台的技术支撑，充分发挥协同机制优势。从彻底查明故障原因、强化运行风险管控、制定永久整治计划等方面细化制定工作任务，按照“到岗、到人”逐项分解到责任单位和责任人，确保各项措施按计划有序开展，设备隐患及时消除。

③系统构建设备缺陷管理体系。基于资产全生命周期管理理念，系统构建设备缺陷管理体系，突出原因分析和源头治理，通过高质量检修运维、科技及管理创新高水平根治设备问题，最大限度收敛作业风险暴露面、扭转设备故障多发态势达到缺陷数大幅下降的目标，提升换流站设备本质安全水平。

应用案例 1：昆柳龙直流柔直阀控系统隐患排查。

超高压公司基于控制保护系统的最终闭锁出口结果，立足程序、图纸及设备向前追溯导致该结果的各类闭锁因素，组织对昆柳龙设备梳理闭锁因素并制定管控措施，通过深入系统排查柔直阀控系统单一元件故障导致的跳闸风险，辨识出龙门、柳州站极 1 柔直阀控设备存在脉冲板、切换板、背板共用电源、共用时钟源等单一元件隐患，针对性制定脉冲箱采用双电源总线、点对点串行通信，脉冲板采用双 FPGA 设计等优化整改方案。为充分验证整改方案的有效性，避免解决旧问题后产生新问题，创新性地提出了包括厂内试验、型式试验、功能试验、阀段试验和现场试验五大类 41 项全链条多重化试验矩阵，为后续同类隐患治理或新建工程提供了范本。利用 2022 年度检修窗口现场开展实施，有效消除了单一元件故障导致的跳闸隐患。

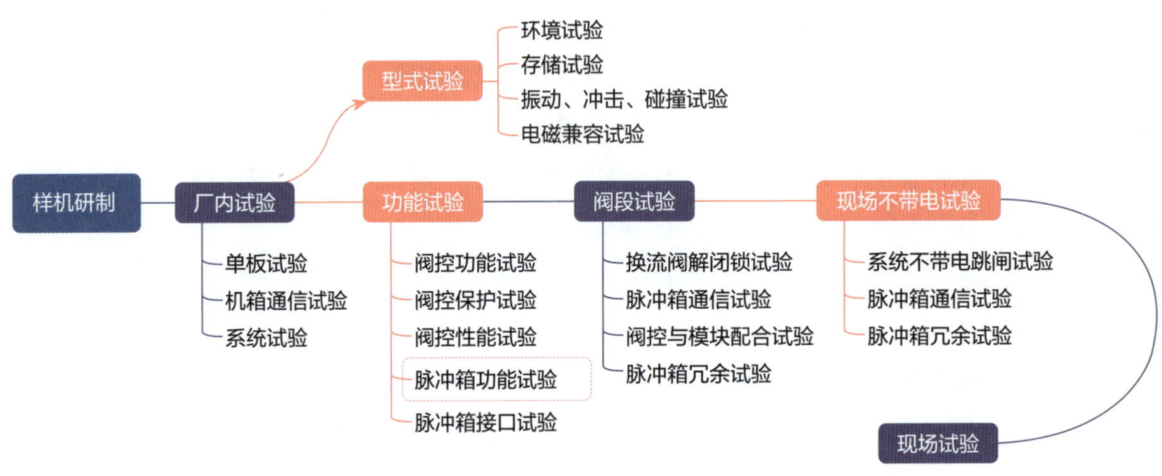

图 3　阀控隐患整改全链条多重化试验矩阵

应用案例 2：创新构建“3442”缺陷管理模式。

深植 3 种正确缺陷管理理念，纠正缺陷不可避免论，纠正缺陷消除即可论，纠正缺陷与己无关论；聚焦长久性、有效性，构建缺陷管理 4 种机制，一是构建“日分析、周督办、月通报、季总结”缺陷管控模式，二是打造重大安全生产问题揭榜挂帅认领机制，三是良性打通设备备双主人协同机制，四是筑牢“四不放过”奖惩机制；压实责任，确保“4 个零”治理体系有效落地（精准评风险，“零差错”制定消缺策略；形成系统评估、提级管控、稳妥处置“零失误”消缺工作套路；深挖运维短板，“零缺陷”运维一以贯之；质量检修，“零临停”检修一以贯之）。

通过持续运转“3442”缺陷管理模式，牛寨换流站实现连续 2 年“零非停”，连续 3 年“零事故”“零事件”“零人为责任”，连续 6 年“零闭锁”，2022 年首次迎峰度夏前缺陷停电处理“零需求”。2022 年缺陷发生数同比下降 36.3%，重复性缺陷由 51 类下降至 46 类。

（3）全方位实施直流检修效能提升，实现直流设备检修机制与模式创新，提升直流系统管控能力

传统直流输电系统采用“每年综合年检 + 临停消缺”的检修方式，但受制于固有检修周期与检修模式，直流可用率的起评值被限制在 97% 以下，无法满足新型电力系统的背景下对主网可靠运行的要求。超高压公司聚焦制约因素，全方位开展直流检修效能提升研究，实现直流检修机制与模式创新。

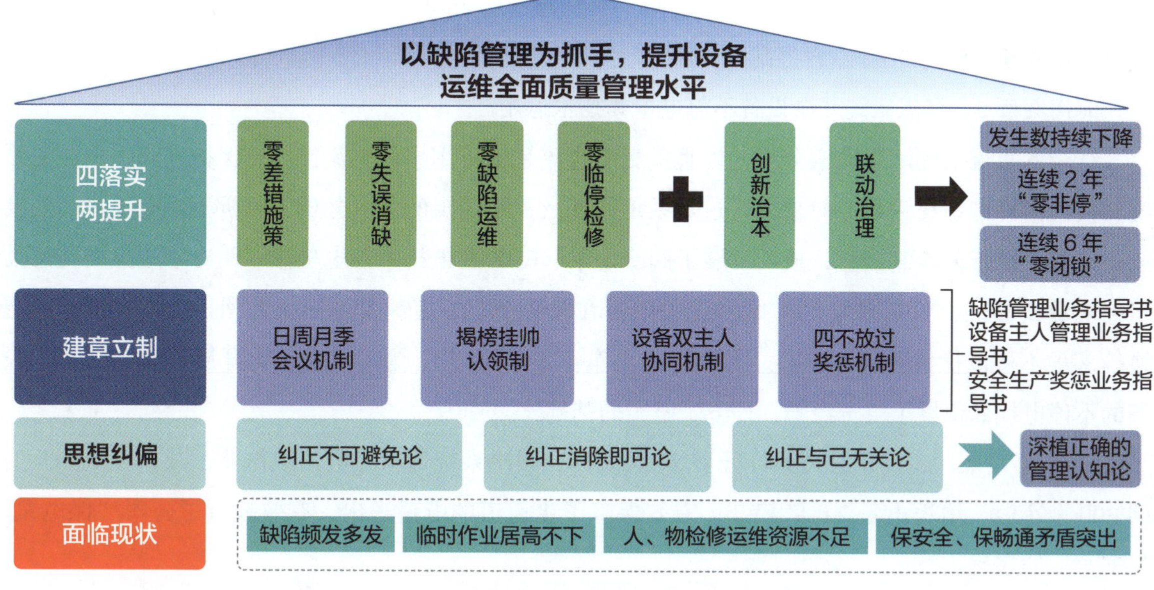

图 4 “3442”缺陷管理模式

①开展直流年检模式优化研究与实践。在充分确保设备检修维护需求的前提下，积极推进“直流状态检修、不停检修、轮停检修、搭车检修”与“大、小年份检修”相结合的检修模式，探索适当延长大型综合年检策略，通过项目优化，实现一年期年检时间大幅减少，同时将原本每年一次的停电年检延长为每两年一次，随着工作的进一步深化，后续可延长至每三年甚至每四年一次，形成更为科学、合理、集约化的维护策略，推动直流系统运维模式迭代提升。

②推进直流系统冗余设备不停电检修技术运用。为适应直流通道长时间压极限运行的新常态，以减少直流系统临时停电检修次数、提高直流可靠性为根本出发点，结合各直流工程闭锁因素分析，研究直流冗余设备不停电检修技术，优化现场直流冗余设备不停电检修工作安排，改变了原始直流冗余设备发生故障时，需要停运直流进行检修的落后模式。

③切实抓好检修质量管控。依靠技术监督抓检修标准的执行，全面把控检修质量，确保“修必修好，试必试全”。各单位充分落实检修主体责任，重点抓好检修质量检查，采取现场巡视、旁站等方式，对检修现场实施全过程质量监督，着力把握检修项目完整性、关键作业管控安全性、关键步骤执行规范性、关键工艺操作正确性。公司充分发挥监督检查职能，抓好检修质量督查，采取数据记录查阅、现场考评等方式，既对检修质量管控体系进行监督，也对检修质量开展再检查。

应用案例 1：金中直流年度检修模式优化。

以金中直流为试点开展直流年检能效优化。一是首创利用直流低负荷窗口开展冗余设备轮停检修方案，针对交流滤波器等交流设备开展不停运直流的检修，减少集中检修设备和项目。二是积极推进阀冷却塔冗余设备在线检修，在满足直流负荷的情况下，开展轮停检修。三是首次将状态检修应用于直流系统检修，针对流场复合绝缘子清污等存在优化空间的设备检修项目和周期，在充分论证、确保安全的前提下进行科学调整，降低非必要的检修工作量。四是充分结合直流调度临时停运机会，见缝插针开展直流检修。

经过反复论证和实践，2022 年金中直流桂中换流站年度检修时间从常规的 10 天缩短至 5 天，在不影响安全质量前提下缩短直流年检时间，实现超高压公司各回直流历次年检时间最短的突破，直流可用率起评值由 96% 左右提高至 98% 以上。

应用案例 2：直流系统冗余设备不停电检修技术运用。

结合各直流工程闭锁因素分析，以直接影响直流系统可用率的直流控制、保护、阀控、测量系统和换流阀冷却系统为研究对象，通过对系统原理及控制逻辑的深入分析，分析不停电检修的主要风险点和关键工艺控制流程，成功开展了阀冷主泵、CPU 及电机不停电检修、阀冷系统主要传感器不停电更换验证、VBE 系统 CPU 板和光发射板在线更换、直流测量系统板卡和光纤在线试验性更换等多项不停电检修及验证作业。形成标准化作业文件 31 份，为后续常态化开展直流系统冗余设备的不停电检修积累了宝贵经验，打下了坚实的基础。

2019 年以来，超高压公司累计开展 27 次阀控、阀冷系统等不停电消缺作业，减少直流停运时间 300 余小时，增送电量 2.6 亿 kWh，有效保障了主通道的电量送出，有效践行了公司“保电量、保安全”的宗旨。

应用案例 3：切实抓好检修质量管控。

在编制年度检修总体管控方案时，同步发布各回直流质量督查方案，明确关键质量控制点和验收标准，设置 WHS 质量控制要求，建立质量督查局级、部门级及班组级三级管控机制，在工作票终结时开展验收，确保质量督查工作的闭环管控。超高压公司自 2012 年起，逐步建立健全年度检修质量督查体系，以公司专家 + 设备厂专家组建专家团队，聚焦关键设备，通过巡视现场作业、旁站重点工作、查阅作业资料，及时监督纠正以提升检修质量。近年来，累计发现并解决问题 1138 项，有效引导现场检修质量提升。

④深入推进换流阀设备 RCM 检修。针对换流阀设备系统性强，设备种类多、功能复杂等特点，超高压公司根据 RCM 理念，建立换流阀分析框架，包括约定层次、可靠性框图、分析指标体系等，对换流阀设备各种故障模式开展失效模式与影响分析、故障危害分析，优化设备检修策略。尤其在故障模式与影响分析方面，通过深入分析，辨识出阀塔载流部位发热、阀塔水管接头漏水、均压电极结垢堵塞、二次板卡故障率高等为制约换流阀运行的突出问题，组织修订完善企业标准《换流阀及阀冷系统检修试验规程》，提出加强换流阀通流回路接头发热治理的检修“六步骤”、加强换流站阀塔漏水治理管控的“六措施”等针对性措施，所辖各回直流因换流阀设备故障导致闭锁或临停次数从 2017 年的 15 次下降至 2021 年的 3 次，进一步提升换流阀设备可靠性。

从“人、机、料、法、环”等方面提高抢修准备度，充分发挥“前中后”台技术支撑作用，进一步减少直流故障停运时间。

为进一步减少直流强迫停运时间，超高压公司近年来致力于直流故障应急处置能力提升。组织各单位根据设备类别编制“抢修方案 + 工序组织策划表”，强化备品备件管理，确保备品“查得到、找得到”和“真正可用”，做好现场应急演练，持续完善抢修预案，从“人、机、料、法、环”等方面提高抢修准备度。当直流设备出现故障跳闸、重大及以上缺陷及原因不明的异常时，组织现场第一时间开展综合评估，合理制定处置策略。充分发挥各级生产指挥中心“眼睛”和“大脑”作用，强化生产实时业务及时响应及应急支撑，指导现场做好故障处置。

应用案例：及时处置穗东换流站极 1 低端 YY A 相换流变异常。

2020 年 8 月 12 日，穗东站极 1 低端 YY A 相换流变压器在线监测数据发生突变，并逐步增长，8 月 14 日经离线色谱测试，确认乙炔为 43.56 μL/L，氢气含量为 82.34 μL/L。为避免事件升级造成变压器损坏，及时向调度申请，于 8 月 14 日 18 时 45 分将该换流变压器停运。超高压公司立即成立抢修现场指挥组，明确现场勘察、备品核实、方案编制以及施工队伍联系等故障处置任务，全力组织抢修复电。采取 24 小时两班倒、歇人不歇工、安全质量人盯人、机务电气工作并行开展、随工验收等非常规手段，进一步压实抢修工作。8 月 14 日当晚即完成现场勘查、方案会审；8 月 15 日凌晨 6 时 30 分完成备用变试验，12 时完成异常变一二次接线拆除；8 月 16 日 12 时完成 355 吨变压器带油转运就位；8 月 17 日 17 时完成一次升压，18 时 41 分完成一次升流，23 时办理抢修工作终结，仅历时 3 天完成换流变抢修工作。

二、案例实践效果

（一）综合效益

该案例创造了显著的经济效益、管理效益和社会效益。

1. 支撑工程“建得起、接得下、管得好”

推动超高压公司建设的金中直流、滇西北直流、昆柳龙直流、云贵互联通道等工程提前投产，工程投产后运行稳定、指标优异、送电显著，进一步提高资产使用效率，为南方电网的安全生产和送电经营作出巨大贡献。

2. 迭代直流运维体系，提升高压直流输电核心竞争力

优化了直流年度检修模式，推进在线检修、状态检修技术升级与应用，率先实现新型电力系统背景下高压直流可用率指标的突破，2011 年至今直流能量可用率连续 11 年保持在 96.4% 以上高水平，近五年直流综合能量可用率平均值 96.53%，高于国内平均值 2.27 个百分点，高于国外平均值 2.53 个百分点。

3. 促进国家战略清洁低碳转型

促进了西电东送的发展和西电东送清洁能源消纳，为构建以新能源为主体的新型电力系统、助力实现“双碳”目标作出积极贡献。

（二）第三方评价

超高压公司致力于从资产全生命周期维度提升直流可靠性，在直流设备技术及管理上不断创新，取得了丰硕的成果，在各直流实施运用，展现出良好的效果。

1. 工程建设及运维水平持续提升

昆柳龙直流提前半年投产，投运首年能量可用率 94.88%，高于近三年全国特高压直流输电系统平均值（89.07%）5.81 个百分点，设备运行质量平稳，运行至今未发生双极闭锁，支撑电网完全稳定运行；金中直流投产至今已安全运行 2200 天，未发生因基建、设备、运维等原因引起的闭锁，累计输送云南清洁水电达 890 亿 kWh，直流能量可用率指标始终保持行业前列，为南方区域经济社会绿色发展发挥了积极作用。其中金中直流获评中国建设工程鲁班奖。

2. 开创直流年度检修优化

攻克传统直流年度检修时间长、检修项目集中导致管控难度高等固有弊端，桂中换流站年度检修时间从常规的 10 天缩短至 5 天，直流可用率起评值由 96% 左右提高至 98% 以上，改革成果获得行业内高度评价，被《中国电力报》刊登报道。

3. 创新直流设备检修工艺管控

根据现场生产实际问题深入研究，对检修工艺及质量管控措施进行总结提炼，改进创新，切实解决了现场实际问题，填补了部分专业领域技术空白，为直流输电工程换流阀及阀冷设备规范化检修或标准提供了有力技术支撑，相关成果经中国电机工程协会、中电联等专业机构鉴定，获得评审专家的好评，多项成果达到国际领先水平。

（三）行业推广前景

基于可靠性目标的直流资产全生命周期运维（RCM）管理思路，切实践行超前预控、溯源治本的本质安全企业建设要求，超高压公司充分提炼总结多年直流输电工程建设、运维等工程实践经验，固化形成《超高压公司直流设备全生命周期可靠性管理提升实践》成果。该项成果以设备为中心，从严控设备入网质量关、风险隐患排查治理、故障异常处置、高质量检修等方面，全面诠释了提高直流可靠性的具体举措及管理套路机制。

该项成果已在超高压公司各基层运维单位落地执行，设备管理成效凸显，所辖直流可靠性指标持续保持高位，已形成可复制、可推广的特高压柔直运维体系，战略性引领、直流运维指导性作用突显，已在超高压公司藏东南送电项目前期工作中得以应用。同时在助力广东电网中、南通道直流工程建设按期投产，促进生产准备有序运转，协助广东电网做好闭锁风险分析及预控等方面切实发挥了作用，助力成功中标智利 KILO 直流输电项目。

（江一　冯鸫　陈潜）

抽水蓄能电站以可靠性为中心的检修（RCM）管理实践

一、案例基本情况

（一）单位基本情况

南方电网储能股份有限公司（以下简称“南网储能公司”），是南方电网公司下属负责抽水蓄能和新型储能业务的二级全资子公司。公司已投产水电站9座（常规调峰水电站2座、抽水蓄能电站7座），总装机容量12200MW；在建期抽水蓄能电站4座（分别位于广西南宁、广东梅州五华、广东肇庆浪江、广东惠州中洞），总装机容量4800MW；开展前期工作的抽蓄水电站13座，总装机容量约15000MW；在运电化学储能电站7座，总规模116MW/230MWh；在建一座独立电网侧储能电站，总规模300MW/600MWh。

（二）案例实施背景

南网储能公司下属海南琼中抽水蓄能电站位于海南琼中县南渡江南源黎田河上游，距海口市、三亚市直线距离分别为106千米、110千米，是海南岛上首座抽水蓄能电站。该电站总装机容量600MW，安装3台200MW的单级混流可逆式水泵水轮发电机组。电站首台机组于2017年12月投产，2018年7月全部建成。工程从开工建设到首台机组发电仅用时45个月，创造国内同类电站最短建设工期纪录。工程总投资38.02亿元，单位千瓦造价6337元。

（三）案例具体实践

1. 总体思路

RCM是区别于状态检修和定期检修的一种检修模式，是对设备功能与故障模式进行分析、明确各种故障的影响并根据设备在线监测设备磨损程度、老化规律、设备状态评价结果综合制定每台设备的检修策略的一种检修模式。南网储能公司充分总结经典RCM应用经验，坚持“好用、管用”原则，制定基于RCM的“检修七步法”，明确了运维检修的工作流程和要点、规范设备检修，最终实现平衡设备使用寿命、设备可靠性与合理安排检修周期之间的相互关系，科学制定检修策略，提升检修规范化管理水平，实现“精准检修、精准投入、降本增效”。南网储能公司自2020年开始以海蓄电站为试点开展RCM实践，机组各项核心指标逐年改善，具备良好的行业推广前景。

2. 主要做法

基于 RCM 的“检修七步法”内涵和步骤如下。

（1）确定标准检修项目

定期修订完善南方电网企业标准《电力设备检修试验规程（Q/CSG 1206007）》发电专业部分，确定各类发电设备标准检修项目，并建立标准检修项目与标准检修成本的对应关系，规范标准检修成本。

（2）运用 RCM 对标准检修项目进行优化

以间隔为对象，对间隔内各子系统开展 RCM 分析，形成优化后的标准检修项目及周期清单，该标准检修项目及周期适用于某电站某型设备。RCM 分析的基本思路对系统及设备进行功能与故障分析，明确系统内各故障的影响及后果，用规范化的逻辑决断方法，确定各故障后果的预防性对策；通过现场故障数据统计、专家评估、定量化建模等手段，在保证安全性和可靠性的前提下，以实现维修停机损失最小为目标化系统的维修策略。

（3）开展设备综合状态评价确定检修策略

为提高分析的准确性，根据运行数据、设备缺陷、检修过程台账、状态监测等多维度数据对某电站每台设备开展综合状态评价，为精准制定每台设备检修策略提供依据，并最终确定设备具体的检修项目和周期、生产技改计划及备品备件需求计划等。

（4）制定年度检修计划

根据检修策略制定年度检修计划、生产技改计划、备品备件需求计划。年度检修计划提交调度部门安排停电，汇总调度部门反馈情况，形成年度检修计划并发布。生产技改计划按照计划要求完成下年度生产技改项目立项及审查，需纳入技改规划的在年度滚动修编时调整。备品备件需求计划根据年度采购批次计划采购。

（5）制定月度、班组检修计划

结合年度检修计划、生产技改计划等形成月度工作计划。生产班组根据月度计划编制和执行周工作计划。

（6）开展检修实施工作

根据公司检修管理制度和业务指导书开展检修实施工作。检修工作应从“人、机、料、法、环”5 个维度做好检修前各项准备工作。

（7）开展检修绩效评价

根据《南方电网储能股份有限公司设备检修管理细则》（Q/CSG-PGC211028）开展检修绩效评价，并深入分析检修发现的问题，提出改进措施建议，反馈到设备全生命周期各个环节。

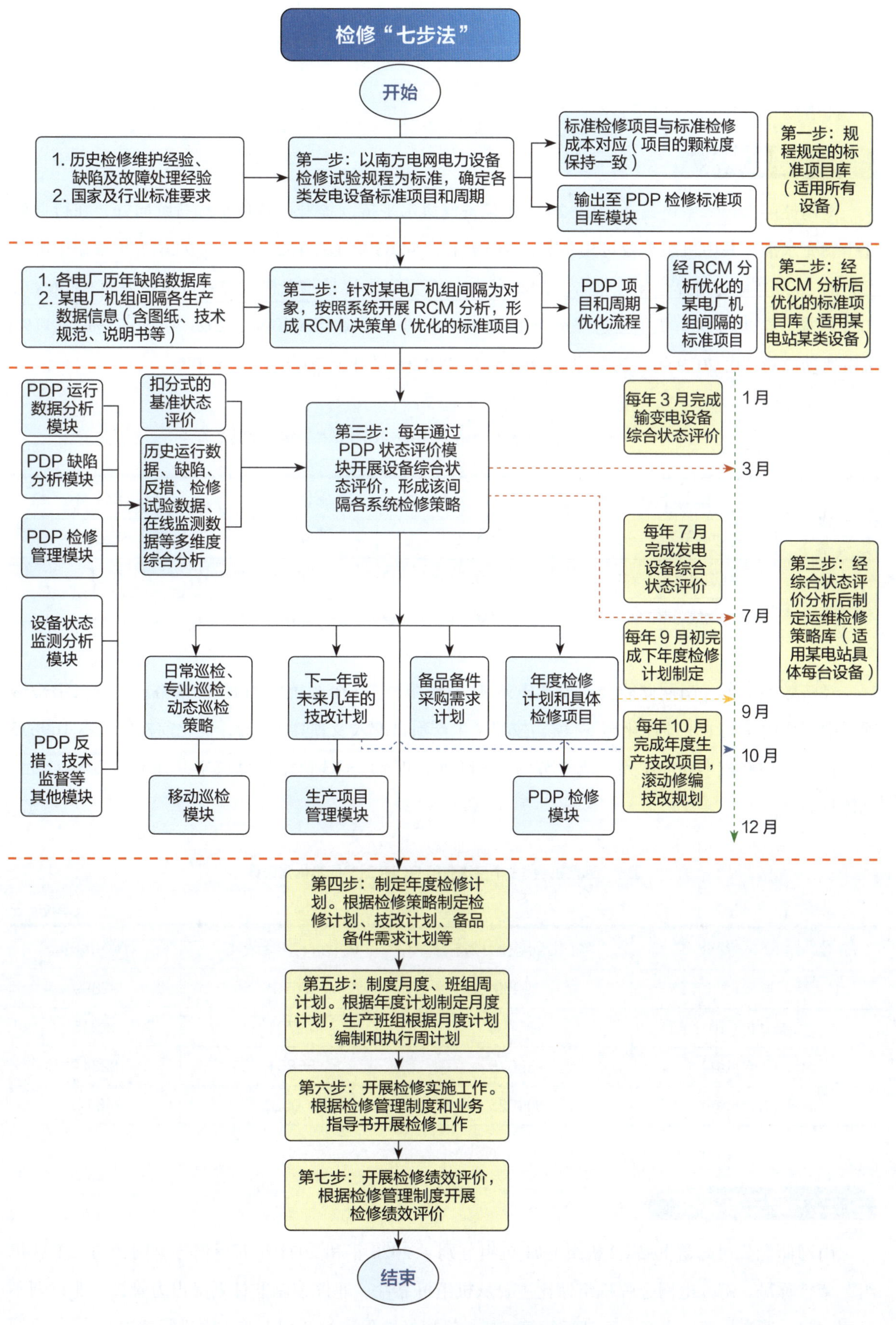

图 1　检修“七步法”内涵及逻辑框图

（注：PDP 是指生产管理系统）

二、案例实践效果

（一）综合效益

南网储能公司海蓄电站 2019—2021 年设备健康水平持续提升，各项指标持续向好，在行业内处于领先水准。其中机组等效可用系数由 2019 年的 84.63% 提升至 2020 年的 94.61%（根据中电联发布的 2020 年电力可靠性年度报告，2020 年 40MW 及以上容量水电机组等效可用系数为 93.36%），2021 年提升至 96.68%；机组强迫停运率由 2019 年 0.5%，下降至 2020 年、2021 年的 0.21%、0.11%；机组启动成功率由 2019 年、2020 年的 98.65%、98.42% 提升至 2021 年的 99.48%。

表 1　南网储能公司海蓄电站 2019—2021 年关键指标情况

序号	指标名称	2019 年	2020 年	2021 年
1	等效可用系数（%）	84.63	94.61	96.68
2	强迫停运率（%）	0.5	0.21	0.11
3	启动成功率（%）	98.65	98.42	99.48

经济效益显著。南网储能公司海蓄电站 #1～#3 机组 13 个系统应用 RCM 策略，每台机组检修项目中工作内容从 111 项优化至 67 项，按照《生产项目准入及预算标准》，优化前检修成本 169675 元，优化后检修成本 86861 元，成本节约 82814 元，即 #1～#3 机组检修成本共计节约 248442 元，具体见表 2。

表 2　海蓄机组 13 个系统应用 RCM 策略成本优化统计

单位：元

序号	专业	优化前检修成本	优化后检修成本	节约成本
1	电气（3 个系统）	39969	7070	32899
2	自动化（10 个系统）	129706	79791	49915
合计（1 台机组）		169675	86861	82814
合计（3 台机组）		509025	260583	248442

（二）第三方评价

南网储能公司海蓄电站 #2 机组、#1 机组分别于 2020 年和 2021 年获得南方电网公司“金牌机组”荣誉称号。南方电网金牌机组评比主要从机组可靠性、非停控制非计划降出力管控、非计划不可用时间、调度管理、安全、经济运行等指标提升以及在保障社会用电等方面进行评选。

南网储能公司海蓄电站 #2 机组 2020 年荣获中电联颁发的“2020 年度全国发电机组可靠性标杆”

称号。这既是对南网储能公司海蓄电站设备可靠性管理水平的高度肯定，也进一步彰显了南网储能公司海蓄电站设备管理基础扎实，超前管控设备风险隐患水平高，更是对南网储能公司海蓄电站保障电网安全稳定运行、服务海南自贸港经济社会高质量发展的有力褒奖。

（三）行业推广前景

南方电网储能股份有限公司在以下方面的做法在电力行业极具推广价值。

积极深入推进设备检修模式由周期性检修向状态检修转变。随着电力技术的发展，发电系统设备日益趋大型化和复杂化，对于发电设备的维护技术要求越来越高，维护费用与日俱增。20 世纪 70 年代末，RCM 理念首次在美国被提出，90 年代开始国内部分电力企业逐步开始试行状态检修，但应用深度和广度不足。海蓄公司在前人的基础上，建立了适用于水电厂发电设备的 RCM 分析方法，积极推进运用 RCM 对标准检修项目进行优化，创造性地解决了检修项目、周期确定难度大等问题，在检修成本和设备可靠性之间找到了最佳平衡点，可在行业内加以推广。

建立了设备风险评估模型，开展设备动态评价。南网储能公司建立了基于设备重要度和设备健康度综合评判设备风险的评估模型，深度挖掘设备故障原因，剖析问题根源，制定控制措施，达到事前防范风险的目的。通过设备状态监测采集设备运行数据，并开展数据分析，动态调整风险管控策略，确保设备风险可控、在控。通过运用设备风险评估模型，解决了设备风险评估难、措施制定难的问题，提升了设备可靠性管理水准，可在行业内加以推广。

（周建为　黄炜　黄小凤）

南网储能安全生产管理“集约化、专业化”研究及实践

一、案例基本情况

（一）单位基本情况

南方电网储能股份有限公司（原南方电网调峰调频发电有限公司，以下简称“南网储能”）成立于2006年7月，是南方电网公司新兴业务战略单元的全资子公司，负责规划、投资、建设和运营调峰调频电厂。截至目前，南网储能投运装机容量达1234万kW，包括常规调峰水电203万kW、抽水蓄能1028万kW、电化学储能3万kW，业务分布在广东、广西、云南、贵州、海南境内。

（二）案例实施背景

抽水蓄能电站运行灵活、反应快速、调节性能良好、技术成熟，适用于日、周长时间尺度的电网调峰及电力平衡，对于提高电力系统调节能力和大规模可再生能源消纳水平，促进削峰填谷，提供负荷中心供电支撑、应急保障、黑启动等方面具有重要作用，在我国全力以赴实现“双碳”目标的背景下，抽水蓄能产业迎来了快速发展机遇期。规模的迅速扩大对电站生产管理业务带来了深刻的影响，为更好适应业务快速发展和电力体制改革下的现代企业治理的需求，迫切需要探索适应新形势下的生产管理模式。

2009年，为整合资源，提高核心竞争力，实现检修业务的“精简、高效、协同”，成立检修试验中心，主要负责深圳宝清电池储能站的建设与运维，并探索集中检修模式；2014年，推行了以生产领域为龙头的检修业务创先工作，实施了机械、电气一次设备的集中检修和信通专业的集中运维，实现了东部蓄能电厂“集中检修”和“信通大集中运维”生产模式；2019年，公司进一步深化安全生产管理模式集约化、专业化改革，将在运电厂检修全业务集中到专业修试分公司负责，明确了专业公司及各蓄能公司的职责定位和核心业务，新成立西部修试公司；2021年以来，公司启动了运行专业集约化、ON-CALL应急全面管理模式优化及集控中心机构设置及运作模式改革。

（三）案例具体实践

南网储能公司滚动开发并管理广州、惠州、清远、深圳、海南琼中、梅州、阳江等多家抽水蓄能电站。其生产管理模式从最初的借鉴，到后期的探索、创新，是对公司发展和不同时期内外部环境的适应。

1. 整合有效资源，持续推动集约化改革

（1）采用"运营型管控、集约化管理"的管理模式

南网储能公司本部作为利润中心、投资决策中心及安全生产、经营管理主体，对各电厂及专业公司采取运营型管控，通过建立内部市场化的成本费用核算和激励考核机制，促进资源的优化配置和各项目分子公司的有效协同，确保公司效益最大化。各分子公司的业务被重组整合为一体化的价值链，在公司统筹安排下开展步调一致的生产运营活动。

专业公司作为业务管理者，按照职责界面划分，分别为电厂提供工程建设、生产运行、维修试验、数字化及通信等专业服务。

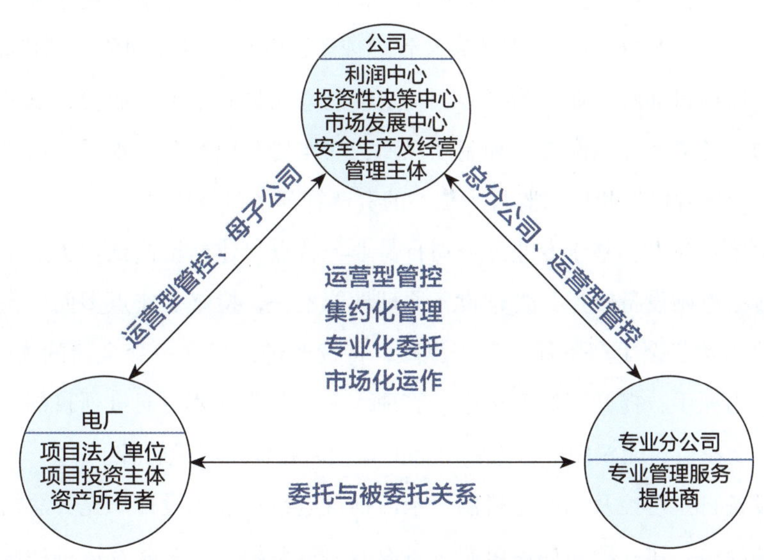

图1　管控模式及各层级功能定位

（2）明确各分子公司的职责界面及安全责任

电厂履行项目法人单位职责，负责电厂对外沟通联系、统一协调各专业公司的安全生产工作等业务事项；按照公司规章制度和内部职责分工，将电站工程建设、生产运行、维修试验、数字化及通信等工作，通过合同方式委托给各专业公司负责，并负责委托合同的履约管理、执行监督。具体实施方式如下：

运行集约化管理：运行公司承接管理区域6家蓄能电厂（海蓄除外）的生产运行业务及水工水情业务及其安全职责，是生产设备运行管理及水工水情业务运维管理专业公司。

检修集约化管理：西部修试公司、修试公司承接各自管理区域内的水电厂的设备维修试验业务及其安全职责，对电厂生产设备类资产的维修、试验、技改等全生命周期全过程管理和实施负责，是生产设备维修管理专业公司。

信息通信集约化管理：信通公司承接7家蓄能电厂的数字化及通信业务及其安全职责，对电厂数字化及通信设备资产的运行、维修、试验、技改等全生命周期全过程管理和实施负责，是数字化及通信设备运行管理、维修管理专业公司。

①增强核心竞争力，推动专业化改革。提高检修试验自主能力，降低外协成本。通过集中维修，培养专业化人才队伍，形成专业化的技术能力，从而提高检修试验自主能力，降低对生产厂家

的技术依赖，自主开展机组大修和核心电气试验，降低修理成本。

②推行以可靠性为中心的维修理念（RCM）。专业分公司结合南网储能公司规程与设备状态评价，逐步实现对全部设备的 RCM 分析，制定检修周期优化机制，梳理检修项目实施与缺陷发生的关系，对标准检修项目周期进行动态调整，合理实施设备检修维护。

③发挥规模效应，推动标准化战略实施。按照资产全生命周期理念，以技术标准为引领，在设备设计、采购、运维检修、退役报废各个环节开展抽蓄电站发电设备标准化建设、规范化管理。

建立健全管理制度框架和业务流程。构建全业务领域管理体系。结合专业分公司资产管理者新定位，针对规划建设、安全生产、基建工程管理、物资管理等业务领域、业务流程和管理制度进行全面梳理、再造、精简，形成覆盖全业务流程业务指导书和作业指导书。构建安全生产业务领域项目经理负责制，持续运用 PMP 项目管理体系及管理理念，围绕项目经理负责制建立“1+N”安全生产管理制度体系。以项目部管理业务为核心，确定部门与人员安全生产职责，赋予项目经理对生产现场“人、财、物”各项资源调配权力和制度保障，切实提升项目管理水平。构建网格化资产管理机制，构建以资产管理者代表和技术监督为核心的资产管理及监督体系。

推进安全风险体系建设。基于专业分公司自身业务特点，建立检修试验类安全风险体系。专业分公司集约管辖多家电站设备资产，管辖设备原理性能不一，检修工作点多面广，面临风险复杂多样，因此需要严格落实安全生产责任，基于风险，持续改进，建立一套全新的安全风险管控机制。以项目经理负责制为抓手，提升现场安全生产管理水平。专业分公司通过项目部的形式，在所有在运电厂及在建电厂全覆盖、无差别推行五钻目标的安全风险体系风险管控。

建立并实施设备自主可控及标准化机制。全面推行电站标准化设计。充分总结公司抽水蓄能电站建设和运维管理经验，建立覆盖抽蓄电站设备设计、选型配置、采购及运维检修等各阶段的技术标准体系。制定生产设备选型决策分析机制，规范生产设备选型分析决策流程。进一步基于选型分析结果，研究各电厂设备自主可控与标准化的配置。应用选型分析机制开展主设备改造及备品策略优化，不断降低运维成本。

实施标准化的检修策略。统一推进设备检修项目及成本标准化。应用标准化管理工具，按照统一的技术要求和标准，编制、一体化的作业指导书，逐渐形成一套统一的检修制度和流程标准及可复制的检修管理模式。实现检修项目标准化，对检修项目的名称、类别、周期、技术要求等进行统一，形成检修标准化清单和标准项目清单，较好地解决多电厂检修项目清单名称不一致、项目颗粒度不一致、技术要求不一致等问题。

④开展数字发电建设，实现数字化变革。数字电网将是承载新型电力系统的最佳形态，结合数字电网的建设要求，数字发电的总体特征可概括为生产控制数字化、业务管理数字化、支持保障体系完善。

生产控制数字化。包括智能装备和智能运行控制。智能装备主要体现在装备自身具备智感、智测、智控的能力，达到减少人工干预、提升自身性能、减少数据处理成本、提升数据处理质量和效率的目标要求。智能运行控制通过全面感知电厂生产运行状态，智能分析各系统生产数据、运行趋势，给出预警或控制指令，提升水电厂运行的安全稳定水平。

业务管理数字化。包括智能运维管理、智能施工管理和安全风险监督管理。智能运维管理具有设备状态自动监测、三维可视化、设备自动态势感知、仓储智能管控等特点，解决电厂运维对人员的高度依赖问题。智能施工管理实现电厂三维数字化移交、施工期安全监测自动化、实时监测和反馈控制电站工程安全运行状况。安全风险监督管理实现对现场作业人员未佩戴安全帽、误入危险区域等情况的自动化、智能化识别，以及对作业环境的全面监测，辅助纠正人员违章现象。

支持保障体系完善。包括支撑平台建设和标准及文档体系建设。支撑平台建设能贯穿水电厂规划、设计、建设、运维等全生产过程的数据信息共享管理平台，结合运用“云大物移智”等新技术，研究在公司统一的数据中心框架下建设生产数据域，打通数据流和业务流，实现数据的全面贯通、集成共享与全景展示，挖掘信息和数据资源价值，提升水电站精益管理、精细服务、智能决策支撑能力。文档体系建设结合公司技术标准体系表，提供规划、设计、采购、建设、运维、修试、退役七个全生命周期环节标准体系，为数字发电建设提供支撑。

⑤自主可控，推动核心技术攻关取得突破。科技创新是构建新型电力系统的重要支撑，也是推动抽水蓄能行业进步的利器。加强关键核心技术研发攻关，在抽水蓄能和新型储能领域努力争取更多的“单项冠军”，为打造国家战略科技力量作出贡献。统筹各专业协同开展科技创新，加快成果推广应用。尤其在集中维修后，专业分公司在专业化能力方面实现了大汇聚、大集中，科技创新具备了更多的基础和资源。将已有科技创新成果在各投运电厂推广应用，充分发挥科技创新成果价值。积极开展智能水电厂项目，打造智能化检修运维团队，突破传统电厂运行管理方式的束缚，探索以数字技术推动电厂改造升级，提升装备智能化水平。其中，打造国内首个集团千万级抽水蓄能电站装机容量设备状态监测系统，以统一模型、统一编码、统一协议、统一平台，完成 7 座投运电厂 48 套设备状态监测系统共计 23 万测点数据接入，数据量达 100GB/ 日。实现设备状态的远程监测、趋势分析、状态评价及故障诊断等功能。智能作业环境监测、智能状态分析决策、智能违章识别、机组振动监测及数据分析等系统研究已经取得一定成效，提升了检修运维智能化水平。

二、案例实践效果

（一）综合效益

1. 资源配置效率大幅提升

人力资源的集中有力支撑了新电站开工建设和在运电站检修维护，新建抽水蓄能电站定员减少比例达 40%；单位容量人员数降幅达 33.57%；全员劳动生产率增长 50.16%。资产总额增长率、万元资产运维费、机组启动成功率处于行业一流水平；营业收入增长率、净资产收益率、人均净利润、机组等效可用系数处于国际一流水平。

2. 专业能力稳步提升

通过技术资源整合，公司系统的专业化技术、技能和研发水平明显提升，自主掌握检修试验核心技术，先后掌握了500kV GIS和高压充油电缆的复杂作业，突破了国外厂家的“卡脖子”技术垄断和封锁。其中电气一次、机械设备检修及专业试验项目自主实施率100%，油化实验室取得了CNAS国家合格实验室认证。

3. 培养了一支高素质高水平的专业队伍

公司培养选聘了219名技术技能专家，建立了38个创新工作室，工作室成员占公司一线职工总数40%以上；培养南网创客2名、南网工匠2名、技术能手7名，为公司发展提供了有力的人才保障。巩宇五星工作室数字化团队推进生产域数字化转型取得良好效果，获全国示范性劳模和工匠人才创新工作室、大湾区建设劳动竞赛创新先进团队。

多次在全国大型水电厂水轮机检修竞赛取得团体和个人的优异成绩，2020年在全国大型水电厂水轮机技能竞赛中获得全国第2名，2021年两支参赛队伍分获团体二等奖、三等奖；2020年3名参赛队员分别获得全国第1名、第4名、第16名，2021年2人获得个人二等奖，2人获得个人三等奖。

4. 安全生产指标持续提升

管理模式改革推进以来，公司主要生产指标保持行业内较高水平并持续向好，公司系统蓄能机组启动成功率持续上升，机组强迫停运时间和非计划停运时间持续下降，紧急及重大缺陷消缺及时率达100%。

（二）行业推广前景

通过集约化、专业化的资源整合，能够充分发挥各电厂的人才、技术优势，实行优势互补，提升企业专业化运作水平，提高企业全员劳动生产率。本项目致力于形成一套成熟定型、运转高效、管理规范、可供复制的管理模式和标准体系，供行业内参考借鉴。

（周建为　蔡鑫贵　李德华）

内蒙古电网黑启动方案及应用研究

一、案例基本情况

（一）单位基本情况

内蒙古电力（集团）有限责任公司电力调度控制分公司（以下简称“分公司”）承担内蒙古电网黑启动方案的总体筹划与实施工作，其作为内蒙古电网省级调度运行指挥中枢，负责指导网内9家供电公司、3家超高压供电公司调控部门开展电网运行专业工作，承担着组织、协调和保障自治区中西部电力系统安全、平稳、高效运转的重要职责，肩负着保障区内电力可靠供应、促进清洁能源高效利用、电力现货市场建设运营等重要任务。

内蒙古电力科学研究院分公司（以下简称“电科院”）承担本案例的主要技术支撑工作，其作为内蒙古电网的核心技术服务单位，承担着自治区电力技术监督、技术服务、科研开发与技术创新等五大中心职能，肩负着国家认定企业技术中心、博士后科研工作站日常管理职责，是自治区“高层次人才创新创业基地”，是内蒙古自治区唯一一家被授权开展电力行业技术监督工作的单位。

（二）案例实施背景

项目实施前，内蒙古电网长时间未开展电网黑启动试验，并且随着网架、电源变化，原黑启动方案不再适应电网现状。同时考虑到内蒙古电网新能源规模越来越大，因此研究大规模新能源装机背景下电网的黑启动方案势在必行。尽快开展新的黑启动试验，为内蒙古电网安全稳定运行提供应急恢复方案，是必要并且具有重要的现实意义和前瞻性的。

（三）案例具体实践

1. 总体思路

案例主要采用黑启动技术原理。黑启动是指电网大部分或整个系统因故障停运后，通过系统中自带的具有自启动能力的发电机组或储能电源作为启动电源来带动无自启动能力的机组，以此扩大系统的恢复范围，最终实现整个系统的恢复。

项目研究了常规水电 / 抽水蓄能机组、储能辅助的风电 / 光伏分别作为启动电源的电网黑启动方案，仿真验证技术可行性，制定了基于内蒙古电网实际的黑启动方案，并据此开展了现场试验。

2. 主要做法

（1）黑启动试验方案理论研究

依托于内蒙古电力公司2016年第二批改革发展重要课题科技类1号项目《蒙西电网储能技术及黑启动方案研究》，结合内蒙古电网实际情况，分别研究“储能电源+风电”的新型黑启动方案和基于万家寨水电站、抽水蓄能电站的传统黑启动方案，并选择可行性最高的方案开展实际黑启动试验研究。

①基于“储能电源+风电”的内蒙古电网黑启动方案设计。结合内蒙古电网电源分布，考虑风电场输出功率波动性，研究“储能电源+风电场（群）”启动第一个大型火电厂的黑启动路径设计，分析评估拟启动大型火电厂功率需求时序变化特性，与之相适应的“储能电源+风电”容量配置需求，考虑风电功率波动的储能容量配置方法研究，在此基础上设计可行的电网重建方案及负荷恢复方案。

②基于“储能电源+光伏”的内蒙古电网黑启动方案设计。结合内蒙古电网电源分布，考虑光伏电站输出功率波动性，研究“储能电源+光伏电站（群）”启动第一个大型火电厂的黑启动路径设计，分析评估拟启动大型火电厂功率需求时序变化特性，与之相适应的“储能电源+光伏”容量配置需求，考虑光伏功率波动的储能容量配置方法研究，在此基础上设计可行的电网重建方案及负荷恢复方案。

③基于万家寨水电站的内蒙古电网黑启动方案设计和仿真验证。结合内蒙古电网实际情况，考虑万家寨水电站作为黑启动电源；根据黑启动电源点，确定黑启动路径，设计可行的黑启动方案。基于数字仿真软件对可能存在的问题进行仿真计算，分析万家寨水电站作为内蒙古电网黑启动电源方案的可行性。

④基于抽水蓄能电站的内蒙古电网黑启动方案设计和仿真验证。结合内蒙古电网实际情况，考虑抽水蓄能电站作为黑启动电源；根据黑启动电源点，确定多种黑启动路径，设计可行的黑启动方案。基于数字仿真软件对可能存在的问题进行仿真计算，分析抽水蓄能电站作为内蒙古电网黑启动电源方案的可行性。

（2）黑启动试验实施过程

2016—2017年，开展前期调研和黑启动基础理论研究。通过调研国内外黑启动研究现状和应用案例，掌握黑启动工作开展的基本原则和关键技术点，包括黑启动电源的选择和黑启动过程中发电机自励磁、操作过电压、铁磁谐振等关键问题的处理。

2018年，依托《蒙西电网储能技术及黑启动方案研究》科技项目开展基于“储能电源+风电”的内蒙古电网黑启动方案设计、基于“储能电源+光伏”的内蒙古电网黑启动方案设计、基于抽水蓄能电站的内蒙古电网黑启动方案设计和仿真验证，形成理论成果，并完成本阶段项目验收。

2019—2021年3月，开展基于万家寨水电站的内蒙古电网黑启动方案设计；开展系统稳定仿真、过电压仿真以及励磁涌流仿真分析；制定万家寨水电站站内黑启动试验方案并完成站内黑启动试验；制定黑启动试验调度总方案、相关单位配合操作方案、保护测量方案、调度事故预案等具体试验方案，细化试验操作步骤及安全措施。最后于2021年3月成功完成基于万家寨水电站的内蒙古电网黑启动试验，验证常规水电黑启动方案的正确性与可行性。

2021 年 4 月—2022 年，进一步开展基于呼和浩特抽水蓄能电站的内蒙古电网黑启动方案设计；开展系统稳定仿真、过电压仿真以及励磁涌流仿真分析；制定抽水蓄能站内黑启动试验方案并完成站内黑启动试验；制定黑启动试验调度总方案、相关单位配合操作方案、保护测量方案、调度事故预案等具体试验方案，细化试验操作步骤及安全措施。最后于 2022 年 9 月成功完成基于呼和浩特抽水蓄能电站的内蒙古电网黑启动试验，验证抽水蓄能黑启动方案的正确性与可行性。

（3）仿真试验

为了确保提出的黑启动方案正确、可行，开展了大量的仿真试验，包括潮流仿真计算、电磁暂态仿真计算、过电压仿真计算。

潮流仿真计算。利用电力系统分析软件工具 PSD-BPA 对黑启动方案每一步操作进行潮流计算，确保不产生热稳定和静态电压稳定问题，并给出黑启动路径涉及的电网安全稳定控制。

电磁暂态仿真计算。利用 PSCAD 软件对黑启动方案中负荷启动、火电厂给水泵电机启动进行电磁暂态稳定计算，给出黑启动过程中和合环环节可能出现的电压、频率波动范围，提供试验控制措施。

过电压仿真计算。利用 PSCAD 软件对黑启动方案中具体操作的工频过电压、操作过电压、自励磁过电压、谐振过电压进行计算分析，给出实际电压控制要求，确保无过电压问题。

通过以上仿真计算，形成开展黑启动试验所必需的潮流稳定分析报告和过电压分析报告，作为指导试验开展的依据。

（4）黑启动试验方案

基于理论研究和仿真计算，本案例制定了内蒙古电网常规水电、抽水蓄能和新能源三类电源作为黑启动电源的电网黑启动试验方案。每个试验方案具体包括调度总体执行方案、启动电源厂站执行方案、被启动电源厂站执行方案、参与试验供电单位执行方案、电网事故预案、试验系统继电保护整定方案、电网安全稳定控制方案七大方案。下面以抽水蓄能黑启动试验为例，简要介绍本案例最终形成的一个黑启动试验方案。

各厂站完成试验前准备工作，包括启动电源呼蓄电站和被启动电源 FT 电厂将试验元件与非试验元件进行电气隔离、试验机组停机、修改相应保护定值等，试验变电站进行倒闸操作，将非试验元件从试验母线倒出。

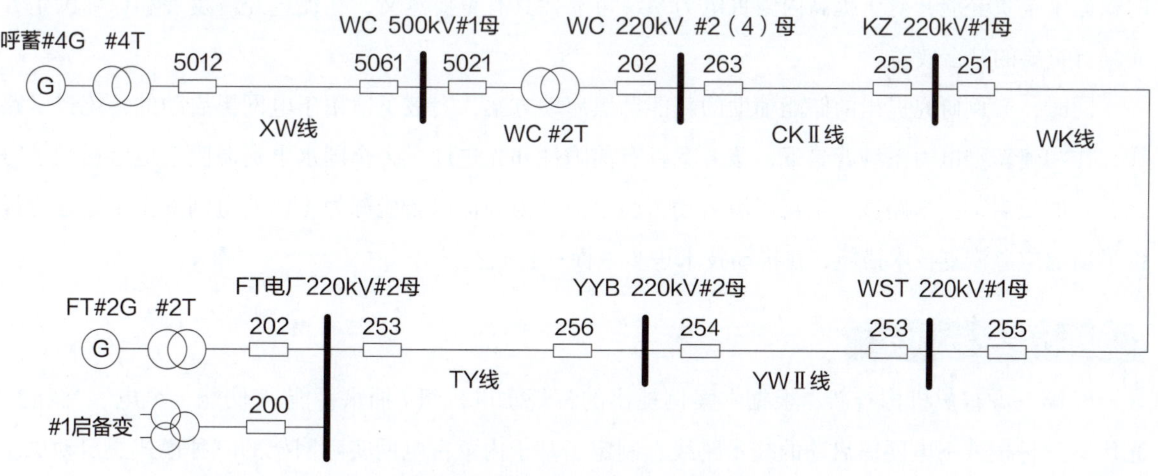

图 1 呼蓄电站黑启动试验系统示意图

黑启动系统形成，依次拉开各试验厂站特定母联开关，将试验元件从正常电网中隔离，形成单独的试验通路。本试验中采用零起升压充电方案，充电前除被启动电源 FT 电厂辅机、机组停运并和黑启动系统未联通，其他元件均保持联通状态。

黑启动试验开始，呼蓄电站 #4 机组黑启动，转速达 100%。

呼蓄电站 #4 机组通过直流励磁系统投励磁，使机端电压增至 17.7kV 左右（98% 额定电压），呼蓄电站高压侧电压控制在 525kV 以内，并保证黑启动系统沿线各站电压值均在合格范围内。呼蓄电站机组带厂用电稳定运行。

FT 电厂用 #1 启备变启动 #2 机组厂用系统，重要辅机需按照事先制定的顺序依次启动，呼蓄电站 #4 机组负责黑启动试验系统调频。

FT 电厂厂用系统启动正常后，#2 机组启动，稳定运行后经 202 开关同期并入黑启动系统。

FT 电厂 #2 机组与黑启动系统并列成功后，FT 电厂 #2 机组逐步增加出力至本站厂用电负荷值，呼蓄电站 #4 机组负责黑启动系统调频。

黑启动试验系统持续运行 15 分钟，黑启动试验结束，系统恢复正常运行方式。

二、案例实践效果

（一）综合效益

案例研究提出了多种内蒙古电网黑启动方案，并对万家寨水电站方案和抽水蓄能黑启动方案进行了细化，于 2021 年和 2022 年分别利用万家寨水电站和呼和浩特抽水蓄能电站成功开展了实际黑启动试验，标志着内蒙古电网黑启动有了“双保险”，为内蒙古电网大面积停电情况下快速恢复电网积累了宝贵经验，对于提高内蒙古电力系统可靠性具有重要意义，在促进经济发展和保障民生方面具有重要的社会效益。

同时，案例研究提出的储能辅助的新能源黑启动方案，突破了适用于电网黑启动的传统技术路线，在构建新型电力系统背景下，该方案具有前瞻性和先进性，为全国水电资源匮乏地区提供了行之有效的黑启动技术路线，丰富了黑启动试验手段，为确保以新能源为主体的电网安全稳定运行提供了新的应急恢复技术措施，在推动技术进步方面社会效益显著。

（二）第三方评价

经第三方权威机构查新，根据本案例提出的常规水电机组 / 抽水蓄能、“储能 + 风电”“储能 + 光伏”三种模式下电网黑启动的技术路线，制定了基于内蒙古电网实际网架的三种模式黑启动试验方案；提出了“风储系统”“光储系统”辅助电网黑启动的储能容量优化配置方法；同时通过仿真试验优化水电机组孤网模式控制参数，在电网黑启动试验中实现了全过程自动调频；并完成了内蒙古电网黑启动现场试验。国内未见相同研究报道。以上查新结论充分体现了本案例的技术先进性。

（三）行业推广前景

在构建新型电力系统背景下，新能源正逐步取代传统电源成为电源主体，本案例立足新能源电力系统运行特性和内蒙古电网运行实际情况，提出多种黑启动方案，并通过现场试验验证了方案的正确性与可行性，具有良好的可推广性。黑启动试验作为应急管理体系建设的重要环节，是每个网省电网公司必须开展的试验，预计本案例成果具有广泛推广前景。

（姜希伟　齐军　邢华栋）

用户停电精准管理体系构建

一、案例基本情况

（一）单位基本情况

内蒙古电力（集团）有限责任公司包头供电分公司（以下简称“包头供电公司”）成立于1958年，担负市6区、1县、2旗、1开发区的供电任务，供电范围2.78万平方千米，服务客户152万户，用电人口286万，为包钢、包铝、希铝等骨干企业提供供电保障，大工业电量占比在85%以上；2022年，管辖维护配网线路786条，中低压配电线路22826千米，配变9856台，容量301.611MVA；联络率达76%，满足N-1线路261条，转供率达61.1%；全社会最大供电负荷817万kW，网供最大供电负荷596万kW，为国有大中型企业。

（二）案例实施背景

拓展停电的内涵和外延，是提升电网服务保障的需要。随着人们生活水平的提高，人们的用电需求已由“有没有”向“可靠不可靠”转变，国家能源局、国资委、集团公司要求履行电力企业责任，全面提升供电可靠性和供电质量。电力企业要解决传统停电管理模式与上级要求、用户需求等存在的差距与不足，从注重单纯地减少停电时间要求拓展到提升整个供配电系统的供电能力，从而更好地发挥用户停电数据指导和引领作用，提升电网服务保障能力。

持续优化用电营商环境，是提高客户用电满意的需要。自治区优化营商环境历次大会上指出，要与一流城市接轨，要求高起点、高标准、适度超前建设电网，满足快速增长的用电需求。目前包头市电源点缺失，农村配电网存在短板，电网与适应优化营商环境要求仍有差距。2020年，该市户均平均停电时间完成7.13小时/户，与国内先进水平仍存在较大差距。加快智能化配电网建设，能够充分考虑不同用户、不同时间段对用电的需求，推动实现电力停电管理方向定性向定量转变，全力保障民生和工商业用电，持续提升人民群众用电获得感。

数字赋能管理、优化并进，是破解企业发展难题的需要。传统业务模式下，停电执行过程中，营销只掌握用户的用电需求，设备管理部门只掌握现场检修或抢修情况，调度专业只考虑配网安全运行，不掌握检修进度，被动等待现场反馈，缺乏联系与沟通。包头地区配网互联互带能力弱，更换设备、改善网架、业扩报装等停电与可靠性矛盾日益突出。以对外停电时户数精准管理体系构建作为切入点，以数字技术驱动管理优化，推进停电指标在规划、设备招标、工程建设、设备技术更新、营销领域的精准应用，更好地发挥数据的指导和引领，不断提升企业的管理水平。

（三）案例具体实践

1. 总体思路

包头供电公司为提升电网服务保障能力，持续优化用电营商环境，破解企业发展与停电指标矛盾难题，按照集团公司“责任蒙电、数字蒙电”战略要求，以“立足指标引领、打通专业壁垒、理顺停电流程、规范过程管控、实现闭环管理”为路径，以数字技术推动停电时户数管理优化，构建“一横四纵”停电精准体系，强化跨业务数据共享，突出“五协同”原则，明确“四规范”流程，推行“三机制”运行，实施“一考核”评价，严把停电出口与入口管理，优化检修策略和工程方案，分解落实综合停电管控，实行差异化设备运维及停电管控，推动网架建设，规范用户侧设备管理，精准将用户停电降至最低。多措并举，使供电可靠性指标大幅提高，客户用电满意度日益提升，企业停电管理水平再上新台阶。

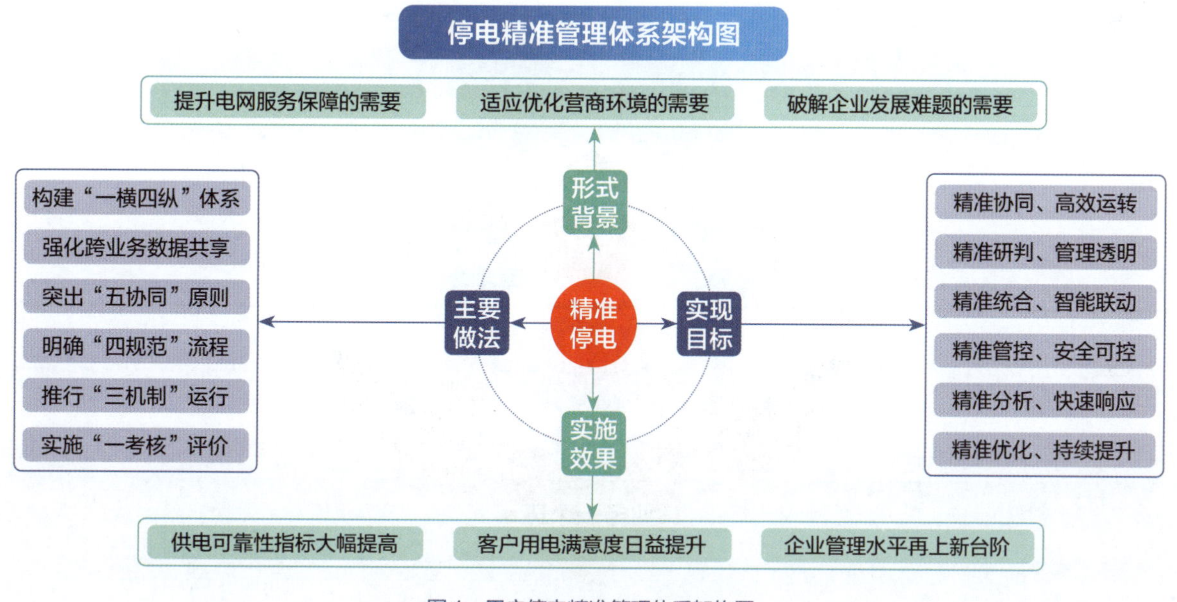

图1　用户停电精准管理体系架构图

2. 主要做法

（1）构建“一横四纵”体系，精准协同，提供组织支撑保障

①建立横向协同组织机构。为确保用户停电精准管理提升工作高效有序开展，成立公司主管领导为组长，生产技术部、营销服务部、基建部、数字化部、计划发展部等职能处室和调度管理处、信通处、修试管理处、变电管理处、供电分公司等单位行政一把手为主要成员的工作组，在生产技术部下设办公室。以基层班组、数据管理机制、跨专业业务互通为主要抓手，强化基层班组建设，夯实数据资源基础，打破专业壁垒，修编完善了《绩效考核管理标准》《地区电网方式》《用户停电管理标准》，编制《临时停电及停电延期管控方案》《停电模块系统岗位说明书》，横向协同规划、建设、物资、调度、营销、考核等职能管理部门，以数字技术驱动停电流程再造、业务重塑、管理

优化，及时协调解决各环节存在的问题，执行全过程技术监督，充分借助业绩考核、安全生产奖惩等激励方式，激发员工工作积极性。

②纵向采用四级管控策略。确定“控预算、抓中心、促城市、保农村”的四级管控策略，充分发挥调度指挥系统的作用，管好各单位用户停电时户数预算“这本账”，明确以用户为中心，数字化转型为支撑，确保统一领导、分级负责、立足指标引领、打通专业壁垒、理顺停电流程、规范过程管控、闭环管理，提供组织支撑保障。

（2）强化跨业务数据共享，精准研判，数据透视管理透明

①强化数据共建共享共用。深度应用云计算、大数据、移动互联网、AI 等新一代数字技术，以企业统筹为抓手，以数据为核心要素，对传统电网运检手段进行数字化改造，融合生产 GIS、MIS、调度系统、营销系统，建立以“电网一张图、数据一个源、业务一个环”为目标的“业务管理数字化”运检信息支撑平台，强化共建共享共用，融合数字系统计算分析，提升电网可观可测可调可控能力，减少基层人员重复性工作，提高工作效率和数据质量，提升生产业务数字化支撑能力和管理水平。

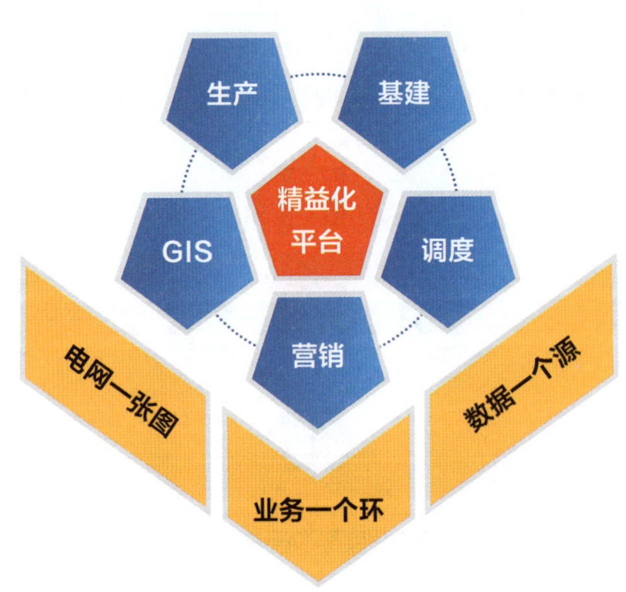

图 2　跨业务数据信息共享图

②推动以人力为主向信息化系统转变。围绕公司数字化转型整体思路，借鉴行业先进经验，建设集统计、计算、展示、预警、分析、决策于一体的智能化停电管理系统，扭转人力为主作业方式的落后局面，提升数据采集、处理、挖掘等能力。以停电为主线，数据异动同源发起，统筹各类停电需求，拓扑时户数分析，线上闭环流程，实现“精准检修，一停多用”。通过数据透视，提高用户停电监测能力，提高数据真实性、准确性、及时性，将数字技术和先进通信技术融入电网停电的各个环节。为了让客户提前做好准备，针对不可避免的停电，实行停电信息全过程告知服务。相关功能和流程的开发建设应用后，停电管理理念正在以数字形式根植到管理的各方面。

（3）突出“五协同”原则，精准统合，避免客户重复停电

①强化专业协同。以“计划制订”为主线，以站、线为基础，归整各种检修、消缺工作、工程

停电、业扩工程需求，统筹协调，主配网统一，将涉及同一用户停电范围重叠的计划进行合并，达到“能带不停，一停多用，逢停必修，修必修好”的原则，减少停电次数。优化后，2022 年仅主网对外停电影响，城市减少 15578 时户数（下降 56.4%）、农村减少 54331 时户数（下降 46.6%）。

②强化政企协同。统筹电网发展、统筹设备工况，主动对接政府部门，将城市建设与电网发展相结合；主动对接上级单位，将电网薄弱环节纳入大修技改，提高电网的整体性、系统性和前瞻性，共对接 53 项工程。

③强化生产物资协同。针对重大设备停电计划，及时召开专题会 20 余次，整合生产及物资资源，对检修内容、人员配置、物资供应进行合理安排，对次要检修计划进行时间调整，保证电网安全的同时，确保重要检修任务顺利进行。

④强化源、网、荷协同。结合电网负荷曲线对检修项目和停电时间及时进行分析，并将发电机组检修、用户设备检修与电网设备检修协同配合，努力减少对用户的影响。

⑤强化营配调协同。充分考虑用户的特点，考虑重要客户、居民用户及其他特殊客户的供电需求，将停电指标与供售电量指标结合，通过精打细算的停电计划管理，切实提升配网停电计划完成率和供售电量等指标，彻底改变原有的电网建设为主的调度计划，提升供电可靠性，满足人民日益增长的美好生活需要。

（4）明确“四规范”流程，精准管控，严把停电“出入口”

①规范运行方式调整。第一，创新开展停电前设备摸排。依托数据融合，以用户为中心，对影响用户的设备检修安排、运行方式、负荷转带进行梳理分析和合环校核，提前制定高低压转供方案，最大限度缩小用户停电范围，减少用户重复停电次数，避免反送电等安全隐患。结合电网设备近期及同期负荷情况，对停电计划相关设备负荷进行预测，合理有效地调整运行方式，严控设备重载及过载。第二，创新开展停电计划图模联动。结合停电检修计划开展图模异动、图实一致核对工作，图实核对一致后审批停电。共核实 875 条线路，实现了图实一致，建成“电网一张图”。标注设备载流量等相关参数，按颜色区分单位，利于调度在检修方式与事故紧急处理情况下负荷转带。

图 3 “四规范”流程框架图

第三，多维审核保证运行风险可控。生产部联合安监部、调度处、设备运维部门，对削弱电网供电可靠性的电网风险工作进行审核把关，相关单位依据风险等级编制管控措施，共编制六级以上风险管控措施 1022 份，保证电网运行风险可控、在控。

②规范停电计划编制。一方面，创新停电需求合并原则。变电站同一间隔系列的一二次工程需求合并申报，一次与二次设备更换周期不一致可以不合并，而二次的保护和综自改告必须同年申报。上级电源点预试、旗县分公司预试周期应同步，变电站和配网线路应同步检修。考虑施工类停电需求的特殊性，一般情况下检修类停电应主动调整时间，迎合施工时间，从源头上减少停电的频次。另一方面，建立典型检修时间定额。选取历年来停电影响最大的典型业务进行规范，将母线停电预试停电时间规定为 8 小时，其中运行停送电时间为 2.5 小时，检修时间为 5.5 小时；如果无法满足与主变分开检修，则更换开关柜，使用移动变电站转带停电 2 次，将每次停电时间规定为 8 小时，其中运行停送电时间为 2 小时，工作 6 小时；综自改造 10kV 线路间隔规定为 10 小时，其中运行停送电时间 1 小时，检修 9 小时，大幅减少对外停电时间。

③规范户时管控分解。一是合理确定年度目标。根据各单位上报停电需求计划和停电时户数，进行停电需求平衡合并、方案优化，确定年度检修计划，结合转供、不停电作业能力、自动化运维提升情况及上级下达指标，确定年度停电时户数较上年降低比例，合理确定各单位的年度时户数预控目标及停电计划，录入系统。2022 年通过年度平衡后，各口径用户平均停电时间预算减少 1/3 以上，形成年度停电时户数预算书并下达至各旗县公司、修试处等有停电需求的二级单位。二是强化预算过程管控。在施工检修计划编制阶段，根据预控目标和停电时户数消耗情况，按照“先算后报、先算后停”的原则，统筹确定季度、月度停电计划安排，明确停电时户数消耗限值。召开月度平衡会进行审核，严控重复停电、临时停电，在停电模块进行发布审核审批流程。三是创新停电审批制度。根据时户数不同，确定检修时间，实行差异化设备运维及停电管控，时户数大于 200 或未列入年度计划的停电计划，需要公司级分管领导提级审批，建立自上而下的线上时户数“精打细算”模式。

④规范智能运检管理。首先，规范急抢修服务管理。创新开展急抢修非核心业务外包，利用急抢修移动巡检 App，有效提升生产业务承载力和抢修效率。大力推进配自建设，将配自与营销系统数据相融合，实现故障精准定位。配电线路自动化覆盖率达 95%，配电线路逐步实现运行可观可测，配网故障定位正确率达 85%，在 12 条线路上实现自愈，故障持续时间为 2.1 小时 / 户，同比减少 1/3。其次，加快智能运检管理建设。贯彻落实业务数字化转型、设备智能化运检工作要求，充分发挥智能巡检机器人作用，依托专业化基地构建“工厂化”轮换检修新模式，提升智能化水平，减少人工手段参与的环节。推行带电检测、红外测温技术，根据设备运行状况，合理调整检修周期，减少检修项目，由原来的到期必修变为应修必修，有效地提升了电网服务保障能力。

（5）推行“三机制”运行，精准分析，停电因子“无死角”

①建立关键指标分析机制。一是建立红黄绿灯预警机制。以指标差距找准管理提升任务，规范指标分析及发布流程，按月对预安排、故障停电预算使用情况用“红黄绿灯”进行进度评价及预警。绿灯表示当月停电时户数未超当月预算，进展顺利；黄灯表示停电时户数超预算 2% 以内，基本受控；红灯表示停电时户数超预算 5% 以上，需要警惕。对于评价为“红灯”的指标，提出预警，

严格时户数预算执行过程刚性管控，建立动态跟踪、定期分析、超标预警和分解审批等工作机制，按月统计通报停电时户数消耗与余额情况，强化停电计划执行情况预警和督办，确保预控目标实现。二是坚持“一事件一分析”。月（季）度重复停电次数大于2次、大时户数大于400、故障持续时间超过9小时的停电事件，按月进行分析，穿透运维责任、施工工艺、设备质量问题，配合“一线一册”及设备主人制开展频繁停电线路、设备、台区整治；加强外破风险点特巡特护，联合营销部加强用户侧安全用电管理，在用户侧加装分界断路器。对故障停电按责任原因进行分析，重点监控重复性典型故障、责任性故障、高故障线路及设备，查找问题成因，及时发现设备隐患，进行消缺及项目、网架改造计划的申报，做到事前有提醒，事后有跟踪。

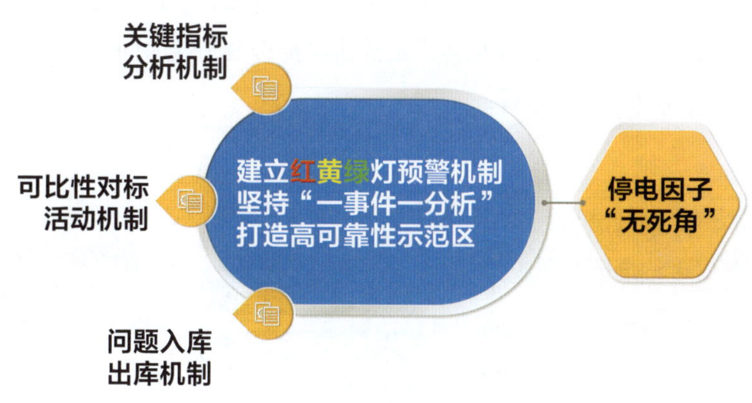

图4 “三机制”运行分析图

②建立可比性对标活动机制。纵向采用“控预算、抓中心、促城市、保农村”的分级管控策略，充分发挥调度指挥系统的作用，管好各单位停电预算“这本账”，在具有可比性的旗县公司间开展纵向对标，分为三类。A类市中心、新都市区对标全国主要先进县级停电标准，打造高可靠性示范区，户均停电时间小于2小时/户。B类城市供电分公司第一梯队由东河区、青山区、昆区、高新区组成，主要对标城市指标户均停电时间小于5小时/户；第二梯队由石拐区、白云区组成，主要对标城市指标和农村指标，用户平均停电时间分别小于6和9小时/户，重点管控综合停电能力和提升网架水平，局部打造高可靠性示范区。C类由九原、土右、固阳、达茂四个旗县分公司组成，主要对标城市指标和农村指标，用户平均停电时间分别小于7和10小时/户。重点保障城镇及重要用户供电质量，逐步改善农村用电水平。通过具体指标之间的对比，对偏离平均值较大的指标进行重点分析。掌握各供电分公司在电网网架结构、技术装备、运维水平、故障抢修、停电管理等各方面的薄弱环节。目前正按既定管控目标实施中。

③建立问题入库出库机制。结合关键指标，按季度进行停电责任原因分析，选取停电时间占比较大、同比增加较多的2～3个分类原因进行分析，并结合主要停电事件（大范围、长时间），找出网架、设备、管理、新技术应用中存在的问题，形成“问题清单”。与各归口管理部门针对存在问题进行会商，对得出的诊断分析结果结合工作实际进行深层次的分析，对相应管理环节存在的问题提出相关改正建议和整改措施，明确责任单位、整改措施及完成时限，以此作为对相关专业或单位

的书面建议，跟踪分析整改效果，建立问题入库出库机制。针对普遍性的问题开展专项治理，2022年联合营销部开展用户故障出门专项，开展旗县公司农村地区主网影响配网网架薄弱环节专项、外力破坏专项等11项治理工作，使对外停电时间大幅减少。

（6）实施“一考核”评价，精准优化，保障体系落地运行

结合已有的考核标准和停电管理应用情况，通过考核，量化带电作业、线路分级保护、配自时户数贡献，建立问题入库和出库率及预测准确率关键指标常态化考核，多维度全过程分析，不断评估差异，将停电指标分析结果应用于工程项目储备、设备招投标、施工质量管理、停电平衡、业扩工程、生产运维等各个环节，实现公司精益管控、精细作业、精准投资。

通过考核，城市带动农村、拓展不停电作业能力，加强可靠性指标预测管理，深化设备状态评价和缺陷管理，控制停电作业过程关键点；推进保护优化分级，实现配自自愈，建立设备检修工时定额；缩短工作、操作、许可时间，优化各班组的协调配合及衔接时间，推进智能技术的应用，精准推动各专业升级，保障体系落地运行。

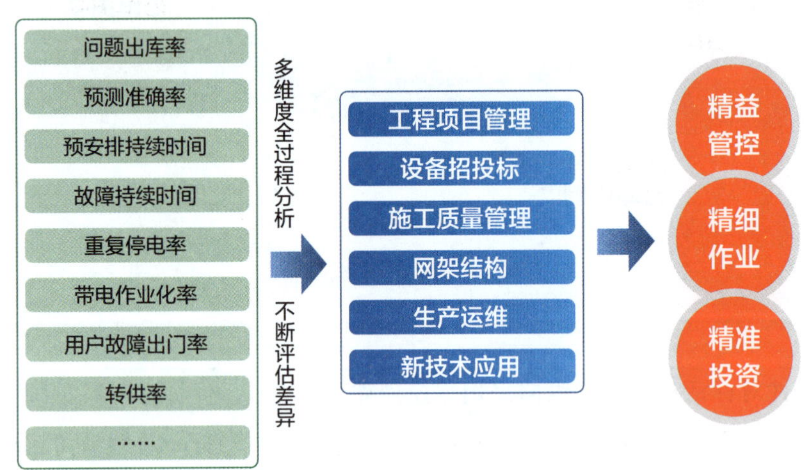

图5　考核评价框架图

二、案例实践效果

（一）综合效益

案例项目高效完成关键指标任务，供电可靠性指标大幅提高。基于数字化转型的停电精准管理体系的建成，应用停电的技术与数据从单纯地减少停电时间拓展到整个供配电系统的供电能力的提升，及时发现系统安全风险和设备家族性缺陷，实现了供配电安全管理由定性向定量的转变，从而更好地确保电力供应安全稳定可靠。截至2022年，包头供电公司中压用户重复停电率同比下降超6%，配网故障停电持续时间同比下降超20%，城市用户平均停电时间完成降幅超20%，农村用户

平均停电时间降幅超 30%。超额完成国家能源局提出的用户平均停电时间逐年下降 8% 的要求，供电可靠性指标大幅提高。

（二）第三方评价

案例项目减少停电改善了营商环境，客户用电满意度显著提升，得到用电客户的一致好评。通过对外停电时户数精准管理体系的建设，实现了差异化设备运维及停电出口与入口管理，精准将客户停电范围、时间、频率降至最低。实现了电力停电管理方向由定性向定量转变，提升了客户电力获得感，不断满足人民日益增长的美好生活需要。增强了电力企业履职能力，助力内蒙古电力公司高质量发展，优化了用电营商环境，更好地服务自治区社会经济发展大局。荣获内蒙古电力（集团）有限责任公司第六届管理创新成果一等奖，在自治区用电优化营商环境评比中包头市由上年度的第五名上升为第二名。

（三）行业推广前景

案例项目应用数字技术专业协同，企业管理水平再上新台阶，在行业内有广泛的推广价值。通过对外停电时户数精准管理体系的建设，实现了数据高度共享、打通专业壁垒、业务高度协同，真正实现解放操作层、支撑管理层；实现了电网薄弱环节和重要负荷区域精准掌握，配网建设投资计划精准指导；规范了配调与地调、县调、供电分公司、通信、客服、设备管理部门等单位的信息沟通和业务流程，从而解决事故情况下联动能力差、配合无序的问题。打造故障防御能力高、信息感知全面的电网。修编完善 4 项标准、1 个方案实现对外停电的规范化、标准化、精益化管理。整体上，填补了包头供电公司停电精准体系管理的空白，持续提升其管理水平，成果易于推广，为行业内单位规范执行、模式复制积累了实践经验。

（李智玲　郝文海　邓凤婷）

源、网、荷、储一体化创新示范应用管理及实践

一、案例基本情况

（一）单位基本情况

阿拉善额济纳供电分公司承担着额济纳旗 11.46 万平方千米范围内 3.5 万城乡居民的生产、生活供电任务。2022 年管理 220kV 变电站 1 座，110kV 变电站 6 座，35kV 变电站 10 座，25MVA 额济纳地区源、网、荷、储 10kV 构网型储能电站 1 座；110kV 输电线路 7 条，总长 550.929 千米；35kV 输电线路 14 条，总长 392.671 千米。管辖 10kV 配电线路 67 条，总长 2433.652 千米。其中，公网线路 32 条，总长 1711.38 千米；用户专线 35 条，总长 722.272 千米。有 10kV 配变总数 1769 台（专变 1139 台，公变 630 台），10kV 电缆分接箱 100 座，10kV 柱上开关 135 台。地区新能源装机 110MVA，其中风电项目 30MVA，光伏项目 80MVA。服务各类用电客户 23927 户，电力负荷主要集中在达来呼布、黑鹰山、策克等地区，售电量完成 2.8 亿 kWh。

（二）案例实施背景

额济纳地区源、网、荷、储微电网示范工程管理单位为内蒙古电力集团阿拉善供电分公司，施工单位为内蒙古电力集团综合能源有限责任公司，工程全套构网型储能系统设备及源、网、荷、储控制系统由南京南瑞继保电气有限公司提供。工程静动态总投资 1.2536 亿元，配套科技项目批复资金 94.22 万元。额济纳地区“源、网、荷、储”微电网示范工程新建一座构网型储能电站（包括 25MW/25MWh 构网型储能设备、4 台 1800kW 柴油发电机）和一套源、网、荷、储控制系统。通过协调控制，由 35kV 天风哈日布勒风电场、35kV 苏泊淖尔光伏电站等 4 座风力、光伏站共同构成额济纳源、网、荷、储一体化新型电力系统。源、网、荷、储微电网示范工程第一阶段纯新能源黑启动试验圆满成功，打破了传统电力系统运行对常规旋转机组的依赖，为构网型储能技术发展开辟了全新应用场景，为全国新型能源体系构建提供了重要参考。源、网、荷、储微电网示范工程离网运行时，实现全县域特高比例新能源电力系统运行，为额济纳旗 11.46 万平方千米的 3 万多各族群众独立供电 49 小时，标志着内蒙古电网全县域特高比例新能源电力系统长周期离网运行试验圆满成功。非计划离网运行时，在电网调度与源、网、荷、储系统主站管理系统的协控下，220kV 泰额线实现零潮流运行，调度员下令拉开泰额线 251 断路器，源、网、荷、储主站控系统自动识别进入离网运行模式，额济纳区域电网顺利实现并网转离网，实现了网电至绿电的无缝零感知。

图 1 “源、网、荷、储”储能站储能舱

图 2 “源、网、荷、储”储能站全站实景图

（三）案例具体实践

1. 总体思路

额济纳地区电网拥有 1 座 220kV 变电站，220kV 线路采用单回路供电。因与蒙西主网仅通过额济纳至宏泰 1 回 220kV 线路联络，额济纳变电站与系统 220kV 联络较为薄弱供电可靠性较低。一旦该线路发生故障或检修，将造成整个额济纳地区停电，且检修时间较长，极大地影响地区社会生产和居民生活用电，地区的供电可靠性急需提高。经过对电网结构和分布式新能源的诊断分析，风光资源充足有较强互补性。电网侧容量的配置储能容量采用 25MW/25MWh 磷酸铁锂储能蓄电池组，柴发容量采用 4×1800kW 发电机（常用功率），自备油箱按 8 小时满功率运行储备柴油，所带负载为重要负载，容量可以保障微网独立运行负载需求。针对额济纳地区电网结构供电单一、低短路容量分布、泛电压等级、覆盖范围广、供电可靠性薄弱的技术难题，采用电网侧构网型储能技术，开发源、网、荷、储一体化“风、光、柴、储、网”联合运行模式，实现计划与非计划性离网快速识别、利用构网型储能多机并联快速黑启动，构建了既能并网运行也能独立运行的额济纳地区源、网、荷、储微电网示范新型供电系统。该系统将兼具正常工况下的电网友好性互动、区域电压自治能力以及应急工况下的负荷保障和风险防御能力，有效解决了地区供电电源单一的问题，对以电网侧构网型储能为支撑的新型电力系统建设具有重大意义。

2. 主要做法

（1）构网控制技术

构网控制技术通过控制内电势幅值和相角以改变功率，整体呈现电压源特性，可实现能量的自然释放；同时又具备一定的自律能力以满足多电压源并联运行的需要，综合性能可与常规同步机组媲美，构网控制技术能够在电网中真正发挥电压源支撑作用。构网型技术需要能量来源才能够充分发挥其优势，当前应用较为成熟的化学储能是应用构网型技术的理想媒介。基于储能变流器构建的虚拟同步机组，可模拟旋转电机外特性，无须锁相环即可实现多电源同步运行，功率自动分配，为系统提供惯量及短路容量；可提供高性能一次调频、调压、阻尼控制等功能，提升电网频率、电压以及功角稳定水平；改善系统谐波阻抗特性，减少电网次超同步、中高频振荡风险。源、网、荷、储一体化系统模拟了常规发电机控制，同时可以改善常规发电机控制的不足，如改善阻尼控制、调速控制励磁控制性能，根据系统需求可进一步增加直流分量、短路电流主动抑制等功能。

（2）离网型孤岛控制应用

通过能量配置利用现有的苏泊淖尔 20MW 光伏、天风 15MW 风电，储能容量 25MW/25MWh、4 台 1800kW 的柴油发电机以满足以下孤网运行时的负荷需求。源、网、荷、储孤岛判别系统采用分布式区域控制装置，通过采集额济纳、达来呼布站、金诺变、宏泰变各个间隔的电气量以及开关、刀闸位置，对整个源、网、荷、储一体化进行全局拓扑分析，通过站内站保护装置的动作信号、开关变位信号和故障电气量，快速识别源、网、荷、储孤网与外部电网或已出现并、离关系，若判断出源、网、荷、储孤网发生非计划性离网，则快速进行非计划性离网控制。转离并网点取 220kV 额济纳站额达线 152 开关（带达来呼布 1 号主变运行）或者额达Ⅱ线 156 开关（带达来呼布 2 号主变运行）。

（3）多机并联快速黑启动技术

配置的储能系统具备整体黑启动功能，在黑启动过程中多台处于电压源模式的 PCS 系统并联运行。储能变流器离网多机构网模式并联控制技术，通过模拟同步发电机的电气模型、下垂调频、调压特性对逆变器进行调节，使其在并网外部特性上与传统同步发电机相似，从而一方面提高系统的阻尼和惯性，另一方面能够同时适应并、离网运行状态，无须控制模式转换，能够保证并、离网无缝切换。

（4）创新利用构网型储能系统的电压源外特性和 2.25 倍的短时过载能力，实现功率自同步、就地快速一次调频及转动惯量等多时间尺度控制功能，有效提升系统惯量和短路容量，改善电网阻尼特性

通过快速动态无功补偿增强电压支撑能力，创新开展广域大网架纯新能源黑启动试验、广域大网架特高比例新能源系统离网长周期运行试验，广域新能源电力系统长周期离网运行应急实战，灵活有效应对新能源与负荷双随机容量波动、高风速风电停机脱网、接地故障扰动、柴油机组长时间退出、储能单支撑超载、同期并网追压困难等挑战；创新将源、网、荷、储微电网示范工程延伸扩大至广域大网架范围，实现对构网型储能技术的深度探索、研究与应用，为新型电力系统的构建及调度运行控制提供方案。

二、案例实践效果

（一）综合效益

该微电网示范工程覆盖达来呼布镇 9.87MW 重要负荷供电，将其升级应用至额济纳旗全域、全负荷品类、38MW 负荷的特高比例新能源电力系统分时分类分级供电，有效提升供电能力，节约电网投资。通过 49 小时额济纳旗全域特高比例新能源系统离网长周期运行试验产生新能源供电量约

114 万 kWh，创造社会效益约 50 万元，减少碳排放 3.1 吨，将持续产生碳减效益。为构网型储能技术开辟了全新应用场景，为绿色低碳转型发展和电网升级改造提供新方案，节约了 400 余千米高电压第二电源输电线路建设，为偏远民族地区单主电源供电可靠性提升和经济发展作出积极贡献。

（二）第三方评价

该工程创优目标明确，建设单位要求高，执行严，成立了额济纳地区源、网、荷、储微电网示范工程创优组织机构；工程建设过程精心谋划，科学组织，各参建单位质量体系健全，编制了《工程创优策划》及《创优实施细则》，建立了一整套独特的质量管理体系。其中，围绕“确保创建中国电力优质工程”的目标，完善各项质量管理制度，深入开展“样板引路、全程创优”活动，以管理创新，着力引导构建全方位、全过程、全员参与的质量管理模式。工程建设全过程严格按照规范、设计、方案施工，注重质量通病防治，保证了工程质量全过程的有效控制。

（三）行业推广前景

以构网型储能设备及一体化控制系统为支撑、构网型储能设备作为主调频调压电源，参与调峰，以新能源场站为主供电源，在无常规火电机组支撑、源荷双随机波动、稳定电源不能满足全额负荷用电需求等条件下，实现全县域特高比例新能源电力系统并、离网无缝切换和连续安全稳定运行。

源、网、荷、储一体化向能源互联网迈进。从国内情形看，近年来围绕高比例新能源电网或系统的概念提法很多，从本质上看，多能互补以电为核心是趋势，将逐步向能源互联网稳步迈进。AI、能源互联网等技术将发挥重要作用，继续带动微电网运行控制技术快速革新。

基于额济纳地区电网发展规划、网架结构特点和配网自动化的广泛应用，利用源、网、荷、储配电一体化动态存储，进行新能源消纳一体化构建。该系统将兼具正常工况下的电网友好性互动、区域电压自治能力，以及应急工况下的重要负荷保障和风险防御能力。

践行“创新、协调、绿色、开放、共享”五大发展理念和“四个革命、一个合作”能源发展战略，为实现“双碳”开启了供电新格局。对服务国家能源战略，促进绿色可持续发展具有借鉴作用。随着多元融合高弹性电网建设需求不断提高，电网对新设备、新技术的需求更加迫切，源、网、荷、储一体化以源源互动、源以荷动提升了配电网的可靠性和富裕度，充分展示了源、网、荷、储一体化建设的前瞻性。

（师明礼　杨学林　赵琴）

基于营配调一体化的用户供电可靠性管理

一、案例基本情况

（一）单位基本情况

锡林郭勒供电分公司是内蒙古电力（集团）有限责任公司直属供电企业，负责建设运营锡林郭勒盟电网，供电区域 20.3 万平方千米，承担着 13 个旗县市区工农牧业生产供电及城乡 111.93 万居民的生活供电任务，同时承担向蒙古国提供跨国境供电任务。2022 年售电量完成 94.43 亿 kWh，电网运行 220kV 变电站 16 座，110kV 及以下变电站 161 座；110kV 及以上输电线路 6921.286 千米。全网最大供电负荷 157.8 万 kW。

（二）案例实施背景

锡林郭勒供电分公司作为服务地区经济发展、保障社会民生用电需求的电网企业，全面贯彻党的民族政策，牢记“人民电业为人民”的企业宗旨，充分发挥电力先行官作用，积极履行社会责任，持续加强电网建设，相继实现了旗县通电、苏木（乡）通电、嘎查（村）通电和户户通电目标，为地区经济社会发展提供充足动力。

公司深入贯彻集团公司“以市场为导向、以客户为中心，打造全新责任蒙电”的管理理念，以提升配网运营效率、提高供服质量为导向，以服务更规范、协同更高效、流程更便捷、响应更快速为着眼点，按照基础数据“一个源头”、业务流程“一套标准”、营配调“一张图”的目标，不止在优化主网方面，更要做强配网、升级农网，形成地市级多电源、城区级可互联、农牧区广覆盖的良好布局，为地区经济社会发展提供充足电能动力。在此基础上，持续加强营配调数据集成应用管控力度，开展分层级配电网数据应用，深化配电网运行和供电故障状态监测，提高故障研判快速性和准确性。通过现有电网调度 D5000 系统终端及营销平台报修工单相结合，缩短配电线路巡视时间，特别针对锡林郭勒地区配网线路巡视存在的农网线路多、单条线路长、线路分支多、巡视路径地形复杂、部分配电网设备故障不易发现、巡视路径地形复杂的情况，调控值班人员将智能化终端报文、配电线路潮流变化情况、报修客户所在位置相结合，调控值班员可迅速锁定故障区域后通知配电网运检人员，有效缩短配电运检人员巡视线路及设备所需要的时间，开发应用配网供电故障主动抢修方式，降低运检人员因故障地点不明确在线路巡视工作中的盲目性，高效主动开展抢修服务。通过实施这一系列创新举措，实现了信息融合共享，提升了配电网运营效率，服务水平大幅提升，用户供电可靠性显著提高，推动了企业经营管理水平和效率效益再上新台阶。

（三）案例具体实践

1. 总体思路

深入贯彻集团公司“以市场为导向、以客户为中心，打造全新责任蒙电”的管理理念，确立加速实施“数字蒙电 321”工程的指导思想，推进营销、生产及调度专业基础数据横向贯通，同步用户基础信息，及时交互线路设备及负荷变化，发布设备检修及故障发生、处理情况，同时加快采控系统智能表全覆盖，形成“三步走”，一是做好统一营配调基础数据全面梳理“站—线—变—户”关系，按照基础数据“一个源头”、业务流程“一套标准”、营配调“一张图”的目标，将报修、抢修、检修、电网潮流等相关因素筛选后进行有效数据交互，开展跨专业数据集成的贯通应用，将原有点对点工作模式转化为多专业协同工作模式，进一步强化专业协同效率；二是推进配网故障实时监测，通过智能化终端的实际应用，合理配置智能化终端的种类及数量，结合配电网结构将配电网终端合理布局在配电网线路及设备上，实现对配电线路、设备及配变运行状态和相关运行信息的远程监测和预警分析，提升配网运行管控手段和供服保障能力；三是实现营配调系统共享集成，营配调数据共享、末端业务有效融合和共享，为强化配网管理、故障研判、抢修指挥、快速响应客户需求和服务质量提供坚实的基础和保证，提升客户满意度和供服水平。

2. 具体做法

（1）构建各专业系统共享机制

充分发挥各专业系统功能优势，共享业务数据资源，一是在营销电能采控系统内开展配电线路、变压器容量等相关基础信息台账的录入，修正线路配变相关信息逻辑对应关系，实现配电线路、配变运行状态（电压、电流），停、复电信息的实时检测，应用营销信息系统、采控系统软件分析功能，对电量综合数据报表、电压电流情况分析报表、电量数据报表、负荷数据报表、电流数据报表、电压数据报表、月电压统计报表、月电流统计报表实时查询监测，实现配电线路、变台负载率、电压合格率三相不平衡率，线损等指标的统计分析为配网生产运行管理提供决策依据。二是研发电能采控终端实时监控小程序，实现终端停电事件的实时展示、告警、查询、统计，配电网值班员通过电能采控终端实时监控小程序中营销智能采控终端的在、掉线情况，结合配电线路潮流变化情况，利用辅助分析手段多方位实时监测线路运行情况，更高效地完成故障处理流程。

（2）实施客户侧停电信息内部交互机制

着眼加强生产运行与市场营销部门的内部信息共享与实时联动，完善客户端信息发布与差异化的客户沟通机制，强化故障快速复电调度、协调与监控，畅通客户停电事件内部信息传递、客户端信息发布、客户沟通与客户应急服务，实现应急状态下与客户和社会公众的有效沟通，提高客户停电情况下服务应急响应与协同能力。同时，推动客户停限电事件内部信息交互。从生产运行及客户服务两个维度识别客户停电事件，判断停电影响范围及客户类别，分类明确内部信息交互要求，包括信息交互责任部门及人员、传递对象、传递方式、内容及时间节点要求等，明晰信息交互责任，同时为工作人员提供清晰、可操作的指引，根据目前信息技术现状采用电话、短信、微信与系统自动相结合的方式进行信息交互，并逐步探索实现自动化交互方式，推动信息交互工作实现常态化、标准化、规范化。

序号	转办周期	工单编号	单位	供电分公司	能源局转办时间	华北能源局分类	报告分类	前三季度报告	三级业务	工单名称	需求信息	处理结果	营销业务：用户办电受理签约	营销业务：客户产权引发停电问题	营销业务：其他	生产业务：生产类停电	生产业务：电压质量	生产业务：抢修服务	生产业务：用户办电施工接电	生产业务：煤改电	生产业务：充电桩	生产业务：机井通
5	一月					用电报装	生产类投诉	客户接电	装表超时限	锡盟投诉1.4+0303												
6	一月					用电报装	生产类投诉	客户接电	装表超时限	锡盟投诉1.5+8971												
14	一月					停电抢修	生产类投诉	停电抢修	无故停电	锡盟投诉1.19+3304												
33	二月					电能质量	生产类投诉	停电抢修	频繁停电	锡盟投诉2.7+5070												
42	三月					停电抢修	生产类投诉	停电抢修	无故停电	锡盟投诉3.8+1808												
57	四月					电能质量	生产类投诉	停电抢修	频繁停电	锡盟投诉4.2+0409												
66	四月					停电抢修	生产类投诉	停电抢修	无故停电（客	锡盟投诉4.17+7360												
86	五月					电能质量	生产类投诉	停电抢修	电压质量长时	锡盟投诉5.10+9000												
87	五月					停电抢修	生产类投诉	停电抢修	无故停电	锡盟投诉5.10+1112												
117	六月					停电抢修	生产类投诉	停电抢修	欠费停复电	锡盟投诉6.12+8848												
130	六月					停电抢修	生产类投诉	客户接电	配套工程材料	锡盟投诉6.26+8856												

图1　生产类投诉信息共享与交互

（3）开展故障综合研判及主动抢修

发挥配网调控班职能作用，基于营配调数据融合共享，充分利用D5000系统终端、电能采控系统、采控终端监控小程序，实现配电设备故障推送、终端停电事件报送，结合D5000系统终端图形、生产单线图、营销计量网络图展示，以可视化方式展现配网故障范围。一是发生故障时配网调控员及时通知设备运维管理单位对故障线路进行故障巡视，同时调控值班员通过调度D5000系统终端潮流变化及配自终端装置动作报文，结合营销采控终端监控小程序报送的告警信息，初步判断故障范围，在所判断范围内对配变智能采控终端的运行情况进行召测，进一步确定故障范围；二是确定故障范围后，配网调控值班员再次通知分公司设备运维检修人员，对故障范围内的电网设备开展巡视，查找故障点，同时生产服务调度人员及时发送停电信息给停电范围内的用电客户，运维检修人员第一时间到达现场进行故障处理，尽快恢复送电，做到主动发现故障、快速处理故障，通过营配调数据融合共享，实现“被动抢修”向“主动抢修”方式的转变，使供服质量和可靠性得到有效的提高。

某日，配网调控值班员发现D5000系统终端中由锡林浩特供电分公司负责运维检修的110kV城西变电站10kV 971政工路线路主干43#、52#故障指示器报线路A、B相永久性故障，主干58#故障指示器未报任何相关故障报文，配网调控值班员对故障进行初步判断，判断故障范围为10kV 971政工路线路52#杆和58#杆之间，立即通知锡林浩特供电分公司运维检修人员对该线路进行故障巡线，随即配网调控值班员通过营销采控系统智能终端召测功能对主干#52杆和#58杆之间的配变采控终端三相电压进行召测，通过数据召测发现10kV联通2专用变台营销智能采控终端掉线，其他配变营销智能采控终端电压召测均正常，根据上述智能终端及采控系统的反馈确定故障范围在10kV联通分支，确定故障范围后，配网调控值班员配合生产服务调度值班员起拟停电信息。

配网调控值班员通知锡林浩特供电分公司运维检修人员对10kV 971政工路主干52#杆至58#

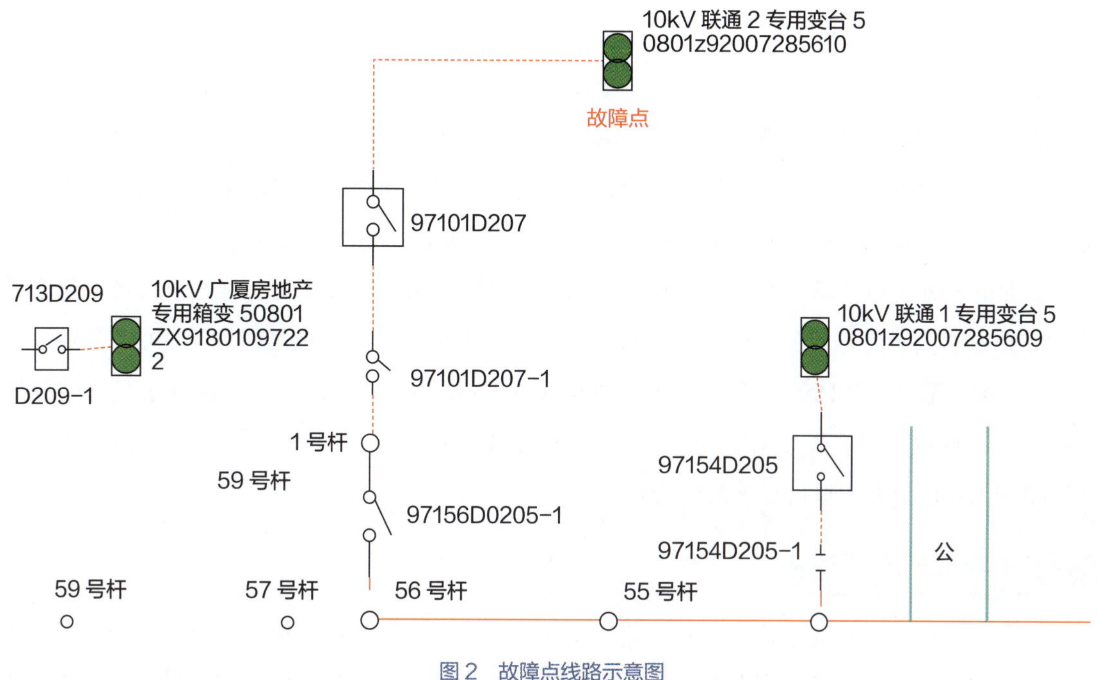

图 2　故障点线路示意图

杆之间进行事故带电巡线，重点对主干线 56# 杆 10kV 联通 2 分支进行巡视。锡林浩特供电分公司运维检修人员根据配网调控值班员的故障判断对 10kV971 政工路主干线 56# 杆 10kV 联通 2 分支进行线路巡视，巡视中发现 10kV971 政工路 56# 杆分支 97101D207 开关跳闸（因该开关未配置配电网智能化终端 FTU，故无法直接上传故障相关报文及潮流变化情况至调度 D5000 系统终端），故障原因为 10kV 联通 2 专用变压器烧损，接到锡林浩特供电分公司运维检修人员现场准确的故障汇报后，生产服务调度员对停电范围内受影响的用电客户起拟停电信息。

锡林浩特供电分公司运维检修人员接受配网调控值班员的调度指令，将 10kV971 政工路 97101D207 断路器由热备用转运行后，隔离故障点、待故障处理工作全部结束且送电正常后由生产服务调度员向停电范围内受影响的用电客户发送复电信息。

二、案例实践效果

（一）综合效益

锡林郭勒供电公司通过对营配调管理一体化的推进，2021 年各口径用电客户平均停电时间降幅超过 20%，用电可靠性水平大幅度提升。

（二）第三方评价

通过营配调管理一体化的推进，实现了生产、营销、调度专业高效协同、故障精准研判、抢修主动指挥，进一步聚焦服务、落脚客户，发挥指挥平台“智慧大脑”作用，实现数字化管理转型，提升配电网运营效率，形成以客户为中心的故障抢修服务闭环管理。在客户用上电的基础上，在少停电、不停电、高可靠方面提升供服保障能力和专业协同效率，在供服的人性化、高效化、便捷化方面，满足客户对美好生活用电需求的目标。同时，将配电网发生故障时运维检修人员对相应故障线路的故障巡视及故障抢修的时间大大缩短，运维检修人员平均到达现场时间为 29.93 分钟，同比缩短 8.2 分钟；配电网故障处理平均到达现场次数由 2.2 次缩短至 1 次，有效提高了配电网故障发生时抢修工作质效；生产服务调度报修工单一次办结率也提高至 92.33%，同比提升 11.48%，客户满意度得到大幅度提升，取得显著的社会效益。

（三）行业推广前景

锡林郭勒供电分公司通过营配调一体化工作的开展，解决了以往存在的配电网基础数据、运行数据失真的问题，全面梳理、掌握变电站、配电线路及各配电设备基础信息和运行状况，通过各个设备层级营配调数据的汇总分析，查找配电设备过载、配电线路载流量不足、电源点布局不合理等问题，综合评价网架结构、设备可靠性、技术水平和运行管理，通过营配调一体化数据的支撑，提前分析网架不合理、配电网设备异常等问题。

营配调一体化的实施，进一步降低用电客户投诉率，有效提升电力行业投诉管理水平。一是随着基础数据的不断治理统一，系统内“站—线—变—户”信息更加完善准确，客户信息匹配率不断提高，系统推送的停电信息错误率逐步降低，客户停电情况知晓率大幅提升，有效减少因信息不对称等导致的客户投诉；二是通过基于营配调一体化的管理实施，实现了生产、调度配网单线图与营销系统数据及单线图的关联，为支撑 95598 全网全业务集中运营、快速响应客户需求提供了可靠数据支撑，大大缩短了配电网故障的抢修时间，提升了配电网故障的抢修效率，实现了停电信息主动告知用电客户，抢修过程信息实时跟踪推送，停电信息的高效传递降低了客户催办和报修次数，有效减少客户等待，让客户的用电知情权 100% 到位，客户服务感知能力显著提升。

营配调管理一体化管理策略研究也为集团公司内各盟市供电公司类似研究提供参考依据，电力系统所涉及的营配调相关专业人员工作效率得到显著提高，故障处理流程中的每个环节针对性更强，对电力行业特别是配电网的发展起到了积极的促进作用，具有较大推广价值。

（吴昱　李晓斌　段玮頔）

中蒙跨国供电应急演练

一、案例基本情况

（一）单位基本情况

内蒙古电力（集团）有限责任公司巴彦淖尔供电分公司（以下简称“巴彦淖尔供电公司”）是特大型供电企业，担负着向巴彦淖尔市6.5万平方千米范围内的7个旗县（区）工、农、牧业城乡居民及蒙古国查干哈达口岸、邻近工矿企业供电的重任，服务各类客户109.97万户，共拥有35kV及以上变电站164座（其中500kV5座、220kV20座、110kV59座、35kV80座），35kV及以上输电线路8069.55千米（其中500kV总长972.74千米、220kV总长2100.54千米、110kV总长2886.89千米、35kV总长2109.38千米）。

（二）案例实施背景

甘其毛都口岸位于内蒙古自治区巴彦淖尔市乌拉特中旗川井镇境内，2004年被国务院批准为双边性常年开放口岸，是全国陆路运输第三大口岸，也是距蒙古国两大矿山最近的陆路口岸，是我国过货量最大的公路口岸。作为自治区十九个开放口岸之一，甘其毛都口岸的常年开放对内蒙古自治区经济发展起到积极推动作用，蒙古国原煤进口至我国，我国农副产品、服装和日用品出口至蒙古国，有效辐射了巴彦淖尔地区经济建设，对保持边疆繁荣稳定，具有极其重要的战略意义。

巴彦淖尔供电公司、国合电力公司承担着甘其毛都口岸地区的供电任务，目前共有对蒙供电输配电线路4条，负责保障蒙古国境内奥尤陶勒盖铜金矿、海关大楼、海关监管区、物流中转区和商贸集散区电力供应。

随着“一带一路”国家合作进一步加强，“向北开放”政策的不断深化，进一步提升对蒙供电突发事件应急处置能力，保证对蒙跨国供电持续安全稳定，已成为地区政府部门、相关电力企业的一项重要政治任务，探索建立跨国供电协同联动机制迫在眉睫。

（三）案例具体实践

1. 总体思路

演练模拟巴彦淖尔供电公司对蒙古国口岸供电线路遭受大风、雷暴、降雨等突发强对流天气影响故障跳闸，对蒙供电中断；同时，境外不法势力利用网络攻击巴彦淖尔供电公司电力监控、通信系统、不明身份人员暴力入侵变电站，妄图干扰正常对蒙供电秩序。

2. 主要做法

演练共分为演练准备、监测预警、启动响应、应急处置、扩大响应、响应结束六个阶段。本次演练采用“实战演练＋桌面推演”方式，突出政企联动应急指挥调度、多部门、多地区协同处置、多工种参与配合的特点。

（1）演练情景设计

演练模拟受本次强对流天气影响，巴彦淖尔地区共有 23 条线路跳闸，具体情况为：

220kV 输电线路 2 条，其中对蒙供电Ⅰ线重合不成功；

110kV 输电线路 2 条，均重合成功；

35kV 输电线路 8 条，其中 5 条重合成功，五原Ⅰ线、后旗Ⅰ线、对蒙供电Ⅲ线重合不成功；

10kV 配电线路 11 条，影响居民、一般工商业用户 1947 户。

其间，国家安全局按照协同联动机制向供电公司通报境外不明身份人员企图利用本次恶劣天气攻击对蒙供电设备，以制造国际舆论。

涉及输电线路倒塔应急处置、变电设备故障应急处置、网络攻击事件应急处置、暴恐事件应急处置和舆情管控与新闻发布会 5 类处置科目的演练情景。

（2）演练开展情况

演练涉及国家安全局与巴彦淖尔供电公司、巴彦淖尔供电公司与国合电力公司及中蒙供电用电单位等多项联动处置内容，多次展示供电企业和政府之间的信息上报和指挥命令下达，在应急指挥部的统一部署下，各部门、各单位有序开展各项抢修作业，完成各项情景处置任务。

（3）演练主要内容

①预警会商会。巴彦淖尔供电公司各部门进行预警会商会，发布强对流天气橙色预警，部署预警行动，持续做好突发事件应对准备工作，加强电网及线路设备的监测，如发生突发事件应迅速处置，并及时上报。

②预警行动。巴彦淖尔供电公司启动预警响应后，公司各部门立即开展相关工作：紧急召开线上视频会议，启动强对流天气应急预案，安排布署公司所属各单位立即加强对电网设备、供电设施的风险监测。同时，向内蒙古电力公司汇报预警发布和当前处置情况。

巴彦淖尔供电公司及时对接国合电力公司，告知极端天气预警信息和强对流天气情况下的设备运行风险。接到通知后，国合电力公司立即组织相关部门和单位召开应急会商会议，及时向蒙古 OT 公司转达预警信息，并提醒蒙方提前做好灾害天气应对准备，随时保持通信畅通。同时，巴彦淖尔供电公司各相关单位按照应急预案迅速行动，调度管理处加强了对中旗、后旗地区电网及设备运行情况的监测。信息通信处组织应急救援基干分队通信组，准备救援通信装备，做好应急抢修准备工作。同时，增加对通信传输、通信机房动力环境及调度大楼通信核心机房的巡视频次，对应急卫星便携站、卫星电话等装备进行检查。输电管理处组织临河本部、中旗和前旗运维站人员恢复 24 小时值班值守。通过输电线路全景云平台在线监控系统，对泄洪通道附近输电线路杆塔运行情况进行观测，及时发现异常情况。抢修人员迅速准备无人机、雨衣、雨鞋等应急装备，清点备品备件，随时待命。变电管理一处接到预警通知后，迅速开展极端天气防范准备工作，对变电站周边防洪构筑物、防洪防汛物资进行检查，清理变电站周边漂浮物，并通过设备监控系统密切关注设备动态。修试管理处接到预警信息后，迅速集结各专业班组检查清点应急抢修物资，随时做好应急抢修准备。中旗供电公司按照预警信息和工作要求，迅速组织相关人员做好配电线路防汛设施巡视，检查车辆物资并清点备品备件。物资管理部门接到通知后立即组织相关人员，对中旗、后旗、五原、杭后地区应急物资储备情况进行清点，随时做好物资派发准备。国合电力公司接到预警信息后，立即召集有关部门开展会商研判。提级发布红色预警，国合开闭站分配任务，检查防汛物资，加强线路设备巡视。

③启动响应、信息上报。巴彦淖尔地区持续强降雨天气，导致辖区电网输配电线路故障，部分对蒙供电线路供电中断。巴彦淖尔供电公司会商研判启动防强对流天气四级应急响应，根据强对流天气情况，组织开展应急处置工作。会后，将相关情况通过市应急管理局、市发展和改革委员会向市政府进行通报。

④市指挥部会商会。巴彦淖尔市委、市政府高度重视，立即组织会商，研判当前形势，布置处置工作。经会商研判，蒙供电Ⅰ、Ⅲ线事件暂未达到市级应急响应启动标准，市指挥部要求事件发生单位巴彦淖尔供电公司、国合电力公司按照四级响应标准，及时通报事件处置情况，全力做好事件处置工作。由于此次事件的特殊性，市委、市政府高度重视，要求提高政治站位，注意可能造成的国际影响，会议要求市级相关部门持续做好事件发展情况跟踪，加强协同配合，确保及时、安全供电。

⑤输电线路倒塔应急处置。巴彦淖尔地区电网220kV对蒙供电Ⅰ线因雷暴、强降雨天气发生基础沉降倒塔，为快速恢复线路运行，国合电力公司立即组织人员安排故障查找，同时请求巴彦淖尔供电公司给予支援。国合电力公司、巴彦淖尔供电公司结合天气情况，组织人员开展线路巡视，利用在线监测装置迅速发现倒塔事故后，第一时间召开应急会商，对接蒙方用电单位，确定抢修工作安排，编制施工方案，调配抢修人员及抢修物资，使用卫星便携站开展协同指挥，通过搭设应急抢修塔，快速恢复线路送电。

图1　模拟倒塔事故现场

⑥对蒙供电Ⅲ线站内设备故障处置。受大风天气影响，对蒙供电Ⅲ线异物搭挂跳闸，站内设备重合闸动作后断路器合闸线圈烧毁重合不成功，对侧海关、海关大楼、物流中转区和商贸集散区用电中断，通关办理停滞，群众正常生活受到影响。乌拉特中旗政府牵头，及时向蒙方通报事件情况，乌拉特中旗供电公司立即开展负荷转代，修试管理处检修人员迅速到场，更换合闸线圈后恢复线路送电。

⑦网络攻击应对处置。国安部门截获边境地带卫星电话信号，判断有非法越境人员意图攻击地区电网，破坏对蒙供电安全，国安部门通过协作机制将相关信息通报巴彦淖尔供电公司，巴彦淖尔供电公司组织开展安保自查。非法越境人员伪装设备厂家检修人员，从新能源厂站网络通信设备进入巴彦淖尔供电公司电力监控系统、通信传输系统，攻击巴彦淖尔供电公司调度主站和国合开闭站，妄图干扰对蒙供电系统的操作和运行监视。巴彦淖尔供电公司自动化管理人员通过态势感知系统及时发现攻击信号后进行预警，开展紧急处置，启动攻击溯源，并将相关信息及时上报内蒙古电力公司、巴彦淖尔市国家安全局，开展对攻击源和攻击人员的控制调查，查验以后发现多种网络攻击设备，初步研判其受境外势力指使开展攻击行动，将其移交国安局相关部门处置。

⑧变电站暴恐事件应急处置。境外不法分子攻击口岸变电站，投掷燃烧瓶、爆炸物，翻越大门，意图攻击站内人员、设备，变电站值班通知公安部门，站内人员利用防暴盾、抓捕叉与不法分子在站内搏斗，反恐警务人员赶到参与处置，抓获暴恐分子。

图2　模拟变电站反恐处理现场

⑨舆情应对与新闻发布。停电事件引发网友高度关注和讨论，不法分子煽动网络舆论。针对舆论事件，市委宣传部为进一步补充媒体及公众最关注的细节及信息，发布对蒙供电抢修最新进展情况，经市应急指挥部总指挥同意后，召开新闻发布会。新闻发言人针对近期强对流天气停电事件情况，对蒙供电设备故障时间、影响范围、故障原因、有无人员伤亡、抢修进度等主要问题进行了通报，并就媒体及公众关心的对蒙供电国际影响、高危及重要用户保供电等问题进行解答，确保了信息发布的准确性，避免不实报道造成负面影响。

二、案例实践效果

（一）综合效益

通过开展此次应急演练，有效探索了地方政府各相关部门、电力企业、蒙方用电单位间协同联动机制，建立跨国供电保障应急预案体系，提高应急处置能力水平；通过开展此次应急演练，切实检验了相关单位和部门应对自然灾害、网络攻击所需应急队伍、物资、装备、技术保障等方面的储备情况，确保应急资源满足应急处置需求；通过开展此次应急演练，地方政府部门、电力企业进一步强化了跨国供电保障能力，提升了参演单位应对突发事件的能力。

（二）第三方评价

本项目受到行业主管单位、地方政府部门、业内专家高度评价，并在能源监管部门有关网站作了报道，表示“此次演练充分展现了政府各部门与电力企业协作能力”。

（三）行业推广前景

本项目立足于电力可靠性业务实际，从电网企业角度出发，探索了电网企业、地方政府部门、境外电力用户间协同联动机制，为行业内其他企业强化应急能力建设，应对处置自然灾害、设备故障、网络攻击、暴恐袭击、舆情等突发事件，提供了可靠借鉴，具备较高的应用价值。

（魏翔宇　耿鹏远　思勤）

通过加装高压断路器非侵入式检测系统提高输变电设备可靠性

一、案例基本情况

（一）单位基本情况

乌海超高压供电公司成立于 2015 年 4 月，是内蒙古电力（集团）有限责任公司直属的国有特大型供电企业，负责乌海市、阿拉善盟，鄂尔多斯市杭锦旗、乌审旗，巴彦淖尔市乌拉特中旗、五原县行政区域东边界线连线以西地区，共 40 万平方千米范围内的 13 座 500kV 电网的规划建设及运维工作，管辖范围内变电站涉及西北网调、华北网调，是内蒙古地区乃至全国重要的能源输送基地。

乌海超高压供电公司聚焦习近平总书记交给内蒙古的“五大任务”，着眼全方位建设“模范自治区”的工作要求，围绕集团公司“1469”中长期发展战略，助力世界一流现代化能源服务企业建设，立足新能源发展“主战场”，以保障供电范围内 500 kV 及以下各电压等级供电可靠为己任，以安全稳定发展为基础，全面加强 500kV 电网建设，有力保障供电范围内企业、居民生产生活电力供应及电网稳定运行，有效缓解所辖地区电力供应紧张局面，在保障地方电力供应充足、能源安全、促进经济增长等方面承担着重要的政治、经济和社会责任。

（二）案例具体实践

1. 总体思路

高压断路器作为电气连接开断的主要环节，其可靠运行对于电网安全意义重大。近十年的统计数字表明，我国断路器事故平均损失的电量达数百万千瓦时，经济损失为设备本身价格的数千倍甚至数万倍。因此，电力运营部门对保证高压断路器的运行可靠性提出了迫切的需要和更高的要求。随着物联网技术、智能传感器技术、AI 状态感知技术的日趋完善，以及国家“三型两网”概念和要求的提出，检测和感知电气设备的状态已经成为可能。特别是非侵入式传感技术的发展将更加方便现场实施应用。及时感知测量和发现设备的缺陷，降低事故发生率，减少设备突发故障造成的停电事故，在理论和实际上都具有重大的经济价值。目前，电力系统各个运行单位正致力于高压断路器由计划检修到状态检修的转变，不再以投入年限和动作次数作为衡量标准，而是以设备的实际状态为维修依据。用状态检修取代传统的定期检修已是发展的必然趋势。

通过研究高压断路器缺陷故障产生的分合闸线圈电流信号、储能电机信号、机械振动信号、温度异常信号等多种能够反映设备运行状态的特征信号，提出研究基于非侵入式带电检测新技术的高压断路器检测与诊断系统，该系统可以非侵入式、带电、实时、在线检测高压断路器分合闸动作过程中产生的电量和非电量信号。同时，采用包络分析、量化谱分析、横向分析、趋势分析、重合度分析等多种故障诊断技术，从时域、频域角度综合诊断分析故障类型，实现对高压断路器运行状态做出准确、合理的评价。另外还可以预警断路器的薄弱环节，有针对性地指导和调整检修策略，同时使生产制造厂商提高设计、生产质量，最终从根本上提高高压断路器等开关设备的可靠性。

2. 主要做法

（1）开展对高压断路器的参数监测

断路器线圈控制电路是断路器接触开放的重要组成部分，其电压和电流信号包括了大量电路断路器的操作信息，能反映电磁铁线圈电流本身的状态信息，以及控制阀、链条接触工作的状态信息，如核心运动出现停滞、延迟或跳闸故障；也可以反映线圈回路本身是正常的，不存在断路或短路条件。当端电压太低，有可能是一个断路器开断状态；当端电压太高，有可能是断路器误动作。分合闸线圈的电流在线监测原理简单，利用霍尔电流传感器测量操动线圈处的电流信号，经过数模转换后经数据传输模块将数据送至计算机进行数据分析处理。由于线圈电流比较平稳且幅值不大，又处于低压侧，电磁干扰较小，测量比较准确。利用电磁铁操动机构操作的断路器，其关合速度与合闸电源的关系很大。操动机构合闸线圈的端电压越低，电磁吸力越小，关合速度也越慢；此外，当合闸时遇到大的故障电流时，所产生的电动力将阻止合闸操作的最终完成，使电弧不能熄灭。所以，合闸线圈的端电压不得低于额定值的 65%。对不同的断路器，正常工作时的线圈电流是不同的，但是曲线的大致形状以及特征量差别不大，图 1 是一典型的分闸线圈电流波形图。

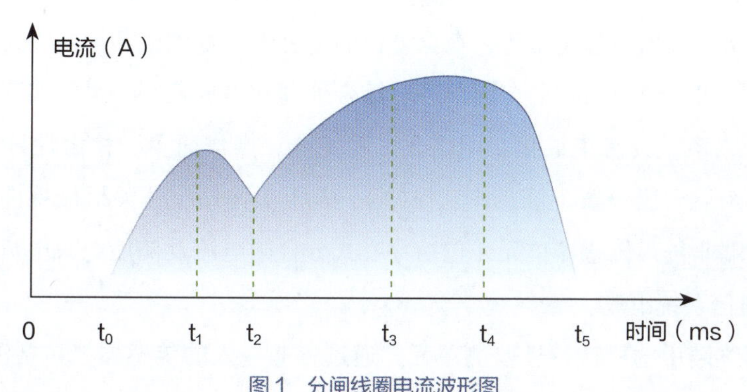

图 1　分闸线圈电流波形图

合闸过程中铁芯的运动基本与分闸时相同，只是在合闸过程中，铁芯直接带动触头相连的连杆传动系统运动，使触头合上；在分闸时铁芯撞击锁扣装置后便会停止运动，利用分闸弹簧的弹力分闸，合闸线圈的电流波形在 t_2 后的上升将会比较缓慢，这一阶段的波形情况可以反映出合闸传动系统的运动情况。可以依据测得的分合闸线圈电流波形，结合高压断路器本身的参数，通过对分合间线圈电流五个阶段的分析，对操动机构的运行状态进行判断。这样，及时了解高压断路器的运行状况，对可能的故障进行及时预防，达到故障预测的目的。

振动信号的在线监测是采用非侵入式方法在断路器的多个部位安装振动传感器来获得相应位置的振动信号，振动信号包含丰富的机械运动信息，利用傅里叶变换，功率谱分析、小波分析等信号处理技术来提取有用的特征量。振动信号中的冲击振动波对应断路器内部的主要振动情况，如分合闸线圈铁芯的运动、动静触头的碰撞、缓冲器的运动情况等。

为了进一步验证断路器分合闸线圈电流与常见典型机械缺陷之间的关系，在实验室搭建断路器缺陷故障模拟试验平台，采用 VS1 断路器，模拟断路器常见机械缺陷，记录分合闸线圈电流，并与正常状态下线圈电流曲线进行对比。试验结果表明，分合闸线圈电流曲线特征量变化与常见机械缺陷之间具有明显的关联性。对断路器的典型故障的分合闸信号进行记录分析，提取出特征值，进而建立断路器异常状态下的特征库。

（2）断路器运行状态评价

70%～80% 的断路器故障是由操动机构故障引起的，所以获取断路器操动机构的工作状况对断路器健康运行具有重要的意义。断路器操动机构可监测到的信号包括分合闸线圈电流、机械振动等。利用自组织神经网络算法对未知的输入模式进行故障诊断，设备故障诊断的基本内容包括：状态检测、征兆提取、状态识别（故障诊断）、状态分析和维修决策。首先，用传感器获得能反映设备工作状态的信号并将其转化为电信号或其他物理信号，结合振动监测、分合闸线圈电流、触头温度、储能电机电流、开关电流等变化量，创新性地解决了开关设备的多状态监测综合判别。然后将这些信号输入信号处理系统。首先利用曲元分析算法将断路器监测到的分合闸线圈电流中提取出的故障特性进行维数缩减，然后利用自组织神经网络算法对故障特性进行分类，通过深入分析各种信号征兆与故障的关系，结合上一步提取出的信息或者其变化情况来诊断设备是否发生故障、故障严重程度、故障原因及其故障发展趋势，最后根据诊断结果制定合适的维修策略。

（3）高压断路器非侵入式检测系统设计

高压断路器非侵入式检测系统采用先进的微处理器技术、无线通信技术、控制技术、总线技术、数字化传感技术和数据处理技术等，在全方位的信息采集基础上利用网络化的系统结构进行数据传输，并通过计算机完成对信息的全面共享、综合处理和集成控制，最终实现对高压断路器运行状态的有效监控。该系统具有集成化、网络化、功能全、操作简单、稳定性好、可扩展性强的特点。整个系统由 1 个后台服务器（可兼作工作站）、若干工作站、开关机械特性监测单元、无线物联网通信模型、前端非侵入传感器单元（包括穿心式分合闸电流及储能电机电流传感器、振动传感器）、1 套物联网通信系统组成。

就地智能检测终端中的机械特性监测单元，通过各非侵入的传感器，包括测量合闸线圈电流、分闸线圈电流、储能电机电流的开口式霍尔电流传感器以及测量开关振动的振动传感器等，采集开关的实时运行数据。采集到的数据信息，经初步处理后，将进一步由 LORA 无线组网通信方式上传至后台监控系统。由于断路器的操作电源一般都采用蓄电池（直流）供电，所以合分闸线圈电流、储能电机电流的检测采用带霍尔元件的交直流钳式电流传感器（也叫电流钳）。机械振动信号是一个丰富的信息载体，包含有大量的设备状态信息，它由一系列瞬态波形构成，每一个瞬态波形都是断路器操作期间内部“事件”的反映。振动信号是对设备内部多种激励源的响应，对断路器而言，激励源包括合分闸电磁铁、储能机构、脱扣机构、四连杆机构等内部构件的运动。断路器机械状态的改变，将导致振动信号的变化。通过适当的检测手段和信号处理方法，可以识别振动的激励源，从而找出故障源。高压断路器非侵入式检测系统的智能检测后台系统采用 B/S 架构，开发语言为 JAVA；底层数据接口采取 C/S 架构，开发语言为 Qt，能够跨平台运行。整体系统能支持友好型可视化人机交互。

（4）现场安装

2020 年在乌海超高压供电公司 500kV 吉兰太变电站安装了高压断路器非侵入式检测系统。现场安装示意图如图 2 所示。

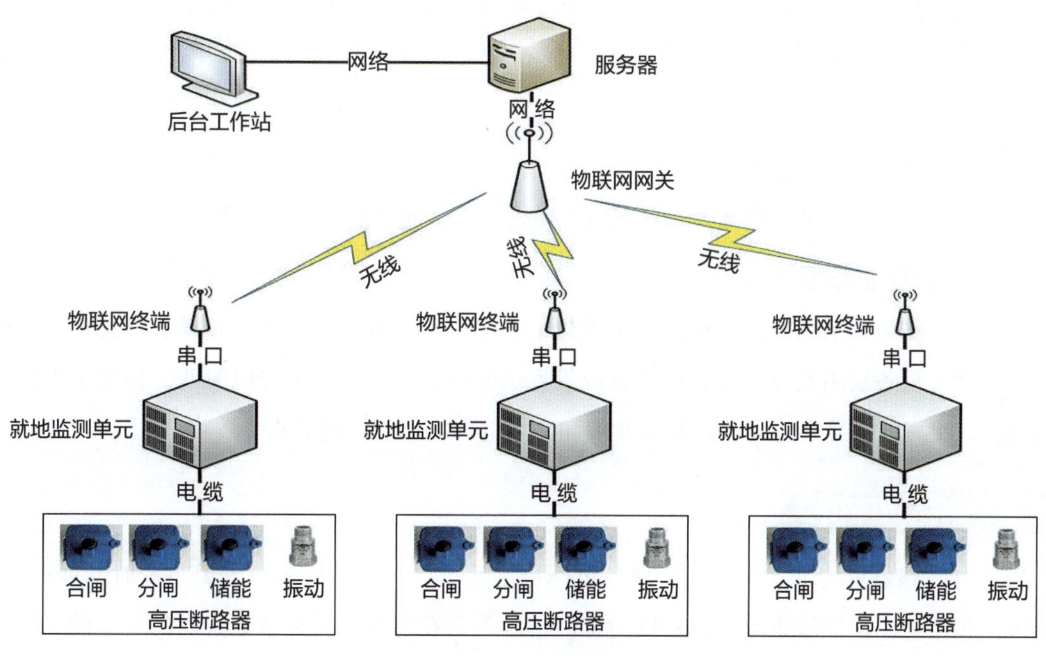

图 2　高压断路器非侵入式检测系统图

通过一段时间的试运行，该控制系统的功能、参数显示测量等各功能达到系统设计要求，参数显示精度满足控制要求，表明“高压断路器非侵入式检测系统”设计合理、实用、稳定可靠性高，硬件选择先进，软件设计先进、科学，贴合现场控制要求，整机运行稳定可靠，各系统显示精确，监测全面，人机界面科学易懂，图形曲线清晰，符合在线监控的要求，该项目对高压断路器运行状态监测准确、运行状态评估科学，为提高压开关运行的智能性、可靠性提供了有力和可靠保障。

二、案例实践效果

（一）综合效益

1. 可有效降低断路器等开关设备故障

高压断路器设备缺陷智能监测系统的主要目标之一是在不影响断路器的正常运行情况下监测断路器等开关设备的运行状况，对高压断路器的动静触头、操动机构、控制回路等动作过程进行全方位的分析，可以及时发现机械疲劳、磨损、触头故障、弹簧弱化、部件卡涩等常见故障，从而极大地降低开关设备故障，创造经济效益。

2. 有助于实现状态检修，提高工作效率

针对开关设备及其附属设备利用各种监测技术手段，实现事前预警，未雨绸缪；实现精细化管理，做到实时巡视；将未知隐患及事故提前预警，并制定相关预防措施，避免了现有系统缺乏实时性、不能全程监控以及存在盲区等不足，保证了设备的安全可靠运行，为运维部门提供了可靠的科学依据，最大限度安全利用现有资源，实现了经济效益的科学提升。将损失减少到最小，从根本上改变传统的周期性检修模式。

3. 减少巡视工作投入成本

减少人工巡视工作量，降低人工巡视所产生人力、交通等费用，节约电力系统运维成本。

4. 提升企业形象

供电公司作为关系国计民生的国有重要骨干企业，承担着重要的经济责任、社会责任和政治责任。电力开关设备缺陷及故障综合监控系统投入运行后，大大减少了停电时间，提高了工作效率和供电质量，更好地满足了地方经济社会发展和广大电力客户的用电需求。

（二）第三方评价

通过对断路器机构的实时监控，保证电网稳定运行，并对事故进行预警，及时开展预防措施，杜绝大面积停电，保证输电可靠性；同时保障运维人员在处理开关设备缺陷时的安全性，防止人身事故发生。

（三）行业推广前景

高压断路器非侵入式检测及预警系统已在500kV吉兰太变电站成功进行试点应用，实现了对开关设备缺陷内的分合闸电流、电机储能电流、振动以及负荷电流等数据的实时采集和在线状态分析，并对出现异常及安全隐患的情况立即提醒相关责任人尽快处理，为有效预防和控制断路器等开关设备安全事故起到了很好的预警作用。

高压断路器非侵入式检测及预警系统能更好地为开关检修提供数据支撑，实现开关设备及附属设施的缺陷管理。建设开关设备集中监控管理平台，加强断路器等开关设备的智能化管理，为建设智能配电网奠定了基础。电力开关设备缺陷及故障综合监控系统投入运行后，大大减少了停电时间，提高了工作效率和供电质量，更好地满足了地方经济社会发展和广大电力客户的用电需求。

（仲文博　张艺　董文娟）

通过优化工序缩短 500kV 断路器改造工期保证供电可靠性的方法

一、案例基本情况

（一）单位基本情况

乌海超高压供电公司成立于 2015 年 4 月，是内蒙古电力（集团）有限责任公司直属的国有特大型供电企业，负责乌海市、阿拉善盟全境和鄂尔多斯市杭锦旗、乌审旗、巴彦淖尔市乌拉特中旗、五原县行政区域东边界线连线以西地区，共 40 万平方千米范围内的 13 座 500kV 电网规划建设及运维工作，管辖范围内变电站涉及西北网调、华北网调，是内蒙古地区乃至全国重要的能源输送基地。

（二）案例具体实践

1. 总体思路

随着电力系统的不断扩大和 500kV 主网以及新能源事业的持续发展，社会对变电一次设备的需求不断增加。然而，早期投运的设备已经逐渐进入老化阶段，尤其是承担着重大责任的断路器。为了确保电力系统的安全运行，对老旧断路器的治理显得至关重要。

传统的断路器更换方法存在施工周期长的问题，使得 500kV 主网在全方式运行时存在一定的风险隐患。如果更换周期过长，电网风险暴露的时间就会随之增长，给电力系统的安全带来更大挑战。因此，需要改进断路器更换方法，缩短检修周期，提高检修效率，以减少电网风险暴露的时长。

创新优化断路器更换方法，并制定出最优的更换方案可以解决这个问题。在保证安全的前提下缩短更换周期，提高效率，降低电网风险暴露的时长。

2. 主要做法

（1）传统施工方法的调查

以某 500kV 变电站 500kV 断路器罐体更换工作为例，整体更换工作需检修周期 12 天。

经对比研究，更换断路器的主要工作全部放在设备停电后，先将需更换的断路器退出运行并转为检修状态，然后开始回收 SF6 快速接头气体，拆除断路器绝缘套管，进行罐体及灭弧室整体更换并增加就地汇控柜，再回装套管并进行抽真空、充气、二次接线、调试等工作，最后对新设备进行各项试验、检测，检测合格后恢复送电。

然而，这种传统的更换方法存在一些问题。首先，断路器需要停电至少12天。其次，在传统的施工作业过程中，所有的施工任务都必须在停电状态下完成，这也就意味着施工周期和停电时间相同。此外，新断路器汇控柜基坑开挖等工序也都是在停电状态下完成的。为了保证人身和设备的安全，不能在带电状态下进行这些工作，这无疑增加了作业的难度和风险。同时，其他因素如天气、备品备件、检修机具等也可能影响工期，造成供电可靠性的降低。

因此，尽管传统施工方法可以保证整体工作的人身、设备安全，但不能满足现代电网的高效运行要求。为了缩短设备停电时间，提高供电可靠性，需要对作业流程进行优化。

（2）影响工期因素分析

经过对比研究发现，缩短检修工期的关键在于准确定位工程中的关键工序以及精准把控交叉作业点。这些步骤不仅对整个项目的进展起着决定性的作用，而且还能有效提高资源利用率，缩短施工周期，从而实现较高的经济效益。

为了实现这一目标，首先需要对各个工序的计划进行调整。这意味着需要根据实际情况，对人力和物力资源进行合理调配。这不仅涉及对现有资源的优化组合，还需要对未来的工作进行预测和规划。通过这种方式，可以确保每个工序都能在预定的时间内完成，同时还能保证工程的质量和效率。

其次对交叉作业点的精准把控同样重要。这些交叉作业点通常涉及多个专业之间的协作和沟通。如果这些点不能得到有效的管理，可能会导致工序之间的冲突和延误。因此，需要通过密切的沟通和协调，确保每个交叉作业点都能得到妥善处理。

综上所述，要想解决这个问题，需要准确定位关键工序和精准把控交叉作业点，通过调整工序计划、合理调配人力物资源以及强化交叉作业点的管理，有效提高资源利用率，缩短施工周期，从而实现较高的经济效益。

通过分析老旧作业方式，需从以下方面进行改进。

表1　导致工期长的因素

序号	诱因	详情	紧迫程度
1	材料不充足	工作中需使用的材料准备不充分，现场购置、改造消耗时间	轻
2	工序不合理	工序安排不合理，按照计划未能开展现场作业，或现场作业顺序颠倒导致进度缓慢	重
3	关键点把控不足	工艺、质量把控不合理，出现返工现象	急
4	交叉配合不到位	各专业配合不够紧密，同一时间出现多个专业班组在同一地点工作	重
5	机具、工具不足	工器具、特种车辆不足，导致进度缓慢，同班组各小组之间配合不够紧密	轻

（3）工期分析改进

第一步，对导致工期过长的因素进行深入的分析。这些因素可能包括操作步骤烦琐、工作效率低下、协同作业不顺畅等。在分析这些因素时，需要考虑到每个因素的细节，并寻找出相应的解决方案。

第二步，针对操作步骤烦琐的问题，采取一些优化措施，比如简化操作流程、减少不必要的步骤等。

第三步，对于工作效率低下的问题，可以采取一些提高工作效率的措施，比如提高工作人员的技能水平、使用高效的工具和设备等。

第四步，可以采取一些协同作业的措施，比如加强各工种之间的沟通和协作、优化工作流程等。

通过以上措施的实施，可以将单台断路器停电的时间由原来的 12 天缩短到 8 天。这个优化过程不仅提高了工作效率，也减少了人力和物力的浪费，实现了资源的优化配置。

表 2　各诱因解决措施

序号	诱因	解决措施
1	材料准备不充分	通过对断路器更换工作的长期积累，记录了工作中所需的各种材料和工具，并制定了一份详细的清单。在每次开工前，会一次性准备完毕，并逐一清点，确保不会遗漏任何必要的物品
2	工序不合理	合理规划工序，错开多专业使用同一设备的时间，并在每一步骤中注明需要把控和特别注意的关键点，制定详细的作业指导书。同时注意作业指导书的使用方式，提前核对下一步的工序，提前安排控制措施和工器具材料
3	机具、工具不足	准备充足的工器具和机具，按照每个小组的分工，配备相应的工器具，使每个小组在同时使用的工器具不重叠或每组配置相同的工器具，同时将需要使用的工器具按照步骤列入工序表。增加现场工作吊车、回收装置、运输车辆台数，并合理布置，避免出现工作脱节

（4）改变新的关键工序

为了实现合理的工序安排，可以采用甘特图进行计划和调整。通过不断调整单步作业的时长和作业顺序，制订出更为合理的工序表。此外，部分可以在停电状态下进行的工作可以改为不停电前进行。例如，将停电后进行的基坑开挖及就位在停电前完成，从而节省时间并提高效率。通过这些措施，可以确保工程项目能够按时完成，并且达到预期的质量标准。

通过引入更高效的工器具和机具来缩短作业时长。例如，将原先需要单相依次进行的 SF6 快速接头气体回收和抽真空过程，转变为两相断路器同时进行 SF6 快速接头气体回收和抽真空。这一改变可以大大缩短作业时间，并提高工作效率。

此外，新旧断路器罐体的吊装方式也可以进行改进。通过使用 2 台吊车同时进行吊装，可以节省大量的时间和人力资源。

及时调整可同时作业的步骤，例如将布置于 C 相的汇控柜相关工作与套管 A 相拆除工作同时进行，将汇控柜内二次接线改为航空插头插拔，提高工作效率。

二、案例实践效果

（一）综合效益

相较于传统的安装工序，优化后的断路器工期减少了 4 天，显著提高了工作效率。该工程的重点施工环节包括汇控柜基础的开挖、就位，新断路器汇控柜的安装、接线，老断路器罐体的整体吊出以及套管的拆除与安装顺序。在确保了施工质量和安全的同时，有效地缩短了设备的停电时长。

对于主变、线路间隔，减少了电网风险暴露的时长，从而大大提高了电网的运行稳定性。对于无功设备间隔，由于工期缩短，无功设备可用率得到了提高。此外，无功设备的调节能力也得到了提高，进一步保障了新能源的消纳能力。

（二）第三方评价

500kV 断路器在主网中承担较高的负荷，断路器可以停电检修施工时间较少，否则会影响周边供电可靠性及能源外送。为此，需要制定科学的施工方案，在保证停电施工质量的前提下尽量缩短停电时长。综上所述，优化断路器施工周期，需对其关键工序进行优化，同时也要对工器具、材料进行归纳和整理，丰富数量和种类，这样才能有效缩短作业时间，从而缩短断路器更换作业时长，提高地区供电可靠性。

（三）行业推广前景

断路器检修工期的缩短，对于作业人员和电网建设都带来了很大的提升。通过缩短电网风险暴露时间，能够减少潜在的安全隐患，保障电网的稳定运行。此外，野外作业时长也缩短了，作业人员可以更加高效地完成工作，节省人力资源。

以上缩短断路器检修工期的方式方法，可以推广应用到例如变压器、互感器等其他设备检修工作中。

（赵俊杰　张伟　蒋海龙）

《输变电及供电可靠性分册》编辑部

主　　任：张学锋

执行主任：陈　宇　卜庆华

项目统筹：王　新

责任编辑：苏文师

编　　辑：王　新　张　娴　苏文师　陈书香　周秀芳　朱　丹

复　　审：陈　宇

终　　审：卜庆华

装帧设计：周怡君

排　　版：风尚境界